EUL VERLAG

EINZELSCHRIFTEN

Tobias van Maele
Haben Luxusgüter immer Konjunktur?
Lohmar – Köln 2006 • 112 S. • € 36,- (D) • ISBN 3-89936-433-3

Bernd Schlossorsch und Gunda Kempken
Fachschule für die Solinger Stahlwaren-Industrie (FSI) – Die Arbeit der Fachschule im Spiegel ihrer Produkte von 1904 bis 1985
Band III, 1
Lohmar – Köln 2006 • 308 S. • € 49,- (D) • ISBN 3-89936-439-2

Sabine Hellig
Carve-out-Abschlüsse zur bilanziellen Darstellung einer Ausgliederung im Börsenzulassungsprospekt
Lohmar – Köln 2006 • 326 S. • € 52,- (D) • ISBN 3-89936-435-X

Christian Odenthal
Der Einfluß der Wirtschaftsordnung auf betriebliche Altersversorgungsleistungen
Lohmar – Köln 2006 • 310 S. • € 52,- (D) • ISBN 3-89936-449-X

Thomas A. Martin und Monika Prinz
Auslandsmessen im internationalen Marketing – Vergleichende Konzeption des Messeeinsatzes in Osteuropa, China und den USA
Lohmar – Köln 2006 • 128 S. • € 36,- (D) • ISBN 3-89936-453-8

Kenneth K. Mwenda and Victor Mosoti
Contemporary Issues in International Economic Law
Lohmar – Köln 2006 • 420 S. • € 57,- (D) • ISBN 3-89936-454-6

Susanne Keil
Der Zweitmarkt für Lebensversicherungspolicen – Deutschland, Großbritannien und die USA
Lohmar – Köln 2006 • 98 S. • € 33,- (D) • ISBN 3-89936-461-9

Susan Eickenberg
Mitarbeitertypologie und Teambildung – Eine empirische Analyse
Lohmar – Köln 2006 • 328 S. • € 52,- (D) • ISBN 3-89936-464-3

Dr. Susan Eickenberg

Mitarbeitertypologie und Teambildung

Eine empirische Analyse

EUL VERLAG

Bibliographische Information der Deutschen Bibliothek

Die Deutsche Bibliothek verzeichnet diese Publikation in der Deutschen Nationalbibliographie; detaillierte bibliographische Daten sind im Internet über <http://dnb.ddb.de> abrufbar.

Dissertation, Pädagogische Hochschule Freiburg, 2006, unter dem Titel: Personalmanagement – Verhaltensstrukturen und deren Auswirkungen auf Menschen und Organisationen – Die optimale Zusammensetzung von Abteilungen bzw. Teams

ISBN 3-89936-464-3
1. Auflage April 2006

Printed in Germany
Druck: RSP Köln

JOSEF EUL VERLAG GmbH
Brandsberg 6
D-53797 Lohmar
Tel.: +49 (0) 22 05 / 90 10 6-6
Fax: +49 (0) 22 05 / 90 10 6-88
http://www.eul-verlag.de
info@eul-verlag.de

Bei der Herstellung unserer Bücher möchten wir die Umwelt schonen. Dieses Buch ist daher auf säurefreiem, 100% chlorfrei gebleichtem, alterungsbeständigem Papier nach DIN 6738 gedruckt.

Vorwort

Seit 1988 bin ich in der Erwachsenenbildung und beruflichen Fortbildung tätig. Als Personalberaterin und -entwicklerin habe ich langjährige praktische Erfahrungen in unterschiedlichen Branchen gemacht. In meinen Beratungen und Trainings habe ich immer wieder erlebt, dass die wenigsten Menschen ihre Werte, Einstellungen und ihre persönlichen Verhaltensstrukturen kennen. Die Frage nach denselben hat zum Nachdenken angeregt. Das Herausarbeiten ihrer persönlichen Strukturen hat den Menschen geholfen, sich beruflich ihrer Stärken klarer zu werden und sich für eine zu ihnen passende Tätigkeit zu entscheiden.

Die Erkenntnisse, die ich aus den Beratungen erwarb und meine eigenen positiven Erfahrungen und eigene persönliche Entwicklung während meiner Weiterbildung zur Kommunikationstrainerin, veranlassten mich dazu, diese vorliegende Dissertation zu verfassen. Mein Ziel war, herauszuarbeiten, ob sich meine Beobachtungen und Erfahrungen wissenschaftlich belegen lassen.

Mit Beginn der Promotion habe ich mich selbstständig gemacht. Die Gründung meines Institutes für ganzheitliche Potenzialentfaltung (IFGPE) und die selbstständige Tätigkeit als Personalberaterin, -entwicklerin und -trainerin ermöglichen es mir, genau so zu arbeiten, wie ich mir eine ressourcenvolle und erfolgreiche Tätigkeit vorstelle.

Mein Lebensweg wäre wahrscheinlich anders verlaufen, wenn sich nicht mein Doktorvater, Herr Prof. Dr. Walter Mattl, bereit erklärt hätte, mich als Doktorandin anzunehmen. Ich bin ihm daher sehr dankbar und möchte mich herzlich bei ihm bedanken für diese Möglichkeit sowie die mir zugestandenen Freiräume, für seine Geduld und seinen hilfreichen Rat während der Erstellung meiner Dissertation.

Danken möchte ich meinen Freunden, die mir über die Jahre hinweg Beistand gaben. Herzlicher Dank geht hier an meine Freundin, Ludgera Engels, die durch ihre wunderbar entspannenden Massagen meinen Körper und Geist wieder in Einklang gebracht und die mich immer wieder aufgemuntert hat.

Mein besonderer Dank für ihre ständige und aufmunternde Unterstützung gilt meiner Familie. Ausdrücklicher Dank geht an meine Großmutter, Ama, die mir ein zu Hause gegeben hat. Außerdem bedanke ich mich bei meiner Mutter und bei meiner Schwester, Anke Voß, für die vielfältigen Anregungen, die sie mir für diese Arbeit gegeben haben. Zudem bedanke ich mich herzlich bei meinen Schwiegereltern, Anneliese und Friedhelm Eickenberg, die mich auf ihre Art und Weise persönlich und emotional sehr unterstützt haben.

Der weitaus größte Dank gilt meinem Mann, Volker Eickenberg, der trotz seiner eigenen Dissertation immer wieder erhebliche Zeit in die kritische Durchsicht meines Manuskriptes investiert hat und der durch seine Liebe und Geduld mich darin unterstützt hat, meine Dissertation fertig zu stellen.

Ich widme diese Arbeit meinem Mann, Volker Eickenberg.

Willich, im April 2006 Susan Eickenberg

INHALTSVERZEICHNIS

Abbildungsverzeichnis

Tabellenverzeichnis

Abkürzungsverzeichnis

Abb.	Abbildung
AL	Abteilungsleiter
Aufl.	Auflage
bearb.	bearbeitete
Bd.	Band
bzw.	beziehungsweise
ca.	circa bzw. zirka
d. h.	das heißt
durchges.	durchgesehene
Ø	durchschnittlich
erg.	ergänzte
erw.	erweiterte
f./ff.	folgende Seite/folgende Seiten
FK	Führungskraft
HR	Human Ressources
hrsg.	herausgegeben
Hrsg.	Herausgeber
i. d. R.	in der Regel
inkl.	inklusive
insbes.	insbesondere
Jg.	Jahrgang
Jh.	Jahrhundert
K	Koordinator
MA	Mitarbeiter
neubearb.	neubearbeitete
Nr.	Nummer
P	Planer
Q	Qualitätsmanager
rev.	revidierte
s.	siehe
S.	Seite(n)
sog.	so genannt
Sp.	Spalte
stellv.	stellvertretend
Tab.	Tabelle

u.	und
u. a.	unter anderem
überarb.	überarbeitete
usw.	und so weiter
V	Visionär
v. a.	vor allem
vgl./Vgl.	vergleiche/Vergleiche
z. B.	zum Beispiel

A. EINLEITUNG

1. Problemstellung

Seit der Erweiterung der Europäischen Union und der zunehmenden Globalisierung nehmen Organisationen[1] Konkurrenzdruck, ökologische Anpassung sowie technologischer Strukturwandel und Wertewandel als zentrale, als die Organisationen beeinflussende Größen wahr. Sie verlangen dem Wirtschaftssystem und den Individuen einen beschleunigten Anpassungsprozess ab. Die in internationaler Perspektive in Deutschland vergleichsweise starken „institutionellen Rigiditäten", insbesondere das größere Gewicht statusorientierter Beschäftigungsverhältnisse, sind Grundlagen der zentralen Zielstellung einer innerbetrieblichen Suche nach Flexibilisierungspotenzialen. Der mit einem Modernisierungsprozess einhergehenden Notwendigkeit, Entscheidungen unter erhöhtem Risiko treffen zu müssen, wird auf der Unternehmensebene mit Heterogenisierung der Erwerbsformen, Flexibilisierung des Arbeitskräfteeinsatzes, einer Individualisierung der Arbeitsverhältnisse und einer individuellen Personalentwicklung sowie Kontrolle begegnet.

Darüber hinaus erfordern die Arbeitsstrukturen eine größere ganzheitliche Nutzung der Arbeitskräfte qualifizierter Mitarbeiter[2] und Führungspersonen. Dabei verschieben oder erweitern sich die Qualifikationsanforderungen in Richtung Kooperationsfähigkeit und Verantwortungsbewusstsein sowie zu mehr Entscheidungs- und Gestaltungskompetenz.

Mitarbeiter werden nicht mehr allein in Bezug auf ihre gegenwärtige Tätigkeit gesehen, sondern sie werden vermehrt hinsichtlich ihrer Potenziale und individuellen Strukturen gefördert und weiterentwickelt. Vor diesem Hintergrund versuchen Organisationen, ihre Mitarbeiter und Führungskräfte an sich zu binden, nicht zuletzt, um die Erträge der Ausbildungs- und Förderungsinvestitionen in die einzelnen Beschäftigten zu realisieren. Im Rahmen der neuen Organisationsformen wird von den Menschen weitgehend erwartet, dass sie sich mit den Zielen des Unternehmens identifizieren, ihre Kreativität im Sinne der Unternehmensziele entfalten und ihre Arbeit wertschätzen. Die Unternehmen gewähren den Organisationsmitgliedern im Gegenzug mehr Einfluss und Autonomie sowie die Möglichkeit, über die Erfüllung der Aufgaben ihre Potenziale und Fähigkeiten zu verwirklichen. Dabei verschwimmt der Unterschied zwischen Mitarbeitern und Managern zunehmend. Der Mensch wird mehr und mehr als „Unternehmer im Unternehmen" gesehen.

---

[1] In dieser Arbeit werden die Bezeichnungen „Organisation" und „Unternehmen" trotz der üblichen Differenzierung synonym gebraucht. Es wird in diesem Zusammenhang auf die Trennung von erwerbswirtschaftlichen (Unternehmen) und nicht-erwerbswirtschaftlichen Organisationen verzichtet.

[2] Die männliche Form beinhaltet in dieser Dissertation für die vereinfachte Leseart auch immer die weibliche. Eine Ausnahme bildet die eigene Betitelung als Verfasserin.

Bedingt durch diesen Wandel ist das Personalmanagement[3] gefordert und dafür verantwortlich, dass in Unternehmen ein ganzheitlicher Ansatz der Organisations- und Personalentwicklung praktiziert wird. Die bedeutsame Rolle personalverantwortlicher Entscheidungsträger gegenüber Individuen zeigt sich darin, dass sie an innerbetrieblichen Integrationsprozessen und damit an der Strukturierung individueller Lebensläufe mitwirken. Mit der Erfüllung ihrer Aufgabe, die Kriterien für Personaleinstellungen und -beurteilungen festzulegen und diese durchzuführen, nehmen die Mitarbeiter der Personalabteilungen und Führungskräfte eine Schlüsselstellung ein. Dazu gehört, dass bei der Führung von Mitarbeitern ein mitarbeiterbezogener Führungsstil eingesetzt wird und bei der Zusammensetzung von Abteilungen bzw. Teams auf individuelle Verhaltensstrukturen geachtet wird.

Dennoch sind immer wieder Konflikte zwischen einzelnen Personen oder Abteilungen zu beobachten, die entweder durch unterschiedliche individuelle Strukturen und Verhaltensmuster oder Differenzen zwischen den individuellen Werten und Unternehmenswerten entstehen. Besonders gravierende Auswirkungen kann dies für Unternehmen haben, da sich die hier arbeitenden Menschen, die Kollegen, Mitarbeiter bzw. Vorgesetzten üblicherweise nicht aussuchen können. Nicht selten kommen Kollegen untereinander und/oder mit ihrem Vorgesetzten nicht zurecht, weil sie sich nicht verstehen. Konflikte oder Demotivation entstehen auch dann, wenn die Führungskräfte nicht mitarbeiterbezogen führen. Diese Konflikte werden offen oder unterschwellig ausgetragen. Das hat häufig zur Folge, dass das Betriebs- bzw. Abteilungsklima nicht stimmt, ineffizientes Arbeiten vorherrscht und Ressourcen unnötig gebunden und damit blockiert sind. Außerdem ist in Unternehmen, in denen das Management Fehler macht und in denen es Angst machendes und hemmendes Verhalten gibt, die Fluktuationsrate sehr hoch.

Wenn zu viele Menschen mit zu unterschiedlichen Wahrnehmungen und Vorgehensweisen zusammenarbeiten, die kein Verständnis und keinen Respekt füreinander haben, geschieht dies meist aus einer Unkenntnis heraus. Das Arbeiten miteinander wird besonders schwierig. Wenn hingegen Menschen sich untereinander respektieren und sich gegenseitig motivieren, können sie in den Organisationen, Bereichen, Abteilungen und/oder Teams optimal miteinander arbeiten. Grundvoraussetzung ist dazu, dass Mitarbeiter und Führungskräfte zum Unternehmen passen bzw. die Unternehmenskultur mit deren Strukturen übereinstimmt.

In dieser Arbeit wird von der Annahme ausgegangen, dass Menschen grundsätzlich Berufe anstreben, die mit ihren dominierenden Persönlichkeitsstrukturen kongruent sind. Sie tendieren zu den Berufen und Arbeitsstellen, die sie dazu befähigen, ihre Persönlichkeit auszudrücken und ihre persönlichen Ressourcen zur Anwendung zu bringen. Das hat zur Folge, dass jeder

[3] Die Bezeichnung Personalmanagement steht im synonymen Zusammenhang zu den Begriffen Personalwesen, Personalwirtschaft, Personalpolitik, Personalführung, Human Ressource Management.

Beruf und jede Arbeitsumwelt von einem bestimmten Persönlichkeitstyp dominiert wird. Damit kann auch zum Ausdruck gebracht werden, dass Personen dann beruflich zufriedener, produktiver und stabiler in einer Arbeitsumwelt sind, wenn sie kongruent mit ihrem Persönlichkeitstyp ist. Diese Aussage beinhaltet auch, dass Arbeitszufriedenheit eher in solchen Arbeitssituationen angetroffen werden kann, in denen die Persönlichkeitsstrukturen der Person, also ihre Werte und Einstellungen, mit den Charakteristiken der Arbeitsumwelt kongruent sind.

Zu dieser Eigenverantwortung gehört ebenfalls, dass Menschen trotz der Rahmenbedingungen der Umwelt in dem Beruf arbeiten, der am besten zu ihren Werten und Neigungen passt. Jedoch wissen viele Personen nicht um ihre eigenen Strukturen. Wenn Personen sich ihrer eigenen Verhaltensstrukturen und damit verbundenen Neigungen bewusst sind und gegenüber anderen eine positive Einstellung haben und die Werte der Mitmenschen erkennen, ist das Miteinander bedeutend einfacher. Die Einstellung wird noch positiver, wenn alle beginnen, Verständnis für die Qualitäten und Andersartigkeit der anderen zu entwickeln.
Meist fällt es den Menschen leichter, die Beschränkungen der anderen zu beschreiben als die positiven Seiten zu erkennen. Die Stärken und das Potenzial anderer Menschen zu erkennen erfordert, die selbsterfüllenden Prophezeiungen negativer Wahrnehmung zu überwinden und damit seine Filter abzulegen. Effektives Arbeiten miteinander - ob im Team oder in Abteilungen - basiert u. a. auf der Fähigkeit, zur Erledigung einer Arbeit mit Kollegen zu kooperieren. Je besser man das Wertvolle in seinen Mitarbeitern bzw. Kollegen bzw. Vorgesetzten erkennt, desto mehr lässt sich die eigene Effektivität vergrößern.

Oft hindern aber bürokratische Strukturen in Organisationen, dass die Ressourcen von Mitarbeitern nicht erkannt werden, da sie bei der Arbeit innerhalb ihrer Arbeitsplatzbeschreibung und ihrer Anweisungskette verbleiben müssen. Dadurch werden wertvolle Talente, Wissen und Erfahrungen Einzelner nicht erkannt und das damit einhergehende Potenzial wird nicht genutzt.

Veränderungsprozesse in Unternehmen erfordern die Mitwirkung möglichst vieler Mitarbeiter. Aus diesem Grund sollten Betroffene zu Beteiligten gemacht werden. Wenn es gelingt, die Mitarbeiter zu unternehmerischem Verhalten zu motivieren, dann verfügt das Unternehmen über einen strategischen Wettbewerbsvorteil, eine unverwechselbare Kernkompetenz. Diese ist weit schwerer zu imitieren als Produkte, die in vielen Branchen kaum noch zu differenzieren sind. Auf der Grundlage einer solchen ressourcenorientierten Strategie besteht für Unternehmen mit mehr unternehmerisch qualifizierten und motivierten Mitarbeitern die Hoffnung, im globalen und dynamischen Wettbewerb eine führende Rolle einzunehmen.

2. Ziele, Nutzen und Abgrenzung der Dissertation

2.1 Ziele der Dissertation

Ziel dieser Arbeit ist, unterschiedliche Verhaltensstrukturen[4] und deren Auswirkungen auf Menschen und Organisationen darzustellen. Die Arbeit soll weiter klären, wie Menschen zu ihren Verhaltensstrukturen passenden Tätigkeiten zugeordnet und somit ihren Neigungen und Fähigkeiten entsprechend eingesetzt werden können. Die Darstellung einer zu entwickelnden Typologie soll die Möglichkeit eröffnen, die Wahrnehmung der eigenen typischen Verhaltensweisen zu schärfen und ein Gespür für die Präferenzen anderer Menschen in ihrer Umgebung zu entwickeln. Sie soll auch dazu dienen, vermehrt Arbeitnehmer ihren Neigungen entsprechend einsetzen zu können und Hinweise für Verhaltensweisen beinhalten, die aufzeigen, wie Beziehungen mit anderen Menschen verbessert werden und eine gute Zusammenarbeit möglich wird. In diesem Zusammenhang wird weiter entwickelt und aufgeführt, wie die Zusammensetzung in Abteilungen bzw. Teams optimiert werden kann. Ziel dabei ist ebenfalls aufzuzeigen, wie Organisationen eine höhere Arbeitszufriedenheit bei ihren Mitarbeitern und Führungskräften erreichen und diese mehr an sich binden können.

Diese Arbeit soll nicht nur zu einer Diskussion über einen optimalen Einsatz von Arbeitnehmern und über die Zusammensetzung von Abteilungen und Teams anregen, mit ihr wird auch die Beantwortung der nachstehenden Fragen verfolgt:

1. Steuern persönliche Werte die Auswahl des Berufs bzw. die Wahl einer beruflichen Tätigkeit?
2. Können Berufen bzw. Tätigkeitsbereichen Werte zugeordnet werden und sind hier bestimmte Persönlichkeitstypen zu finden?
3. Sind aus individuellen Strukturen Gemeinsamkeiten ablesbar, und sind diese für eine Personen- bzw. Berufsgruppe typisch?
4. Wo sind die Unterschiede? Wie wirken sie sich aus?
5. Welche Typologie könnte daraus entwickelt werden?
6. Welche Mitarbeitertypen braucht ein Unternehmen, um wettbewerbs- und entwicklungsfähig zu sein?

---

[4] Verhalten wird verstanden als ein Sammelbegriff für alle äußerlich beobachtbaren und entsprechend beschreibbaren Aktivitäten eines Menschen sowie für alle verdeckten, d. h. innerlich ablaufenden Vorgänge, wie z. B. Denken, Vorstellen, Empfinden und Fühlen. Das Verhalten besteht aus den konkreten Handlungen, unabhängig von ihren Fähigkeiten (vgl. Arnold/Eysenck/Meili, Bd. 3, 1988, S. 2454 f.).
Als Struktur wird der formale Aufbau von Ordnungsverhältnissen in einem Zusammenhang verstanden. Dilthey führte den Strukturbegriff in die Geisteswissenschaften ein und bezeichnete nach ihm das seelisch-geistige Leben als gegliedertes Gefüge bzw. Ganzheit. Mit Strukturen sind eine für eine bestimmte Person bzw. Personengruppe charakteristische, über längere Zeit, im Extremfall über das ganze Leben beständige Art und Weise des Erlebens von Situationen und Lebensumständen und das daraus resultierende Verhalten gemeint (vgl. Dorsch 1987, S. 663).

7. Gibt es typenspezifische Merkmale, die aufgrund des gezeigten Verhaltens und/oder innerhalb eines Gesprächs herausgefunden werden können?
8. Welche Rahmenbedingungen im Unternehmen müssen gegeben sein, damit die Arbeitzufriedenheit der Arbeitnehmer steigt?

Zur Beantwortung der vorgenannten Fragen sind für diese Arbeit folgende Hypothesen aus dem mehrjährigen Erfahrungsumfeld der Verfasserin mit Berufstätigen gebildet worden, die in der Voruntersuchung erhärtet und in der Hauptuntersuchung überprüft werden:

1. Es gibt individuelle Verhaltensstrukturen und diese steuern das Verhalten. Dafür sind individuelle Werte und damit einhergehende andere Verhaltensstrukturen verantwortlich, die Verhalten im persönlichen und beruflichen Bereich beeinflussen und steuern.
2. Berufstätige sind oft nicht in ihren persönlichen Verhaltensstrukturen und damit Neigungen entsprechenden Tätigkeitsbereichen bzw. Positionen beschäftigt.
3. Werte können in Gruppen bzw. Kategorien zusammengefasst und somit einem bestimmten Typ zugeordnet werden. Bedingt durch diese Unterschiede kann eine Typologie entwickelt werden.
4. Typen können Tätigkeitsbereichen zugeordnet werden.
5. Es kann eine unternehmensbezogene Typologie entwickelt werden. Diese kann in Unternehmen bei Stellenbesetzungen und für die Mitarbeiterführung eingesetzt werden.
6. Für den größtmöglichen Unternehmenserfolg ist eine Zusammensetzung verschiedener Typen in Abteilungen bzw. Teams notwendig.

2.2 Nutzen der Dissertation

Für das Personalmanagement und für die Arbeitnehmer werden Wissensdefizite über Verhaltensstrukturen abgebaut. Damit Arbeitnehmer in einem für sie optimalen Tätigkeitsbereich eingesetzt werden, ist es einerseits wichtig, dass Personalverantwortliche Verhaltensstrukturen einschätzen können. Andererseits ist es hilfreich, wenn Arbeitnehmer ihre eigenen Verhaltensstrukturen kennen und sich über ihre Ziele im Klaren sind.

Konflikte entstehen größtenteils, weil sich Kollegen und Führungskräfte untereinander nicht verstehen und sie das Verhalten anderer auf sich persönlich beziehen. Das hat häufig zur Folge, dass das Betriebs- bzw. Abteilungsklima nicht stimmt, ineffizientes Arbeiten vorherrscht und Ressourcen unnötig gebunden und damit blockiert sind. Die Ausführungen in dieser Arbeit sollen dazu dienen, das Konfliktpotenzial abzubauen und mehr Verständnis füreinander zu gewinnen.

Um vorgenannte Nutzenvorteile zu erreichen, wird eine komprimierte und leicht anwendbare Typologie entwickelt. Es werden für die Typologie aussagekräftige Mitarbeitertypen herausgearbeitet und Empfehlungen ausgesprochen, wie Mitarbeiter ihrem Typ entsprechend eingesetzt und geführt werden sollten. Ferner werden Empfehlungen gegeben, wie die unterschiedlichen Typen miteinander kooperieren und somit besser zusammenarbeiten können. Dies impliziert eine Empfehlung für eine optimale Zusammensetzung für Abteilungen und Teams.

In erster Linie können die hieraus ableitbaren Erkenntnisse für die Gestaltung eines strategischen Personalmanagements verwendet werden. In zweiter Linie können sie auch für einzelne Arbeitnehmer zum Nutzen sein, die ihr Potenzial und ihre Arbeitskraft in dem Tätigkeitsfeld einbringen wollen, das sie erfolgreicher und zufriedener machen kann.

Bedingt durch die technologischen, gesellschaftlichen und wirtschaftlichen Änderungsprozesse ist der Erfolg eines Unternehmens in hohem Maße von der Qualität seiner personalpolitischen Entscheidungen geprägt. Qualifizierte und motivierte Mitarbeiter sind das wichtigste Potenzial, mit dem sich ein Unternehmen erfolgreich auf dem Markt platzieren kann.

2.3 Abgrenzung der Dissertation

Im Fokus der Betrachtung stehen Mitarbeiter und Führungskräfte, die in einem Unternehmen unbefristet angestellt sind. Grundsätzlich sind die Ausführungen in dieser Arbeit, wie z. B. zur Typologie, Einsatzmöglichkeiten und Arbeitplatzwahl, unter idealen Rahmenbedingungen eines Arbeitnehmermarktes zu verstehen. Nicht beachtet werden in dieser Arbeit die Einschränkungen, die die heutige schwierige Arbeitsmarktsituation mit sich bringt.

Das Personalmanagement bildet die Schnittstelle zwischen technologischen Entwicklungen und sozialen, insbesondere unternehmensspezifischen arbeitsorganisatorischen Ansprüchen und den individuellen Ansprüchen des gesamten Personals an die Arbeit, das Einkommen, die Arbeitszeit und/oder Entwicklungsmöglichkeiten. Aufgabe des Personalmanagements ist die Integration von Individuen in die Organisation, z. B. durch die Berücksichtigung ihrer Bedürfnisse und Werte, ihrer Entwicklung und Fähigkeiten und das Schaffen herausfordernder Arbeitsbedingungen. Unternehmensstrategie, Organisationsentwicklung, Personalentwicklung, die Besetzung von vakanten Stellen und Weiterbildung sind außerdem zentrale Aufgaben des Personalmanagements.

Diese Arbeit beschränkt sich auf die Personalauswahl, Sozialisation von Mitarbeitern, Grundlagen der Personalführung und Zusammenarbeit sowie Personalentwicklung.

3. Aufbau der Arbeit und Methode

3.1 Aufbau der Arbeit

Im **Hauptkapitel B** wird die Hypothese Nr. 1 dieser Arbeit durch Literaturrecherche und dadurch zu findende Aussagen anderer Autoren bzw. wissenschaftliche Erkenntnisse überprüft. In diesem Kapitel werden die *Grundlagen* geschaffen, die für ein tieferes Verständnis des Themas erforderlich sind. Um ein besseres Verständnis für Verhalten im Allgemeinen zu erhalten, wird im Kapitel 1 auf *Verhaltensstrukturen und deren Auswirkungen auf Individuen* eingegangen. Dieses Kapitel beschreibt einzelne Verhaltensstrukturen, die in dem Begriff „Inneres persönliches System" zusammengefasst werden. Diese Beschreibungen dienen auch als Grundlage für ein besseres Verständnis der Darstellungen in den Hauptkapiteln E und F. Im Verlauf werden weitere Verhaltensstrukturen und deren Auswirkungen beschrieben. Ausgewählt wurden Themen, welche die zwischenmenschliche Kommunikation und Beziehung untereinander betreffen. Im nachfolgenden Kapitel 2 werden unternehmensrelevante Grundlagen thematisiert und auf das *Verhalten in Unternehmen* bezogen. Inhalt dieses Kapitels ist die Darstellung von allgemeinen verhaltensrelevanten Themen, die eine Organisation betreffen, um zumindest ein Basiswissen zu vermitteln. Dieses Kapitel dient auch dazu, die im Hauptkapitel A, Kapitel 2.1, gestellte Frage Nr. 8 zu beantworten und aufgestellte Hypothese Nr. 2 aufgrund der theoretischen Ausführungen zu verifizieren. Im Kapitel 3 sind grundlegende *Ausführungen zu Abteilungen und Teams* zu finden. Das Kapitel 4 fasst dieses Hauptkapitel zusammen.

In dem **Hauptkapitel C** wird auf die Hypothese Nr. 1 eingegangen und dient dazu, die im Hauptkapitel A, Kapitel 2.1, gestellte Frage Nr. 8 zu beantworten. Um für dieses Thema zu sensibilisieren und Antworten zu geben wird *Verhalten mit negativen Auswirkungen auf Menschen und Organisationen* aufgezeigt und dabei auf die Ursachen und Konsequenzen eingegangen. In den Kapiteln 1 und 2 werden fehlerhafte, hemmende und Angst machende Verhaltensweisen der Unternehmensleitung und von nachrangigen Führungskräften vorgestellt. Das Kapitel 3 beinhaltet weitere hemmende und Angst machende Verhaltensweisen vom Management, von Führungskräften und Mitarbeitern. Die Ausführungen zeigen Ursachen und Konsequenzen dieses Verhaltens. Im Kapitel 4 ist eine Zusammenfassung dieses Hauptkapitels zu finden.

Im **Hauptkapitel D** erfolgt die Beschreibung und Auswertung der *empirischen Untersuchung*. Im Kapitel 1 werden Aussagen zur Zielgruppe, Zielsetzung und Vorgehensweise gemacht. Ziel ist die Beantwortung der im Hauptkapitel A, Kapitel 2.1, aufgeworfenen Fragen (Nr. 1-5 und 7-8) und die Verifizierung der Hypothesen (Nr. 2-5). Es wird darauf eingegangen, ob aus individuellen Strukturen Gemeinsamkeiten ablesbar und diese für eine Personen- bzw. Berufsgruppe typisch sind und gegebenenfalls daraus eine Typologie entwickelt werden kann. Dazu gehört auch die Analyse, wie Abteilungen und Teams optimal zusammengesetzt sein sollten. Die Voruntersuchung besteht aus Explorationsgesprächen mit Berufstätigen aus unterschiedlichen Branchen. Mit ihr wird der Fragebogen für die Hauptuntersuchung entwickelt. In der Hauptuntersuchung werden die vorgenannten Fragestellungen abschließend beantwortet sowie die Hypothesen überprüft. Dieses Kapitel schließt mit einer Zusammenfassung der markanten Ergebnisse.

Das **Hauptkapitel E** dient der Zusammenführung der Hauptkapitel B, C und D und beantwortet die im Hauptkapitel A, Kapitel 2.1, gestellten Fragen. Es beinhaltet eine eigenständig entwickelte *Typologie*. Die Typologie wurde in enger Anlehnung an die für diese Arbeit durchgeführte Untersuchung entwickelt. Im ersten Kapitel wird zunächst auf die Ziele der Entwicklung der Typologie eingegangen. Daran anschließend werden im Kapitel 2 die vier Persönlichkeitstypen beschrieben und ihre Merkmale, Werte und Fähigkeiten aufgezeigt. Darüber hinaus wird erklärt, wie die Typen im Alltag an ihrem Verhalten und durch ihre Fragestellungen bzw. typenbezogenen Aussagen erkannt werden können. Im dritten Kapitel werden anhand von ausgewählten personalwirtschaftlichen Bereichen aufgezeigt, wie die Typologie in Organisationen angewendet werden kann. Dafür wird auf eine typenorientierte Personalauswahl eingegangen, Einsatzmöglichkeiten der Typen im beruflichen Umfeld gezeigt und eine Mitarbeiterführung unter Beachtung der Typologie dargestellt sowie die Personalentwicklung kurz erläutert. In diesem Kapitel wird die in dem Hauptkapitel A, Kapitel 2.1, aufgeworfene Frage Nr. 8 beantwortet.
Die Typologie soll für den Alltag genutzt werden können; vor allem aber im Hinblick auf das Thema Personalmanagement eine Orientierung für die Optimierung der Besetzung von vakanten Stellen, eine optimale Zusammensetzung von Abteilungen und Teams damit auch der Zusammenarbeit in Unternehmen bieten. Die Entwicklung der Typologie erfolgt durch eine eigenständige empirische Untersuchung in der Form einer Befragung und der Auswertung der Befragungsergebnisse. Darüber hinaus fließen die persönlichen Erfahrungen und Beobachtungen der Verfasserin ein, die sie während ihrer langjährigen Tätigkeit im Personalbereich und als selbstständiger Personalberater und Kommunikationstrainer gemacht hat. Dieses Hauptkapitel wird im Kapitel 4 zusammengefasst.

Im Kapitel **Hauptkapitel F** werden die Erkenntnisse aus der theoretischen und praktischen Bearbeitung des Themas für *Empfehlungen* genutzt, die sich auf eine *optimale Zusammensetzung von Abteilungen bzw. Teams* unter Beachtung der Anwendung der Typologie beziehen. Es beinhaltet die Beantwortung der im Hauptkapitel A, Kapitel 2.1, aufgeworfenen Fragen Nr. 6 und 8 und überprüft die Hypothese Nr. 6. Im ersten Kapitel werden bezüglich der Typologie Typenrollen im Team und der Umgang mit Teammitgliedern dargestellt sowie auf die

Zusammenstellung von Teams, die Arbeitsbeziehungen im Team und auf Teambesprechungen eingegangen. Im zweiten Kapitel werden Maßnahmen zur Förderung der Zusammenarbeit in Abteilungen und Teams aufgezeigt. Die Ausführungen sollen dabei Antworten und Lösungen auf die in dem Hauptkapitel A, Kapitel 2.1, gestellten Fragen geben. Dieses Hauptkapitel wird im Kapitel 3 zusammengefasst.

Im **Hauptkapitel G** werden die Ergebnisse der Dissertation zusammengefasst.

Das **Hauptkapitel H** beinhaltet Schlussbemerkungen, Ausblick und eine eigene Stellungnahme.

In den **Anhängen 1 bis 11** sind Grafiken und Tabellen abgebildet. Der **Anhang 12** zeigt den Fragebogen, das Schreiben an die Vorstandsvorsitzenden bzw. die Geschäftsführer mit dem um Unterstützung für die empirische Untersuchung im Rahmen dieser Dissertation gebeten wurde sowie eine Kurzmitteilung als Feedback-Bogen, um schnell in Erfahrung zu bringen, ob sich das angeschriebene Unternehmen beteiligt.

3.2 Methode

3.2.1 Literaturanalyse und persönliche Erfahrungen im Rahmen des Desk Research

Als Grundlage für diese Arbeit werden Literaturinhalte aus der Psychologie, Soziologie und Wirtschaftswissenschaft analysiert. Dies ist notwendig, weil das zu behandelnde Thema ein umfangreiches verhaltensspezifisches Problem darstellt und damit von unterschiedlichen Wissenschaftsdisziplinen berührt wird. Außerdem sollen durch diese Methoden einzelne Hypothesen überprüft und Fragen beantwortet werden. Darüber hinaus fließen in diese Arbeit die persönlichen Erfahrungen und Beobachtungen der Verfasserin ein, die sie während ihrer langjährigen Tätigkeit im Personalbereich und als selbstständiger Personalberater und Kommunikationstrainer gemacht hat.

Zur repräsentativen Unterstützung der einerseits aus der Literaturanalyse gewonnenen Ergebnisse und andererseits der aus der Praxis formulierten Hypothesen wird eine eigenständige empirische Erhebung durchgeführt, die in eine Vor- und Hauptuntersuchung gegliedert ist.[5]

[5] Die Methode der empirischen Untersuchung ist in dieser Arbeit im Hauptkapitel D, Kapitel 1 „Darstellung und Ziele der empirischen Untersuchung“ detailliert dargestellt.

3.2.2 Voruntersuchung im Rahmen des Field Research

Erkenntnisleitend dienen für die Voruntersuchung Hypothesen, die aus den Erfahrungen der Verfasserin mit Arbeitnehmern, Cochees und Teilnehmern von Kommunikations- und Verhaltenstrainings gewonnen wurden. Die Voruntersuchung wird mit einer Testgruppe bestehend aus 18 Personen erfolgen. Befragt werden Teilnehmer einer Kommunikationsausbildung zum Trainer, die in unterschiedlichen Unternehmen und Branchen als Mitarbeiter, Führungskräfte oder als Selbstständige[6] arbeiten. Bei der Auswahl der Teilnehmer für die zwei Gruppendiskussionen wird auf eine möglichst große sozioökonomische Repräsentanz Wert gelegt. Die Ausgangsbasis für die Gruppendiskussionen mit der beschriebenen Testgruppe bildet ein Diskussions-Leitfaden, der vorrangig Fragen zu persönlichen und beruflichen Werten sowie die Einstellungen zum Führungsverhalten, zum Unternehmen und zur Arbeitszufriedenheit beinhaltet. Insgesamt sollen die Teilnehmer 34 Fragen beantworten, die weitgehend offen und leicht verständlich gestellt werden, um eine möglichst hohe Informationsvielfalt und eine geringe Verweigerungsquote zu erhalten. An bestimmten Stellen ist beabsichtigt, die Diskussion von der Verfasserin in der Rolle des Moderators bewusst zu fokussieren und zu provozieren. Die Gruppendiskussionen verfolgen einerseits den Zweck, Fragestellungen für die Hauptuntersuchung allgemein verständlich zu gestalten. Andererseits dienen sie auch dem Zweck, die unterschiedlichen Einstellungen der Teilnehmer direkt miteinander zu konfrontieren. Auf diese Weise sollen scharfe Konturen für die Hauptuntersuchung herausgearbeitet werden. Die Gruppendiskussionen sollen jeweils zirka zwei Stunden in Anspruch nehmen. Die Erkenntnisse der Voruntersuchung werden in die Hauptuntersuchung eingehen und zu einem Fragebogen generiert werden.

3.2.3 Hauptuntersuchung im Rahmen des Field Research

Mit der Hauptuntersuchung wird weiter überprüft, ob die Hypothesen verifiziert werden können. Der für die Hauptuntersuchung vorgesehene Fragebogen soll neben einem soziodemografischen Teil die Themenkomplexe persönliche und berufliche Werte, Branchen- und Tätigkeitsbereiche, Position und Verweildauer im Unternehmen sowie die Einstellungen zum Führungsverhalten, zur Zusammensetzung von Abteilungen bzw. Teams und zur Arbeitszufriedenheit beinhalten. Bei der Fragebogenentwicklung wird darauf geachtet, dass die Befragungsergebnisse aus der Voruntersuchung ausreichende Berücksichtigung finden. Es ist beabsichtigt, dass der Umfang des Fragebogens mit dem Deckblatt fünf Seiten beträgt und als Papierausdruck an die teilnehmenden Unternehmen versendet wird. In der Hauptuntersuchung wird ebenfalls versucht, die Verweigerungsquote möglichst gering zu halten, indem in Absprache mit

---

6 Der Begriff „Selbstständige" beinhaltet alle Personen, die nicht in einem Angestelltenverhältnis stehen. Dazu gehören z. B. auch die Freiberufler.

den Unternehmen der Befragung ein Empfehlungsschreiben des Vorstands oder des Personalverantwortlichen beigefügt wird. Darüber hinaus wird jedem Teilnehmer eine Kurzanalyse seines Persönlichkeitsprofils angeboten, um ihn für die Teilnahme zusätzlich zu motivieren. Bei der Auswahl der Unternehmen wird darauf geachtet, dass es mittelständische Unternehmen sowie Großunternehmen unterschiedlicher Branchen in Deutschland sind. Ergänzend dazu werden Selbstständige befragt. Die Befragung wird auf ganz Deutschland ausgerichtet sein. Die repräsentative Auswahl der Teilnehmer und die Versendung der Fragebögen an die Probanden sollen von den betroffenen Unternehmen von März bis September 2002 übernommen werden. Die gewünschte Datenbasis soll zwischen 1.500 und 2.000 Probanden liegen. Es besteht die Absprache mit den Ansprechpartnern der Unternehmen, dass sie bis Ende September 2002 sukzessive die beantworteten Fragebögen zur Auswertung an die Verfasserin weiterleiten.

Im Rahmen der Dissertation soll eine Typologie entwickelt werden. Die Entwicklung der Typologie erfolgt aufgrund einer empirischen Untersuchung, der langjährigen Erfahrungen und Beobachtungen der Verfasserin als Personal- und Karriereberater, Coach und Kommunikationstrainer. In diesem Tätigkeitsfeld konnte sie umfassende Beobachtungen von Verhaltensstrukturen und deren Auswirkungen machen. Diese langjährigen Beobachtungen fließen mit in die Typologie ein und ergänzen die empirische Untersuchung. Außerdem konnte die Verfasserin als Institutsleiterin im Rahmen von Kommunikationstrainings die Kategorisierung der Typen überprüfen und verfeinern. Dafür wurden seit 2003 in 9 Workshops mit insgesamt 100 Teilnehmern schriftliche Umfragen durchgeführt und ausgewertet. Dadurch konnten die in der empirischen Untersuchung herausgefundenen Ergebnisse weiter ausgearbeitet und die o. g. Erfahrungen und Beobachtungen[7] empirisch unterlegt werden. Der Fokus lag darauf, die Werte der vier Grundtypen weiter zu differenzieren und Merkmale, Fähigkeiten und Einsatzmöglichkeiten der Typen herauszuarbeiten, um mit diesen Ergebnissen auch Empfehlungen für die optimale Zusammensetzung von Abteilungen und Teams geben zu können.

[7] Nachfolgend werden keine Differenzierungen zwischen den beruflichen Erfahrungen, Beobachtungen und Erfahrungen und Auswertungen aus den Workshops gemacht, sondern werden in „Erkenntnisse der Verfasserin“ zusammengefasst.

B. GRUNDLAGEN

1. Verhaltensstrukturen und deren Auswirkungen

Wie in der Problemstellung beschrieben, verändert sich unsere Umwelt permanent durch technologische, gesellschaftliche und wirtschaftliche Entwicklungen. Damit geht einher, dass plötzlich andere Fähigkeiten und persönliche Kompetenzen, in heutiger Zeit z. B. ein menschen- bzw. mitarbeiterorientiertes Verhalten, erwartet werden. Einige Personen und Unternehmen schaffen es, diesem Wandel erfolgreich zu folgen und für sich positiv nutzen zu können. Es stellt sich die Frage, was sie machen, um erfolgreich zu sein.
Erfolgreich sind meist die Personen, die sich mit Verhaltensstrukturen und deren Auswirkungen beschäftigt haben. Das bedeutet einerseits, dass diese Personen ihre eigenen Verhaltensstrukturen kennen und daher wissen, was ihnen wichtig ist und welche Auswirkungen ihre Einstellungen und ihr Verhalten haben. Andererseits können diese Personen ihre Kenntnisse über Verhalten ins Unternehmen einbringen und dadurch dafür sorgen, dass das Personal[8] so qualifiziert und gefördert wird, dass das Unternehmen auf dem Markt wettbewerbsfähig und erfolgreich bleibt.

Ziel dieser Arbeit ist darzustellen, dass es individuelle Verhaltensstrukturen gibt, die das Verhalten steuern. Aus diesem Grund wird in diesem Kapitel auf die im Hauptkapitel A, Kapitel 2.1, aufgestellte Hypothese Nr. 1 eingegangen, um sie anhand von Literaturrecherchen zu überprüfen. Außerdem soll aufgezeigt werden, welche Auswirkungen die unterschiedlichen Verhaltensstrukturen und dementsprechendes Verhalten auf das Individuum und die Umwelt haben. Daher werden in diesem Kapitel ausgewählte Verhaltensstrukturen mit dem Ziel beschrieben, eine begriffliche Grundlage und ein besseres Verständnis für die Ausführungen in den nachfolgenden Kapiteln zu schaffen. Außerdem soll eine Sensibilisierung für menschliches Verhalten in dem Sinne erreicht werden, dass dadurch mehr Akzeptanz bzw. Toleranz für die unterschiedlichen Persönlichkeitsausprägungen und damit einhergehendes Verhalten möglich werden kann. Dafür werden die unterschiedlichen Steuerungsfaktoren des menschlichen Verhaltens vorgestellt und aufgeführt, welche Auswirkungen diese persönlichen Strukturen in dieser Arbeit als „Inneres persönliches System“ tituliert auf das Verhalten haben. Da Verhalten ein umfassendes Thema ist, werden ausgewählte allgemeine Themen, wie Kommunikation und Motivation, als weitere Verhaltensstrukturen angerissen.

[8] Mit Personal ist die Gesamtheit der Mitarbeiter und Führungskräfte in einer Organisation gemeint.

Persönlichkeitsstrukturen[9] und damit einhergehende Verhaltensstrukturen bilden sich durch die Interaktion zwischen Individuum und Umwelt. Folglich sollte jede Verhaltensbeschreibung sowohl die Situationen, in denen das Verhalten abläuft, als auch die internen kognitiven Aktivitäten des Individuums mit einbeziehen. Die folgenden vier Punkte verdeutlichen dies (vgl. dazu Neber/Wagner/Einsiedler (Hrsg.) 1978, S. 134):

- Verhaltensweisen werden durch eine kontinuierliche *Interaktion* (Rückmeldung) zwischen Individuum und Situation determiniert.
- Das Individuum ist *zielgerichteter*, aktiver Träger dieses Interaktionsprozesses, d. h., es wählt Situationsaspekte aus und beeinflusst Situationen durch Handlung.
- *Kognitive* Faktoren sind für den Interaktionsprozess entscheidend.
- Die *psychische Bedeutung* der Situation ist für das Individuum eine wesentliche Verhaltensdeterminante.

Die Interaktionsprozesse haben zur Folge, dass das Individuum die erlebten Erfahrungen bewusst als auch unbewusst[10] in sein Inneres aufnimmt und daraus seine spezifischen inneren Strukturen vorrangig unbewusst bildet. Diese inneren Strukturen werden in der vorliegenden Arbeit zusammengefasst zum „Inneren persönlichen System". Die Strukturen des „Inneren persönlichen Systems" zeigen sich der Umwelt in dem zu beobachtbaren Verhalten, auf welches die Umwelt reagiert. Die Erfahrungen, die eine Person daraufhin macht, werden in das „Innere persönliche System" integriert. Die Gesamtheit dieses Prozesses hat wiederum Einfluss auf die Identität[11] und steht im engen Zusammenhang mit dem Verhalten, das eine Person zeigt. Aus dieser Wechselwirkung bildet sich das „Persönliche System"[12] heraus, welches ein Individuum mit seiner Persönlichkeit[13] ausmacht.
Zu beachten ist, dass auch das Individuum seine Umwelt durch sein Verhalten prägt. Letztendlich sind es ein Kreislauf und ein Austausch zwischen der Person mit sich selbst und der

---

[9] Es gibt eine Vielzahl von Theorien, welche die Entwicklung der Persönlichkeit darstellen. Die Theorien unterscheiden sich durch u. a. das Menschenbild, die Interpretation von Entwicklung und von Verhalten und durch die Untersuchungsmethoden. Siehe dazu z. B. die psychoanalytische Theorie von Sigmund Freud, die Theorie der Identitätssuche von Erik H. Erikson, die Individualpsychologie nach Alfred Adler, die Analytische oder Komplexe Psychologie von Carl G. Jung, die klientenzentrierte Persönlichkeitstheorie nach Carl R. Rogers, die Persönlichkeitskonstrukttheorie von George A. Kelly, Lerntheoretische Ansätze, die sozial-kognitive Theorie von Bandura und Mischel und die Motivationstheorie von Abraham H. Maslow. Einen Gesamtüberblick über die Theorien gibt u. a. Fisseni 1998; Pervin 1993; s. zum Thema Menschbilder bei Oerter (Hrsg.) 1999.

[10] Siehe für die Begriffe unbewusst und bewusst bzw. Unbewusstes und Bewusstes Freud 1992, S. 117 ff. und Jung 1995. Weitere Literatur dazu sind zu finden bei Freud 1941 und 1975.

[11] Siehe dazu die Theorie von Erikson (vgl. Erikson 1975); Entwicklungsphasen von Erikson (vgl. Erikson 1975, S. 228 ff.).

[12] Beobachtbares Verhalten und „Inneres persönliches System" bilden das „Persönliche System".

[13] Vgl. zu der historischen Entwicklung der unterschiedlichen Begriffsbildungen von „Persönlichkeit" und „Person" auch Faulstich-Wieland 2000, S. 24-34.

Person mit der Umwelt[14] (vgl. Fisseni 1998, S. 267; LeMar 1997, S. 57 f.; Cohen/Fink/Gadon/ Willits 1996, S. 239; Hurrelmann 1995, S. 10). Dieser Prozess wird in der folgenden Abbildung dargestellt:

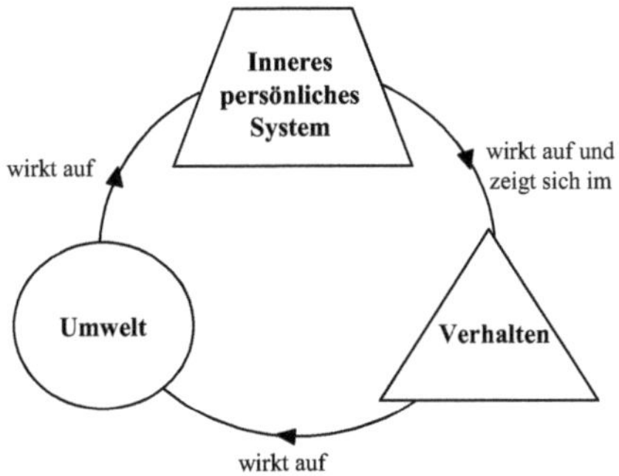

Abb. 1: Wechselwirkung zwischen dem „Inneren persönlichen System", Verhalten und Umwelt
Quelle: Eigene Darstellung

Das folgende Fallbeispiel soll diesen Prozess verdeutlichen:
Herr A sitzt pünktlich um 8:00 Uhr an seinem Schreibtisch. Er legt großen Wert auf Genauigkeit. Seine Kollegin, Frau B, kommt wieder einmal ein paar Minuten später und spürt den kritischen Blick von Herrn A, obwohl dieser nicht von seinen Unterlagen aufschaut. Sie ärgert sich. Er scheint bewusst nach Fehlern zu suchen und findet tatsächlich immer etwas, an dem er etwas auszusetzen hat. Herr A ist in seiner Umgebung bekannt dafür, dass er sich auf seine Arbeit konzentriert und die Aufgaben gern klar definiert haben möchte. Er achtet auf Details und Fakten. Er gilt bei seinen Kollegen als kühler, distanziert wirkender Analytiker. Dagegen empfindet Frau B Routinearbeiten als langweilig und geisttötend. Sie benötigt Aufgaben, in die sie ihre Ideen mit einfließen lassen kann. Sie ist gerne mit ihren Kollegen zusammen und genießt die Kaffeepausen mit ihnen. Wenn das Betriebsklima nicht mehr stimmt, dann ist das für sie der Anfang vom Ende. Herr A dagegen weiß von einigen Beispielen, in denen durch Nachlässigkeit im Detail schon manche Projekte bzw. Aufgaben gescheitert sind. Vom Austausch mit anderen Abteilungen hält er nicht viel, weil er dort einen gewissen Schlendrian vermutet. Private Gespräche während der Arbeitszeit sind für ihn tabu. Er kann sich nicht vor-

[14] Vgl. dazu auch Lewins Verhaltensformel: "V = f (P, U)", die bedeutet: Verhalten (V) ist eine Funktion (f) der (handelnden) Person (P) und ihrer Umwelt (U). Alles das, was das Verhalten einer Person zu einem Zeitpunkt bestimmt, nennt Lewin „Lebensraum". Der Lebensraum umfasst die Person mit ihren Bedürfnissen, Zielen, Motivation, Stimmung und die (psychologisch) relevante Umwelt. Verhalten hängt nach Lewin ab vom „Lebensraum", der seinerseits abhängt von der Person und ihrer psychologischen Umwelt (vgl. von Rosenstiel/ Nerdinger/Spieß/Stengel, 1989, S. 14).

Rotter setzt vier Konzepte in Beziehung zueinander: Verhaltenspotenzial (VP), Erwartung (E), Verstärkungswert (VW) und Psychologische Situation (S). Das Verhaltenspotenzial hängt ab von der Erwartung, dem Verstärkungswert und der Psychologischen Situation: VPs = f (Es & VWs) (s. Rotter in Fisseni 1998, S. 11-12).

stellen, dass er mit seiner Art und Weise - alles sehr genau zu nehmen - Ängste und Ärger bei Frau B auslöst. Dieser Fall könnte noch weiter durchgespielt werden ...
An diesem Fallbeispiel ist zu erkennen, wie unterschiedlich Menschen auf dieselbe Situation reagieren können. Es ist anzunehmen, dass jeder durch sein Alltagswissen weiß, wie verschieden ein und derselbe Mensch je nach Umständen, z. B. bei Arbeitsbeginn oder in der Routinearbeit, handeln kann (s. zu dieser Aussage auch bei Schuler (Hrsg.) 1995, S. 216).

In diesem Zusammenhang genügt eine hervorstechende Eigenschaft im Allgemeinen, um von seiner Umgebung z. B. als „typischer Pedant", als „oberflächlich" oder in eine andere Kategorie eingestuft zu werden. Schnell wird von „den Beamten", „den Ärzten" oder „den Lehrern" gesprochen, und sie werden gleichzeitig in eine Schublade als Ordnungselement eingelagert - meist für immer. Das Einordnen und Kategorisieren erleichtert in erster Linie den Alltag. Es kommt allerdings darauf an, wie mit den eigenen Neigungen und denen anderer, die das Verhalten in Alltagssituation beeinflussen, umgegangen wird.
Wie oben beschrieben, bilden beobachtbares Verhalten und „Inneres persönliches System" das „Persönliche System". Das „Innere persönliche System" kann weiter untergliedert werden in innere Prozesse und innere Zustände. Somit setzt sich das „Persönliche System" aus den drei Elementen beobachtbares Verhalten, innere Prozesse und innere Zustände zusammen:

- Beobachtbares Verhalten stellt das „Was" dar, welches durch das Zusammenwirken von inneren Prozessen und inneren Zuständen hervorgebracht wird.
- Innere Prozesse stellen die von den Menschen benutzten inneren Verarbeitungsstrategien dar, d. h., im Wesentlichen repräsentieren sie das „Wie" ihres Handelns.
- Innere Zustände sind die Gefühlszustände, die ein Individuum erlebt und die das „Warum" bewirken, d. h. die Gründe menschlichen Handelns aufdecken.

Oder anders ausgedrückt sind beim Menschen drei Systeme beteiligt:

- Das motorische System, das die menschlichen körperlichen Bewegungen der z. B. Gliedmaßen, Sinnesorgane umfasst.
- Das kognitive System, mit dem gemeint ist, dass Menschen Situationen ständig bewerten, diese mit Erinnerungen an frühere Erlebnisse verbinden, und dass sie Erwartungen an die Zukunft haben. Dabei bestimmen u. a. die Einstellungen, Werte, Überzeugungen, Ziele das Verhalten wesentlich.
- Das körperlich-emotionale System, da im Körper ständig komplexe Prozesse ablaufen, die auch Bestandteil der menschlichen Emotionen sind. Diese laufen unbewusst und bewusst ab (vgl. Goller 1995, S. 19; Böhm 1988, S. 609; Dorsch 1987, S. 727; Zimbardo 1983, S. 25).

Erst wenn diese verschiedenen Systeme bestmöglich zusammenarbeiten, sind Menschen kongruent. Menschen können zwar lernen, die wirksamsten Verhaltensweisen in sich zu erzeugen, wenn diese Verhaltensweisen aber anderen Dingen, die ihnen wichtig sind, entgegenwirken, entsteht ein innerer Konflikt, und sie werden inkongruent, was verhindert, dass sie wirklich Erfolg haben. Wenn jemand sein Ziel erreicht, aber dafür seine eigenen Überzeugungen verrät, wird er in Schwierigkeiten geraten. Um sich wirklich zu ändern und zu wachsen, muss sich bewusst gemacht werden, woran der eigene Erfolg und der von anderen gemessen wird. Sonst kann es passieren, dass etwas erreicht wird, aber sich dennoch Unzufriedenheit einstellt. Was diesbezüglich Klarheit verschaffen kann, ist sein „Inneres persönliches System“ zu kennen bzw. zu erkennen.

Die innerlich ablaufenden und damit für die Umwelt nicht beobachtbaren Prozesse und inneren Zustände bzw. Systeme werden also in dieser Arbeit zusammengefasst zum „Inneren persönlichen System“. Zu den Steuerungsfaktoren des „Inneren persönlichen Systems“ gehören viele Faktoren. Es würde den Rahmen dieser Arbeit sprengen, alle möglichen Variationen dieser Steuerungsfaktoren zu bearbeiten. Daher werden in dieser Arbeit die Verhaltensstrukturen aufgegriffen, die eine Person vorrangig beeinflussen und die damit die Persönlichkeit eines Individuums ausmachen.

Zu den Verhaltensstrukturen des „Inneren persönlichen Systems“ zählen Werte, Überzeugungen bzw. Glaubenssätze, Einstellungen, Gefühle, Bedürfnisse und Fähigkeiten[15]. Wenn im Folgenden das „Innere persönliche System“ genannt wird, sind immer diese Verhaltensstrukturen gemeint. Diese Verhaltensstrukturen führen zur Identität des Individuums.

Das „Persönliche System“ setzt sich also aus dem „Inneren persönlichen System“ und dem beobachtbaren Verhalten zusammen. Es ist für die inneren Prozesse und für das nach außen für die Umwelt sichtbare Verhalten verantwortlich. Die folgende Abbildung zeigt dies in Anlehnung an das Eisbergmodell:

[15] Ausführliche Erläuterungen zu den Begriffen sind in dieser Arbeit im Hauptkapitel B, Kapitel 1.1 „Verhaltensstrukturen des „Inneren persönlichen Systems““ aufgeführt.

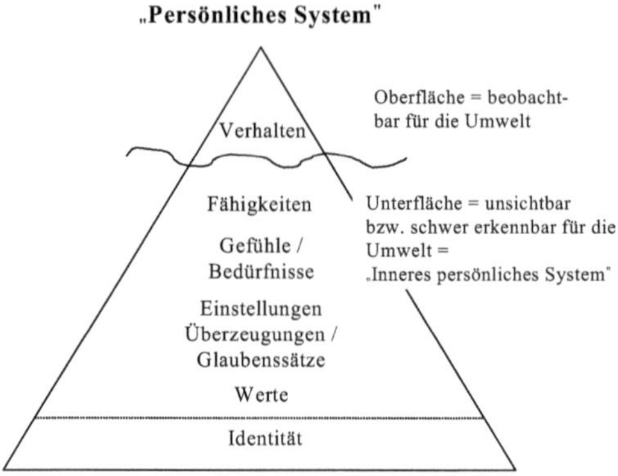

Abb. 2: „Persönliches System"
Quelle: Eigene Darstellung in Anlehnung an die Eisberg-Theorie von Watzlawick

Um die o. g. Darstellung zu verdeutlichen, soll hier als Beispiel eine Führungskraft beschrieben werden, die auf diesen unterschiedlichen Ebenen über ihre Arbeit nachdenkt:

Thema: Gespräch mit einem Mitarbeiter

Umwelt: Eine Abteilung mit mehreren Mitarbeitern.
Verhalten: Kooperatives, motivierendes Gespräch mit dem Mitarbeiter.
Fähigkeiten: „Ich kann meine Mitarbeiter motivieren."
Glaubenssatz: „Ein partnerschaftlicher, offener Umgang fördert die Zusammenarbeit."
Überzeugung: „Wenn ich meine Mitarbeiter entsprechend motiviere, kann ich meine Ziele erreichen."
Einstellung: „Meine Mitarbeiter sind gut."
Werte: „Ein partnerschaftlicher Umgang mit meinen Mitarbeitern ist mir wichtig."
Gefühle: angenehme, positive Gefühle
Identität: „Ich bin eine erfolgreiche Führungskraft."

Das ist ein Beispiel für ein Wertesystem, um Erfolg zu haben. Das Modell kann genauso gut auf Probleme angewandt werden. Beispielsweise erhält ein Mitarbeiter keine Beförderung. Die Schuld daran könnte er seinen Kollegen zuschieben: „Sie lenken mich von der Arbeit ab". Auf der Verhaltensebene: „Ich muss mich mehr auf meine Arbeit konzentrieren". Aufgrund von Fähigkeiten: „Ich kann mich sonst sehr gut konzentrieren". Glaubenssatz: „Die Kollegen lenken mich absichtlich ab, damit ich keine Beförderung erhalte". Auf der Überzeugungsebene: „Ich leiste genug, aber keiner merkt dies". Einstellung: „Die Kollegen sind schuld". Auf der Werteebene: „Ich muss meine Arbeit noch wichtiger nehmen" (Werte = Arbeit und Leistung). Gefühlsebene: schlechtes Gefühl. Auf der Identitätsebene: „Ich bin nicht gut genug".

Das Verhalten wird von dem „Inneren persönlichen System" determiniert. Deshalb wird nachfolgend näher auf das „Innere persönliche System" mit seinen ausgewählten einzelnen Strukturen eingegangen.

1.1 Verhaltensstrukturen des „Inneren persönlichen Systems“

Die **Identität** ist das, was die Person von ihrem „Persönlichen System“ her ausmacht. Dabei stehen die Verhaltensstrukturen des „Inneren persönlichen Systems“ miteinander in Wechselbeziehung. Das bedeutet beispielsweise, dass die Werte zu Überzeugungen, genauso wie Überzeugungen zu Werten führen können. Wenn jemand eine bestimmte Einstellung zu sich oder anderen hat, zeigt sich dies in seinem emotionalen Ausdruck und Verhalten. Diese Zusammenhänge werden mit den Werten beginnend dargestellt.

1.1.1 Werte

Werte[16] sind persönliche Überzeugungen darüber, was Menschen für besonders wichtig halten (vgl. Rogers/Stevens 1984, S. 50-55). Sie bestimmen über das, was Individuen wünschenswert erscheint und was sie wollen. Das Gefühl von Kongruenz oder persönlicher Geschlossenheit und Ganzheit beruht auf der Übereinstimmung von dem aktuellen Verhalten und den Werten. Aus diesem Grund wurden sie für diese Arbeit als eines der wichtigsten Steuerungsfaktoren menschlichen Verhaltens ausgewählt und werden nachfolgend ausführlicher beschrieben.

Werte geben Orientierung, da sie den Menschen in spezifischen Situationen entscheidungs- und handlungssicher machen (vgl. von Rosenstiel/Stengel 1987, S. 35). Werte beherrschen den gesamten Lebensstil: Sie bestimmen, wie auf jede einzelne Erfahrung im Leben reagiert wird. Was jemand trägt, welchen Wagen er fährt, welchen Beruf er ausübt, warum er arbeitet, für wen er arbeitet, wie Beziehungen gestaltet werden oder wie er seine Kinder erzieht, hängt von den Werten ab, die er hat. Sie sind die Grundlage, auf der eine Person ihr Verhalten in den verschiedenen Lebenssituationen bestimmt. Werte bilden also die Basis, warum und wie eine Person etwas tut. Die individuellen Werthaltungen können Handlungen zur Folge haben, die der Wahrung der Identität dienen (vgl. von Rosenstiel: Entwicklung von Werthaltungen und interpersoneller Kompetenz: Beiträge der Sozialpsychologie, in: Sonntag (Hrsg.) 1992, S. 83-205). Werte sind also eng verbunden mit dem Individuum und damit subjektiv. Aus diesem Grund ist eine Bewertung von Werten im Sinne von richtig oder falsch oder gut oder schlecht unangemessen. Werte sind neutral zu behandeln, denn jeder Wert und damit einhergehende Einstellungen oder dementsprechendes Verhalten haben Vorteile und Nachteile.

Wie entstehen nun diese Überzeugungen darüber, was wichtig ist, was richtig oder falsch, was gut oder böse ist? Das Umfeld spielt von der Geburt an eine wichtige Rolle (Fisseni 1998; Joas

[16] Siehe zur Entwicklung von Werten auch die Persönlichkeitstheorien bei Pervin 1993. Angaben zur Entwicklung von der Kindheit bis zum hohen Alter sind zu finden bei Oerter/Montada 1987; Rogers/Stevens 1984; Blake/Mouton 1980.

1997; Schneewind 1982). Folglich werden Werte durch bewusste Erziehungsziele der Eltern oder auch durch das Modellieren (vgl. Fisseni 1998; Schneewind 1982; Bandura 1979, S. 47 ff.; Bandura 1976), d. h. durch Nachahmen von Verhaltensweisen von z. B. Familienangehörigen, Freunden und durch Erfahrungen erworben. Die Personen aus der unmittelbaren Umwelt teilen ständig ihre Werte mit, indem sie vormachen, was getan, geglaubt oder gesagt werden soll. Wenn Kinder die Werte akzeptieren, werden sie belohnt. Wenn sie diese ablehnen, bekommen sie meist Schwierigkeiten. Tatsächlich werden die meisten Werte durch Belohnung und Strafe oder andere Erfahrungen erlernt. Folglich sind sie relativ fest im „Persönlichen System“ verankert, besitzen eine hohe zeitliche Stabilität und haben eine handlungsleitende Funktion (vgl. von Rosenstiel: Der Einfluß des Wertewandels auf die Unternehmenskultur, in: Lattmann (Hrsg.) 1990, S. 132). Da sie relativ früh im Leben erlernt werden, scheinen sie tief in der Persönlichkeit verankert zu sein. Somit können sie auch als Fundament des Charakters gesehen werden (vgl. Cohen/Fink/Gadon/Willits 1996, S. 243-245).
Im Laufe der Zeit werden Werte auch von Vorbildern übernommen, sodass sich dadurch das Wertesystem ändern kann. Außerdem vollzieht sich die Ausbildung von Werten auch am Arbeitsplatz, an dem das gleiche Prinzip von Bestrafung und Belohnung gilt wie bei der Erziehung von Kindern. Wenn eine Person in einem Unternehmen arbeitet und in diesem aufsteigen will, übernimmt sie erfahrungsgemäß einige der Unternehmenswerte. Denn hier gilt das Prinzip: Wenn man nicht dasselbe als wichtig erachtet wie der Vorgesetzte, wird man selten befördert, und wenn man nicht von Anfang an die Werte der Firma teilt, für die man arbeitet, wird man dort eher selten zufrieden sein.
Werte stehen in Beziehung zu der eigenen Identität; sie sind den einzelnen Personen wirklich wichtig, und sie sind die fundamentalen Prinzipien, nach denen gelebt wird. Werte sind somit der Schlüssel zum Verständnis und zur Vorhersage menschlichen Verhaltens.
Mit diesen kurzen Ausführungen wird ersichtlich, wie wichtig es ist, seine Werte zu kennen. Die meisten Menschen sind sich vieler ihrer Werte nicht bewusst. Sie wissen häufig nicht, warum sie bestimmte Dinge tun - sie haben nur das Gefühl, dass sie diese tun müssen. Viele fühlen sich in Gegenwart von Menschen, deren Werte stark von den eigenen Werten abweichen, unbehaglich, und sie sind ihnen gegenüber misstrauisch. Durch die Gegensätzlichkeit von Werten entstehen viele Konflikte. Das gilt auf persönlicher Ebene genauso wie in der internationalen Politik.

Jede Person hat ein eigenes Wertesystem, in dem sich ihre individuellen Werte befinden. Sie machen die Persönlichkeit aus, geben Richtung und steuern das Verhalten. Beispielsweise kann es für eine Person wichtig sein, Anerkennung zu erhalten, Freiheit und Erfolg zu haben, Liebe zu geben und zu erhalten, mit anderen kommunizieren zu können. Von Individuum zu

Individuum können sich unterschiedliche Wertungen, Werterleben und -orientierungen manifestieren, die mehr oder weniger fest sind (vgl. Dorsch 1987, S. 749).
Werte verändern sich mit den Zielen und dem Selbstbild. Wenn sich jemand zum Ziel gesetzt hat, eine leitende Stellung in einem Unternehmen zu bekommen, wird er bei Erreichen dieses Ziels bestimmte Leistungserwartungen an seine Mitarbeiter haben.
Innere Werte und Lebensqualität sind eng miteinander verbunden. Wenn der „höchste" aller Werte beschrieben wird, dann fallen Worte wie z. B. Liebe, Vertrauen, Freiheit, Sicherheit usw. Sobald die für eine Person wichtigsten Werte in möglichst vielen Situationen im Privat- und Arbeitsbereich gelebt werden können, entsteht das Gefühl, dass das Leben einen Sinn hat und hohe Lebensqualität vorhanden ist. Wenn also die Arbeit es erlaubt, die eigenen Werte zu leben, dann macht die Arbeit Spaß und die Tätigkeit gelingt viel effektiver. Wenn die Werte nicht gelebt werden können, entsteht das Gefühl, dass etwas fehlt oder dass man mit den anderen nicht auskommt, dass die Arbeit schwierig ist (vgl. Cohen/Fink/Gadon/Willits 1996, S. 150). Bedingt dadurch, dass die eigenen Werte nicht gelebt werden können, z. B. durch den Gruppendruck im Unternehmen, kann es sein, dass jemand nach einiger Zeit „nur noch seinen Job tut". Daraus entsteht meist Demotivation. Die Arbeit wird mühsam und wenig effektiv sein. Diese Menschen werden sich müde und ausgelaugt fühlen (vgl. Cohen/Fink/Gadon/Willits 1996, S. 244). Es scheint, dass Menschen langfristig nur dann erfolgreich sein können, wenn sie ihre Werte klar kennen und ihnen gemäß leben. Ist dies möglich, besteht eine Resonanz mit der Arbeit und den Beziehungen. „Wenn man seinen Werten folgt, erweitert man sein Selbstwertgefühl. Wenn man seinen Werten nicht folgt, verursacht man damit Schuldgefühle, Beschämung und Selbstzweifel" (Cohen/Fink/Gadon/Willits 1996, S. 243).
Das Handeln gegen die eigenen Werte macht Menschen inkongruent. Werte verursachen Motivation, geben Richtung und prägen das eigene Weltbild, die eigene Landkarte[17]. Dabei sind die Werte, die am längsten überdauern und am meisten beeinflussen, die, die frei gewählt und nicht aufgedrängt wurden. Sie werden im vollen Bewusstsein aller Konsequenzen gewählt und bringen viele positive Gefühle mit sich.
Dennoch sind Werte normalerweise unbewusst und werden selten auf eine klare Weise reflektiert. Um z. B. in einem Unternehmen aufzusteigen, müssen viele Werte des Unternehmens angenommen werden. Falls diese sich von den eigenen Werten unterscheiden, könnte das zu Inkongruenz führen. Die Folge davon ist beispielsweise, dass ein Unternehmen nur eine halbe Arbeitskraft beschäftigt, wenn ein Mitarbeiter in einer Schlüsselposition Werte hat, die mit seiner Arbeit kollidieren.

---

[17] Jeder Mensch hat Vorstellungen von Wirklichkeit gespeichert. Diese Bilder oder Landkarten genannt, wurden und werden im Laufe des Lebens geprägt (vgl. Bandler/Grinder 1998, S. 198; Watzlawick 1977, S. 39). Vgl. dazu auch in dieser Arbeit die Erläuterungen im Hauptkapitel B, Kapitel 1.2.1 „Weitere Verhaltensstrukturen: Wahrnehmung der Wirklichkeit: Repräsentationssysteme und ihre Filter".

Werte stehen hinsichtlich ihrer Wichtigkeit in einer hierarchischen Beziehung zueinander, d. h., die Werte-Hierarchie ist die Reihenfolge der Werte, die nach ihrer Wichtigkeit innerlich geordnet sind (vgl. Metz-Göckel 1996, S. 15; Cohen/Fink/Gadon/Willits 1996, S. 243). Bei der Reihenfolge der Werte erfolgt ein Abwägen zwischen dem Vorteil der Realisierung eines Wertes im Vergleich zu dem Nachteil einer damit verbundenen Beeinträchtigung eines anderen Wertes. Wenn bei einer Person z. B. der Wert Sicherheit an erster Stelle und der Wert Erfolg an zweiter Stelle angesiedelt ist, wird sie bei ihren Entscheidungen immer darauf achten, dass sichere und kontrollierbare Rahmenbedingungen gegeben sind.
Die Reihenfolge der Werte kann sich je nach Situation und Lebensabschnitt ändern. Es geht somit darum, mit seinen Werten flexibel umzugehen und dementsprechend situativ zu handeln. Dazu gehört die Fähigkeit, sich auf neue Probleme einstellen und sich gegebenenfalls neuen Situationen anpassen zu können. Die Auswahl der Werte sollte nach einer realistischen Einschätzung der Möglichkeiten und danach erfolgen, was für die Entwicklung und das Überleben wertvoll ist. Dann besteht die Chance, mit sich selbst und seinem Leben in Einklang zu sein.

In Bezug auf das Arbeitsleben werden menschliche Werte verstanden als Ziele und Bestrebungen der Einzelnen in ihrer Rolle als Mitglieder der Organisation. Die folgenden Werte sind heute verstärkt von Bedeutung: das Bestreben, einen sinnvollen Beitrag an die Organisation zu leisten, menschliche Beziehungen zufrieden stellend zu gestalten, Verantwortung zu übernehmen, Anerkennung und Belohnung zu erfahren und die Möglichkeit persönlicher Weiterentwicklung. Ein besonders wichtiger Wert, der an Bedeutung gewinnt, ist die Haltung, dass jeder Mensch auf seine Art wertvoll ist und dementsprechend behandelt werden sollte. Allzu oft wird diesem Wert jedoch nicht die gebührende Beachtung geschenkt, weil man entweder nicht weiß, wie man ihn mit den Zielen der Organisation vereinbaren kann, oder weil man darin ein trügerisches Dilemma erblickt oder gar aus beiden Gründen. In dieser Beziehung sollte der Trugschluss vermieden werden, dass entweder die Organisation oder der Einzelne auf eigene Ziele im Dienste des anderen verzichten muss.

In die Arbeitswelt fließen also die Werthaltungen der Individuen mit ein. Mitarbeiter haben sich, wenn es die Rahmenbedingungen auf dem Arbeitsmarkt ermöglichen, für eine Organisation entschieden unter der Berücksichtigung der dort vermeintlichen bestimmenden Wertauffassungen, d. h., sie sind davon überzeugt, dass die Organisation als gegenwärtiger Arbeitgeber den eigenen Wertvorstellungen entspricht. Je nach Position und persönlicher Affinität zu den die Organisation bestimmenden Wertvorstellungen, fällt es dem Einzelnen leichter oder schwerer, sich mit der Organisation bzw. Abteilung zu identifizieren. Stellen die Mitarbeiter fest, dass die persönlichen Wertvorstellungen zu weit von den in der Organisation sozial etablierten Werten abweichen, werden sie diese wieder verlassen, sofern ihnen dies möglich ist (vgl. Schuler (Hrsg.) 1995, S. 213-226). Somit fördern berufliche Werte die Wahl von Handlungsalternativen, welche die Verwirklichung dieser Werte möglich machen. Personen, denen z. B. der Wert Erfolg oder materielle Aspekte der Arbeit wichtig sind, werden sich eher für eine Karriere entscheiden als diejenigen, denen diese Werte weniger bedeuten. Aufgrund dieser Erkenntnis ist es umso wichtiger, während der Einstellungsgespräche auf die Werte der Bewerber zu achten.

Außerdem ist es als Erwachsener sinnvoll, die übernommenen Werte zu überprüfen, weil sie oft nicht mehr sinnvoll bzw. passend sind und nicht wirklich dem eigenen „Inneren persönlichen System" entsprechen. Das hat zur Folge, dass diese Personen nicht darauf achten, was ihnen wirklich gut täte. Wenn diese Personen lernen, auf ihre eigenen Werte zu achten, sind sie flexibel und unabhängig. Sie können die inneren Potenziale wieder voll entfalten und nutzen, sodass Entwicklung möglich ist. Für Informationen, die von außen kommen, bleiben diese Personen offen und prüfen nach, ob diese in ihr „Inneres persönliches System" passen. Erst dann treffen sie eine angemessene Entscheidung (vgl. Rogers/Stevens 1984, S. 47-49).

Eng verbunden mit den Werten sind Überzeugungen und Glaubenssätze. Diese werden im nachfolgenden Kapitel dargestellt.

1.1.2 Überzeugungen und Glaubenssätze

Überzeugungen und Glaubenssätze sind Konstrukte darüber, wie etwas ist oder zu sein hat. Sie werden überwiegend geprägt durch die kulturtragenden Überzeugungen der Gesellschaft und deren Normen. Vermittelt werden Überzeugungen und die damit im Zusammenhang stehenden Glaubenssätze durch das Wertesystem und die Einstellungen der Erziehungspersonen bzw. wichtiger anderer Personen und durch die Umwelt, in der die persönlichen Erfahrungen gemacht werden (vgl. Schuler (Hrsg.) 1995, S. 225 f.).
Es gibt Überzeugungen und Glaubenssätze über die Umwelt, die Situation, das menschliche Wesen, die menschlichen Handlungen und Beziehungen. Beispielsweise über etwas, das man tun „darf" bzw. „muss" oder „was man nicht macht", dass etwas gut oder schlecht ist, dass man etwas kann oder nicht kann (vgl. Rogers 1973, S. 168). Glaubenssätze sind weitgehend unbewusste Muster von Denkprozessen und internalisierten, übernommenen Werten und Überzeugungen. Sie beruhen auf der Verallgemeinerung bzw. Generalisierung von persönlichen Erfahrungen oder Fremdbewertungen. Glaubenssätze steuern das Handeln und üben eine nachhaltige Wirkung auf das Leben aus, weil sie häufig unbemerkt das Handeln so steuern, dass das, was geglaubt wird, auch verwirklicht wird. Letztendlich sind Glaubenssätze in Sprache

umgewandelte Werte. Beispielsweise stehen hinter folgenden Glaubenssätzen folgende Werte:[18]

Glaubenssatz	Beispiele für entsprechende Werte
„Ungehorsam ist schlecht."	Akzeptanz, Anerkennung, Anpassung
„Viel Geld verdienen ist das höchste Gut."	Erfolg, Freiheit, Macht, Sicherheit
„Bücher zum Spaß lesen ist schlecht."	Arbeit, Erfolg, Leistung
„Kooperation und Teamwork sind besser als allein zu arbeiten."	Anerkennung, Anpassung, Beziehung, Kooperation, Kommunikation
„Ich muss immer weiter lernen."	Anerkennung, Entwicklung, Erfolg, Sicherheit

Tab. 1: Glaubenssatz und dementsprechende Werte
Quelle: Eigene Darstellung

Des Weiteren kann zwischen förderlichen und hinderlichen Glaubenssätzen unterschieden werden. Förderliche Glaubenssätze sind Sätze, welche Menschen dabei unterstützen, ihre Ziele zu erreichen, wie z. B. „ich kann ...", „ich erreiche mein Ziel". Hinderlich sind alle Glaubenssätze, die einschränken, und mit den Worten „ich kann nicht ...", „ich darf nicht ...", „man muss ..." anfangen oder „das ist nicht möglich" zum Inhalt haben. Die wirksamsten Glaubenssätze sind diejenigen, die sich auf die Identität beziehen. Dabei können wiederum förderliche Glaubensätze, wie z. B. „ich bin ein guter Manager" von hinderlichen, wie z. B. „ich bin ein Versager" unterschieden werden. Insbesondere haben die hinderlichen Glaubenssätze negative Auswirkungen, da die Personen an sich selbst zweifeln und/oder sich Dinge nicht zutrauen. Diese negativen Einstellungen sich selbst gegenüber können bis zur Arbeitsunfähigkeit und Krankheit führen.

Glaubenssätze sind deshalb so anhaltend wirksam, weil sie meist keiner Realitätsprüfung standhalten müssen. Sie werden i. d. R. nicht hinterfragt, gegenteilige Erfahrungen werden getilgt oder als Ausnahme deklariert. Sie sind logischen Argumenten nicht oder nur schwer zugänglich.

Je öfter und intensiver die Richtigkeit der eigenen Werte, Überzeugungen und Glaubenssätze erlebt wird, desto häufiger führen sie zu Einstellungen.

[18] Siehe dazu auch in dieser Arbeit Hauptkapitel E „Typologie - vier Grundtypen zur schnelleren und leichteren Einschätzung von Persönlichkeitstypen", z. B. die Tabelle: Fragen, Antworten und Aussagen zur Ermittlung des Typs.

1.1.3 Einstellungen

Einstellungen sind aufgrund der individuellen Lern- oder Erfahrungsgeschichte affektiv-emotionale und kognitive Handlungstendenzen oder Verhaltensweisen in bestimmten Situationen oder Personen. Mit Einstellungen kann die Art und Weise bezeichnet werden, welche Haltung ein Individuum in seinen Gedanken und Gefühlen, Bewertungen und Verhaltensabsichten bzw. Intentionen gegenüber einem Objekt hat. Einstellungen beinhalten subjektive Bewertungen und Stellungnahmen des Individuums, die auf den Kriterien gut bzw. schlecht oder bedeutend bzw. unbedeutend basieren und sich in Zustimmung oder Ablehnung manifestieren können (vgl. Metz-Göckel 1996, S. 12). Einstellungen können demnach als individuelles, in sich geschlossenes und relativ stabiles System von Gedanken, Gefühlen und Handlungsprädispositionen charakterisiert werden. Zudem sind Einstellungen Ausdruck des persönlichen Wertesystems. Sie sind relativ dauerhafte Haltungen oder Verhaltenstendenzen gegenüber bestimmten Personen und Sachverhalten und beeinflussen dementsprechend das Verhalten in Bezug auf Sachen und Personen in bestimmten Situationen (vgl. Metz-Göckel 1996, S. 18; Brandstätter: Veränderbarkeit von Persönlichkeitsmerkmalen - Beiträge der Differentiellen Psychologie, in: Sonntag (Hrsg.) 1992, S. 49 ff.; Blake/Mouton 1980, S. 16-17; Jung 1960, S. 460 f.).

Einstellungen beinhalten folgende drei Merkmale:

- Die *kognitive Komponente* (Gedanken) umfasst das Wissen, welches das Individuum vom Einstellungsobjekt hat und zwar als Ergebnis bewusster Wahrnehmung der Gestalt oder von Details des Objekts, der Person oder Situation.
- Die *affektive Komponente* (Gefühle) umfasst die Emotionen, die das Einstellungsobjekt im Individuum auslöst.
- Die *Handlungskomponente* (Handlungsprädispositionen) umfasst die Anreizwirkungen auf das Handeln und das Verhalten des Individuums, die bei der Wahrnehmung des Einstellungsobjekts ausgelöst werden (vgl. Staehle 1994, S. 161 f.).

Die Abbildung 3 veranschaulicht die Auswirkungen von Stimuli auf die Einstellung und auf das Verhalten.

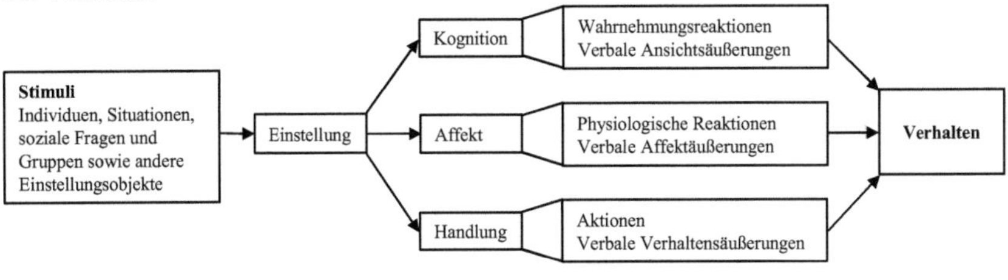

Abb. 3: Auswirkungen von Stimuli auf die Einstellung und auf das Verhalten
Quelle: In Anlehnung an Staehle 1994, S. 162

Von Einstellung kann nur dann gesprochen werden, wenn alle drei Komponenten, Kognition, Affekt und Handlung, in einer systematischen, konsistenten Ordnung vorhanden sind und sich dementsprechend im Verhalten zeigen. Zwischen den drei Komponenten der Einstellung gibt es Wechselwirkungen. Gefühle wirken sich auf Kognitionen, d. h. auf Wahrnehmen und Denken, genauso aus wie Kognitionen auf Gefühle. Handlungen bzw. Handlungsimpulse sind nicht nur Folgen, sondern auch Ursachen von Kognitionen und Emotionen (vgl. Brandstätter: Veränderbarkeit von Persönlichkeitsmerkmalen - Beiträge der Differentiellen Psychologie, in: Sonntag (Hrsg.) 1992, S. 50). Fehlt z. B. die affektive Komponente, wird nicht mehr von einer Einstellung, sondern von einer Meinung gesprochen. Meinungen lassen sich leichter ändern als Einstellungen, da ihnen die affektive Dimension fehlt. Dadurch können gezielte Informationen und das Bereitstellen von Fakten leichter zur Änderung von Meinungen führen.

Während Werte situationsübergreifend und objektunabhängig sind und damit als generelle Wegweiser von Verhalten angesehen werden können, sind Einstellungen konkret auf bestimmte Objekte, Personen oder Situationen gerichtet. Werte und Glaubenssätze bzw. Überzeugungen sind den Einstellungen vorgelagert. Der zentrale Unterschied zwischen Werten und Einstellungen besteht darin, dass sich die bewertende Komponente bei Werten auf deren Wichtigkeit und bei Einstellungen auf Zustimmung oder Ablehnung bezieht.

Einstellungen nehmen darüber hinaus Einfluss auf Gefühle und Bedürfnisse[19] bzw. entwickeln sich Einstellungen durch Gefühle und Bedürfnisse. Gefühle und Bedürfnisse sind immer vorhanden, d. h. auch während der Arbeitszeit. Zu wenig werden die Zusammenhänge zwischen Gefühlen und Arbeitsunzufriedenheit bzw. Arbeitsunfähigkeit oder Lernhemmungen beachtet. Um mehr Sensibilität für dieses Thema zu ermöglichen, wird im Folgenden auf die wesentlichen Aspekte von Gefühlen eingegangen.

1.1.4 Gefühle

Gefühle[20] sind komplexe Zustände, die von einer gesteigerten Wahrnehmung eines Objektes oder einer Situation, weitreichenden physiologischen Veränderungen und einem Annäherungs- oder Vermeidungsverhalten begleitet sind (vgl. Arnold/Eysenck/Meili, Bd. 1, 1988, S. 684). Die dazu gehörenden Erregungszustände können unterschiedliche Ausprägungen haben und beeinflussen das Verhalten und die Wahrnehmung von Situationen und Personen. Beim Erleben eines Gefühls steht die körperlich-seelische Empfindung einer Person im Zentrum des Bewusstseins. Gefühle sind stark ausgeprägt bei Erlebnissen und Bedürfnissen, die einer Person

[19] Ausführungen zum Thema Bedürfnisse können z. B. bei Abraham H. Maslow nachgelesen werden (s. dazu Maslow 1978).

[20] Für Gefühle werden verschiedene Ausdrücke gebraucht, wie z. B. Angst, Ärger, Liebe und andere.

besonders wichtig sind, und wenn das „Innere persönliche System" betroffen ist. Emotionen als die grundlegendste Bezogenheit der Person auf die Wirklichkeit ihres Erlebens geben dem Bewusstsein Kontinuität. Stärker als durch den Verstand gesteuertes Wissen, Wollen oder Handeln erlebt die Person in ihren Gefühlsregungen sich als mit sich selbst identisch. Dabei ist jeder Bewusstseinsinhalt durch Gefühle eingefärbt; selbst ein neutraler Sachverhalt wird von einem bestimmten Gefühl begleitet (vgl. Edelmann 2000; Goller 1995, S. 28 ff.; Ulich/ Mayring 1992). Emotionen sind meist nicht zu erklären und Wozu-Fragen erscheinen im Zusammenhang mit Gefühlen als sinnlos. Diese Betroffenheit wird auch als emotionale Beteiligung oder Ich-Bezug bezeichnet. Emotionen erscheinen häufig wie von selbst, spontan, unwillkürlich. Es können relativ kurzzeitig andauernde Gefühle oder Gefühlsregungen, wie z. B. Freude und Ärger, unterschieden werden von Gefühlsstimmungen oder von länger andauernden Gefühlen, die sich in Form einer Haltung oder Einstellung ausdrücken.

Bei jeder Wahrnehmung und Informationsaufnahme und bei jedem Entscheidungsprozess fließen Gefühle mit ein. Obwohl die meisten Menschen behaupten würden, durch rationale Überlegungen eine Entscheidung getroffen zu haben. Dennoch sind auch hier die Gefühle vorhanden, da letztendlich abgewogen wird, ob eine getroffene Entscheidung ein gutes oder schlechtes Gefühl hinterlässt. Gefühle sind deshalb wesentliche Grundlage für rationales Verhalten. Ohne Gefühle besteht anscheinend kein Wissen darüber, ob etwas wertvoll oder weniger wertvoll, richtig oder falsch bzw. gut oder böse ist.[21] Selbst bei den abstraktesten Formen intellektueller Leistung sind emotionale Faktoren beteiligt. Während der Arbeit sind Gefühle der Anstrengung, der Erfolgszuversicht, der Zufriedenheit oder der Langeweile, der Misserfolgserwartung und der Unzufriedenheit wesentliche Komponenten der Leistung. Gefühle bzw. Emotionen können verdrängt werden (vgl. Freud 1992, S. 117 ff.), vor allem tief greifend negative, besonders die, die eine Person auf Dauer zerstören würden. Hier scheint das Unbewusste für den Schutz des Individuums zu sorgen.

In den verschiedenen Theorien über Emotionen bzw. Gefühle wird diskutiert, wie diese Gefühle entstehen (vgl. Goller 1995). Es kann sein, dass diese zunächst kognitiv aufgenommen werden und dann im Körper eine Reaktion hervorrufen. Genauso kann es sein, dass zunächst ein Gefühl im Körper entsteht, das dann nach außen gezeigt wird. Ob das Primat der Kognition oder der Emotion gilt, ist letztlich für diese Arbeit von nachrangigem Interesse. Wichtig

[21] Antonio R. Damasio fand in seinen Studien mit hirnverletzten Patienten heraus, dass die intellektuellen Entscheidungen mit Emotionen korrelieren. Ist die Komponente Emotion im Gehirn nicht mehr vorhanden, scheinen sinnvolle, rationale Entscheidungen nicht mehr getroffen werden zu können. Diese Erkenntnis führte Damasio zu seiner „Hypothese der somatischen Marker". Durch diese wird die Aufmerksamkeit darauf gelenkt, ob sich eine Lösung wirklich gut anfühlt. Taucht beispielsweise bei der Vorstellung, seinen Job zu kündigen, ein unangenehmes Gefühl auf, dann signalisiert dieser Marker, dass diese Entscheidung falsch sein könnte (vgl. Nuber: Mit Herz und Verstand: Wie Sie Entscheidungen treffen, in: Psychologie Heute, Jg. 27, Heft 1, Ausgabe Januar 2000, S. 20-27).

ist hier, dass es sich beim Prozess der Informationsverarbeitung grundsätzlich um ein Zusammenwirken kognitiver und emotionaler Prozesse handelt (vgl. Edelmann 2000; Mandl/Huber 1978, S. 121-123) und demzufolge Gefühle bzw. Emotionen das Verhalten beeinflussen und zu einem bestimmten Verhalten führen.
Die wenigsten Menschen haben gelernt, nach ihrem Gefühl zu handeln und zu dem zu stehen, was sie gerade für sich am wichtigsten erachten. Erklärt werden kann dies damit, dass Verhalten, das nicht gesellschaftskonform ist, abgelehnt bzw. bestraft wird. Menschen werden nach den Normen und Werten der Gesellschaft erzogen, damit ein Zusammenleben überhaupt möglich ist. Wenn Menschen zu dem stehen, was ihnen wichtig ist, geht es nicht um ein Handeln, bei dem andere zu Schaden kommen könnten, sondern um ein Handeln, das unter Einbezug des Umfeldes zu einem zufriedenen Leben führt.

Die Gefühle, die aus dem privaten Umfeld stammen, werden nicht vor dem Betriebsgelände abgestellt, sondern mit in das Unternehmen hineingetragen. Dieses Phänomen wird vielfach nicht beachtet (vgl. LeMar 1997, S. 66 f.). Dabei binden gerade belastende Gefühle viele Energien und das Verdrängen dieser Gefühle bringt einen Kräfteverzehr mit sich. Umso wichtiger ist es, diese Gefühle anzusprechen. Auch durch die Tätigkeit innerhalb eines Unternehmens können belastende Gefühle entstehen. Hierzu gehören z. B. die Angst[22], die Arbeit zu verlieren, Mobbing oder der Aufgabenstellung nicht gerecht zu werden.
Mit den bei Problemen und Ängsten entstehenden Gefühlen wird unterschiedlich umgegangen. Im ungünstigsten Fall wird alles versucht, um seine Gefühle zu vertuschen. Dann sind die Mitarbeiter halb gelähmt bei der Arbeit, oder die negativen Gefühle werden an Kollegen ausgelassen. Der günstige Umgang ist, die Gefühle zu akzeptieren und auszudrücken. Wenn Gefühle und Konflikte angesprochen werden, sollte dies auf eine Art und Weise geschehen, dass jeder sein Gesicht wahren kann. Dadurch wird die Kommunikation lebendig, u. a. auch, weil der Beziehungsaspekt nicht ausgespart wird.

Ferner beeinflussen Gefühle das Zutrauen zu sich selbst und die von der Umwelt beobachtbaren Fähigkeiten einer Person.

[22] Angst ist ein Gefühl des Unwohlseins und der Spannung. Es ist ein Zustand, in dem das Selbstkonzept eines Individuums abweicht von den Erfahrungen, die es bisher gemacht hat (vgl. Riemann 1987, S. 9). Es kann auch die Vorstellung von etwas sein, was in der Zukunft liegt und vom Individuum noch nicht einschätzbar ist. Siehe zum Begriff „Angst“ im Allgemeinen: Ulich/Mayring, Bd. 5, 1992, S. 152-154; vgl. auch Freud 1992, S. 130; s. für weitere tiefenpsychologische Betrachtungsweisen der Angst: Riemann 1987 und Freud 1941 und 1975.

1.1.5 Fähigkeiten

Fähigkeiten beinhalten all das, was eine Person an Fertigkeiten und Strategien erworben hat. Diese erlauben, dass ein Individuum wirksam mit der Welt umgehen kann. Fähigkeiten bedeuten, etwas wirklich zu können. Beispielsweise fachlich versiert zu sein, gut organisieren zu können, partnerschaftlich zu kommunizieren und in Stresssituationen den Überblick zu behalten.

Bis zu dieser Stelle wurden die Verhaltensstrukturen des „Inneren persönlichen Systems" dargestellt. Da Menschen in einer Umwelt leben, von dieser beeinflusst werden bzw. diese selbst beeinflussen, werden nachfolgende ausgewählte weitere verhaltensrelevante Themen diskutiert. In der Einführung wird das Thema behandelt wie Personen ihre Wirklichkeit wahrnehmen.

1.2 Weitere verhaltensrelevante Themen

1.2.1 Wahrnehmung der Wirklichkeit: Repräsentationssysteme und ihre Filter

Menschen nutzen ihre Sinne äußerlich, um die Welt wahrzunehmen, und innerlich, um die Erfahrungen sich selbst wieder zu präsentieren, d. h. zu repräsentieren. Mithilfe der Sinne werden Eindrücke und Informationen aus der Umwelt wahrgenommen. Diese Wahrnehmungen und Erfahrungen werden abgespeichert und sind damit wieder abrufbar bzw. repräsentierbar. Die Gesamtheit der Verarbeitung der Sinneseindrücke, die Bildung von kognitiven Strukturen sowie deren Re-Präsentation kann als Repräsentationssystem[23] zusammengefasst werden (vgl. Bandler/Grinder 2001, S. 12 ff.; Edelmann 2000; Mandl/Huber 1978, S. 113-115). Die Art der Wahrnehmung ist wiederum abhängig von Zielen und Motiven, sie ist selektiv und wird damit gefiltert.

Die Eindrücke aus der Außenwelt sind so vielseitig, dass sie vereinfacht werden müssen. Menschen können nur einen kleinen Teil der Außenwelt mit ihren vielfältigen Sinneseindrücken durch ihre Sinnesorgane aufnehmen. Der Teil, der wahrgenommen werden kann, wird weiter gefiltert durch die individuellen Erfahrungen, Überzeugungen oder Einstellungen, Werte oder Interessen (vgl. Goller 1995, S. 11; Ruthe 1993, S. 23). Jeder Mensch lebt in seiner einzigartigen Welt, die auf seine Sinneseindrücke und individuellen Lebenserfahrungen gegründet ist. Er handelt auf der Basis dessen, was er wahrnimmt und wie er das deutet, was er wahrnimmt. Diese Deutungen machen sein spezifisches Modell der Welt aus und prägen die individuelle Wirklichkeit (vgl. Arnold/Siebert, Bd. 4, 1995; Watzlawick 1977, S. 37-43). Aus diesem Grund hat jede Person ihre eigene Wahrheit über das, was sie sieht, hört oder fühlt.

---

[23] Repräsentationssystem: Art und Weise, wie Menschen Informationen aufnehmen, abspeichern und in ihrem Gehirn kodieren. Allgemein bedeutet Repräsentationssystem dasselbe wie Sinnessystem, Sinneskanal oder Wahrnehmungsebene (sehen, hören, fühlen, schmecken und riechen). Speziell ist das Repräsentationssystem das Sinnessystem, in dem der bewusste Anteil einer Erfahrung abgerufen werden kann (vgl. Bandler/Grinder 2001, S. 12 ff.; Edelmann 2000; Mandl/Huber 1978, S. 113-115).

Sie bildet Konstrukte[24] (vgl. Fisseni 1998; Pervin 1993, S. 258; Bateson 1993). Die Informationen aus der Außenwelt werden individuell konstruiert und der Innenwelt angepasst (vgl. Gumin/Meier 1992; Mandl/Huber 1978). So entstehen individuelle Weltbilder oder auch sog. spezifische Landkarten, d. h. Abbildungen der Umwelt, die sich zusammensetzen aus Erlebnissen, Beeinflussungen durch andere, daraus abgeleitete Deutungen, Überzeugungen, Zuschreibungen von Sinn und Wert in Bezug auf die Wahrnehmungen (vgl. Watzlawick 1977, S. 39). Wie diese angelegt werden, hängt davon ab, was wahrgenommen und was erreicht werden soll. Die Filter, die bei der Wahrnehmung aufgesetzt werden, bestimmen, in welcher Art die Welt erlebt wird. Die Aufmerksamkeit wird auf jene Aspekte der Welt gerichtet, die wichtig erscheinen, und die anderen werden ignoriert (vgl. LeMar 1997, S. 97; Attems/Holzer 1989, S. 201 ff.). Zudem können bei der Wahrnehmung Einschränkungen auftreten, die darin begründet sind, dass sie durch folgende Filter wahrgenommen werden. Diese Filter sind mit verantwortlich für die Bewertung von Sachverhalten und menschlichem Verhalten (vgl. Schulz von Thun, Bd. 1, 1999, S. 26 ff.):

- *Wunschvorstellungen* können zu Wahrnehmungseinschränkungen führen. Dann sieht, hört und fühlt man nur das, was den eigenen Vorstellungen entspricht und was den eigenen Wunschvorstellungen am nächsten kommt. Beispiele dafür sind unrealistische Zusagen für Lieferungen, Versprechungen für überhöhte Qualitäts- und Leistungsmerkmale oder Zusagen von Zwischenergebnissen, die meist nicht eingehalten werden.
- Des Weiteren sind *Vorurteile* Filter, die sogar zu massiven Einschränkungen führen können. Vorurteile sind tief in der Persönlichkeitsstruktur verwurzelt und somit auf der Sachebene der Kommunikation und damit für rationale Argumente schwer erreichbar. Sie dienen meist der Abwehr unerwünschter Emotionen.
- Ein weiterer Filter sind *Projektionen*: Wenn eine Person einer anderen Person eine negative Einstellung oder Verhaltensweise zuschreibt, dann ist es oft so, dass der Verurteilende genau diese Einstellung oder Verhaltensweise selbst hat. Projektion ist ein häufiger Abwehrmechanismus, der aufkommende unangenehme, schmerzliche Sachverhalte aus der eigenen Gefühlswelt abzuwehren sucht und anderen anlastet.

[24] Nach Kelly bilden alle Menschen Konstrukte, indem sie die wahrgenommenen Informationen für sich interpretieren und strukturieren (Pervin 1993, S. 258). Ein Konstrukt ist die individuelle Art und Weise, um Informationen zu verarbeiten, zu kategorisieren und in die vorhandenen Strukturen einzubauen. Es ist eine Reproduktion dessen, was eine Person erlebt, erfahren oder beobachtet hat. Die Erfahrungen werden also interpretiert, es wird ihnen eine Struktur gegeben und eine bestimmte Bedeutung zugeschrieben. Danach wird das Verhalten entweder direkt bestimmt oder erscheint indirekt aus dem Unbewussten heraus (vgl. Fisseni 1998).

Mit o. g. Filtern kann unterschiedlich umgegangen werden: Filter, die Vorurteile und dementsprechende Emotionen beinhalten, können thematisiert werden. Meist tauchen dadurch ganz andere Dinge auf, z. B. die Angst vor Fremden und das Unvermögen damit umzugehen. Die Wahrnehmung der Projektionen auf andere beinhaltet die Chance, sich selbst besser kennen zu lernen und das eigene Verhalten zu reflektieren.

Im Zusammenhang mit der Wahrnehmung sollen an dieser Stelle folgende Aspekte angerissen werden:
Informationen werden aufgenommen, die einer Person im Augenblick nicht bewusst sind, die aber später bei der Gestaltung der Wahrnehmungen und Entscheidungen über bestimmte Dinge eine entscheidende Rolle spielen können. Unbewusst nehmen Menschen nonverbale Körpersignale, Töne und Botschaften war, treffen intuitiv eine Entscheidung bzw. beurteilen intuitiv eine Situation, ohne dass erklärt werden kann, was genau dies ausgemacht hat (vgl. Kline/ Saunders 1996, S. 134). Insbesondere haben bei zwischenmenschlichen Beziehungen unbewusste Wahrnehmungen und Gefühle einen maßgeblichen Einfluss.
Die Wahrnehmungs- und Verarbeitungsstrategien einer Person können über die Sprache erkannt werden. Sprache ist Ausdruck von Denkvorgängen und bestimmt die Ansicht der Welt (vgl. LeMar 1997, S. 91 f.). Sie ist eng verbunden mit der inneren Welt der Ideen, Vorstellungen, Gedanken und Gefühle. Das gesprochene Wort spiegelt das Repräsentationssystem, das eine Person bevorzugt. Ein von der Tendenz her visueller Typ wählt Worte, die diesem Typen entsprechen. Das können Sätze sein, wie z. B. „ich sehe das auch so“, „das sieht gut aus“, „das kann ich mir vorstellen“. Ein eher auditiver Typ nutzt Sätze, wie z. B. „das hört sich gut an“, „das ist noch abzustimmen“, „die Sache klingt verständlich“. Ein eher kinästhetischer Typ wählt Sätze, wie z. B. „das empfinde ich auch so“, „das scheint ein gewichtiges Thema zu sein“ und „das ist für mich ausgewogen“.

Menschen unterscheiden sich durch ihre gemachten Erfahrungen und ihre Art der Wahrnehmung. Bezogen auf die betriebliche Situation kann davon ausgegangen werden, dass die Wirklichkeit eines Mitarbeiters am Fließband in der Produktion eine andere ist als die eines Buchhalters in der Verwaltung. Die gleichen Sachlagen werden von beiden unterschiedlich wahrgenommen und interpretiert. Der erste Schritt zur tragfähigen Verständigung ist, sich bewusst über das unterschiedliche Verständnis über einen Sachverhalt auszutauschen.[25]

---

[25] Zu diesem Thema stellt Kelly heraus, wenn Personen ihre Erfahrungen ähnlich konstruieren, dann ähneln sich ihre psychologischen Prozesse. Soweit eine Person die Konstruktionsprozesse einer anderen Person nachvollziehen kann, wird sie in dem sozialen Prozess eine andere Rolle spielen können, als eine Person, die die Konstrukte der anderen Person nicht verstehen kann. „Die Person, die eine konstruktive Rolle in einem sozialen Prozess mit einer anderen Person spielen will, darf die Dinge nicht nur so konstruieren wie die andere Person, sie muss tatsächlich die Sichtweise der anderen Person in sich nachbilden“ (Kelly: The psychology of personal constructs. Vol. I and II. New York: Norton 1955, S. 95 in: Fisseni 1998, S. 283). Das bedeutet, dass nicht

Zu akzeptieren, dass der andere anders ist, dass er anders denkt, fühlt, sieht und spricht, ist mit eine Grundvoraussetzung für ein erfolgreiches Miteinander (vgl. Rogers 1991 b, S. 47, 51 f. und Rogers 1973, S. 47 f.).

Soweit Menschen mit ihren unterschiedlichen Filtern die Wirklichkeit differenziert wahrnehmen, besteht nicht nur die Chance über die Vielfalt der Wahrnehmungen Konsens zu erreichen, sondern auch Konflikte zu erleben.

1.2.2 Konflikte

Konflikte haben viel mit Werten zu tun und können in innere und äußere Konflikte unterschieden werden. Innere Konflikte, auch intraindividuelle Konflikte genannt, liegen vor, wenn bei einer Person verschiedene unvereinbare Handlungstendenzen bestehen. Es handelt sich meist um Situationen, in denen sich eine Person für oder gegen etwas entscheiden muss (vgl. von Rosenstiel 2000, S. 276 ff.). Sie würde am liebsten alle ihre Werte, also was ihr wichtig erscheint, gleichzeitig leben. Dies geht allerdings nicht. Deshalb kann ein Gefühl der inneren Zerrissenheit entstehen.

Innere Konflikte entstehen dann, wenn eine Person keine Prioritäten oder eine Rangfolge für das festgelegt hat, was ihr wichtig erscheint. Beispielsweise möchte sich jemand beruflich verändern. Die Person hat gleichzeitig das Bedürfnis nach z. B. Sicherheit und Freiheit. Der nun entstandene innere Konflikt kann aufgelöst werden, indem die Bedürfnisse nach ihrer Wichtigkeit sortiert werden oder anders ausgedrückt, indem sich die Reihenfolge bzw. Rangfolge klar gemacht wird (vgl. Cohen/Fink/Gadon/Willits 1996, S. 244). Je nachdem, welches Bedürfnis bzw. welcher Wert jetzt an erster Stelle steht, wird dieses/dieser den Ausschlag geben. Wenn jemand den wirklichen Drang verspürt, sich selbstständig zu machen, um seinen Wert der Freiheit zu leben, wird er dies früher oder später auch tun. Genauso wie jemand, der weiß, dass Sicherheit für ihn an erster Stelle steht, wird z. B. zunächst dafür sorgen, dass er finanziell abgesichert ist, bevor er die nächsten Schritte in Richtung Selbstständigkeit einleiten wird. Innere Konflikte haben also damit zu tun, dass der Mensch sich entweder für oder gegen etwas entscheiden muss. Das bedeutet auch, dass in jeder und für jede Situation Entscheidungen getroffen werden müssen. Dabei kann die Entscheidung in einigen Fällen schwer fallen und lange Zeit dauern. Dann ist wahrscheinlich die Situation eingetreten, dass die Person sich über die Prioritäten nicht klar ist. Wenn sie eine Reihenfolge in die Prioritäten gebracht hat, also sich die Frage beantwortet hat, was im Moment wichtiger oder besser ist, dann kann sie sich

die Ähnlichkeit von Ereignissen an sich soziales Handeln begründet, sondern die Ähnlichkeit in den konstruierten Wege-Netzen von Personen. Das bedeutet dann auch, dass sich die Personen besser verstehen, die sich ähneln. Wenn auf eine Person getroffen wird, die von ihrer Vorgehensweise eher fremd erscheint, wird eher Unverständnis vorhanden sein oder sogar ein Konflikt entstehen.

auch entscheiden. Wie immer sie sich entscheidet, sie kann sich nur für eine Sache entscheiden. Der vermeintliche Verlust der Alternative kann bei einigen Personen zu einem unguten Gefühl führen. Dies entsteht immer dann, wenn jemand sich keine Gedanken darüber gemacht hat, dass er die Alternative immer noch umsetzen kann. Innere Konflikte entstehen besonders dann, wenn die eigenen Werte nicht gelebt werden. Die meisten Menschen wissen nicht um diese inneren Konflikte, weil sie sich ihrer Werte nicht bewusst sind. Sie spüren nur, dass irgendetwas in ihnen ein ungutes Gefühl verursacht. Umso wichtiger ist es, seine eigenen Werte zu kennen und sie sich bewusst zu machen. Ein Wertekonflikt kann durch andere Personen entstehen oder durch die Arbeitswelt, in der man seine Werte nicht leben kann. Das führt meist zu der Entscheidung, einen anderen Arbeitgeber zu suchen, in der Hoffnung, dass man dort besser zurechtkommt. Es geht eine Zeit lang gut, und dann tritt wieder dieses ungute Gefühl ein; es ist wie eine Spirale, die sich bis ins Unendliche drehen kann, wenn man sich nicht den eigentlichen Grund seines Unwohlseins bewusst macht. Zur Klärung von inneren Konflikten können folgende Fragen gestellt werden:

- Was will ich erreichen?
- Was ist mir wichtig in meinem Leben?
- Welche Entscheidungsmöglichkeiten habe ich?
- Wie kommt es bei anderen an, wenn ich dies oder jenes mache?
- Gehe ich auf Nummer sicher oder riskiere ich etwas?
- Was sind meine Begabungen und Fähigkeiten?
- Wie kann ich diese einbringen?

Neben den inneren Konflikten gibt es auch äußere Konflikte, auch interindividuelle Konflikte genannt. Sie liegen dann vor, wenn zwischen Parteien, die aus mindestens zwei Personen bestehen, unvereinbare Handlungstendenzen vorliegen, die zu Konflikten führen. Das bedeutet, zwei Personen oder Parteien wollen gegensätzliche Handlungspläne verwirklichen (vgl. von Rosenstiel 2000, S. 276 ff.). Wenn zwei Parteien meinen, nur auf Kosten der jeweils anderen Partei gewinnen zu können, zeigen sie gewöhnlich ein Verhalten, das sich auf typische Weise vom Verhalten in kooperativen Situationen unterscheidet:

- die Einstellung zum Kontrahenten ist feindselig;
- vor allem werden solche Handlungsweisen wahrgenommen, die die negative Einstellung bestätigen;
- es kommt zu Aggressionen, z. B. Beschimpfungen;
- Informationen werden zurückgehalten, damit der Kontrahent keinen Vorteil gewinnt;
- Informationen des Kontrahenten werden mit Misstrauen aufgenommen. Ihm wird unterstellt, immer auf den eigenen Vorteil bedacht zu sein;
- die eigene Leistung wird überschätzt und die des Kontrahenten unterschätzt.

Äußere Konflikte entstehen dadurch, dass die eigenen Werte von anderen Personen - meist unbewusst - verletzt werden. Sie können zudem entstehen, weil sich Personen, bedingt durch ihre unterschiedlichen Verhaltensweisen, nicht verstehen. Der Konflikt verfestigt sich, wenn sich die Personen mit ihrem Unverständnis gegeneinander nicht auseinandersetzen. Der Konflikt kann dagegen beendet werden, wenn die Personen mehr Verständnis füreinander haben.

Konflikte in Organisationen entwickeln sich entweder durch die oben beschriebenen inneren Konflikte, können also in der Person liegen. Sie können aber auch auf der interpersonalen Ebene liegen, z. B. in fehlender Anerkennung, durch gegensätzliche Werte und Ziele, Kommunikationsverhalten, Konkurrenzdenken, Machtansprüchen. Konflikte entstehen allerdings auch in einem Unternehmen z. B. durch nicht klar formulierte Normen und Regeln, Leistungskriterien, unklare Kompetenzen, Zuständigkeiten und Aufgabenzuordnung und einander widersprechende Ziele (vgl. Spieß/Winterstein 1999, S. 82; Berkel: Konflikte in und zwischen Gruppen, in: von Rosenstiel/Regnet/Domsch, Bd. 20, 1993, S. 331-343). Konflikte können zunächst unbemerkt keimen. Diese latenten Konflikte lassen sich anhand von bestimmten Signalen mitunter schon frühzeitig erkennen, wie z. B. durch zunehmendes Misstrauen, übermäßiges Fehlen bzw. Krankmeldungen, verbale Angriffe in Form von zweideutigen, ironischen oder unsachlichen Bemerkungen.

Für eine Konfliktbewältigung gibt es verschiedene Grundstrategien: Gewinn-Verlust-, Verlust-Verlust- und Gewinn-Gewinn-Strategie und/oder die Verdrängung[26] oder Identifikation. Eine Gewinn-Verlust-Strategie beinhaltet, dass die eine Partei gewinnt und die andere verliert. Dabei kann man nur auf Kosten des anderen gewinnen. Die wichtigsten Methoden für diese Strategie sind Autoritätsausübung, Machtanwendung, Indifferenz und Mehrheitsentscheid. Bei der Verlust-Verlust-Strategie verlieren beide Parteien. Zu den Konfliktbewältigungsmethoden zählen Kompromiss, Kompensation und Hinzunahme eines Dritten. Die Gewinn-Gewinn-Strategie verschafft allen Beteiligten letztlich neue Lösungen oder Alternativen, die alle zufrieden stellen. Die Methoden umfassen Verhandeln, integrative Entscheidungsfindung und Einigung. Ungünstige Verhaltensweisen zur Konfliktbewältigung sind: Meiden des Konflikts, aggressive Formen, Abwerten des anderen, Festhalten an bestimmten Lösungsvorschlägen. Günstige Verhaltensweisen sind dagegen: Offene Darlegung der Standpunkte, kommentarloses Sammeln vieler Vorschläge vor der Lösungsdiskussion, eindeutiges Einverständnis oder inhaltliche Ablehnung.

Wie sich die Konfliktbewältigung in der Kommunikation mit sich und anderen zeigt, beantwortet das nächste Kapitel.

---

[26] Zum Thema Verdrängung s. bei Freud 1992, S. 150 ff.

1.2.3 Kommunikation

Einführend ist es wichtig zu erklären, dass in diesem Kapitel Kommunikationsmodelle aufgezeigt werden, obwohl diese üblicherweise - insbesondere unter Pädagogen und Kommunikationswissenschaftlern - als bekannt gelten. Die Praxis zeigt aber, dass einerseits vielen Menschen diese Modelle eben nicht bekannt sind und andererseits - trotz Bekanntheit - oft die einfachsten Elemente, die eine respektvolle Kommunikation ermöglichen, nicht eingehalten werden. Für diese Arbeit wird daher das Modell der Eisberg-Theorie von Paul Watzlawick kurz aufgegriffen und das Modell von Friedemann Schulz von Thun ausführlicher beschrieben und beispielhaft auf die Kommunikation in Unternehmen übertragen.

Die Kommunikation ist durch die eigenen Ziele, Einstellungen, Überzeugungen und/oder Werte geprägt. Diese sind nicht unmittelbar nach außen sichtbar und laufen unbewusst ab. Dafür wird vielfach das Modell des Eisberges benutzt, wie nachfolgende Abbildung zeigt: Ein kleiner Teil des Eisberges ist sichtbar, der Großteil liegt unter der Wasseroberfläche und ist unsichtbar. Der obere Teil, der aus dem Wasser ragt, symbolisiert das Bewusstsein. Der untere Teil symbolisiert den unbewussten Bereich. Hier liegen die früheren Erfahrungen, aber auch Träume und Visionen verankert. Die Einflüsse aus der unbewussten Ebene wirken sich auf das Verhalten stärker aus, als es einem manchmal lieb ist (vgl. LeMar 1997, S. 57; Freud 1992).

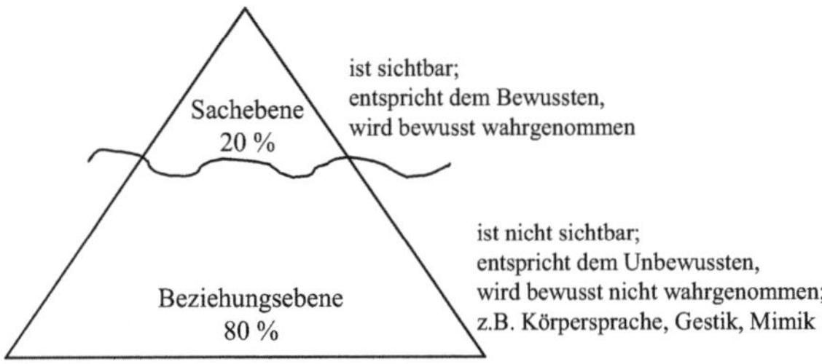

Abb. 4: Beziehungs- und Sachebene
Quelle: Eigene Darstellung; in Anlehnung an das Eisberg-Modell von Watzlawick

Die Kommunikation verläuft auf einer Sachebene und unterschwellig auf der Beziehungsebene. Auf der Sachebene werden das Thema und der Inhalt kommuniziert. Die Kommunikation auf der Beziehungsebene ist vielschichtiger. Hier wird meist unbewusst signalisiert, ob man sich jemandem öffnet, ob man jemanden mag oder ablehnt und wie viel man von sich dem Gesprächspartner offenbart. In der Regel wird der Inhaltsaspekt der Kommunikation verbalisiert, der Beziehungsaspekt dagegen drückt sich weitgehend nonverbal aus (vgl. Watzlawick/ Beavin/Jackson 1990, S. 53-56). Auch werden viele wichtige Informationen zur Gesprächssteuerung, wie z. B. die Bestätigung der gegenseitigen Aufmerksamkeit oder dass der andere verstanden wurde, nonverbal vermittelt. Zu den Merkmalen der nonverbalen Kommunikation gehören z. B. Gestik, Mimik, Augenkontakt, Haltung, Nähe, Tonfall, Betonung und Rhythmus.

Daher ist es auf der Beziehungsebene für eine verständnisvolle Kommunikation wichtig, Rapport aufzustellen. Der Begriff Rapport wird u. a. in der neueren Psychiatrie verwendet und wurde in Anlehnung an die Sprache der französischen Hypnotistenschule geprägt (vgl. Jung 1995, S. 399 f.). Die Aufnahme von Rapport hat das Ziel, trotz aller Verschiedenheit, ein Gefühl von Übereinstimmung entstehen zu lassen. Schon die Anerkennung von bestehenden Verschiedenheiten wird als Rapport bezeichnet. Rapport mit einem anderen herzustellen ist eine Einstellungssache mit der Erkenntnis, den anderen so zu akzeptieren, wie er ist. Kommunikation beinhaltet auch Missverständnisse, weil z. B. der eine mit stillschweigender Projektion voraussetzt, dass der andere in wesentlichen Punkten dieselbe Meinung oder dieselben Gefühle hat. Diese weichen allerdings meist voneinander ab, was zu Irrtümern führt.

Der Hamburger Kommunikationswissenschaftler Schulz von Thun hat ein Modell entwickelt, um Kommunikation transparenter zu machen und besser zu verstehen (vgl. Schulz von Thun 1999). Er spricht von den vier Seiten einer Nachricht. Dabei erweist sich jede Nachricht als „quadratisch", d. h., jede Kommunikation beschränkt sich nicht nur auf den Sachinhalt, sondern es lassen sich noch die drei folgenden Aspekte unterscheiden: Selbstoffenbarungs-, Beziehungs- und Appellaspekt. Diese sind immer gleichzeitig vorhanden und psychisch wirksam. Es wird unterschieden in den

- *Sachaspekt* einer Nachricht, bei dem der Sender dem Empfänger zunächst Informationen über einen bestimmten Sachverhalt übermittel, so wie ihn der Sender versteht;
- *Aspekt der Selbstoffenbarung*, bei der der Sender etwas über sich selbst mitteilt, z. B. über seine Persönlichkeit oder über seine gegenwärtige Befindlichkeit;
- *Beziehungsaspekt*, durch den der Sender zu erkennen gibt, wie er zum Empfänger steht, was er von ihm hält und wie er die Beziehung zwischen sich und dem anderen definiert;
- *appellativen Aspekt*, also den Versuch, in bestimmter Richtung Einfluss zu nehmen, die Aufforderung, in bestimmter Weise zu denken, zu fühlen oder zu handeln.

Die folgende Abbildung zeigt diesen Zusammenhang:

Abb. 5: Vier Seiten einer Nachricht
Quelle: In Anlehnung an Schulz von Thun 1999, Bd. 1, S. 30

Wenn Menschen miteinander kommunizieren, senden sie jedoch nicht nur auf vier Kanälen gleichzeitig Botschaften, sondern hören gleichzeitig mit „vier Ohren" zu. Deshalb kann es sein, dass eine Botschaft vom Sender neutral ausgesprochen wird, aber vom Empfänger anders verstanden wird. Es geht darum zu unterscheiden, was der Sender sagt oder wie er etwas sagt bzw. was der Sender meint, aber nicht ausspricht. Beim Empfänger kann der Unterschied bestehen zwischen dem, was er hört und dem, was er versteht bzw. hinein interpretiert.

Wird dieses Modell auf die Kommunikation innerhalb von Unternehmen übertragen, können folgende Fälle konstruiert werden:

Beispiel	Sachinhalt	Nachricht	Selbstoffenbarung	Appell	Beziehung
a) Führungssituation FK - MA	Brief schreiben	„Bitte schreiben Sie sofort einen Brief an den Kunden X".			
Sender = FK			Kunden zufrieden stellen.	Der Brief eilt.	FK bestimmt, wann MA was zu tun hat.
Empfänger = MA interpretiert			Kunde macht ihm Druck.	Kunden sind wichtig.	Ich muss die Erledigung meiner Aufgaben nach meinem Vorgesetzten richten.
b) informelle Situation FK - MA	MA verlässt Unternehmen	„Herr X verlässt unser Unternehmen".			
Sender = FK			Ich bin darüber besorgt.	Vorsicht, er ist nicht der Letzte.	Das könnte uns genauso passieren.
Empfänger = MA interpretiert			Er droht mir.	Streng dich mehr an.	FK bestimmt, wer als Nächster geht.
c) formelle Situation MA - MA	Brief an Vorstand lesen und prüfen	„Schau doch bitte noch mal über den Brief an den Vorstand."			
Sender = MA			Ich will keine Fehler machen.	Sieh bloß alle Fehler.	Ich brauche deine Hilfe.
Empfänger = MA interpretiert			Er will perfekt sein, beim Vorstand gut ankommen.	Hilf mir.	Ich bin besser.

Tab. 2: Übertragung des Modells „vier Seiten einer Nachricht" auf Unternehmen
Quelle: Eigene Darstellung

Diese Beispiele verdeutlichen die gleichzeitige Eingebundenheit von reinen Informationen in subjektive Bedeutungsinhalte. Subjektive Interpretationen von Nachrichten beinhalten stets auch die Frage nach dem sozialen Bezug, in dem die Kommunikation stattfindet. Ob eine Frage als Appell oder als bloße Information gedacht ist, hängt vom Anspruch des Kommunizierenden innerhalb seines sozialen Verhaltensraums ab.
Kommunikation und die Interpretation von Kommunikation führt oft zu Konflikten. Eine Lösung besteht darin, sich als Sender klar und neutral auszudrücken und von Seiten des Empfängers nachzufragen, ob man die Botschaft richtig verstanden hat. Zudem können bei jeder Kommunikation der Sender und der Empfänger folgende Regeln beachten, die Missverständnisse verhindern und damit zu einem besseren Verständnis führen (siehe für ausführliche Empfehlungen für Sender und Empfänger bei Schulz von Thun, Bd. 2, 1999).
Um Missverständnisse zu vermeiden oder aufzudecken, kann zu Folgendem geraten werden:

- Mut zur Offenheit haben, d. h. klar sagen, was man will;
- mehr auf Zwischentöne achten und im Zweifelsfall nachfragen, was der andere meint;
- durch Rückfragen, Selbstanalyse, eigene Gefühle artikulieren und auf die Sachebene gehen;
- sofort ansprechen, was einem nicht gefällt und nicht warten, bis eine Frustrationstoleranz überschritten ist;
- sich abgrenzen und dieses artikulieren;
- die Angst vor seiner Selbstoffenbarung abbauen.

Um beim Empfänger eine positive Wirkung zu erzielen, sollte man sich auf den Empfänger einstellen, d. h. die Persönlichkeit des Empfängers mit seinen Interessenslagen, Motiven und Bedürfnissen berücksichtigen. Gleichzeitig sollte der Sender sein Ziel im Auge behalten (vgl. LeMar 1997, S. 34 f.). Grundsatz jeglicher Kommunikation sollte die eigene Glaubwürdigkeit sein. Diese drückt sich darin aus, dass das gesagt wird, was wirklich gedacht wird, und dass das getan wird, was gesagt wird. Dazu gehören vor allem die Ehrlichkeit zu sich selbst und gegenüber anderen sowie die Übernahme von Verantwortung für die Konsequenzen des eigenen Handelns. Um sich weiter zu entwickeln, mehr Selbstwertgefühl und innere Stabilität zu haben, sollten fördernde Glaubenssätze angewandt werden - in der Kommunikation mit sich selbst und auch mit anderen. Basis für jede fruchtbare Kommunikation und Zusammenarbeit ist eine positive Beziehungsebene, die gespeist wird von Menschlichkeit, Vergeben- und Vergessenkönnen, Anerkennung und Zuwendung sowie Fairness (vgl. LeMar 1997, S. 29). Erfolgreiche Menschen gelingt es, einen Gesprächspartner auf der persönlichen Ebene abzuholen und so eine Brücke auf der Beziehungsebene zu bauen. Damit entsteht eine tragfähige Verbindung, durch die die gemeinsame Arbeit an den anstehenden Sachaufgaben geleistet werden kann (vgl. Rogers 1973, S.47 f.).

Eine persönliche Ebene in der Geschäftswelt kann zunächst durch Fragen z. B. nach dem Wochenende, Urlaub und/oder nach der Gesundheit aufgebaut werden. Bei Gesprächspartnern von außerhalb kann man sich z. B. nach der Fahrt erkundigen. Im Business sollten allerdings jene Formen, die eine gute Beziehung aufbauen, wohldosiert eingesetzt werden, da der Geschäftspartner i. d. R. ein Gespräch über die geschäftliche und weniger über die persönliche Beziehung erwartet. Ziel bei dieser sog. Anwärmphase ist, dass der andere zunächst etwas über sich erzählen kann. Gleichzeitig ist es wichtig, etwas über sich selbst zu offenbaren. Wenn man selbst offen ist, öffnen sich meist auch die anderen Menschen. Dafür notwendig ist die Selbsterkenntnis: Erst wenn man sich selbst kennt und einen entsprechenden Kontakt zu sich selbst hat, kann man auch gute Kontakte zu anderen Menschen haben (vgl. LeMar 1997, S. 30).

Zusammenfassend ist festzustellen, dass jede Kommunikation auch etwas mit der Identifikation mit dem anderen zu tun hat. Grundlegend für jede tiefergehende zwischenmenschliche Verständigung ist es, aufeinander zuzugehen und zu versuchen, den anderen nachvollziehen zu können. Dafür versetzt man sich in die innere und äußere Verfassung des anderen. Nähe und Vertrautheit entsteht dann, sobald man sich gegenseitig intensiv aufeinander einlässt. Man fühlt sich verstanden und erhält den Eindruck, dass der andere auch unausgesprochene Dinge und tieferliegende Empfindungen gefühlsmäßig erfasst und nachvollzieht. Auch wenn im Verlaufe solcher tiefgreifenden Verständigungsprozesse die eigene Position und die eigene Identität nicht aufgegeben werden, so ist doch einsichtig, dass intensives Einfühlen in den anderen zumindest teilweise und vorübergehende Identifikation mit seinen Empfindungen, Wünschen, Ängsten, Einstellungen und Absichten, voraussetzt (vgl. Rogers 1991 b, S. 66).
Bei jeder Kommunikation sollte es darum gehen, den Gesprächspartner zu achten und als Persönlichkeit zu akzeptieren. Dazu gehören Toleranz und Vorurteilsfreiheit genauso wie Kompromissfähigkeit. Weiter sollten die Einflüsse, unter denen der andere steht, reflektiert und seine Andersartigkeit respektiert werden. Hinter jedem Verhalten steckt eine positive Absicht der Person, die dieses Verhalten zeigt. Eine grundsätzliche Akzeptanz des anderen - und zwar trotz konträrer Einstellungen - ist grundlegende Voraussetzung für eine gute Beziehungsgrundlage, eine effektive Zusammenarbeit und Entscheidungsfindung (vgl. Faix/Laier 1991, S. 47).

Verhalten hat ein Ziel und eine bestimmte Motivation. Das Thema Motivation wird nachfolgend kurz dargestellt.

1.2.4 Motivation

In der Motivationspsychologie wird zwischen Motiv und Motivation unterschieden. Der Begriff Motiv bezeichnet eine persönliche Handlungsbereitschaft, d. h. eine zeitlich relativ konstante und situationsunabhängige Verhaltenstendenz. Dabei lässt sich jedes Motiv inhaltlich bestimmen, z. B. ein Leistungsmotiv, d. h., dass jemand fast alle Situationen als Leistungssituation erlebt oder ein Anerkennungsmotiv, was bedeutet, dass jemand in jeder Situation Anerkennung durch andere sucht.

Der Begriff Motivation ist umfassender, da er sich auf die Summe der Organismus- und Umwelteinflüsse bezieht, welche die allgemeine Aktivierung und spezifische Orientierung von Erleben und Verhalten bestimmen. Motivation ergibt sich aus der Interaktion von Person und Situation. Bestimmte vom Individuum angenommene Bereitschaften zu zielgerichtetem Verhalten (Motive) werden durch die Wahrnehmung bestimmter Gegebenheiten der Situation (Anreize) aktiviert und determinieren dann auch das Verhalten des Individuums. Der Begriff Motivation kann damit definiert werden als Annahmen über aktivierende und richtunggebende Vorgänge, die für die Auswahl und Stärke der Aktualisierung von Verhaltenstendenzen bestimmend sind. Es ist eine innere oder äußere Kraft, welche Menschen dazu bringt, sich so und nicht anders zu verhalten. Demnach ist Motivation der Prozess des Aktivierens von Verhalten, des Aufrechterhaltens der Aktivität und der Steuerung der Verhaltensmuster.

Es können zwei Arten von Motivation unterschieden werden, und zwar eine intrinsische Motivation, die die im Individuum verankerten Antriebskräfte (etwas zu tun) beinhaltet, und eine extrinsische Motivation, die die Anreize aus der Umwelt beinhaltet (vgl. Oerter/Montada 1987, S. 637). Die Motivation zu handeln kann dementsprechend durch einen inneren und durch einen äußeren Antrieb erfolgen.

Die verschiedenen psychologischen Schulen haben unterschiedliche Motivationsbegriffe geprägt. Motivation wird heute noch aufgefasst als:

- Gesamtheit der Motive, die der Verwirklichung von Lebens-, Bedeutungs- und Sinnwerten dienen und damit die Thematik des individuellen Lebens enthalten (humanistische Motivationstheorien);
- bestimmte aktionsspezifische Energien oder Erregungszentren, die zum angeborenen Verhaltensprogramm der Organismen gehören (ethnologische Triebtheorien);
- automatisch eingeleitete Aktivierungsprozesse, die außer von den Umweltreizen von Deprivation und inneren organischen Zuständen, wie Bedürfnissen abhängig sind (naturalistische Motivationstheorien);
- kognitive Repräsentation von Zielzuständen, die erwünscht sind, weil ähnliche Zustände als angenehm erlebt wurden, ausgelöst durch Situationen und gefolgt von dem Erleben einer Diskrepanz zwischen Ist- und Sollzustand (kognitivistische und kybernetische Motivation);

- Vermittlung von Gründen für ein bestimmtes Verhalten, z. B. die Tätigkeit eines Lehrers, durch die ein Schüler dementsprechend aktiviert werden soll (Pädagogische Psychologie);
- außer der wohl bekanntesten Motivationstheorie von Abraham H. Maslow[27] lassen sich folgende grundlegende Motivationsauffassungen, -modelle und -theorien unterscheiden: die Neugiermotivation, die anreiztheoretische Auffassung, entscheidungs- und austauschtheoretische Konzepte, die handlungstheoretische Auffassung (vgl. Kline/Saunders 1996, Edelmann 2000; Goller 1995, S. 104 f.).

Das Menschenbild der Humanistischen Psychologie vertritt die folgenden Postulate menschlicher Natur: Autonomie und soziale Interdependenz, Selbstverwirklichung, Ziel und Sinnorientierung sowie Ganzheit (vgl. Goller 1995, S. 104 f.). Demnach strebt der Mensch nach Unabhängigkeit von äußerer Kontrolle und entwickelt ein aktives Selbst[28]. Der Mensch erkennt, dass er sich selbst ändern kann und die eigene Verantwortung für sich übernimmt. Der Mensch möchte sich mit all seinen Fähigkeiten und Möglichkeiten voll entfalten. Außerdem strebt er nach einem sinnvollen und erfüllten Dasein. Er richtet sein Leben bewusst oder unbewusst auf Werte aus. Zu seiner Zufriedenheit braucht er Aufgaben und Ziele. Die Humanistische Psychologie betont die Ganzheit des Menschen. An jedem psychischen Prozess und an jeder Handlung ist immer der ganze Mensch beteiligt, und zwar mit Gefühl und Vernunft sowie mit Leib und Seele.

Der Human Relations-Ansatz besagt, dass die Arbeitsleistung eines Mitarbeiters insbesondere durch dessen Arbeitszufriedenheit bestimmt wird. Diese ist abhängig von sozialen Beziehungen, wie informale Beziehungen, den Interaktionsbeziehungen zum Team oder zu den Vorgesetzten. Die sozialen Bedingungen steigern zudem die Moral und Zufriedenheit der Mitarbeiter und beinhalten z. B. betriebliche Einrichtungen wie Altersversorgung, Verpflegung, Stätten für Hobbypflege usw. (vgl. Berthel 1995, S. 16 f.).

---

[27] Maslow geht davon aus, dass bestimmte Motive die Grundlage für Verhalten sind und entwickelte aufgrund experimentalpsychologischer Befunde und Beobachtungen eine Theorie, die die Struktur und Dynamik des gesunden Menschen erklären sollte. Dafür entwickelte er ein Konzept der menschlichen Motivation, das zwischen biologischen Bedürfnissen (wie Hunger, Schlaf und Durst) und psychischen Bedürfnissen (wie Selbstachtung, Zuneigung und Zugehörigkeitsgefühl) unterscheidet. Diese teilte er in fünf verschiedene Gruppen von Bedürfnissen bzw. Motiven ein, die untereinander eine pyramidale hierarchische Stufung aufweisen. Bestimmte „niedrigere" bzw. elementare Bedürfnisse, die in der untersten Stufe platziert sind, werden zuerst wirksam und die darauf folgenden Bedürfnisse erlangen erst anschließend eine motivationale Bedeutung, wenn die Bedürfnisse der vorgeordneten Stufen in gewissem Ausmaß befriedigt sind. Das bedeutet, erst wenn Defizitmotive befriedigt sind, können z. B. Engagement und Leistungsmotivation erwartet werden, vorausgesetzt, die Arbeit ist so beschaffen, dass sie Möglichkeiten zur Befriedigung der Wachstumsmotive bietet (vgl. Maslow 1970).

[28] Zur Entwicklung des Selbst s. die Persönlichkeitstheorie von Rogers (vgl. Rogers 1991 a; Rogers/Schmid 1991) und die Entwicklungsstadien von Rogers (vgl. Pervin 1993, S. 212-213).

Abbildung 6 zeigt die Leistungsdeterminanten nach dem Human Relations-Ansatz auf.

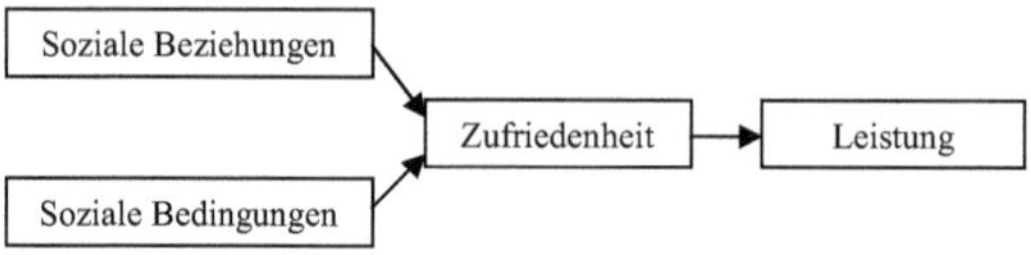

Abb. 6: Leistungsdeterminanten nach dem Human Relations-Ansatz
Quelle: Entnommen aus Berthel 1995, S. 17

Bezogen auf die Berufswelt kann zudem der verhaltenswissenschaftliche Ansatz der *„Anreiz-Beitrags-Theorie"* genannt werden, der das Entscheidungsverhalten von Individuen beschreibt. Vor einer Entscheidung wägen diese die erhaltenen Anreize und die geforderten Arbeitsleistungen gegeneinander ab. Je nachdem, wie dieses Abwägen ausgeht, entscheiden sie sich (z. B. Eintritt in ein Unternehmen, rollenkonformes Verhalten). Ob und wie sich Aufwand und Nutzen ausgleichen, hängt von den individuellen Zielsetzungen ab. „Personalwirtschaftspraktisch geht es dann darum, das Anreizsystem transparent zu vermitteln, dieses auf die individuellen Ziele auszurichten und die Leistungs-/Arbeitsforderungen (Beiträge) so zu stellen, dass die Anreize und Beiträge beim Individuum in einem ausgewogenen Verhältnis sind" (Staffelbach 1995, S. 181).

Nicht nur die Motivation, die Werte und das individuelle Wollen bestimmten das Verhalten. Es ist auch abhängig vom persönlichen Können, vom sozialen Dürfen und von den situativen Möglichkeiten. Das verdeutlicht folgende Abbildung (vgl. von Rosenstiel 2000, S. 49):

Bedingungen des Verhaltens

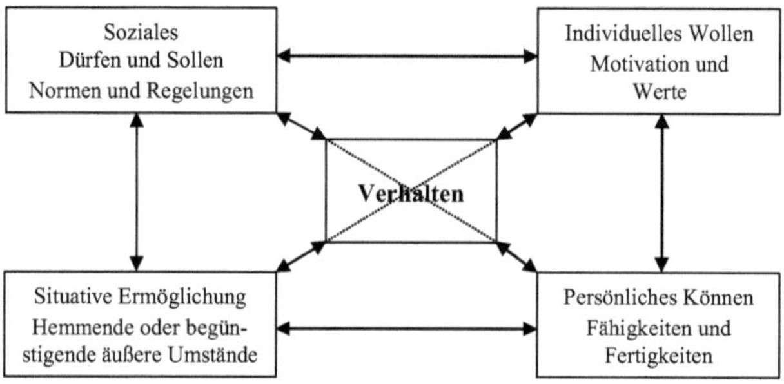

Abb. 7: Bedingungen des Verhaltens
Quelle: Entnommen aus von Rosenstiel 2000, S. 49

In der Abbildung ist zu erkennen, dass das individuelle Wollen von Werten und Motiven bestimmt wird und im engen Zusammenhang mit dem sozialen Dürfen steht, d. h., zu dem, was die unternehmensbezogenen Normen und Regelungen beinhalten. Gleichzeitig steht das individuelle Wollen in Wechselwirkung zum persönlichen Können, d. h. den Fähigkeiten und Fertigkeiten. Die situative Ermöglichung besteht aus hemmenden und begünstigenden äußeren Umständen, die ein bestimmtes Verhalten erlauben oder es verhindern, und steht in Wechselbeziehung zum persönlichen Können. Wenn beispielsweise eine ausgeprägte Kommunikationsstärke vorhanden ist und die situative Ermöglichung, z. B. eine Tätigkeit in der Kundenberatung, fehlt, wird dies auch Folgen für die Motivation und das Verhalten selbst haben. Wenn in einem Unternehmen die Regel gilt, dass bei Akquisetätigkeiten der Mitarbeiter im Vertrieb nur bis zu einer bestimmten Ebene und nur der Vorstand auf Vorstandsebene akquirieren darf, wird diese Regelung Auswirkungen auf die Motivation und damit auf das Verhalten haben (vgl. Spieß/Winterstein 1999, S. 14 ff.). Oder wenn z. B. eine Führungskraft in einem konservativ geprägten Unternehmen arbeitet, wird sie sich von ihrer Werthaltung her den Unternehmenswerten anpassen und diese als Vorbild vertreten müssen. Die Situation ist also vorgegeben. Die im Unternehmen zu vermittelnden Werte müssen nicht unbedingt mit den persönlichen Werten übereinstimmen.

Wenn die oben dargestellten Grundannahmen über Verhalten beachtet werden, der Mensch an sich selbst arbeitet und sich förderliche Verhaltensstrukturen aneignet, dann ist eine Entwicklung zu einer authentischen Persönlichkeit möglich.

1.2.5 Merkmale einer authentischen Persönlichkeit

Eine authentische Person hat ihre individuelle Persönlichkeit so entfaltet, dass sie selbstständig und selbstbewusst handeln kann. Sie hat weiter die Fähigkeit, in der Gemeinschaft, z. B. Familie, Schule, Unternehmen, Gesellschaft, zu leben, zu arbeiten, Verantwortung zu übernehmen und aktiv als mündiger Bürger an der gesellschaftlichen Entwicklung mitzuwirken. Sie kennt ihre Bedürfnisse und Werte und achtet auf diese. Dabei ist die persönliche Kompetenz immer ein Balanceakt zwischen Selbstverwirklichung und gelungener Anpassung an die Normen, Werte und Anforderungen, die von Dritten gestellt werden. Eine authentische Persönlichkeit ist man durch das synergetische Zusammenwirken von Selbst-Bewusst-Sein, Selbstmanagement[29], Verantwortungs-Bewusst-Sein und Mündig-Sein (vgl. Sprenger 1994). Im Umgang mit sich selbst und mit anderen können folgende Dimensionen aufgelistet werden.

[29] Siehe zum Thema soziale und emotionale Kompetenz auch Goleman 1995; Goller 1995; zum Thema Selbstmanagement Seiwert 1995.

Die folgende Tabelle zeigt diese für eine bessere Übersicht in komprimierter Form:

Dimensionen des Umgangs mit sich selbst und mit anderen		
1. Umgang mit sich selbst		
• Aufrichtigkeit • authentisch sein • eigene Verhaltensstrukturen kennen und diese verstehen	• Frustrationstoleranz • Konfliktfähigkeit • Kritikfähigkeit • Selbststeuerung	• Sensibilität für eigene Bedürfnisse • Rollendistanz • positive Kommunikation mit sich selbst
2. Verantwortungsbewusstsein		
• Entwicklung von eigenen Wertvorstellungen • respektvoller Umgang mit den Werten von anderen Personen oder Kulturen	• Übernahme von Verantwortung für sich selbst • Übernahme von Verantwortung für das eigene Verhalten und dementsprechenden Handeln	• Übernahme von Verantwortung für die getroffenen Entscheidungen
3. Umgang mit anderen		
• Achtung und Respekt anderer • Bindungsfähigkeit • Einfühlungsvermögen • Fairness • Integrationsfähigkeit	• Kommunikationsfähigkeit • Kompromissfähigkeit • Kooperationsfähigkeit • Offenheit • Partnerschaft	• Solidarität • Toleranz • Verständnisbereitschaft • Vertrauensbereitschaft • Vorurteilsfreiheit

Tab. 3: Dimensionen des Umgangs mit sich selbst und anderen
Quelle: Eigene Darstellung

Grundsätzlich tendieren Menschen dazu, sich so zu verhalten, dass sie ihren Zielen näher kommen und dass sie mit ihren Werten und ihrem Gefühl im Einklang sind. Es gilt vor allem, zu eigenen Vorstellungen, Einstellungen und Werten zu gelangen und zu diesen zu stehen. Erst dann gelingt ein authentisches Verhalten in allen Bereichen des Lebens. Dabei kann das Kennen des eigenen „Inneren persönlichen Systems“ hilfreich sein, weil es von zentraler Bedeutung für das Verhalten ist. Das Kennen dieser Strukturen bietet die Möglichkeit, Vorhersagungen über das Verhalten und möglichen Änderungen von Verhaltensstrukturen zu machen. Aus diesem Grund ist es ratsam, sich mit diesen Strukturen näher zu befassen und vor allem seine eigenen zu kennen.

Zusammenfassend kann gesagt werden, dass Menschen Verhaltensstrukturen bilden, mit denen sie ihre Umwelt bewältigen. Der Begriff der kognitiven Struktur ist ein theoretischer Sammelbegriff für eine Vielzahl psychologischer Konstrukte und Alltagsbegriffe, mit denen aus der Masse menschlicher Handlungen, Lern- und Denkvorgänge bestimmte Einheiten herausgegriffen werden. Beispielsweise gehören dazu komplexe Wahrnehmungsvorgänge, Vorstellungen, Einstellungen, Problemlösungen auf der Handlungsebene und Strategien des gedanklichen Problemlösens und des daraus resultierenden Verhaltens. Generell können kognitive Strukturen als alternative Kategorisierungs-, Problemlösungs- und von innen gesteuerte Verhaltensstrukturen bezeichnet werden, über die Personen in gewissen Grenzen und je nach Situation beliebig verfügen können. Diese Kategorisierungs- und Problemlösungsmuster sind weder genetisch angelegt noch unveränderlich. Sie können als das Ergebnis vergangener Kategorisierungen und Reaktionen angesehen werden, die sich aufgrund einer individuellen Tätigkeits- und Lerngeschichte herausgebildet haben. Es sind verinnerlichte Wahrnehmungs- und Handlungsschemata, die zu einem durchstrukturierten Komplex zusammengefasst werden. In jeder Struktur sind demnach die Erfahrungen verdichtet, die eine Person mit ähnlichen Ereignissen gemacht hat. Diese verinnerlichten und verdichteten Erfahrungen werden auf andere Situationen übertragen, geprüft und gegebenenfalls durch eine Veränderung oder Integration mehrerer Strukturen angepasst und somit eine neue Bedeutung zugeschrieben.

Immer öfter setzt sich die Erkenntnis durch, dass Ereignisse in unterschiedlichen Lebensbereichen miteinander in Abhängigkeit stehen und dass diese signifikante Folgen für das Handeln von Individuen hat. Individuen versuchen Lebenssphären zu integrieren. Dabei ist der Erfolg auch abhängig von dem Grad individueller Handlungskompetenz. Handlungskompetenz als Fähigkeit disponiblen Erzeugens realisierbarer Handlungspläne ist abhängig von der Verfügbarkeit von Handlungsschemata, die es Individuen ermöglichen, aus einmal gewonnenen Handlungserfahrungen immer wieder neue Handlungen in vielfältiger Weise zu erzeugen. Die Chance, Bewältigungsalternativen zu mobilisieren, hängt wiederum ab von der subjektiven Wahrnehmung der eigenen Lebensqualität, Umwelt und insbesondere im Sozialisationsprozess erworbenen kognitiven, sprachlichen und sozialen Kompetenzen. Verhaltensstrukturen können dahingehend geändert werden, dass z. B. hinderliche Glaubenssätze, die durch schmerzhafte oder enttäuschende Erfahrungen entstanden sind, aufgelöst werden und so der Person mehr Ressourcen für die eigene Entwicklung zur Verfügung stehen. Bei einer Veränderungsarbeit, die die inneren Strukturen einer Person betreffen, erscheint es sinnvoll, Gefühle mit einzubeziehen. Denn erst dann, wenn eine Person emotional betroffen ist und ein positives Gefühl für eine Änderung hat, wird es ihr möglich sein, ihr Verhalten und ihre Strukturen zu ändern (vgl. Brandstätter: Veränderbarkeit von Persönlichkeitsmerkmalen - Beiträge der Differentiellen Psychologie, in: Sonntag (Hrsg.) 1992, S. 50).

Verhalten kann mithilfe der aufgezeigten Motivationstheorien als auch mit den unterschiedlichen Persönlichkeitsentwicklungstheorien beschriebenen werden (vgl. Pervin 1993). Festzuhalten ist, dass der Mensch ein vielschichtiges Wesen ist und sich dadurch sein Verhalten aus verschiedenen Komponenten zusammensetzt. Daher können die Gründe seines Verhaltens sehr unterschiedlich sein. Aus diesem Grund wurde für diese Arbeit keine einzelne Theorie zur Erklärung von Verhaltensstrukturen und deren Auswirkungen als Grundlage gewählt, sondern ein eigenes Modell, das „Innere persönliche System“, entwickelt und erklärt.

Die folgende Abbildung zeigt abschließend die Zusammenhänge zwischen der Entwicklung des „Inneren persönlichen Systems“ und dem Verhalten:

Die Verbindung zwischen Bedürfnissen und Verhalten

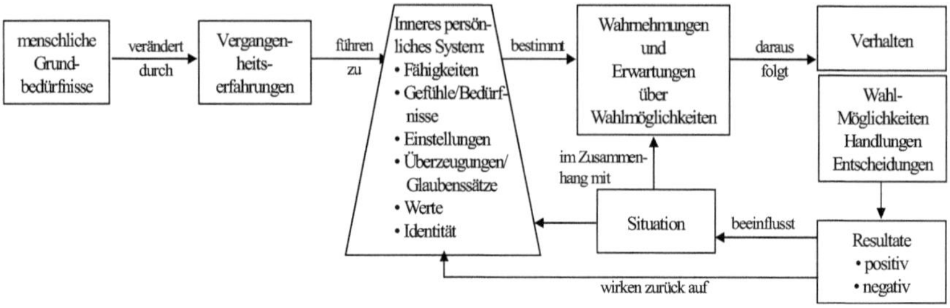

Abb. 8: Die Verbindung zwischen Bedürfnissen und Verhalten
Quelle: In Anlehnung an Cohen/Fink/Gadon/Willits 1996, S. 238 und 262

Das menschliche Verhalten wird also bestimmt von den Erfahrungen, die in der Vergangenheit gemacht wurden, den dadurch entwickelten inneren Strukturen und daraus resultierenden Handlungen und Entscheidungen. Jedes Individuum hat sein eigenes „Inneres persönliches System“, das sich im Verhalten niederschlägt. Unter Beachtung dieser individuellen Strukturen kann Verhalten vorhergesagt werden und Orientierung geben. Dies kann auf die berufliche Situation übertragen werden. Wenn die Strukturen eines Mitarbeiters bekannt sind, können ihm Entwicklungsmöglichkeiten aufgezeigt werden. In Organisationen sollten die unterschiedlichen Systeme respektiert und die Kenntnisse darüber für die Zusammenarbeit genutzt werden.

Im folgenden Kapitel sind auf Organisationen bezogene verhaltensspezifische Darstellungen zu finden. Zunächst werden allgemeine Aussagen zu Organisationen gemacht, um in das Thema einzuleiten. Daran anschließend wird auf Verhalten in und in Bezug auf Organisationen eingegangen.

2. Auf Organisationen bezogene verhaltensspezifische Darstellungen

Dieses Kapitel beschäftigt sich mit den Rahmenbedingungen, die in einer Organisation vorzufinden sind und mit verhaltensspezifischen Darstellungen innerhalb von Organisationen. Dieses Kapitel dient dazu, die im Hauptkapitel B, Kapitel 2.1, gestellte Frage Nr. 8 und die Hypothese Nr. 2 kritisch zu beleuchten und aufgrund der theoretischen Ausführungen zu beantworten bzw. zu verifizieren.

Leitgedanke für dieses Kapitel lässt sich an folgendem Zitat von Hug veranschaulichen: „Wir wissen, dass kein Unternehmen, kein Betrieb und keine Organisation ohne den Menschen funktionieren kann. Die Individuen sind Teil der von uns beobachteten und geführten Systeme. Von ihnen gehen wichtige Impulse für die Entwicklung von Organisationen aus. Sie gestalten und prägen bis zu einem gewissen Grade die Organisation und deren Funktionieren. Auf der anderen Seite aber werden die Individuen in ihrem Erleben und Verhalten durch die Organisation gestaltet und geprägt" (Hug: Menschenbilder, in: Steiger/Lippmann (Hrsg.), Bd. I, 1999, S. 9-26; Preißler 1992).

Menschen verbringen den größten Teil ihrer Lebenszeit in Arbeitsorganisationen. Das Verhalten innerhalb der Organisationen ist recht unterschiedlich und verändert sich zunehmend mit den Anforderungen aus dem Organisationsumfeld, wie z. B. dem Marktdruck aufgrund von gestiegenen Kundenwünschen sowie Veränderungen in der Kommunikationstechnik und anderen technischen Veränderungen. Diesen Prozessen wird mit neuen Organisations- und Führungskonzepten begegnet, wie z. B. der Flexibilisierung von Arbeitsstrukturen, der Reduzierung von Hierarchien, einer stärkeren Orientierung auf Kooperation und Kommunikation. Die jüngsten Organisationskonzepte setzen auf Veränderungen im Verhalten der Mitarbeiter und prägen diese wiederum. Prognosen für das zukünftige Arbeiten in Organisationen sagen voraus, dass es weniger Sicherheit und Stabilität geben wird, jedoch einen höheren Grad an Komplexität. Dies bedeutet für den Einzelnen, dass er mehr Einflussmöglichkeiten und Freiheitsgrade hat, er sich aber auch stärker als bisher weiterbilden und eigenständig organisieren muss. Dabei werden soziale und interkulturelle Kompetenzen zunehmend wichtiger, um mit den neuen Anforderungen umgehen zu können. Die Tätigkeiten oder gar das Unternehmen in angemessener Zeit zu wechseln, werden immer legitimer. Und es gehört heute nicht mehr unbedingt zu einem optimalen Lebenslauf, dass man mehrere Jahre in ein und demselben Unternehmen tätig war.

Zur Erklärung von menschlichem Verhalten wird nicht mehr, wie bei den frühen Behavioristen, auf eine „Black-Box" zurückgegriffen, sondern es werden immer mehr das Denken, Fühlen und das Handeln berücksichtigt und differenziert betrachtet. Insbesondere interessieren berufliche Einstellungen, Werte, Motive, Ziele und Emotionen, die ein Mitarbeiter hat.

Organisationen haben bestimmte Strukturen, mit denen sich die Mitarbeiter auseinander setzen und arrangieren müssen, die sie gegebenenfalls auch verändern. Daraus resultiert eine gewisse Grundspannung zwischen den Mitarbeitern und der Organisation bzw. den Mitarbeitern untereinander.

Für das Verhalten des einzelnen Mitarbeiters in der Organisation sind Werte und ist die Motivation mitentscheidend sowohl für seine Leistung, aber auch für sein Wohlbefinden. Grundlegende Prozesse in Organisationen bilden Kommunikation und Kooperation. In diesem Zusammenhang stehen auch Aspekte der Führung und die Mitarbeiterauswahl. Weitere Phänomene, wie Unternehmenskultur, Betriebsklima, Transparenz und Stress, hängen eng mit der Kommunikation und der Kooperation zusammen. Sie prägen zum einen das Verhalten in Organisationen und sind zum anderen deren Resultat. Insbesondere die Personalauswahl und -entwicklung hat großen Einfluss auf die Prozesse in Organisationen (vgl. Eilles-Matthiessen 2002; Schuler 1996; Schaal 1992).

Das maßgebliche Ziel in diesem Hauptkapitel ist darzulegen, welche Auswirkung Verhalten auf die im Unternehmen tätigen Menschen hat und wie Verhalten in Unternehmen gesteuert werden kann. Dafür werden zunächst Grundlagen über Organisationen angerissen und in einem weiteren Kapitel die Erwartungen an das Personalmanagement dargestellt. Im weiteren Verlauf wird auf die Unternehmenskultur eingegangen und werden die Zusammenhänge zwischen Werten, Berufs- und Organisationswahl sowie die Zusammenhänge zwischen den unterschiedlichen Wertesystemen vermittelt.

Außerdem dient dieses Hauptkapitel B der Beantwortung der in dem Hauptkapitel A, Kapitel 2.1, gestellten Frage, auf was bei der Zusammensetzung von Abteilungen bzw. Teams geachtet werden sollte. Im Kapitel 3 werden die Grundlagen für diesen Themenbereich beschrieben. Weitere Ausführungen werden in dem Hauptkapitel F, Kapitel 1 „Die optimale Zusammensetzung von Abteilungen und Teams unter Beachtung der Typologie“ diskutiert.

Zunächst erfolgen jedoch allgemeine Ausführungen zu Organisationen, um für dieses Hauptkapitel zu sensibilisieren.

2.1 Allgemeine Ausführungen zu Organisationen

In modernen Industriegesellschaften haben sich im Zuge technologischer, politischer und sozialer Veränderungen Organisationen gebildet, die gesellschaftliche, soziale und individuelle Bedürfnisse befriedigen und daraus zugleich ihre Existenzberechtigung ableiten. Eine Vielzahl von Leistungen kann unter ökonomischen Effizienzgesichtspunkten sinnvollerweise nicht von einzelnen Menschen allein erstellt werden, was zum Zusammenschluss mehrerer in Organisationen und zur Substitution von menschlicher Arbeit durch Maschinen führt.

Organisationen lassen sich durch die Anzahl der Erwerbstätigen und die Organisationsstruktur unterscheiden. Diese Arbeitsstätten in ihrer Gesamtheit darzustellen, würde den Rahmen dieser

Arbeit sprengen. Daher sind für diese Arbeit nur die Organisationen gemeint, die eine profitorientierte Konzentration anstreben und daher ein danach ausgerichtetes Personalmanagement benötigen. Grundlagen über den Aufbau von Organisationen, Eingliederung des Personalmanagements in eine Organisation oder die betriebswirtschaftlichen Aufgaben des Personalmanagements werden für diese Arbeit vorausgesetzt oder können in Grundlagenwerken von z. B. Bühner 2005 oder Berthel 1995 nachgelesen werden.

Eine Organisation kann als offenes System[30] verstanden werden, das sich aus Individuen bzw. Gruppen zusammensetzt, also ein soziales Gebilde ist und eine bestimmte Struktur aufweist, die meist von Arbeitsteilung, Kommunikationssystemen und durch eine Hierarchie von Verantwortung gekennzeichnet ist (vgl. Schuler (Hrsg.) 1995, S. 321 f.). Arbeitsteilige Organisationen werden gegründet und betrieben, um ökonomische Interessen zu verfolgen und bestimmte Ziele zu erreichen. Unternehmensziele können als vorrangige, bewusst anzustrebende, zukünftige Zustände definiert werden, die eine Organisation erreichen will. Hat die Organisation ein gesetztes Ziel ganz oder zu einem zuvor als Anspruchsniveau festgelegten Grad erreicht, so ist sie effektiv. Mit Effizienz wird das Verhältnis von Zielbeitrag zum relevanten Ressourceneinsatz bezeichnet (vgl. Drumm 1992, S. 8). Effizienz bedeutet daher auch, dass immer dann Organisationen gebildet werden, wenn Menschen versuchen, Probleme und Aufgaben zu lösen, die so komplex sind, dass sie nur durch Zusammenarbeit von mehreren Personen bewältigt werden können. Um einen reibungslosen Ablauf der Zusammenarbeit bzw. des Arbeitsverhaltens zu gewährleisten, ist es sinnvoll, diese wie folgt zu regeln:

- Ziele müssen vereinbart, festgelegt und verbreitet werden (Ziele setzen).
- Vereinbarungen müssen darüber getroffen werden, wie im Unternehmen miteinander umgegangen wird und welche Verhaltens- und Werteausrichtung im Unternehmen vorherrschen soll (Unternehmenskultur).
- Die verschiedenen Aufgaben müssen aufgeteilt und handelnden Personen zugeordnet werden (Arbeitsteilung und Koordination), um ein Ziel zu erreichen.
- Menschen, die die Aufgaben durchführen sollen und können, müssen gefunden, angestellt, weitergebildet und den Aufgaben zugeordnet werden (Personalauswahl und Personalentwicklung).

[30] Ein offenes System liegt immer dann vor, wenn Teile eines Ganzen so miteinander vernetzt sind, dass eine Änderung des Zustands eines Teiles Auswirkungen auf alle anderen Teile hat. Organisationen bestehen aus den sozialen Beziehungen der Individuen innerhalb dieser Organisation, wobei die Mitglieder dieser Organisation miteinander in Interaktion stehen. Verändert also eine Person oder ein ganzer Unternehmensbereich z. B. ihr/sein Verhalten, wird dies Auswirkungen auf andere Personen bzw. Bereiche haben (vgl. Weinert 1992, S. 38-41).

- Aktuelle Informationen, die zur Erledigung der Aufgaben benötigt werden, müssen vermittelt werden (Kommunikation).
- Personal muss geführt und motiviert werden (Führung und Motivation).
- Es muss ein Weg gefunden werden, wie man eine angemessene Leistung beim Erfüllen der Aufgabe sicherstellt (Kontrolle).
- Regeln müssen erstellt werden, wie man all die oben erwähnten Dinge misst und verändert, wenn die Bedingungen, die zum ursprünglichen Ziel führten, sich ändern (Umfeldbeobachtung und Organisationsmission).

Neben den internen Regelungen ist zu beachten, dass jede Organisation bzw. jedes Unternehmen in eine Umwelt eingebunden ist (vgl. Hentze 1994, S. 43 ff.), die selbst hochkomplex und einem permanenten Wandel unterworfen ist. Somit ist nahe liegend, dass sich die jeweiligen Veränderungen zwangsläufig in einem Unternehmen widerspiegeln werden (vgl. French/Bell jr. 1994; Gumin/Meier 1992, S. 123 f.). In diesem Zusammenhang kann die gesellschaftliche Entwicklung des Wertewandels (vgl. Klages 1984, 1985 und 1988) genannt werden, die die Erwartungen der Mitarbeiter an ihre Arbeitstätigkeit und in Bezug auf ihre eigene Führung verändert. Mitarbeiter streben verstärkt nach Autonomie, Entfaltung und Sinn. Diese Bedürfnisse kollidieren jedoch mit Arbeitsstrukturen, wenn sie - wie es häufig noch der Fall ist - von Dirigismus und Unterordnung geprägt sind (vgl. Wiendieck: Führung 2000 - Perspektiven und Konsequenzen, in: Wiendieck/Wiswede (Hrsg.) 1990, S. 39-51). Folglich haben Mitarbeiter zunehmend Identifikationsprobleme mit den Zielen eines Unternehmens und sind weniger bereit, diese Differenzen unter einer rein instrumentellen Arbeitsorientierung zu verstecken. Das bedeutet, dass auch das individuelle Verhalten eines Mitarbeiters Auswirkungen auf das Unternehmen hat. Umgekehrt beeinflusst ein Unternehmen durch seine internen Reglementierungen, wie z. B. Satzungen, Unternehmenskultur, Führungsleitlinien und Geschäftsordnungen und damit einhergehenden Verhaltensanforderungen, das Verhalten ihrer Mitglieder (vgl. Staffelbach/Wehrli 1996; Picot/Reichwald/Wigrand 1996; von Rosenstiel 1986, S. 16-17).

Organisationen sind für die Persönlichkeitsentwicklung und Entwicklung von Verhaltensstrukturen von großer Bedeutung. Zu bedenken ist, dass der Mensch die Hälfte seines Lebens in Organisationen verbringt. An den jeweiligen Arbeitsplätzen werden Fähigkeiten und Fertigkeiten neu erworben oder erst voll ausgebildet. Durch die verschiedenen organisatorischen Anreize, wie Aufstieg, Gehalt, werden Motive angeregt. In der Interaktion mit anderen Organisationsmitgliedern sowie in der Auseinandersetzung mit der Aufgabe werden Einstellungen und Normen entwickelt. Es kann davon ausgegangen werden, dass berufsbezogene Lern- und Entwicklungsprozesse nicht nur für Arbeitstätigkeiten qualifizieren, sondern die gesamte Persönlichkeitsentwicklung beeinflussen (vgl. Heinz 1995, S. 12; von Rosenstiel 1986, S. 77).

Das Personalmanagement bildet die Schnittstelle zwischen technologischen Entwicklungen und sozialen, insbesondere unternehmensspezifischen arbeitsorganisatorischen Ansprüchen auf der einen Seite und individuellen Ansprüchen des gesamten Personals an die Arbeit, das Einkommen, die Arbeitszeit und/oder Entwicklungsmöglichkeiten auf der anderen Seite (vgl. Wunderer/von Arx 1998). Professionelles und strategisches Personalmanagement[31] ist die Integration von Individuen in die Organisation, z. B. durch die Berücksichtigung ihrer Bedürfnisse und Werte, ihrer Entwicklung und Fähigkeiten, Schaffen herausfordernder Arbeitsbedingungen. So sind Unternehmensstrategie, Organisationsentwicklung, Personalentwicklung, die Besetzung von vakannten Stellen und Weiterbildung zentrale Aufgaben des Personalmanagements (vgl. Neuberber, Bd. 6, 1997; Stiefel 1996; Drumm 1992, S. 90 f.; Olesch 1992). Diese Dissertation beschränkt sich auf die Personalauswahl, Sozialisation von Mitarbeitern, Grundlagen der Personalführung und Zusammenarbeit sowie Personalentwicklung.[32]

2.2 Erwartungen an das Personalmanagement

Im Personalbereich ist eine zunehmende Professionalisierung zu beobachten. Gründe für diese Entwicklung liegen in komplexeren Arbeitsstrukturen, die ein differenzierteres Ausbildungsniveau und entsprechend höhere Anforderungen an Personalverantwortliche zur Folge haben. Im Bereich der Personalführung wird z. B. vermehrt auf eine strategische bzw. prozessorientierte Ausrichtung Wert gelegt, die einen situationsabhängigen Führungsstil notwendig macht. Durch verbesserte Information und akzeptanzfördernde Personalentwicklungsmaßnahmen werden die Fähigkeiten der Führungskräfte und Mitarbeiter ausgebaut, damit diese die strategischen Anforderungen erfüllen können (vgl. Winterstein: Kooperative Kommunikation, in: Spieß/Nerdinger 1998, S. 144-164; Hentze/Brose 1990).

Diesbezüglich ist seit ca. 1990[33] in den meisten Unternehmensphilosophien verankert, dass Mitarbeiter die wertvollste und sensitivste Ressource sind. Das Personalmanagement soll sie als Mitunternehmer gewinnen, entwickeln und erhalten. Wertschöpfung gilt als oberstes Ziel. Die Zusammenarbeit sollte geprägt sein von unternehmerischem Mitwissen, -denken und -handeln sowie Mitverantwortung in allen wesentlichen Unternehmensentscheidungen. Das bedeutet auch eine integrierte und gleichberechtigte Mitwirkung bei der Unternehmensphilosophie, -politik und -strategie mit besonderer Berücksichtigung von Mensch und Arbeit. Nach diesen

---

[31] Nähere Ausführungen zum strategischen Personalmanagement s. Ackermann 1991, S. 21; Staffelbach 1986; zum unternehmerischen Personalmanagement s. Wunderer/Kuhn: Unternehmerisches Personalmanagement - zentraler Ansatzpunkt zur Förderung unternehmerischen Verhaltens, in: Wunderer/Kuhn 1995, S. 12 ff.

[32] Siehe zum Thema „Personalplanung“ bei z. B. Wimmer/Neuberger 1998; Kossbiel: Personalbedarfsermittlung, in Gaugler/Weber, 1992, Sp. 1596-1608; s. Grenzen im Personalmanagement bei Krulis-Randa/Benz (Hrsg.) 1993.

[33] Seit 1960 hat das Personalmanagement verschiedene Entwicklungsphasen durchlaufen. Diese können z. B. bei Wunderer/von Arx 1998, S. 24-25, nachgelesen werden.

Grundsätzen haben die Geschäftsleitung, die Führungskräfte und die Mitarbeiter Verantwortung (vgl. Neuberger, Bd. 1, 1997, S. 126).
Auf diese Weise wird die Organisationsentwicklung mit der Weiterbildung, der Laufbahnplanung, der Führungskräfteentwicklung und dem Anreiz- und Gratifikationssystem verknüpft. Strukturell verwoben mit diesem Prozess ist auch die Arbeit in kurz- wie längerfristigen Projekt zusammenhängen, Arbeit in Teams, Trainings, Coaching- oder Mentorensystemen (vgl. Hauser: Coaching: Führung für Geist und Seele, in: Feix (Hrsg.) 1991, S. 207-237; Bayer 1995). Sie alle sollen kooperative Selbstqualifikation während des gesamten Berufslebens ermöglichen, eine notwendige Bedingung, um zusehends komplexere Arbeitsvorgänge bewältigen zu können. Kontrolliert und gesteuert wird dieser Prozess in Mitarbeitergesprächen und regelmäßigen Mitarbeiter- und Vorgesetztenbeurteilungen (vgl. Neumann: Das Mitarbeitergespräch, in: Rosenstiel/Regnet/Domsch 1993, S. 195-210).

Auf das Personalwesen als eine dienstleistende Einheit kann jeder Mitarbeiter im Unternehmen zurückgreifen. Somit bildet dieser enge Kreis von Trägern personalwirtschaftlicher Aufgaben und Verantwortung zugleich die interne Kundschaft der Personalabteilung (vgl. Weber 1992, Sp. 1829). Die Erwartungen dieser drei Kundensegmente an den internen Dienstleister Personalmanagement sind geprägt von den unterschiedlichen Interessen und Zielen dieser Gruppe. Dies wird in der folgenden Tabelle ersichtlich.

Unterschiedliche Erwartungen an Personalverantwortliche, an die Personalarbeit und -abteilung		
Erwartungen der Unternehmensleitung	**Erwartungen der Mitarbeiter**	**Erwartungen der Führungskräfte**
Strategischer Geschäftspartner: • Mitgestalten der Unternehmensphilosophie, -politik und -strategie	Individueller Dienstleister/ Helfer: • Berücksichtigung von Mitarbeiterinteressen bei der Umsetzung personalpolitischer Grundsätze	Unternehmensberater/Experte für HR: • Entwicklung effektiver, anwendungsfreundlicher und nutzenstiftender Führungsinstrumente zur Unterstützung der Linie
Berater für HR: • Professionelle Beratung der Geschäftsleitung in Fragen und Problemen des Human Resourcen Managements	Persönlicher Berater/ Psychologe: • Professionelle Beratung in persönlichen und beruflichen Angelegenheiten, wie Karriere, Aus- und Weiterbildung, Kündigung, private Probleme	Berater für HR: • Professionelle Beratung der Geschäftsleitung in Fragen und Problemen des Human Resourcen Managements

<table>
<tr><th colspan="3">Unterschiedliche Erwartungen an Personalverantwortliche, an die Personalarbeit und -abteilung</th></tr>
<tr><th>Erwartungen der Unternehmensleitung</th><th>Erwartungen der Mitarbeiter</th><th>Erwartungen der Führungskräfte</th></tr>
<tr><td>Krisenmanager/Change Agent:
• Mittragen und Umsetzung unternehmensweiter, populärer und unpopulärer personalpolitischer Entscheidungen
• Initiative bei der Gestaltung und Durchsetzung von Veränderungsprozessen</td><td>Krisenmanager:
• Offene, umfassende, rechtzeitige und faire Information über kritische Unternehmenssituationen; Moderator/Vermittler bei innerbetrieblichen Konflikten
• Partizipation der Mitarbeiter an Veränderungsprozessen</td><td>Berater:
• Berater in Krisenzeiten, bei Reorganisations- und Freistellungsprozessen und bei schwer wiegenden Führungs- oder personellen Problemen</td></tr>
<tr><td>Förderer/Promotor:
• Förderung einer lern- und entwicklungsorientierten Unternehmenskultur; Sicherung von Erfolgspotenzialen
• Promotor für neue Konzepte der Personalgewinnung, -erhaltung, -entlohnung, -entwicklung und -freistellung</td><td>Förderer/Coach:
• Individuelle Förderung durch enge Zusammenarbeit mit den direkten Linienvorgesetzten</td><td>Förderer/Coach:
• Gezielte Förderung des Mitarbeiters durch entsprechende Laufbahn-, Karriere- und Nachwuchsprogramme
• Professionelle Unterstützung der Linie bei der Anwendung personalwirtschaftlicher Instrumente</td></tr>
<tr><td>Manager für HR:
• Unternehmerische Führung des Personalbereichs, Beitrag zur Realisierung strategischer Unternehmensziele, kundenorientiert, professionelle Erbringung nutzenstiftender Leistungen, Erfolgsnachweis</td><td>Marketingspezialist für HR:
• Fördernde Arbeitsgestaltung, Schaffung eines angenehmen Arbeitsumfeldes
• Entwicklung attraktiver Angebote der Personalgewinnung, -erhaltung, -entlohnung, -entwicklung und -freistellung</td><td>Interner Dienstleister/ Service-Center „Personalmanagement“:
• Qualitätsorientierter Service des Personalbereichs
• Effiziente, unbürokratische Ablauforganisation im Personalbereich durch kundenfreundliche Prozessgestaltung</td></tr>
</table>

Tab. 4: Unterschiedliche Erwartungen an Personalverantwortliche, an die Personalarbeit und -abteilung
Quelle: In Anlehnung an Wunderer/von Arx 1998, S. 27

Anhand der Tabelle ist ersichtlich, dass das Personalmanagement für unterschiedliche Personengruppen und Unternehmensbereiche verantwortlich ist. Daher kann Personalmanagement[34] als ein ganzheitlicher Ansatz verstanden werden, der neben den betriebswirtschaftlichen Faktoren

[34] In der Literatur und in Unternehmen wird oft der neu geprägte und vom amerikanischen übernommene Begriff „Human Resource Management“ genannt. Durch die Wahl des Begriffs Human Resource Management (HRM) soll das Personal als Leistungsträger und -potenzial herausgestellt werden (vgl. Neuberber, Bd. 6, 1997, S. 12, 44 und S. 36 ff.). Da in dieser Arbeit ein ganzheitlicher Ansatz vertreten wird, können die Begriffe „Personalmanagement“ und „Human Resource Management“ synonym verwendet werden.

insbesondere die menschlichen Ressourcen und Potenziale berücksichtigt und integriert. Professionelles Personalmanagement bedeutet, dass die Interessen des Unternehmens genauso wie die des Personals gewahrt werden.

In der Regel bezieht sich das Personalmanagement auf die strategische Führung der gesamten Organisation, in dem die menschlichen Aktivitäten stattfinden (vgl. Berthel 1995, S. 8 f.). Klassischerweise kommt dem Personalwesen die Aufgabe zu, den Faktor „Arbeit“ an die zuvor personenunabhängig entworfenen Arbeitsstrukturen, die Organisation, anzupassen. Es zeichnet sich durch ein dauerhaftes Streben nach einem möglichst effizienten Einsatz der im Unternehmen tätigen Menschen aus. Dafür melden in einer strategisch ausgerichteten Organisation die einzelnen Unternehmensbereiche ihren Personalbedarf an die Personalabteilung, die die personellen Ressourcen in der gewünschten Quantität und Qualität zur rechten Zeit und am rechten Ort bereitzustellen hat (vgl. Staehle 1994, S. 736 f.). In Anlehnung an Berthel können personalwirtschaftliche Aufgaben in zwei Hauptgruppen, und zwar in die Verhaltenssteuerung und die Systemgestaltung, unterteilt werden. Die Verhaltenssteuerung beinhaltet die Führung des Personals und die Mitarbeiterführung durch den unmittelbaren Vorgesetzten. Die Systemsteuerung beinhaltet z. B. Personalbedarfsdeckung, die Entwicklung und Fortbildung des Personals, die Gestaltung der Arbeitsbedingungen und der Unternehmenskultur (vgl. Berthel 1995, S. 8 f.; Rühli: Ein methodischer Ansatz zur Erfassung und Gestaltung von Unternehmenskultur, in: Lattmann (Hrsg.) 1990, S. 189-206).

Um eine klare Linie beizubehalten, haben viele Organisationen Leitlinien entwickelt, welche die unternehmensspezifischen Ziele und Werte beinhalten sowie das Miteinander und die Zusammenarbeit im Unternehmen regeln (vgl. Winterstein: Kooperative Kommunikation, in: Spieß/Nerdinger 1998, S. 144-164). Diese Leitlinien drücken sich in einer sog. „Unternehmenskultur“ aus bzw. sind durch diese erkennbar. Die Unternehmenskultur hat Auswirkungen auf das Verhalten der Mitarbeiter und Führungskräfte. Zudem sind arbeitsteilige Organisationen davon abhängig, dass sie qualifiziertes und motiviertes Personal haben bzw. rekrutieren. Nicht nur das Unternehmen wählt seine Mitarbeiter aus, sondern Bewerber suchen sich in heutiger Zeit das Unternehmen aus, das ihren Ansprüchen gerecht wird.[35]
Nachfolgend wird zunächst auf die Unternehmenskultur eingegangen und in einem weiteren Kapitel der Zusammenhang zwischen Werten und Organisationswahl dargestellt.

---

[35] Der Einfluss von beruflichen Werthaltungen und Berufsorientierungen auf das berufliche Handeln ist immer auch abhängig vom Ausmaß des Freiheitsgrades, wie z. B. der aktuellen Arbeitsmarktsituation. Je freier die Entscheidungsmöglichkeiten sind, desto eher können auch die Werthaltungen und Organisationswahl zum Ausdruck kommen.

2.3 Unternehmenskultur

Der Begriff „Unternehmenskultur" bezeichnet die Werte und Verhaltensnormen, die in einer Organisation wirken und das Denken, Fühlen und Handeln der Menschen im Unternehmen beeinflussen. Die Verhaltensforschung betrachtet die Unternehmenskultur als eine der zentralen Einfluss- und Steuergrößen des individuellen Verhaltens und damit der Verhaltensstruktur (vgl. Spieß/Winterstein 1999, S. 121-125; Schein 1998).

Vor dem Hintergrund gesellschaftlichen Wertewandels gewann die Unternehmenskultur als Spezialfall der Organisationskultur zunehmend Interesse in der Forschung und Praxis (vgl. Siebert 1999, S. 129; Schein 1995; Kern 1990). Der Begriff Unternehmenskultur ist in den 80er Jahren in die betriebswirtschaftliche Fachliteratur eingegangen (vgl. Lattmann (Hrsg.) 1990). „Ein Hauptgrund für das wachsende Interesse an der Unternehmenskultur liegt darin, dass das Konzept sowohl für die Analyse auf Unternehmensebene hilfreich ist, als es auch zu einem besseren Verständnis innerbetrieblicher Vorgänge beim Zusammentreffen verschiedener Subkulturen und Berufsgruppen geführt hat" (Schein 1995, S. 10). Voraussetzungen für eine Unternehmenskultur sind eine strukturelle Stabilität innerhalb der Gruppen und die Integration aller Elemente. Das bedeutet, dass sich Rituale, Klima, Werte und Verhaltensweisen zu einem einheitlichen Ganzen zusammenfügen (vgl. Schein 1995, S. 21-22 und S. 29 ff.; Klimecki/ Probst: Entstehung und Entwicklung der Unternehmenskultur, in: Lattmann 1990, S. 43).

Ein umfassendes Konzept bezieht nicht nur die individuellen Wertvorstellungen und Grundüberzeugungen der Beteiligten mit ein, sondern auch die normativen Zielvorstellungen im Unternehmen sowie die Ausgestaltung der Produktions- und Arbeitsbedingungen. Diese wirken sich letztlich wiederum auf die Handlungsmöglichkeiten, das Verhalten und damit ihrerseits auch auf die Wertvorstellungen der Führungskräfte und Mitarbeiter aus. Wie folgende Abbildung zeigt, können drei Ebenen der Unternehmenskultur („Arbeits-, Führungs- und Beteiligungsform", „normatives Unternehmenskonzept" und „unternehmensspezifische Ausprägungen von Werten, Normen und Verhaltensweisen") unterschieden werden, die in einem direkten Zusammenhang mit der Umgebung und den externen und internen Einflüssen stehen (vgl. dazu auch Marré 1997, S. 97; Schein 1995, S. 64).

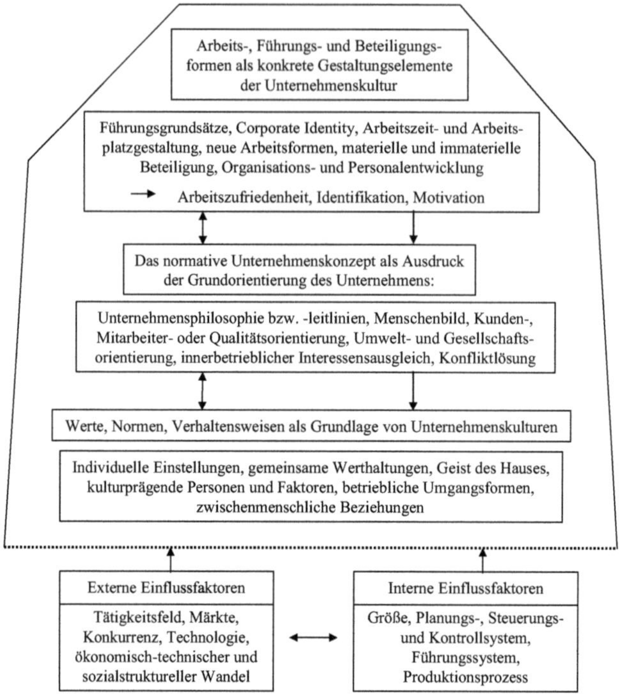

Abb. 9: Ebenen der Unternehmenskultur und interne und externe Einflüsse auf die Unternehmenskultur
Quelle: Entnommen aus Nutzinger (Hrsg.) 1996, S. 38

Die Unternehmenskultur kann weiter anhand von folgenden kommunikations-, handlungs-, verhaltensorientierten und objektbezogenen Größen bestimmt werden (vgl. Wunderer 1997, S. 117; Schein 1995; French/Bell jr. 1994, S. 50-55):

Bestimmungsgrößen der Unternehmenskultur	
kommunikationsorientiert:	**handlungsorientiert:**
• Art der Kommunikation nach innen und außen • Geschichten • Glaubenssätze • Mythen • Slogans • Witze	• Betriebsklima • Entscheidungszentralisation/-dezentralisation • Pausenregelungen • Planungsabläufe • Rituale, Gebräuche, Zeremonien • Verfahren, Methoden

Bestimmungsgrößen der Unternehmenskultur	
verhaltensorientiert:	**objektbezogen:**
• Personalstruktur • Persönlichkeitsprofile der Unternehmer und Führungskräfte sowie deren praktiziertes Führungsverhalten (Führungsstil)	• Ausgestaltung der Führungssysteme • Leitsätze, Führungsgrundsätze • Logo, Corporate Design • Politiken, wie Unternehmens- und Personalpolitik • Statussymbole • Strategische Leitideen für das unternehmerische Handeln • Techniken, Instrumente • Unternehmensorganisation (Aufbau, Ablauf)

Tab. 5: Bestimmungsgrößen der Unternehmenskultur
Quelle: In Anlehnung an Wunderer 1997, S. 117

Zur Unternehmenskultur gehören u. a. empfohlene und vorgeschriebene Verhaltensweisen, Werte, Normen, Grundannahmen und Weltinterpretationen aller Beteiligten. Sie sagen etwas darüber aus, was wertgeschätzt, als passend und dem richtigen Verhalten entsprechend angesehen wird. Außerdem werden darunter die Technologien und Aufgaben der Organisation zusammen mit den akzeptierten Auffassungen darüber verstanden (vgl. Schnebel 1997; Bögel: Organisationsklima und Unternehmenskultur, in: von Rosenstiel/Regnet/Domsch, Bd. 20, 1993, S. 581-592; Attems/Holzer 1989, S. 48). Die Unternehmenskultur ist sozusagen der Geist, der spürbar ist, wenn jemand als Außenstehender mit dem Unternehmen zu tun hat.

Aus der Sicht einer Organisation hat die Unternehmenskultur vor allem folgende Funktionen:

- „Sinnvermittlung, -verstärkung, -veränderung
- undokumentierte strategische Grundorientierung als „Hinterkopf-Strategien“ oder explizit in den Leitsätzen verankerte Doktrin
- indirekte, informelle, weiche, qualitative Steuerung und Führung (Unternehmenskultur als „unsichtbare Führungskraft“)
- Interpretation, Legitimation, Stabilisierung von Entscheidungen und Verhalten des Personals
- Personalentwicklung, Verhaltensmodifikation (Unternehmenskultur als „unsichtbarer Mentor“)
- Selektion von Bezugsgruppen (Unternehmenskultur als „unsichtbarer Kooperateur“)
- Steuerung über Visionen und Missionen
- Zentrales Element der Selbststeuerung des Unternehmens“ (Wunderer 1997, S. 118).

Nach Denison gibt es vier Merkmale der Unternehmenskultur, die die Effektivität von Organisationen positiv bestimmen (Denison, Daniel R.: Corporate culture and organizational effectiveness, New York, 1990, in: Schuler (Hrsg.) 1995, S. 424):

- „Hohe Übereinstimmung (consistency) in Normen, Werten und Anschauungen, d. h., eine stark ausgeprägte Kultur erleichtert die Konsensbildung und Koordination und ist dabei oft wirkungsvoller und preisgünstiger als die strukturellen Koordinationsmittel.
- Starke Beteiligung (involvement) der Mitglieder im Sinne der Identifikation und Motivation, die durch organisatorische Regelungen zur Entscheidungs- und Ergebnisbeteiligung gefördert wird, führt zu besseren Arbeitsergebnissen und verringert die Kontrollkosten.
- Eine klare, über Formalziele hinausgehende Bestimmung (mission) verleiht der Arbeit mehr Sinn und Bedeutung, erleichtert die Identifikation mit der Organisation und ist ein Wegweiser in unstrukturierten Entscheidungssituationen.
- Hohe Anpassungsfähigkeit (adaptability), die aufgrund der wachsenden Umweltdynamik immer wichtiger wird, beinhaltet die Fähigkeit, externe und interne Änderungen wahrzunehmen, ihre Bedeutung zu erkennen und flexibel zu reagieren. Unbürokratische Strukturen sind dafür vorteilhaft".

Daher sollten die Werte einer Organisation klar definiert sein. Die Definition der Werte erfolgt meist durch die Unternehmensleitung und gilt als für alle Bereiche einer Organisation handlungsleitende Prinzipien. Da werteorientiertes Verhalten sich langsamer entwickelt als technische oder organisatorische Veränderungen, genießen Werte als Wettbewerbsfaktor einen hohen Imitationsschutz. Beispielsweise kann Flexibilität als Verhalten nicht verordnet werden, sondern kann sich nur langsam ausbreiten und erreicht auch dann nicht jeden Mitarbeiter aufgrund seiner Fähigkeiten oder Einstellungen. Dieser Wert könnte sich indes allmählich durch das ständige Bewusstsein um diesen Wert im Unternehmen entwickeln (vgl. Rückle/Mutafoff/Riekehof 1994, S. 28-29). Deswegen ist es wichtig, dass die Werte und das damit erwünschte Verhalten allen Führungskräften und Mitarbeitern bekannt und an die Erwartung geknüpft sind und so gelebt werden. Hilfreich ist eine adressatenspezifische Ausformulierung der Unternehmenswerte, die z. B. in Führungsgrundsätzen als Leitlinien zur Zusammenarbeit und allgemeinen Leitlinien zur Zusammenarbeit definiert sind (vgl. Rückle/Mutafoff/Riekehof 1994, S. 82-86). Die Entwicklung der Unternehmenskultur ist eine wichtige Personalentwicklungs- und Führungsaufgabe.

Wie schon erläutert, spiegelt das Verhalten des Personals eines Unternehmens dessen Kultur wider. Besonders die Führungskräfte als Vorbilder haben Einfluss auf die gelebte Kultur und das Unternehmensklima und damit auf die ihnen unterstellten Mitarbeiter (vgl. Wunderer 1997). Das Unternehmensklima wird von den Mitarbeitern subjektiv wahrgenommen, wie

z. B. die Art und Weise, wie miteinander umgegangen wird, welche Führungsstile praktiziert werden, welche Handlungs- oder Entscheidungsspielräume oder welche Entwicklungsmöglichkeiten es gibt. Diese Aspekte haben Auswirkungen auf das Verhalten der Mitarbeiter, deren Reaktionen und Empfindungen (vgl. Weinert 1992, S. 166-178). Je positiver das Unternehmensklima bewertet wird, desto höher ist auch die Arbeitszufriedenheit der Mitarbeiter. Weiter scheint es so zu sein, dass bei einer hohen Kongruenz von Persönlichkeits- und Arbeitscharakteristika eine gute Realisierung der individuellen Fähigkeiten und Arbeitszufriedenheit möglich ist (vgl. Marré 1997, S. 52).
Für ein profitgeleitetes Unternehmen kommt es auf die Situation in seinem Umfeld an, ob die Werte nun fördernd oder hindernd für seinen Erfolg[36] im Markt sind. Für das generelle Funktionieren sind Werte und daraus folgende Verhaltensmuster unverzichtbar. Die Frage ist also nicht, ob ein Unternehmen eine Kultur haben will oder nicht, sondern ob die Kultur, die im Unternehmen ist, geeignet ist, dem Unternehmen Handlungsmöglichkeiten für Erfolg zu bieten oder nicht (Attems/Holzer 1989, S. 50).
Wegen des prägenden Einflusses der Unternehmenskultur und damit einhergehenden Verhaltensmodalitäten folgt eine nähere Betrachtung der Werthaltungen von Menschen und damit verbundene Organisationswahl.

2.4 Werthaltungen und Organisationswahl

Berufsbezogene Werthaltungen stellen einen Orientierungsrahmen dar, der allgemeine Leitlinien für das berufliche Handeln bildet. Diese Werthaltungen beeinflussen demnach auch die Berufsorientierung, die wiederum konkrete berufliche Entscheidungen, wie z. B. die Auswahl von Unternehmen als Arbeitgeber, die Wahl eines Arbeitsplatzes und somit auch den beruflichen Erfolg wesentlich bestimmen (vgl. Hormuth/Heinz/Kornadt/Sydow/Trommdorff 1996; von Rosenstiel/Nerdinger/Spieß/Stengel 1989). Dem Arbeitssuchenden liegt daran, seine inneren Bestrebungen in den Beruf integrieren zu können, um diese zur Geltung bringen zu können (vgl. Schuler 1996, S. 11-12; Stoll 1981, S. 386). Er ist davon überzeugt, dass gerade dieser gewählte Beruf oder eine Tätigkeit mit einer besonderen Wertigkeit ausgestattet ist, um ihn als Person und seine berufliche Entwicklung zu unterstützen.

Deshalb wählen Menschen einen Beruf[37] und einen Arbeitgeber nach individuellen Kriterien aus. Die Entscheidungstheorie der objektiven Faktoren beschreibt den Prozess der Organisationswahl als ein rationales Gewichten und Vergleichen von beobachtbaren und messbaren Organisationscharakteristika des zukünftigen Beschäftigungsverhältnisses. Beispielsweise Bezah-

---

[36] Erfolg bedeutet in diesem Zusammenhang das Erreichen der ökonomisch gesetzten Ziele.
[37] Näheres zur Wahl des Berufs s. bei Wahler 1997; Adler 1979, S. 188 ff.

lung, geografische Lage, Aufstiegsmöglichkeiten, die Art der Arbeit und des Aufgabenkreises, sowie Ausbildungs- und Fortbildungsmöglichkeiten (vgl. Weinert 1992, S. 200-204; nähere Erläuterungen zum Thema „grundlegende Funktion der Arbeit", z. B. bei Schuler (Hrsg.) 1995, S. 136; Stoll 1981, S. 214 f.). Es geht hier um die Kongruenz von objektiven Arbeitszielen und der Instrumentalität von Organisationen oder die Präferenz dieser Arbeitsziele. Es wurde festgestellt, dass die Personen, die in ihrem Beruf ihre Neigungen und Interessen verwirklichen können, zufriedener sind als andere, die den Beruf aufgrund anderer Kriterien ausüben. Zudem haben Untersuchungen ergeben, dass sich die Ziele und Wertschätzung der Arbeit eines Menschen klassifizieren lassen, je nachdem, ob sie eher im Arbeits- oder im Freizeitbereich liegen (vgl. von Rosenstiel/Nerdinger/Spieß/Stengel 1989, S. 22 ff.).
Dementsprechend können folgende drei Gruppen unterschieden werden, und zwar typologisiert nach Menschen,

- die ihre zentralen Lebensinteressen im Bereich der beruflichen Arbeit sehen. Ihnen sind z. B. meist die Werte Karriere, Erfolg, Leistung und Anerkennung wichtig.
- die vorwiegend im Freizeitbereich ihre Lebensinteressen haben. Bei diesem Typ dient die berufliche Arbeit als Mittel zum Zweck, um die zentralen Lebensinteressen, die sich auf die Freizeit beziehen, befriedigen zu können. Für diesen Typ sind z. B. die Werte Nutzenorientierung, Spaß, Selbstbestimmung wichtig.
- deren Interessen jeweils im Arbeitsbereich und im Freizeitbereich angesiedelt sind. Hier ist zwar die Bereitschaft, sich auch in der beruflichen Arbeit zu engagieren, groß, jedoch nur dann, wenn damit auch zugleich eigene Ziele erreicht werden können. Diesem Typ sind z. B. die Werte Abwechslung, Entscheidungseinbindung, Flexibilität wichtig.

Das Verhalten und die Wahl der Tätigkeit dieser drei Gruppen werden sehr unterschiedlich sein. So werden sich Personen, deren zentrales Ziel im Freizeitbereich liegt, eine berufliche Tätigkeit suchen, in der sie sich wenig engagieren und Verantwortung übernehmen müssen. Im Vergleich dazu werden Personen mit einer hohen Ausrichtung auf die berufliche Tätigkeit, sich Unternehmen suchen, die ihren Wert- und Zielvorstellungen, wie z. B. Karriere und Erfolg, entsprechen (vgl. dazu auch die Abbildungen bei von Rosenstiel/Nerdinger/Spieß/Stengel 1989, S. 28-31).

Analog zu den Berufswahltheoretikern gehen Lang, von Wins, Wittmann, Kaschube und von Rosenstiel davon aus, dass Bewerber eine Passung zwischen ihren persönlichen Werthaltungen und den in der Organisation vertretenen Werthaltungen anstreben. Die Wahl eines bestimmten Unternehmens als Arbeitgeber wird demnach von den persönlichen Werten und Zielen beeinflusst (vgl. Lang von Wins/Wittmann/Kaschube/von Rosenstiel: Wertegeleitete Stellenwahl und ihre Folgen für berufliche Einstellungen bei Fach- und Führungsnachwuchskräften, in:

Zeitschrift für Arbeitswissenschaft, Jg. 49, Heft 4, 1995, S. 191-196). Beispielsweise hat eine Person einen hohen Freiheitswert, der vom Rang her über dem Sicherheitswert steht. In konkreten Entscheidungssituationen hat dies Auswirkungen auf das Verhalten. Diese Person ist z. B. mit folgender Situation konfrontiert: Sie hat ein Stellenangebot von einem kleinen, neu gegründeten Unternehmen erhalten, das ihr sehr viele Freiräume und Entwicklungsmöglichkeiten lässt allerdings kaum Sicherheit und Geborgenheit in der Zukunft versprechen kann. Konkurrierend dazu liegt das Angebot eines Großunternehmens vor, das durch stark bürokratische Strukturen gekennzeichnet ist, Tätigkeiten der Stelleninhaber relativ rigide reglementiert, jedoch Sicherheiten bietet, die aufgrund der gegenwärtigen Arbeitsmarktlage als sehr vernünftig erscheinen. Der am Wert „Freiheit“ orientierte Bewerber wird vermutlich spontan in dem kleineren Unternehmen tätig werden wollen, das ihm größere Freiheitsräume bietet. Ob er tatsächlich dort arbeiten wird, hängt jedoch auch davon ab, ob er die Fertigkeiten erworben hat, die die dortige Tätigkeit erfordert, in welcher finanziellen oder privaten Situation er sich befindet, ob die Eltern, die Partnerin oder andere wichtige Bezugspersonen seine Entscheidung gutheißen und unterstützen. Zudem fließen Überlegungen zu den äußeren Bedingungen, wie z. B. Wohnort und Entfernung zum Arbeitsplatz, in die Überlegungen mit ein. Berufliche Arbeit wird folglich immer weniger als ausschließliche Einkommensquelle betrachtet, sondern soll zunehmend arbeitsinhaltlichen und kommunikativen Aspekten entsprechen. Dies zeigt sich besonders deutlich an den gestiegenen qualitativen Ansprüchen der Beschäftigten an ihre Arbeit, die möglichst interessante, abwechslungsreiche und verantwortungsvolle Tätigkeiten, die Möglichkeit zur Entwicklung von Ideen und den Kontakt mit anderen Menschen beinhalten soll. Außerdem haben Untersuchungen über den idealen Arbeitgeber die besondere Wichtigkeit für folgende unmittelbare Rahmenbedingungen ergeben, die in einem engen Zusammenhang mit der Unternehmenskultur stehen. Zu nennen sind selbstverantwortliches Arbeiten, Möglichkeit zur Verwirklichung eigener Ideen, Betriebsklima, kooperativer Führungsstil, Harmonie zwischen Freizeit und Beruf, Selbstverwirklichung (vgl. Marré 1997, S. 112 f.). Wenn alle Funktionen in einem Tätigkeitsbereich erfüllt sind, dann ist dies wohl der Ausdruck eines Idealbildes von Arbeit.

Aber gibt es dieses wirklich? Erstaunlicherweise müssen etliche Unternehmen Personal abbauen, in einigen Unternehmen ist die Fluktuationsrate sehr hoch, und in anderen Unternehmen können und wollen die Mitarbeiter ihr Leben lang arbeiten. Das nachfolgende Kapitel stellt Zusammenhänge der Wertesysteme zwischen Unternehmen und Mitarbeiter und deren Auswirkungen dar. Weiterführend wird in dem Hauptkapitel C „Verhalten mit negativen Auswirkungen auf Abteilungen und Teams“ und seinen Unterkapiteln exemplarisch aufgeführt, welchen Einflüssen Mitarbeiter und Unternehmen im negativen Sinne unterliegen können und gibt zudem Antwort auf die o. g. Problemstellung.

2.5 Zusammenhänge der Wertesysteme zwischen Unternehmen und Mitarbeiter

Wie oben beschrieben haben Unternehmen ein eigenes Wertesystem, das in einer Unternehmenskultur zum Ausdruck kommt. Dieses Wertesystem beeinflusst die Mitarbeiter und steuert deren Verhalten. Andererseits unterliegt ein Unternehmen externen Einflüssen. Dazu gehören die kulturellen und gesellschaftlichen Wertesysteme genauso wie die Wertesysteme der einzelnen Mitarbeiter und Führungskräfte (s. dazu auch die Auswertung der Fragen Nr. 20, 21 und 22 der empirischen Untersuchung in den Anhängen 1 bis 11). Sie bringen ihre Vorstellungen in die Organisation ein und gestalten diese mit (vgl. Spieß/Winterstein 1999, S. 1-2).

Das unternehmensspezifische Wertesystem stellt einen gemeinsamen, zumeist offenen Konsens betrieblicher Werte als Präferenzgrößen betrieblichen Handelns dar. Dieses kann sich auch über die Anforderungen betrieblicher Wertesubsysteme, wie z. B. den Wertesystemen von Betriebspersonal, Anteilseignern, Kunden sowie Macht- und Abhängigkeitsbeziehungen, bilden. Das unternehmerische Wertesystem zeigt sich in organisatorischen Rahmenbedingungen, welche betriebliche Verhaltenskodexe (Führungsverhalten, Handlungsrichtlinien) ebenso umfassen wie institutionelle Richtlinien (z. B. Entlohnungs-, Sozial- und Beurteilungssystem). Somit bestimmt das betriebliche Wertesystem das betriebliche Handeln und prägt das Unternehmen in seinem formalen und informalen Wirken nach innen und außen.
Gleichzeitig bringt jede Führungskraft ihr eigenes Wertesystem mit ins Unternehmen. Dieses kann einerseits die Entscheidungen im Management und andererseits die Werte und Einstellungen ihrer Mitarbeiter beeinflussen bzw. prägen (vgl. Schnebel 1997). Zudem bringt jeder Mitarbeiter sein eigenes Wertesystem mit ins Unternehmen. Die Summe aller individuellen Wertesysteme kann als betriebspersonales Wertesystem bezeichnet werden. Dabei kann das betriebspersonale Wertesystem als Subsystem das betriebliche Wertesystem beeinflussen.

Die folgende Abbildung stellt die Zusammenhänge zwischen Unternehmens- und Mitarbeiterwerten dar.

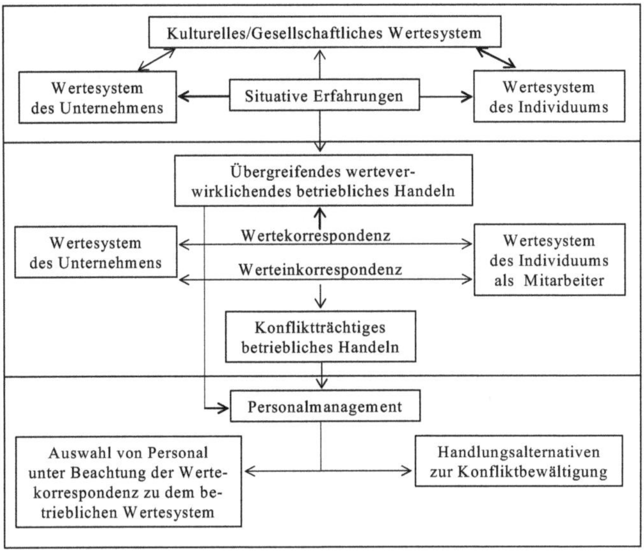

Abb. 10: Zusammenhang zwischen Unternehmens- und Mitarbeiterwerten
Quelle: In Anlehnung an Schuler 1996, S. 40

Besteht zwischen den Wertesystemen von Unternehmen und Mitarbeitern eine Wertekorrespondenz, führt diese zu einem übergreifenden werteverwirklichenden betrieblichen Handeln. Werteinkorrespondenz entsteht entweder dadurch, dass das Wertesystem des Mitarbeiters bzw. die Wertesysteme der Mitarbeiter von den Unternehmenswerten abweichen. Die Einflussnahme der Mitarbeiterwertesysteme kann dann zu einem Wertewandel des unternehmerischen Wertesystems führen (vgl. Schuler 1996, S. 40 f.). Auch kann es durch den Wandel der Umwelt notwendig sein, dass ein Unternehmen seine Werteausrichtung ändern muss. Ein unternehmerischer Wertewandel zeigt sich als Veränderungsprozess von den unternehmerisch relevanten Wertesystemen und beeinflusst betriebliche Wertekorrelationen insofern, als dass damit eine Veränderung der Rang- und Präferenzordnung von Werten innerhalb des betrieblichen und personalen Wertegefüges stattfindet. Dadurch hervorgerufene Werteinkorrespondenzen finden ihre Ursache in den gegebenen Werten und Einstellungen der vorhandenen Mitarbeiter (z. B. Einstellung zu Beruf und Arbeit, zum Unternehmen selbst).

Beispielsweise ist ein Unternehmen mit ehemaliger Monopolstellung, das sich durch unflexibles und kundenunfreundliches Verhalten auszeichnet, mit der Marktöffnung der Konkurrenz ausgesetzt. Um wettbewerbsfähig zu bleiben, müssen sich das Verhalten und die Einstellungen nun zu einem flexiblen, kundenorientierten Handeln wandeln. Dieses wird einen direkten,

unmittelbaren Einfluss auf die Mitarbeiter mit ihren Werten und darin eingelagerten Einstellungen haben, da auch diese von ihren bisherigen Werten, wie z. B. Ruhe und Langsamkeit, Abstand nehmen und sich andere Werte, wie z. B. Flexibilität und Leistung, aneignen müssen. Hier ist zu beobachten, dass die Mitarbeiter sich nicht freiwillig zu diesem Wertewandel entschließen, sondern dieser bedingt durch die Managemententscheidungen und die Erwartungen an die Mitarbeiter vorgegeben wird. Diese Vorgaben und die zu erwartenden Verhaltensänderungen werden oft in Informationsveranstaltungen oder in Mitarbeitergesprächen einfach nur bekannt gegeben (vgl. dazu auch von Rosenstiel/Stengel 1987, S. 163).
Diese neuen Erwartungen an die Mitarbeiter und Führungskräfte können zu Konflikten führen, da die individuellen Werte nicht oder nicht mehr mit den unternehmerischen Werten übereinstimmen. Als Folge daraus kann Arbeitsfrustration und der Rückzug aus der beruflichen Arbeit mit dem Versuch der Werteverwirklichung in der Freizeit entstehen (vgl. Klages 1985, S. 110). Es kann aber auch dazu kommen, dass Mitarbeiter das Unternehmen verlassen. Daher erfordert ein unternehmerischer Wandel immer unternehmensinterne Maßnahmen, um das Personal in seinem Verhalten auf die neue Ausrichtung vorzubereiten und zu entwickeln. Dies kann z. B. in entsprechenden Trainingsmaßnahmen eingeübt werden.

Des Weiteren kann Werteinkorrespondenz durch die Besetzung einer Führungsposition entstehen (dieses Beispiel kann auch auf die Unternehmensleitung übertragen werden). Wenn eine neue Führungskraft die Leitung übernimmt, wirkt sie immer, bedingt durch ihr „Persönliches inneres System" und ihr Verhalten auf die Mitarbeiter bzw. auf das Gesamtunternehmen ein. Werteinkorrespondenz wird sich vor allem dann einstellen, wenn die neue Führungskraft andere Werte und dadurch bedingtes Verhalten mitbringt als ihr Vorgänger. Beispielsweise sind die Mitarbeiter von dem Vorgänger in ihrem selbstständigen Arbeiten, ihrer Autonomie sowie im partnerschaftlichen Umgang unterstützt worden. Wenn nun die neue Führungskraft die Werte Sicherheit und Kontrolle hat, werden diese Mitarbeiter wahrscheinlich durch den Kontrollanspruch des neuen Vorgesetzten ihre Arbeitsweise ändern und zudem ihre Werte nicht mehr so leben können wie bisher. Dadurch werden vermutlich Konflikte und Arbeitsunzufriedenheit entstehen, vor allem dadurch, dass diese Mitarbeiter z. B. nicht in ihrer Entwicklung blockiert werden und die Kontrolle über ihre eigene Situation behalten möchten. Je ausgeprägter der Autonomieanspruch des Mitarbeiters ist, desto unzufriedener wird er mit der neuen Situation sein und sich im weiteren Verlauf eine Organisation suchen, in der er seine Werte leben kann. Festzuhalten ist, dass aufgrund von Werteinkorrespondenzen häufig die Mitarbeiter eine Organisation verlassen, vor allem dann, wenn sie feststellen, dass sie ihre Werte nicht leben können und in ihrer Entfaltung gehindert werden. Es kann weiter davon ausgegangen werden, je mehr ein Mitarbeiter z. B. Verantwortung übernehmen und frei arbeiten möchte, desto weniger er sich in formalisierten Organisationen wohl fühlen und sich dementsprechend einen anderen Arbeitgeber suchen wird. Folglich sind Personen mit einem hohen Freiheitswert und Autonomieanspruch, die gerne Verantwortung übernehmen, meist selbstständig tätig oder in freiberuflichen Tätigkeiten zu finden (vgl. Spieß/Winterstein 1999, S. 23-24).

Zusammenfassend ist zu sagen, dass zwischen einer Organisation und den jeweiligen Mitarbeitern und den Mitarbeitern untereinander Wechselwirkungen bestehen, die Auswirkungen auf das individuelle Verhalten haben. Wenn sich durch gesellschaftliche Entwicklungen ein Wertewandel vollzieht, wird dieser Wertewandel durch die Mitarbeiter in das Unternehmen hineingetragen. Mitarbeiter werden plötzlich an das Unternehmen andere Erwartungen haben. Es kann aber sein, dass sich die Organisationsstrukturen, Unternehmensleitung oder Führungskräfte nicht so schnell diesem Wandel anpassen können, wodurch es oft zu Werteinkorrespondenz und zu Konflikten kommt.
Allerdings ist auch zu bedenken, dass aus Unternehmenssicht Organisationsstrukturen die Koordination menschlicher Tätigkeiten zum Ziel haben. Beispielsweise wird festgelegt, von wem welche Aufgaben übernommen und realisiert werden sollen. Dabei geht es um eine sinnvolle Aufteilung der Aufgaben und eine geordnete Zusammenführung der diversen Aktivitäten und Leistungsprozesse. Damit stehen eng im Zusammenhang Regeln, welche die Handlungserwartungen an die Mitarbeiter darstellen und gleichzeitig das Verhalten in Organisationen lenken und vorhersagbar machen sollen. Diese Regeln sind für ein erfolgreiches Zusammenarbeiten sinnvoll. Allerdings ist zu bedenken, dass der einzelne Mitarbeiter umso weniger Handlungsspielraum hat, je mehr Regeln bestehen und Organisationsprozesse standardisiert sind. Dies kann zur Folge haben, dass das Potenzial an Entwicklung, Innovation usw. für das Unternehmen verloren geht.
Das Personalmanagement hat u. a. die Aufgabe der Erklärung und Gestaltung des betrieblichen, insbesondere des betriebspersonalen Handelns, optimiert unter Bezugnahme aller Beteiligten. Denn wenn zwischen dem betrieblichen Wertesystem und dem betriebspersonalen Wertesystem grundsätzlich Wertekorrespondenz besteht, kann werteverwirklichendes betriebliches Handeln folgen. Besteht dagegen Werteinkorrespondenz, so kann konfliktträchtiges Handeln die Folge sein. Demzufolge sollte das Personalmanagement schon bei der Auswahl des Personals auf das Wertesystem des Einzelnen achten bzw. bei dem vorhandenen Personal eine Konfliktbewältigung im Sinne einer Werteharmonisierung suchen (vgl. Rückle/Mutafoff/Riekehof 1994, S. 27).

Im weiteren Verlauf werden grundlegende Aspekte zum besseren Verständnis über Abteilungen und Teams dargestellt.

3. Abteilungen und Teams

Dieses Kapitel dient der allgemeinen Einführung über die Zusammenarbeit in Abteilungen und Teams in Unternehmen. An dieser Stelle wird u. a. auf einige verhaltensbezogene Themen eingegangen. Die wesentlichen Aspekte für eine optimale Zusammenarbeit in Abteilungen und Teams werden indes in dem Hauptkapitel F „Die optimale Zusammensetzung von Abteilungen und Teams“ erläutert.

In Organisationen werden Individuen in Gruppen, d. h. Abteilungen oder Teams, zusammengefasst, um eine möglichst effiziente Arbeitsweise zu ermöglichen.[38] In dem Maße wie die Produkt- und damit Aufgabenbereiche der Organisationen komplexer werden, sind Unternehmen auf die Tatkraft, das Wissen, die Fähigkeiten und die Zeit von mehr als einer Person angewiesen. Sobald Aufgaben nur ein bisschen umfassender werden, bringt eine Arbeitsteilung enorme Vorteile für ein Unternehmen.
Aus diesem Grund sieht der Organisationsplan eines Unternehmens vor, dass mehrere Personen zusammenarbeiten. Dieser beinhaltet, wie viele Personen gemeinsam welche Aufgabenbereiche zu erfüllen haben und wie sie sich dabei verhalten sollen. Diese formalen Gruppen werden gebildet, damit spezifische, vordefinierte Ziele erreicht werden können (vgl. Gebert/ von Rosenstiel 1996, S. 127 ff.). Dafür werden in Organisationen Bereiche gebildet, die sich durch Funktionen und Aufgabengebiete unterscheiden. Diese einzelnen Bereiche werden in einzelne Abteilungen untergliedert, die bestimmte Aufgaben übernehmen. In diesen verschiedenen Abteilungen arbeiten unterschiedlich viele Mitarbeiter zusammen. Jeder Einzelne von ihnen ist für ein bestimmtes langfristiges Aufgabengebiet verantwortlich und erledigt seine Arbeit für sich. Auch dann, wenn in einer Abteilung eine Person für bestimmte Aufgaben zuständig ist, erfordert die Zusammenarbeit in einer Abteilung natürlich auch Kooperationsbereitschaft sowie einen Informations- und Kommunikationsaustausch. Jedoch wird unter dieser Zusammenarbeit nicht die Teamarbeit im klassischen Sinne verstanden. Trotzdem können die Punkte, die in den folgenden Kapiteln diskutiert werden, auch auf Abteilungen und andere Gruppen übertragen werden.
Im Folgenden werden Merkmale und Voraussetzungen einer wirkungsvollen Teamarbeit dargestellt, ein Thema, das die Aspekte Verhaltensstrukturen und deren Auswirkungen auf Abteilungen und Teams beinhaltet.

[38] Größere Organisationen bestehen im eigentlichen Sinne aus einer Vielzahl von sozialen Gruppen, die ihrer Funktion nach auf verschiedene Weise beschrieben werden können, z. B. nach ihrem Aufgabenbereich oder nach dem Grad der gegenseitigen Abhängigkeit der Mitglieder untereinander. Die sozialen Gruppen dienen sowohl den Zielen der Organisation als auch der Bedürfnisbefriedigung des einzelnen Organisationsmitgliedes (vgl. Cohen/Fink/Gadon/Willits 1996, S. 90-96; Schuler (Hrsg.) 1995; French/Bell jr. 1994, S. 323; von Rosenstiel: Die Arbeitsgruppe, in: von Rosenstiel/Regnet/Domsch, Bd. 20, 1993, S. 315).

3.1 Teamarbeit

Teamarbeit[39] wird als einer der entscheidenden Erfolgsfaktoren für die Wettbewerbsfähigkeit neuer Organisationsformen betont. Dabei ist die Bedeutung von Teams für die neuen Organisationsformen im Wesentlichen auf folgende Faktoren zurückzuführen (vgl. Wiendick 1992, Sp. 2377 f.):

- Durch die wachsende Aufgabenkomplexität wird die Informationsverarbeitung, Steuerungs- und Verantwortungskapazität einer auf Einzelentscheidungen beruhenden Organisationsstruktur überschritten.
- Die Komplexität und Vernetzung organisatorischer, technischer und sozialer Strukturen und Prozesse nimmt zu.
- Die Innovationsfähigkeit der Unternehmen kann nur durch bessere Nutzung der kreativen Potenziale der Mitarbeiter sichergestellt werden.
- Der gesellschaftliche Wertewandel fördert den Aufbau partizipativer Organisationsformen.

In der Literatur existieren unterschiedliche Auffassungen von Teams[40]. Für diese Arbeit soll der Definitionsansatz von Katzenbach und Smith (1994) zu Grunde gelegt werden, da er die für die neuen Organisationsformen wesentlichen Kerncharakteristika von Teams beinhaltet. Katzenbach und Smith verstehen unter einem Team eine kleine Anzahl von Personen mit unterschiedlichen, sich ergänzenden Fähigkeiten, die an eine gemeinsame Aufgabe und an gemeinsame Leistungsziele gebunden sind und dafür gegenseitige Verantwortung tragen (vgl. Katzenbach/Smith 1994, S. 45).

Dieser Definition entsprechend werden rein organisatorische Zusammenfassungen von Mitarbeitern, bei denen keine interdependente Aufgabenerfüllung erfolgt, nicht als Teamarbeit verstanden. Dies ist beispielsweise der Fall, wenn sich Mitarbeiter nur an unterschiedlichen Arbeitsplätzen abwechseln (vgl. Antoni: Gruppenarbeit - mehr als ein Konzept. Darstellung und Vergleich unterschiedlicher Formen der Gruppenarbeit, in: Antoni (Hrsg.) 1994, S. 24 f.). Das wesentliche Abgrenzungskriterium für Teams ist die gemeinsam zu erfüllende und zu verantwortende Aufgabe. Teamarbeit findet auch in kurz- und mittelfristig gebildeten Gruppierungen

---

[39] Für die Einführung von Teamarbeit können unterschiedliche Erfolgsfaktoren genannt werden. Dazu zählen *personelle Erfolgsfaktoren*, die vor allem das Betonen und Vorleben einer Teamkultur seitens der Führungskräfte, eine optimistische Einstellung der Manager bezüglich der Fähigkeiten und Potenziale der Mitarbeiter sowie Geduld und realistische Erwartungen bezüglich der Teameinführung beinhalten. Zu den *organisatorischen Erfolgsfaktoren* gehören im Wesentlichen teamorientierte Informationssysteme, ständiges Training der Teamfähigkeiten und verstärktes Honorieren von Teamverhalten (vgl. Katzenbach/Smith 1994, S. 173 ff.; Manz/Sims 1993, S. 213). Weitere Literatur zur Teamarbeit ist zu finden bei Wiendieck: Teamarbeit, in: Frese, E. (Hrsg.): Handwörterbuch der Organisation, 3. Aufl., Stuttgart, 1992, Sp. 2375-2384.

[40] Der englische Begriff Team bedeutet auf Deutsch: Gespann, Mannschaft (besonders im Sport) oder auch (Arbeits-) Gruppe. Im deutschen Sprachgebrauch wird aber kaum mehr zwischen Team und Gruppe unterschieden. Vgl. dazu z. B. Wiendieck 1992, Sp. 2375; Antoni 1994, S. 19 ff., der die Begriffe Gruppen- bzw. Teamarbeit synonym gebraucht.

aus verschiedenen Funktionsbereichen mit einer konkreten und zeitlich begrenzten Zielsetzung statt, wie z. B. in Form von Projektgruppen, Leitungs- oder Steuerungsgruppen oder bei Großvorhaben, usw. (vgl. Antoni (Hrsg.) 1994, S. 28-45). Teamarbeit kann gleichermaßen von Mitarbeitern geleistet werden, die zwar auf Dauer, aber nur in gewissen Zeitabständen zusammenkommen, um Probleme zu lösen, Ideen zu finden und umzusetzen, z. B. Qualitätszirkel, Vorschlagskreise, Planungsklausuren usw. (vgl. Blake/Mouton 1989, S. 226-250).
Grundsätzlich werden den Teamkonzepten[41] gute Voraussetzungen zugesprochen, die Kreativitäts- und Leistungspotenziale des Menschen zur Entfaltung bringen und seine Motivation fördern (vgl. Picot/Reichwald/Wigand 1996, S. 12 f., S. 446 ff.). Entsprechend äußern Pribilla, Reichwald und Goecke die Überzeugung: „Die neuen teamorientierten Strukturen sind die Ausgangsbasis für das moderne wettbewerbsorientierte Unternehmen" (Pribilla/Reichwald/Goecke 1996, S. 10).
Gleichgültig, welche Teams gebildet werden, Teams bieten den Mitarbeitern die Gelegenheit, eigenverantwortlich ihre Arbeit und ihre Zeit einzuteilen und gleichzeitig den Kooperationserfordernissen des Unternehmens zu entsprechen (vgl. Katzenbach/Smith 1994, S. 11 ff.; Parker 1994, S. 3 ff.; Manz/Sims 1995, S. 9). Diese Form von Zusammenarbeit bedarf allerdings auch des höchsten Maßes an Verständnis für seine eigenen Verhaltensstrukturen und die der anderen Teammitglieder.[42]

Ausgehend von obiger Definition lassen sich folgende wesentliche Merkmale von Teams nennen (vgl. Antoni: Gruppenarbeit - mehr als ein Konzept. Darstellung und Vergleich unterschiedlicher Formen der Gruppenarbeit, in: Antoni/Conny H. (Hrsg.) 1994, S. 24 f.; von Rosenstiel: Kommunikation und Führung in Arbeitsgruppen, in: Schuler (Hrsg.) 1995, S. 321-351.):

- *Teambildung*: Eine Gruppe wird zum Team, wenn die Beiträge von zwei oder mehreren Mitarbeitern zu Gunsten des erfolgreichen Erreichens eines gemeinsamen Zieles oder eines Auftrags koordiniert werden.

[41] Für Manz und Sims sind für die neuen Organisationsformen besonders relevant Cross-Functional Teams und Self-Managing-Teams. Unter *Cross-Functional Teams* sind Teams zu verstehen, die das Wissen verschiedener Mitarbeiter aus unterschiedlichen Abteilungen und Wissensgebieten bündeln. Klassisches Beispiel sind Produktentwicklungsteams in Unternehmen, die auf sich schnell verändernden Märkten, wie z. B. dem Computer- bzw. Telekommunikationsmarkt, agieren. *Self-Managing Teams* sind Teams, die für einen kompletten Geschäftsprozess verantwortlich sind, der ein Produkt bzw. eine Dienstleistung an einen unternehmensinternen bzw. unternehmensexternen Kunden liefert. Die Teammitglieder arbeiten zusammen, um ihre Arbeitsprozesse zu verbessern, auftretende Probleme selbstständig zu lösen und ihre Arbeit selbstständig zu planen und zu überwachen. Self-Managing Teams werden vor allem eingesetzt in Unternehmen, die auf neuen, dynamischen Märkten tätig sind (vgl. Manz/Sims 1993, S. 41 ff. und S. 131 ff.).

[42] Siehe dazu in dieser Arbeit Hauptkapitel B, Kapitel 1 „Verhaltensstrukturen und deren Auswirkungen", und Hauptkapitel E „Typologie - vier Grundtypen zur schnelleren und leichteren Einschätzung von Persönlichkeitstypen".

- *Teamgröße*: Die optimale Teamgröße sollte je nach Arbeitsablauf zwölf Personen nicht überschreiten. Aus Erfahrungen der Kleingruppenforschung wird eine Gruppengröße von fünf bis sechs Personen als optimal angesehen, da bei dieser Größe Kommunikations- und Abstimmungsprozesse unter aktiver Beteiligung aller Mitglieder am besten gelingen.
- *Unterschiedliche Qualifikationen* der Teammitglieder: Idealerweise ergänzen sich die fachlichen, charakterlichen und sozialen Qualifikationen der Teammitglieder.
- *Gemeinsame Aufgabe* und *Leistungsziele*: Der Charakter der Teamarbeit wird wesentlich durch Art und Inhalt der Arbeitsaufgabe und Zielsetzung bestimmt.
- *Gegenseitige Verantwortung*: Dabei setzt sich jeder Einzelne für die übrigen Teammitglieder und das Team ein (Solidaritäts-/Subsidiaritätsprinzip).
- *Teamkohäsion*: Darunter ist sowohl ein starkes Zusammengehörigkeitsgefühl als auch die Bereitschaft der Teammitglieder zu einer intensiven und zielorientierten Zusammenarbeit zu verstehen. Sie ist die wesentliche Grundlage für das Entstehen von Teamgeist.

Die Arbeit in einem Team ist durch folgende Merkmale gekennzeichnet (vgl. Spieß/Winterstein 1999, S. 104; von Rosenstiel 1986, S. 41 ff.):

- ein Team besteht aus mehreren Mitarbeitern;
- die Mitglieder erleben und definieren sich als zusammengehörig;
- sie arbeiten konstruktiv zusammen;
- sie verfolgen gemeinsame Ziele und teilen Normen für einen bestimmten Verhaltensbereich;
- die Ziele werden mit übergeordneten Zielen koordiniert und die Teammitglieder identifizierten sich damit;
- Maßnahmen werden geplant, um diese Ziele zu erreichen;
- jedes Teammitglied hat gleichgewichtiges Mitspracherecht;
- Ideen werden eingebracht, weiter verfolgt und als Neuerungen eingeführt;
- gemeinsam werden schwierige Arbeitsprozesse gesteuert und kontrolliert;
- Teammitglieder entwickeln Ansätze von Aufgabenteilung und Rollendifferenzierung gemeinsam;
- Teammitglieder unterstützen und motivieren sich gegenseitig;
- sie haben mehr Interaktionen untereinander als nach außen;
- sie identifizieren sich mit einer gemeinsamen Bezugsperson oder einer Aufgabe;
- die Arbeiten werden koordiniert;
- jedes Teammitglied verfügt über dieselben Informationen;
- Teammitglieder sind räumlich von anderen Mitarbeitern getrennt;
- es ist ein unmittelbarer Kontakt jedes Mitgliedes mit jedem anderen möglich.

Aus diesen o. g. Merkmalen wird ersichtlich, dass Teamarbeit sowohl sachlich-rationale Aspekte, wie z. B. eine gemeinsame Aufgabe oder gemeinsame Leistungsziele, als auch sozial-emotionale Aspekte, wie z. B. Verantwortung und Zusammengehörigkeitsgefühl, umfasst (vgl. Wiendick 1992, Sp. 2375).

Oft arbeiten Teams ohne besondere Anleitung eigenverantwortlich, und sind für ihren Leistungsaufwand und den Erfolg selbst verantwortlich. Trotzdem stehen Teams in einem umfassenden sozialen Gefüge der Organisation. Selbst das Bemühen, diesen Gruppen mehr Autonomie zu geben, ändert i. d. R. nichts an der Tatsache, dass die generell für die Organisation geltenden Normen, Unternehmenswerte und Vorschriften beachtet werden müssen. Freiräume bestehen insofern nur, als dadurch das Erreichen der übergeordneten Organisationsziele nicht gefährdet wird.

Daher erfordert Teamarbeit neue Qualifikationen, nicht nur bei der Führungskraft, die vor allem als Moderator und Koordinator und weniger als oberster Problemlöser und bester Fachmann gefordert ist (vgl. von Rosenstiel: Die Arbeitsgruppe, in: von Rosenstiel/Regnet/Domsch, Bd. 20, 1993, S. 311-343), sondern auch bei den Gruppenmitgliedern. Neben Fachwissen werden z. B. soziale Kompetenz, Flexibilität und die Bereitschaft zur Kooperation und Veränderung sowie selbstständiges Planen und Kontrollieren benötigt (vgl. Hurtz: Qualifizierung für Gruppenarbeit: Theoretische Konzepte und ihre Umsetzung, in: Antoni (Hrsg.) 1994, S. 82). Folglich sollte bei der Bildung von Teams und Arbeitsgruppen beachtet werden, welches Fachwissen und welche Sachkenntnisse notwendig sind, um die Ziele zu erreichen. Darüber hinaus ist wichtig, dass Teammitglieder kommunikative und soziale Kompetenzen haben und Regeln für die Zusammenarbeit aufgestellt werden.

4. Zusammenfassung von Hauptkapitel B

In diesem Hauptkapitel wurden die Grundlagen geschaffen, die für ein tieferes Verständnis des Themas erforderlich sind. Um ein besseres Verständnis für Verhalten im Allgemeinen zu erhalten, wurde eingangs auf Verhaltensstrukturen und deren Auswirkungen auf Individuen eingegangen. Dieses erste Kapitel beschrieb einzelne Verhaltensstrukturen, die in dem Begriff „Inneres persönliches System" zusammengefasst wurden. Festgehalten werden kann, dass es individuelle Verhaltensstrukturen gibt, die das Verhalten steuern. Mit diesen Aussagen kann die im Hauptkapitel A, Kapitel 2.1, aufgestellte Hypothese Nr. 1 als richtig bestätigt werden.
Im nachfolgenden Kapitel 2 wurden unternehmensrelevante Grundlagen thematisiert und auf das Verhalten in Unternehmen bezogen. Inhalt dieses Kapitels war vor allem die Darstellung von allgemeinen verhaltensrelevanten Themen, die eine Organisation betreffen, um zumindest ein Grundlagenwissen zu vermitteln. Mit dem Aufzeigen der Rahmenbedingungen in einer Organisation konnte die im Hauptkapitel A, Kapitel 2.1, gestellte Frage Nr. 8 beantwortet werden. Außerdem wurde die im Hauptkapitel A, Kapitel 2.1, aufgestellte Hypothese Nr. 2 kritisch beleuchtet und kann als verifiziert betrachtet werden. Diese Bestätigung wird noch deutlicher, wenn die heutige schwierige Arbeitsmarktsituation als Argumentationsbasis noch dazu genommen wird: In der Gegenwart einen Arbeitsplatz oder eine Position zu finden, der/die wirklich seinen Neigungen entspricht wird immer seltener und schwieriger. Im Anschluss an das Kapitel 2 sind grundlegende Ausführungen zu Abteilungen und Teams gemacht worden. Als Fazit kann festgehalten werden, dass Verhaltensstrukturen unterschiedliche Auswirkungen auf Organisationen und Menschen haben und dass auf diese unterschiedlich Einfluss genommen werden sollte.

Insbesondere geben die persönlichen und beruflichen Werte Orientierung und beeinflussen das Verhalten. Werte bestimmen die Studiums- und Berufswahl und Bewerber orientieren sich bei der Stellenwahl an ihren Werthaltungen. Besonders bestimmen sie mit, welche Ziele Mitarbeiter in Unternehmen verfolgen. Bei der individuellen Formulierung der Ziele findet einerseits eine Abstimmung zwischen den Merkmalen einer Person statt, wie z. B. ihren Werthaltungen, Fähigkeiten oder ihren Motiven, und andererseits zwischen den Merkmalen der Situation, wie z. B. Gelegenheiten oder Aufforderungen durch den sozialen Kontext, statt.
Mitarbeiter bringen nicht nur passive eigene Bedürfnisse und Ziele in eine Organisation ein, sie suchen vielmehr aktiv nach Gelegenheiten, um ihre eigenen Ziele im Unternehmen realisieren zu können. Persönliche Ziele und Werte haben für Mitarbeiter und Führungskräfte einen hohen Stellenwert. Organisationen werden danach bewertet, inwieweit das Erreichen persönlicher Ziele, wie z. B. Verantwortung für ein Projekt oder Führung zu übernehmen, gefördert wird. Außerdem spielen aus motivationaler Sicht Ziele eine wichtige Rolle für selbst initiierte Aktivitäten der Mitarbeiter und Führungskräfte: Ziele richten die Aufmerksamkeit auf Aktivitäten,

die durch das Ziel spezifiziert werden. Ziele regulieren die Intensität des Handelns und bestimmen die Ausdauer, mit der Handlungen über die Zeit aufrechterhalten werden. Persönliche Ziele strukturieren das Handeln und Erleben im Alltag, geben dem Handeln Sinn und persönliche Bedeutung und beeinflussen emotionale Erfahrungen.

Da die persönlichen Verhaltensstrukturen Auswirkungen auf die Organisation und die hier arbeitenden Menschen haben, sollte auf eine Übereinstimmung zwischen der Person und der jeweiligen Arbeitsumgebung geachtet werden. Schon bei der Personalauswahl ist es daher wichtig, die Anforderungen des Arbeitsplatzes mit der Eignung des Mitarbeiters abzugleichen. Das heißt, dass bei einer Auswahlentscheidung auf der einen Seite den Zielen und Anforderungen der Organisation entsprochen und auf der anderen Seite für die Person eine Über- bzw. Unterforderung vermieden werden sollte. Für das Personalmanagement besteht die Aufgabe darin, die beruflichen Werte und Ziele der (neuen) Mitarbeiter in Erfahrung zu bringen, die Kompatibilität der Mitarbeiterziele mit den Unternehmenszielen zu überprüfen und Fördermöglichkeiten seitens des Unternehmens zu erarbeiten.

Trotz des besten Personalmanagements, aller Führungskompetenz, Motivation und bester Sozialisation, scheint die Zufriedenheit der Mitarbeiter und die Zusammenarbeit in manchen Unternehmen nicht optimal zu sein. Wie im Kapitel „Verhaltensstrukturen und deren Auswirkungen“ beschrieben wurde, wird menschliches Verhalten bestimmt durch die inneren Strukturen, die Außenwelt bzw. durch das individuelle Erleben dieser Strukturen und der Außenwelt und ihrer Repräsentation. Jeder Mensch hat sein eigenes „Inneres persönliches System“, das sich im Verhalten zeigt. Wenn viele Menschen mit unterschiedlichen Verhaltensstrukturen zusammenarbeiten, geschieht dies meist nicht reibungslos. In Unternehmen gibt es Verhaltensweisen, die fehlerhaft sind und/oder hemmende bzw. Angst machende Auswirkungen haben. Dieses Verhalten hat gravierende negative Auswirkungen auf das Unternehmen oder die Mitarbeiter. Diese Zusammenhänge werden exemplarisch im folgenden Kapitel dargestellt.

C. VERHALTEN MIT NEGATIVEN AUSWIRKUNGEN AUF ABTEILUNGEN UND TEAMS

1. Fehlerhafte, hemmende und Angst machende Verhaltensweisen der Unternehmensleitung

Die Unternehmensleitung ist für den reibungslosen Ablauf im Unternehmen zuständig. Sie plant, organisiert und entscheidet und gibt notwendige Informationen und Entscheidungen an ihre Führungskräfte und Mitarbeiter weiter. Sie sorgt für die Rahmenbedingungen, damit Arbeitnehmer zufrieden sind. Außerdem ist ihr Ziel, die Fluktuation im Unternehmen möglichst gering zu halten. Trotz einer optimalen Managementstrategie unterlaufen dem Management immer wieder Fehler. Diese Fehler liegen oft im Verhalten der Manager begründet und können bis zu Angst machenden Verhaltensweisen reichen. Dieses Kapitel dient dazu, einige dieser Verhaltenskomponenten aufzuzeigen, die dazu führen, dass die Arbeitnehmer unzufrieden sind und dass sie eine hohe Fluktuation zur Folge haben. Mit diesen Darstellungen wird auf die Hypothese Nr. 1 eingegangen, und sie dienen dazu, in einer umgekehrten Schlussfolgerung die im Hauptkapitel A, Kapitel 2.1, gestellte Frage Nr. 8 zu beantworten.

Aufgrund des gesellschaftlichen und wirtschaftlichen Wandels und dadurch entstandene Krisen kann es sinnvoll sein, neue Organisationsstrukturen und Managementkonzepte einzuführen oder die Unternehmenskultur zu ändern. Insbesondere werden Krisen als wichtige Motivation für Veränderungsprozesse angesehen. Diese Krisen können von internen Problemen, wie sinkende Mitarbeiterzufriedenheit oder Fluktuation, bis zu ernsthaften ökonomischen Schwierigkeiten reichen und resultieren meist aus einer mangelnden Anpassung kultureller Interpretations- und Handlungsmuster an externe oder interne Bedingungen.
Das Vermeiden von Veränderungen und damit eine Nichtanpassung an gegenwärtige Umstände ist durch die kulturellen Tiefenstrukturen, wie Werte, Einstellungen und Grundannahmen, bedingt, die grundsätzlich eine hohe Änderungsresistenz aufweisen. Insbesondere dann, wenn sie sich in der Vergangenheit bei der Bewältigung von Problemen bewährt haben und zum Erfolg führten (vgl. Marré 1997, S. 97-98). Veränderungen von internen oder externen Bedingungen bewirken adaptive Lernvorgänge, d. h., es wird der Versuch unternommen, auftretende Probleme unter Verwendung und Beibehaltung bestehender Strukturen zu lösen. „Nur wer die Auswirkungen von Veränderungen auf die grundlegenden Prämissen, Werte und Verhaltensweisen für Mitglieder von Subkulturen erfasst, kann dem daraus erwachsenden Widerstand mit größerer Sympathie begegnen und zu einer realistischeren Einschätzung geeigneter Veränderungsmaßnahmen finden“ (Schein 1995, S. 11). In Anlehnung an diese Aussage von Schein werden im Folgenden einige Anlässe, die eine Änderung der Unternehmensausrichtung notwendig machen (würden), und deren Auswirkungen exemplarisch beschrieben.

Beispielsweise hat sich in der Bundesrepublik Deutschland ein Wertewandel hinsichtlich der Arbeitseinstellung vollzogen. Werte, wie z. B. Spaß an der Arbeit, persönliche Unabhängigkeit und geringere Karrieremotivation haben, die klassischen Leistungswerte, wie z. B. Fleiß, Ordnung und Arbeitsorientierung, abgelöst. Besonders bei den heutigen Fach- und Führungsnachwuchskräften stehen verstärkt die Werte nach Selbstentfaltung, Engagement und selbstständigem Arbeiten im Vordergrund (vgl. von Rosenstiel/Djarrahzadeh/Einsiedler/Streich, Bd. 13, 1993; von Rosenstiel: Der Einfluß des Wertewandels auf die Unternehmenskultur, in: Lattmann (Hrsg.) 1990, S. 131-152). Sie treffen nach wie vor auf Organisationen, die bürokratisch sind und eine strikte Hierarchie mit hohem Formalisierungsgrad aufweisen. Obwohl sich jene Strukturen im Umbruch befinden, sind die mit ihnen gewachsenen Kulturen besonders bei einem Management, bei Führungskräften und Mitarbeitern mit den o. g. klassischen Leistungswerten noch stark verankert. Aus diesem Grund stoßen neue Verhaltensweisen auf erheblichen Widerstand. Dieser Widerstand kann dazu führen, dass sich der qualifizierte Nachwuchs, sofern möglich, für ein passenderes Unternehmen entscheidet oder nach Eintritt sehr schnell demotiviert ist. Folglich müssen sich die Unternehmen verstärkt mit den neuen Werten auseinander setzen, ansonsten verlieren sie den Anschluss an aufgeschlossenere und innovativere Unternehmen.

Unternehmen sind einem immensen Wettbewerbs- und Kostendruck ausgesetzt. Zu den Kernproblemen gehören zu hohe Gemeinkosten, zu lange Durchlaufzeiten, inflexible Prozesse und aufgeblähte Strukturen. Um diese Probleme zu bewältigen, wenden immer mehr Organisationen neue Management- und Organisationskonzepte, wie z. B. Lean-Management, Lean-Production, Business Reengineering, Total-Quality-Management und Projektorganisation, an. Damit sind jedoch Zielsetzungen, wie z. B. rasche Reaktionsfähigkeit und hohe Flexibilität, Steigerung der Produktivität und der Qualität, Nähe zum Kunden und die Optimierung der Kosten, verbunden. Eine wesentliche Strategie ist der Abbau von hierarchischen Strukturen und die Zentralisierung. Mit den neuen Konzepten wird eine stetige Anpassung der organisatorischen Strukturen und Prozesse an die jeweiligen Erfordernisse der Strategieumsetzung und an die Bedürfnisse der Kunden und der Mitarbeiter erreicht. Entscheidungskompetenzen und Verantwortung werden stärker in die Stellen verlagert, in denen ein unmittelbarer Kontakt zu den jeweiligen operativen Inhalten und Vorgängen besteht.

Mit der Abflachung der Hierarchien geht meist die Bildung von funktions- und hierarchieübergreifenden Teams einher, die über vermehrte Entscheidungsbefugnisse verfügen. In der Einführung von Teamarbeit liegen beträchtliche Chancen hinsichtlich der Verbesserung der Qualität, der Kreativität, der Kosten, des Zeitverbrauchs und der Mitarbeitermotivation (s. dazu auch in dieser Arbeit im Hauptkapitel B, Kapitel 3 „Abteilungen und Teams“). Allerdings benötigen diese neuen Strukturen auch eine angepasste Unternehmenskultur.

Ohne einen kulturellen Wandel auf allen Hierarchiestufen ist eine Umstrukturierung des Gesamtunternehmens kaum erfolgreich. Dafür sind selbstverantwortliches Handeln, konstruktiver Umgang mit Konflikten und ein hohes Maß an Kommunikation und Akzeptanz untereinander notwendig. Diese Verhaltensweisen sind Grundlage für eine erfolgreiche Teamarbeit und Zusammenarbeit im Gesamtunternehmen.

Allerdings wird die notwendige Umstrukturierung vielfach den Führungskräften und Mitarbeitern ohne Erklärungen bekannt gegeben. Das Management wundert sich dann, dass das Personal die Neuerungen blockiert, Ängste entstehen oder eine erhöhte Fluktuation zu beobachten ist. Sobald Umstrukturierungen notwendig sind, sollte das Personal darüber informiert und die Probleme und Entscheidungen kommuniziert werden. Wenn Unternehmen Entscheidungen treffen, die unmittelbar das Personal betreffen, ohne dieses einzubeziehen, stoßen sie auf Widerstände (vgl. Spieß/Winterstein 1999, S. 179 f.). Diese aufzulösen kostet Arbeit und Zeit. Fatal ist das Verhalten eines Managements, das behauptet, dem Unternehmen ginge es z. B. wirtschaftlich gut, obwohl es dem nicht entspricht. Sollten Führungskräfte und Mitarbeiter erst durch Pressemitteilungen den wirklichen Stand des Unternehmens erfahren, werden sie entsprechend mit Demotivation und Misstrauen reagieren. Manager unterschätzen diese negativen Auswirkungen. Ist erst einmal die Glaubwürdigkeit infrage gestellt, wird die Geschäftsführung mit ihren Entscheidungen wenig Akzeptanz bei Mitarbeitern und Führungskräften finden. Deshalb sollte die Geschäftsführung ihre Entscheidungen und Visionen dem Personal verständlich und glaubhaft erläutern und versuchen, eine emotionale Beteiligung an Visionen zu erreichen. Ohne eine emotionale Anbindung wird es im gesamten Unternehmen an Identifikationspotenzial mangeln. Folglich ist es effektiver, ein klares Bild von der Situation zu beschreiben und die Beschäftigten zu involvieren. Erst dann werden sie sich ernst genommen fühlen und versuchen, ihren Arbeitgeber zu unterstützen.

Das oberste Management macht nicht nur den Fehler, die notwenigen Information nicht richtig weiterzugeben, sondern auch im Hinblick auf Führung und Kommunikation (vgl. Merck 1993). Diese Fehler des Vorstandes oder der Geschäftsführung eines Unternehmens, vervielfältigen sich häufig im gesamten Unternehmen und blockieren bzw. beeinträchtigen die Führung und Kommunikation auf den nachfolgenden hierarchischen Ebenen im Unternehmen. Führungsfehler im oberen Management sind in vielen Fällen nicht die Fehler einzelner Mitglieder des obersten Führungsgremiums, sondern liegen im kollektiven Fehlverhalten des gesamten Führungsteams. Die Ursachen von solchen Führungsfehlern können in der falschen Zusammensetzung eines Vorstands- oder Geschäftsführungsteams liegen. Arbeitet ein solches Führungsteam nicht kollegial und harmonisch zusammen, bleiben Spannungen, Konflikte und Machtkämpfe nicht aus. Deren Folgen sind im gesamten Unternehmen beobachtbar. Bereichs- und funktionsübergreifende Zusammenarbeit im Unternehmen, die durch Führungskräfte ge-

fördert werden soll, wird erschwert. Sind aufgrund unterschiedlicher persönlicher Qualifikationen die Macht- und Kompetenzgewichte innerhalb eines solchen Gremiums ungleich verteilt, werden sich diese Ungleichgewichte in den nachfolgenden Führungsebenen der jeweiligen Ressorts bemerkbar machen. Es ist häufig zu beobachten, dass starke Führungskräfte in einem Ressort, das von einem schwachen oder sich selbst verherrlichenden Manager geleitet wird, zunehmend verunsichert werden oder sich mit „ihrer obersten Heeresleitung“ nicht mehr identifizieren können.
Wer kennt nicht selbstherrlich agierende Manager, die sich nach unten hin abschotten, ihre Machtposition durch entsprechendes Verhalten demonstrieren und sich mit Symbolen ihrer Autorität umgeben. Wenn sich die Aufgaben der Unternehmensführung in wirkungslosen Ritualen, in Tagungen, Konferenzen ohne Effizienz erschöpfen, sinkt die Glaubwürdigkeit der Unternehmensführung. Vertrauen wird vielfach durch Diskriminierung untergraben. Unabhängig von der Tüchtigkeit oder dem Erfolgsbeitrag können Führungskräfte begünstigt werden oder in Ungnade fallen und dadurch selbst an Glaubwürdigkeit verlieren. Dieses Verhalten von Vorstand oder Geschäftsführung kann dazu führen, dass sie als Vorbild kopiert werden und sich dieses negative Verhalten im gesamten Unternehmen widerspiegelt.

Weiterhin wirken sich Fehler im Partizipationsverhalten der Geschäftsführung auf die übrigen Unternehmensbereiche aus. Typischer Fehler ist das zu geringe oder zu viele Einbeziehen der unterstellten Führungskräfte in Geschäftsführungsentscheidungen. Zielvorgänge, strategische Entscheidungen oder bedeutende Projekte, die von der Geschäftsführung getätigt werden, ohne die Führungskräfte und Mitarbeiter mit einzubeziehen, können selten mit Erfolg realisiert werden. Die Mitarbeiter eines Bereichsleiters bemerken schnell, ob diesem Vorgaben oder Projekte aufgezwungen wurden. In diesem Fall wird dessen Führungskompetenz bei der Realisierung dieser Vorgaben infrage gestellt. Ein Zuviel an Partizipation kann dagegen zu einer Führungsblockade werden. Welcher Vorgesetzte würde es nicht als Behinderung seiner Führungsaufgabe empfinden, wenn die Geschäftsführung gleichsam zu Formen einer unproduktiven Basisdemokratie zurückkehrt und damit ebenfalls Unsicherheit und mangelnde Zielorientierung hervorruft.
Zu viel Partizipation bedeutet meist Entscheidungsschwäche. Nichts blockiert einen Vorgesetzten mehr, als wenn für die weitere Entwicklung seines Verantwortungsbereichs wichtige Entscheidungen nicht klar und eindeutig getroffen werden. Ein Schwebezustand, besonders wenn er durch ungelöste, gravierende Konflikte gekennzeichnet ist, blockiert die Wahrnehmung von Führungsaufgaben in hohem Maße. Effiziente Führung erfordert klare Entscheidungen über die einzuschlagende Richtung. Geschäftsführungen, die entscheidungsschwach sind, erzeugen ebenfalls Führungsblockaden auf allen Ebenen und damit unter Umständen einen Stillstand der Unternehmensentwicklung in allen Bereichen.

Führungsblockaden entstehen ebenfalls, wenn es im Unternehmen horizontale und vertikale Kommunikationsprobleme gibt. Derartige Kommunikationsprobleme sind auf Fehler im Kommunikationsverhalten der Geschäftsführung zurückzuführen. Kommunizieren z. B. zwei Geschäftsführungsmitglieder, die für verschiedene funktionale Bereiche zuständig sind, nur unter Schwierigkeiten miteinander, so setzt sich dieses Verhalten nach unten fort. In großen Unternehmen wird vornehmlich darüber geklagt, dass auf der Vorstands- und Direktionsebene die Distanz zum operativen Geschäft und zur Realität des Marktes zu groß wird. Dadurch entstehen Verständnisbarrieren zwischen den einzelnen Leitungsebenen. Entscheidungen, die aufgrund ungenügender Kommunikation mit der Sachbearbeiterebene bzw. nur auf den oberen Ebenen getroffen werden, finden selten Akzeptanz in den mittleren und unteren Ebenen und stoßen auf Schwierigkeiten bei der Umsetzung. Managementteams, die nicht ständig für eine intensive horizontale und vertikale Kommunikation im Unternehmen sorgen und diese auch selbst praktizieren, erzeugen Blockaden in der Zusammenarbeit und damit auch in der Führung.

Viele Menschen haben Angst vor Veränderungen. Sie haben z. B. Angst, dass sie den neuen Leistungsansprüchen nicht gerecht werden oder scheuen längere Arbeitszeiten oder den höheren Arbeitsaufwand. Unterschwellig blockieren sie den realen Fortschritt, während sie die ganze Zeit so tun, als würden sie ihn fördern. Nur wenn das Management die einzigartige Qualität der Leistung dieser Menschen unterstützt, können sie dafür motiviert werden, auch die Leistung anderer zu unterstützen. Aus diesem Grund ist es wichtig, dem Mitarbeiter bzw. der Führungskraft die Notwendigkeit der getroffenen Entscheidungen und die damit im Zusammenhang stehenden Einstellungs- bzw. Verhaltensänderungen zu erläutern und sie davon zu überzeugen. Das kann dadurch erleichtert werden, dass der Mitarbeiter bzw. die Führungskraft in diese Veränderungsprozesse mit einbezogen wird. Dadurch hat er bzw. sie das Gefühl, als kompetenter Mitarbeiter geschätzt zu werden und bei den Problemfindungen und deren Lösungen mitgewirkt zu haben (vgl. Malik 1993, S. 47).

Das Management macht also auch Fehler und sollte demzufolge herausfinden, welche es genau gemacht hat. Denn diese Fehler belasten die Mitarbeiter oder schüchtern sie ein. Durch die Analyse und die Einschätzung des eigenen Verhaltens können wieder eine angstfreie bzw. positiv motivierende Kommunikation und ein optimales Arbeiten miteinander stattfinden.
Deshalb sollten sich Aufsichtsgremien wie Aufsichtsräte oder Beiräte nicht nur um sachlich-fachliche Fragen der langfristigen Unternehmensstrategie beschäftigen, sondern sich ebenfalls um die Art und Weise kümmern, wie vom obersten Management Führung im Unternehmen praktiziert wird (vgl. Staffelbach/Wehrli 1996; Picot/Reichwald/Wigrand 1996). Wenn die Geschäftsführung eines Unternehmens nicht in der Lage ist, ein Klima des Vertrauens zu schaffen, dann werden die Führungskräfte im Unternehmen Schwierigkeiten haben, eine entsprechende Vertrauensbasis herzustellen. Ist das Management eines Unternehmens durch ein

negatives Menschenbild geprägt, wird in Kategorien der Rentabilität gedacht, oder es überwiegen Misstrauen und das Bedürfnis nach Kontrolle, so besteht die Tendenz, dass auch auf den anderen Ebenen des Unternehmens mit Druck, Kontrolle und Angst geführt und gearbeitet wird. Bekanntermaßen sind Angst und Einengung die größten Blockaden für motivierte und engagierte Mitarbeiter.

Jeder Mitarbeiter ist Kulturträger und -gestalter, dennoch sind besonders die Führungskräfte bei Umstrukturierungsprozessen und Kulturänderungen gefordert. Ihre Wirkung ist enorm, weil sich viele Mitarbeiter an dem Verhalten der für sie wichtigen Führungskräfte orientieren (vgl. Marré 1997, S. 106; Schein 1995, S. 172 ff.). Wenn sich Führungskräfte nicht mit bestimmten Werten und Einstellungen identifizieren, kann ihr Verhalten unglaubwürdig oder inkonsequent erscheinen.
Wenn zudem Führungskräfte Verhaltensweisen und Einstellungen gegenüber ihren Mitarbeitern aufweisen, die hemmende und Angst machende Auswirkungen haben, sind die Folgen für das Unternehmen fatal. Einige dieser Verhaltensweisen werden im folgenden Kapitel aufgeführt.

2. Fehlerhafte, hemmende und Angst machende Verhaltensweisen von nachrangigen Führungskräften

Eine der wichtigsten Aufgaben von Führungskräften ist es, auf erfolgreiche Arbeitsprozesse und auf eine positive Kommunikation zu achten. Im beruflichen Miteinander kann es zu Konflikten kommen, da üblicherweise jede Führungskraft die eigenen Einstellungen und Werte mit ins Unternehmen einbringt. Sie handelt nicht aufgrund einer objektiven Wirklichkeit, sondern nach ihrer subjektiven Bewertung dieser Wirklichkeit. Diese beiden Aspekte können weit auseinander klaffen oder eng beieinander liegen. In diesem Sinne können sich positive oder negative Einstellungen des Vorgesetzten gegenüber seinen Mitarbeitern auf dessen Verhalten nachhaltig und über längere Zeit hinweg auswirken. In diesem Kapitel werden einige dieser störenden bzw. hemmenden Verhaltensweisen von Führungskräften beispielhaft dargestellt, um für diese Verhaltensweisen zu sensibilisieren. Mit diesen Darstellungen wird auf die Hypothese Nr. 1 eingegangen. Dieses Kapitel dient auch dazu, in einer umgekehrten Schlussfolgerung, die im Hauptkapitel A, Kapitel 2.1, gestellte Frage Nr. 8 zu beantworten.

Wenn ein Manager z. B. davon ausgeht, dass Menschen grundsätzlich von Natur aus faul sind, wird er dafür immer wieder Beispiele finden, die ihn in seiner Einstellung bestätigen. Dementsprechend wird er seine angeblich nachlässigen Mitarbeiter antreiben. Dieses Verhalten wird sicher von den Mitarbeitern negativ aufgenommen, und sie werden z. B. noch langsamer arbeiten. Das bestätigt wiederum die Grundeinstellung des Managers erneut. Er treibt noch mehr an, und die Mitarbeiter reagieren z. B. mit einem Verhalten „Dienst nach Vorschrift“ oder passivem Widerstand. Das wiederum bestätigt die Einstellung des Managers, und es ist somit ein Kreislauf entstanden. Meistens erkennt die Führungskraft nicht, dass seine Annahme, Menschen seien faul, den passiven Widerstand ausgelöst haben könnte (vgl. Blake/Mouton 1980, S. 16).

Gelegentlich haben Führungskräfte folgende Einstellung, die sich nicht sehr förderlich auf die Motivation und die Leistung ihrer Mitarbeiter auswirkt: Mitarbeiter sollen selbstständig sein, unternehmerisch denken und handeln sowie ihre Qualifikationen und Fähigkeiten dem Unternehmen Erfolg bringend zur Verfügung stellen. Die Paradoxie dabei ist, dass dieses gewünschte Verhalten nur dann gezeigt werden soll, wenn es der Führungskraft zusagt. Somit gibt es Situationen, in denen es den Vorgesetzten gelegen kommt, dass der Mitarbeiter Eigeninitiative zeigt, und andere Situationen, in denen der Mitarbeiter darauf verzichten soll. Diese Führungskräfte erwarten, dass der Mitarbeiter sein selbstständiges und unternehmerisches Handeln ganz nach Belieben seines Vorgesetzten ein- und ausschaltet. Das kann bedeuten, dass der Mitarbeiter sein Verhalten im Sinne seiner Führungskraft ausrichten und er sogar von selbst wissen muss, wann welches Verhalten von ihm verlangt wird (vgl. Attems/Holzer

1989, S. 271). Zu dem Thema „selbstständiger" Mitarbeiter zählt auch, dass sich viele Führungskräfte unter einem „selbstständigen" Mitarbeiter einen Menschen vorstellen, der genauso denkt, wie sie selbst und genauso handelt. Der Wunsch eines solchen Managers ist, dass der Mitarbeiter seine Gedanken kennt und sie ausführt, ohne sich weiter mit ihm besprechen zu müssen. Unternehmerisch Handeln heißt folglich für diese Führungskräfte, dass die Mitarbeiter seine Gedanken lesen können (vgl. Attems/Holzer 1989, S. 270).

Dieses Verhalten verursacht bei den Mitarbeitern Zerrissenheit, da sie selten genau wissen, was von ihnen erwartet wird. Zerrissenheit verursachen ebenso Führungskräfte, die sich schlecht entscheiden können und Entscheidungen immer wieder herauszögern. Solch ein Verhalten kann mit einer im Unbewussten[43] begründeten Entscheidungsunwilligkeit oder -schwäche erklärt werden, vor allem dann, wenn es sich um unangenehme Ziele handelt. Erklärbar ist dieses Verhalten dadurch, dass man sich bei Entscheidungen zunächst einmal festlegen muss. Sie haben also einen vermeintlich endgültigen Charakter und sind mit Konsequenzen verbunden. Entscheidungen mit langfristigen Dimensionen sind überwiegend Ursache für unbewusste Ängste hinsichtlich einer nicht vorhersehbaren Zukunft. Diese nicht absehbaren Konsequenzen und damit verbundene Verantwortung wollen die meisten Führungskräfte nicht übernehmen. Diese Entscheidungsunwilligkeit überträgt sich auf die Mitarbeiter, die demnach in einem unsicheren und instabilen Arbeitsumfeld tätig sind. Solch ein Verhalten zeigen Führungskräfte, die selbst instabil sind, die sich nicht auf sich selbst besinnen und die Anerkennung von außen suchen. Wenn diese Führungskräfte bei ihren Mitarbeitern unbedingte Anerkennung suchen, um ihre Schwäche zu kompensieren, ist zu vermuten, dass sie bei Nicht-Anerkennung ihr Machtpotenzial aufgrund der Position als Führungskräfte ausnutzen. Dieses Verhalten hat zur Folge, dass die Mitarbeiter ihren Vorgesetzten in seinen Überzeugungen unterstützen und diese annehmen, weil sie Angst davor haben, bei Widerspruch entlassen oder nicht mehr gefördert zu werden (vgl. Kets de Vries 1990). Die Konsequenz ist, dass vermehrt Mitarbeiter Ängste haben, sie in ihrem eigenen Denken und Handeln eingeschränkt werden und sind und deren kreatives Potenzial dem Unternehmen nicht mehr zur Verfügung steht.

Führungskräfte sind sich über ihr eigenes Verhalten und ihre Motive oft nicht im Klaren. Insbesondere steuern Motive das Verhalten. Daher sollten sich Führungskräfte diese bewusst machen und die Auswirkungen auf Führungssituationen kennen. Bei der Motivation sind tiefenpsychologische Betrachtungsweisen unumgänglich, da diese die unbewussten Absichten aufdecken und zu einem besseren Verständnis beitragen. Die Beweggründe für das Handeln eines Menschen, vor allem für ihn selbst, sind selten bewusst und logisch erklärbar. Es könnte für

---

[43] Siehe Freud 1992, S. 117 ff.

Führungskräfte durchaus hilfreich sein, wenn sie um die Herkunft eigener Bedürfnisse nach Macht, Abhängigkeit, Anerkennung aus frühkindlicher Motiventwicklung durch die eigene Sozialisation wüssten (vgl. Dieterich/Sowarka: Psychologische Konstrukte für Eignungsprädikatoren, in: Sarges 1995, S. 443). Sie könnten dadurch ihre Grundeinstellungen überprüfen, um schließlich ihr Verhalten zu ändern.

Grundsätzlich sind die Manager eines Unternehmens dafür verantwortlich und haben das Ziel, dass in ihrem Unternehmen zufriedene und erfolgreiche Mitarbeiter arbeiten. Jedoch werden diese Bemühungen von einigen Mitarbeitern und Führungskräften unterlaufen. Sie weisen folgende weitere hemmende und Angst machende Verhaltensweisen auf, die im Unternehmen bei den hier arbeitenden Menschen Schaden anrichten können.

3. Weitere hemmende und Angst machende Verhaltensweisen

Dieses Kapitel mit seinen Unterkapiteln dient dazu, die Hypothese Nr. 1 näher zu beleuchten. Außerdem soll es in einer umgekehrten Schlussfolgerung die im Hauptkapitel A, Kapitel 2.1, gestellte Frage Nr. 8 beantworten.

3.1 Konkurrierendes Verhalten in Unternehmen

Eine Organisation ist eine Einheit, die aus verschiedenen Subsystemen, meist in Bereiche untergliedert, besteht. Die Mitarbeiter und Führungskräfte bis hin zur Vorstandsebene sehen diese Subsysteme gelegentlich als Konkurrenz. Dadurch entsteht ein Verhalten, das als Bereichsegoismus bezeichnet werden kann. Informationen werden zurückgehalten oder ein Bereich fühlt sich nicht zuständig und wälzt die Aufgabe in einen anderen Bereich ab (vgl. French/ Bell jr. 1994, S. 153 ff.). Für ein Unternehmen bedeutet dies, dass Zusammenarbeit verhindert und Zeit verloren geht, Erfolg ausbleibt und Wettbewerb nicht zustande kommt.

Begründbar ist dieses konkurrierende Verhalten z. B. mit den Kindheitserfahrungen innerhalb der Familienbeziehungen, bei der Geschwister[44] als Rivalen in Bezug auf die alleinige Liebe und Anerkennung durch die Eltern erlebt und betrachtet werden (vgl. Sohni 2004, S. 39 ff.; Wunderer 1997, S. 258-265). Nach Eric Berne haben Menschen früh gelernte Skripte, die sie in ihrem Leben auf unterschiedlichen Schauplätzen immer wieder spielen (vgl. Berne 1975). Diese Erfahrungen werden auf die Arbeitswelt übertragen und zeigen sich in konkurrierenden Verhaltensweisen. Konkurrenzdenken entsteht außerdem, wenn Menschen meinen, dass Ressourcen begrenzt sind und dass sie eine Wettbewerbs- und Vorteilsorientierung und ein Bedürfnis nach Abgrenzung haben. Die Ablehnung von Kooperationen ist besonders dann gegeben, wenn Menschen zu wenig Verständnis füreinander haben und die Verhaltensstrukturen der anderen zu fremd sind.

Weitere zentrale Störgrößen können entstehen, sobald unterschiedliche Dienstleistungsbereiche voneinander abhängig sind. Beispielsweise ist der Betrieb insofern vom Vertrieb abhängig, da der Vertrieb die Kunden und Aufträge akquiriert und damit das Geld für das Unternehmen verdient. Konflikte zwischen diesen Bereichen treten auf, weil Mitarbeiter meinen, dass die Chancen für Erfolgserlebnisse ungleich verteilt sind und dass ein Bereich einen höheren Status hat als der eigene (vgl. Wunderer 1997, S. 270-274). Zudem kennen die Mitarbeiter der unter-

---

[44] Die Erfahrungen eines Kindes in einer Familie können sehr unterschiedlich sein. Es macht einen Unterschied, ob jemand als Einzelkind oder als Kind mit mehreren Geschwistern aufwächst. Dabei beeinflussen die Anzahl der Kinder und die Position eines Kindes in einer Geschwisterkonstellation die Entwicklung eines Kindes. Die familiären Erfahrungen prägen u. a. die Selbsteinschätzung und das Verhalten des Kindes, das sich im Erwachsenenalter manifestiert (vgl. die Persönlichkeitstheorie von Adler 1930, S. 114, 251 ff. und 1979, S. 118 ff.; Fisseni 1998, S. 61 f.; Kasten 1998; Lüscher 1997, S. 45-46).

schiedlichen Bereiche selten die Arbeit des anderen Bereichs. Dadurch entstehen oft Konflikte, besonders wenn z. B. der Außendienst vom Innendienst etwas ganz schnell erledigt haben möchte und der Innendienst das Gewünschte nicht schnell genug liefert. Dieses oben beschriebene Verhalten und diese Einstellungen verhindern eine bereichsübergreifende Kooperation und Zusammenarbeit. Um dagegen zu wirken, könnten u. a. in den Unternehmens- und Führungsleitlinien bestimmte Werte, die die Zusammenarbeit unterstützen, wie z. B. Kooperation, Zusammenarbeit, Kontakt, Kommunikation, Akzeptanz, verpflichtend aufgeführt werden und die Verpflichtung zu einer bereichsübergreifenden Kooperation mit z. B. folgenden Regeln verankert werden (vgl. Wunderer 1997, S. 254 f.). Verpflichtung zur

- horizontalen Beziehungssteuerung (Kollegenkooperation);
- vertikalen Beziehungssteuerung;
- Kooperation zwischen einzelnen Bereichen und Abteilungen;
- Weitergabe von Informationen an andere Bereiche und Abteilungen;
- zielorientierten, arbeitsteiligen Erfüllung von übergreifenden Aufgaben;
- horizontalen Kooperation durch Selbstverpflichtung sowie strukturelle Führungsentscheide;
- interaktionellen Führung.

Die wechselseitige Abhängigkeit sollte in allen Abteilungen oder Bereichen kommuniziert werden. Aufgabe aller Führungskräfte sollte sein, sofort gegen ein Verhalten zu steuern, das die Zusammenarbeit verhindert. Führungskräfte müssen dafür als Vorbild für Zusammenarbeit fungieren.

Eine weitere Maßnahme sind sog. Intergruppen-Teamentwicklungs-Interventionen. In einem Workshop werden nach Möglichkeiten der Konfliktlösung, der besseren Verständigung, der Kommunikation und der Zusammenarbeit gesucht und hierfür Strategien entwickelt (vgl. French/Bell jr. 1994, S. 152 ff.). Auch in anderen Trainings könnte die Kooperationsfähigkeit trainiert werden. Dabei gehört zur Kooperationsfähigkeit die Fähigkeit bzw. Bereitschaft:

- zu anderen Menschen Beziehungen aufzubauen, die eine Zusammenarbeit erleichtern bzw. erst ermöglichen;
- Probleme und Aufgaben dahingehend zu strukturieren, dass mehrere Mitarbeiter an der Lösung arbeiten können;
- gemeinsam mit anderen Menschen Ziele zu finden und deren möglichen Folgen vorwegzunehmen;
- aufgrund der gemeinsamen Zielsetzung zusammen zu handeln;
- zu Gunsten gemeinsamer Ziele und Handlungen eigene Interessen und Bedürfnisse vorübergehend zurückzustellen;
- Verantwortung für die Folgen des gemeinsamen Handelns zu übernehmen (vgl. Faix/Laier 1991, S. 46).

Je weniger Kooperationsbereitschaft und Verständnis füreinander in einem Unternehmen vorhanden sind, desto häufiger sind die im Folgenden aufgeführten Verhaltensweisen zu beobachten. Neben dem konkurrierenden Verhalten führt insbesondere die Machtausübung im Unternehmen zu eingeschränktem Verhalten der Mitarbeiter.

3.2 Machtausübung im Unternehmen

Macht[45] wird regelmäßig in Organisationen ausgeübt. Nach Max Weber bedeutet Macht „jede Chance, innerhalb einer sozialen Beziehung den eigenen Willen auch gegen Widerstreben durchzusetzen, gleichviel worauf diese Chance beruht“ (Weber 1980, S. 28). Macht bedeutet weiterhin im übertragenen Sinne etwas zu vermögen und Einfluss zu haben. Dazu gehören die Fähigkeiten etwas in Gang zu bringen (vgl. Spieß/Winterstein 1999, S. 86-88) und das eigene Verhalten unvorhersehbar zu halten. Dafür ist nicht nur die persönliche Geschicklichkeit wichtig; vielmehr muss auch die strategische Situation des Managements gesehen werden: Jemand ist dann mächtig, wenn er die Situation für andere kontrollieren oder andere von sich abhängig machen kann, z. B. durch die Bewältigung wichtiger Probleme oder Unersetzlichkeit. Der Sozialisationsprozess z. B. besteht unter anderem darin, sich strategisch günstige Positionen zu erobern. Daher gibt es in jeder Organisation die Ausübung von Macht bzw. Machtansprüche, die sich durch die Dimension der Hierarchie erklären lassen (vgl. Blake/ Mouton 1980, S. 23).
Da in einem Unternehmen alle Stellen und damit auch Personen miteinander vernetzt sind, ist grundsätzlich von Gegen-Macht auszugehen. Machtverteilungen sind zwar fast nie symmetrisch, andererseits gibt es selten Situationen völliger Asymmetrie. Insofern können auch machtlose Neulinge durch geschickten Einsatz ihrer Ressourcen Unsicherheit für die anderen Kollegen bringen.

Macht kann ausgeübt werden durch

- Belohnung, d. h. gute Leistungen werden in Form von Geld, Belobigung oder Anerkennung belohnt;
- Bestrafung, d. h., negativ bewertete Konsequenzen werden ausgesprochen oder verhängt;
- Legitimität, d. h., Macht leitet sich von gesetzten oder akzeptierten Normen, Strukturen und Werten ab und begründet sich meist aus der Position heraus;
- Expertentum, d. h., Macht begründet sich durch Sachkenntnis in einer Problem- oder Aufgabensituation;
- Zwang, d. h., die Kontrolle über Bestrafung;

[45] Siehe zur Entwicklung von Machttrieben Adler 1930, S. 20 ff.

- Kontrolle der Kommunikation und Informationen, d. h., die Macht besteht im Zugang und in der Kontrolle von Informationen bzw. Informationskanälen (vgl. Spieß/Winterstein 1999, S. 86-87; Weinert 1992, S. 346).

Macht auszuüben kann auf verschiedenen Ebenen versucht werden: durch Überzeugung, Beeinflussung durch die Nähe der Beziehung und durch Zwang. Die folgenden Einflussstrategien sind in Organisationen besonders verbreitet (vgl. Spieß/Winterstein 1999, S. 87):

- rationale, sachliche Argumentation;
- freundliches, einschmeichelndes Verhalten;
- Bestimmtheit, Nachhaken, Durchsetzungsvermögen, Sanktionen androhen;
- Verhandeln, Tauschgeschäfte, Wechselseitigkeit;
- Koalitionen bilden, höheres Management einschalten.

Aufgrund der Ausübung von Macht erledigen Mitarbeiter etwas vermeintlich freiwillig. Jedoch wird unterschwellig das Gefühl von Abhängigkeit und Beeinflussung bleiben. Es ist zu vermuten, dass Mitarbeiter versuchen durch rationale, sachliche Argumentierung und durch freundliches, einschmeichelndes Verhalten ihrem Vorgesetzten zu gefallen. Außerdem ist anzunehmen, dass sich Mitarbeiter mit Werten, wie z. B. Autonomie und selbstständigem Arbeiten, nicht auf Dauer beeinflussen lassen und wahrscheinlich das Unternehmen verlassen werden.

Weitere destruktive Verhaltensweisen, die in Unternehmen beobachtbar sind, sind Mobbing und Bossing.

3.3 Mobbing und Bossing im Unternehmen

Mobbing findet vermehrt in Organisationen statt. Mobbing kommt aus dem englischen Sprachgebrauch und bedeutet übersetzt: „jemanden anpöbeln“, „über jemanden herfallen“. Ein Mitarbeiter versucht einen anderen Mitarbeiter zu diskriminieren. Die Diskriminierung findet durch konfliktbelastete Kommunikation am Arbeitsplatz unter Kollegen statt. Die gemobbte Person wird von einem oder mehreren Kollegen systematisch und über einen längeren Zeitraum mit dem Ziel und/oder dem Effekt des Ausstoßes aus dem Arbeitsverhältnis direkt oder indirekt angegriffen.
Dagegen ist unter Bossing zu verstehen, dass ein Vorgesetzter einen Mitarbeiter diskriminiert. Die Handlungen und Auswirkungen sind dieselben wie beim Mobbing.

Die Mobbinghandlungen können in fünf Bereiche gegliedert werden:

- „es erfolgen Behinderungen bei den Möglichkeiten, sich mitzuteilen (z. B. werden Kontakte unterbunden)
- es erfolgen Angriffe auf zwischenmenschliche Beziehungen (z. B. wird das Opfer systematisch isoliert)
- die Qualität der Berufs- und Lebenssituation wird bedroht (z. B. durch Veränderung der Arbeitsaufgaben, die einer Bestrafung gleichkommt)
- das persönliche Ansehen wird herabgesetzt (z. B. durch das Verbreiten von üblen Gerüchten und Verdächtigungen)
- es erfolgen Angriffe auf die seelische und körperliche Gesundheit (z. B. durch physische Gewaltanwendung)“ (Spieß/Winterstein 1999, S. 90).

Mobbinghandlungen können aus folgenden Gründen entstehen:

- „es gibt Defizite in der Arbeitsorganisation
- das Opfer befindet sich in einer sozial exponierten Situation
- das moralische Niveau des Mobbers, der bereit ist, zu unethischen Handlungen zu greifen
- die mangelnde Handlungskompetenz des Vorgesetzten“ (Spieß/Winterstein 1999, S. 91 f.).

Mobbing- oder Bossinghandlungen können für die betroffene Person massive seelische, körperliche oder sogar berufsbezogene negative Auswirkungen haben. Beispielsweise erkrankt das Opfer durch die Diskriminierungen und Isolierungen häufiger. Als Folge davon distanziert sich der Arbeitgeber von dem betroffenen Mitarbeiter, und er versucht, das Mobbingopfer aus dem Arbeitsprozess auszuschließen, z. B. mit einer Abfindung oder es in Frührente zu schicken. Der Versuch des Ausschlusses geschieht meist aufgrund der Unkenntnis darüber, dass dieser Mitarbeiter gemobbt wurde. Für die Unternehmen ist daher zu empfehlen, sich grundsätzlich mit dem Thema Mobbing und Bossing zu beschäftigen und den Gesamtzusammenhang des Beziehungsgeflechtes im Unternehmen zu analysieren. Das Thema Mobbing ist eine wichtige Führungsaufgabe. Führungskräfte sollten hierfür sensibilisiert werden, damit sie das schädigende Verhalten Mobbing möglichst früh erkennen und verhindern können.
Von Mobbing oder Bossing Betroffene sollten, um aus der Situation als Mobbingopfer herauszukommen, möglichst früh Grenzen setzen. Sie sollten sich unbedingt an eine Vertrauensperson wenden, die Situation schildern und gemeinsame Lösungen finden.

Nicht nur Mobbing und Bossing lähmen die Arbeitseffektivität; auch Ängste am und um den Arbeitsplatz reduzieren die Arbeitsbereitschaft und das Erreichen von Zielen.

3.4 Ängste von Mitarbeitern

Arbeitsplätze sind in den Organisationen am meisten gefährdet, in denen Mitarbeiter Angst davor haben, die eigene Meinung zu sagen oder eigene innovative Ideen einzubringen. Dadurch verkümmert das Potenzial von Mitarbeitern, und es kann kein Wachstum stattfinden. Ängste binden Energie und Arbeitskraft, sodass eine erfolgreiche Entwicklung für das Unternehmen kaum möglich ist. Folgende Ängste können Mitarbeiter haben.

Die Angst davor, offen die eigene Meinung zu sagen, resultiert aus der Erfahrung, dass den Mitarbeitern zwar gesagt wird, dass sie ihre Meinung offen äußern können, dass dies aber später unangenehme Konsequenzen hatte, wenn sie es tatsächlich taten. Der Mangel an Offenheit in der Kommunikation verursacht Unsicherheit und hemmt somit das Wachstum eines Unternehmens. Wenn Mitarbeiter nicht offen ihre Meinung über die Arbeitsverhältnisse oder das Verhalten ihres Vorgesetzten äußern können, werden sie für sich andere Lösungsmöglichkeiten finden, um diese Situation auszugleichen. Dies zeigt sich in einem versteckten Widerstand, wie z. B. Arbeit nach der Uhr, Krankheit, usw. (vgl. Attems/Holzer 1989, S. 273-275). Da die Mitarbeiter sich nicht sicher sind, was das Management tolerieren wird, können sich Potenziale nicht voll entfalten. Um ihre Arbeitskraft und ihre Potenziale ihrem Arbeitgeber voll zur Verfügung stellen zu können, benötigen Mitarbeiter und Führungskräfte die Gewissheit, dass sie durch die Äußerung ihrer Meinung nicht ihren Arbeitsplatz gefährden (vgl. Kline/ Saunders 1996, S. 30 f. und S. 101).

Ängste entstehen auch durch die Sorge, dass ihre Arbeitsplätze gefährdet sein könnten. Von Angst beherrschte Menschen sind in ihrem Denken blockiert, treffen schlechte Entscheidungen und haben kein zutreffendes Bild davon, in welche Richtung das Unternehmen steuert oder steuern sollte. In Unternehmen, in denen Angst vor Rückschlägen vorherrscht, gibt es mit Sicherheit auch eine lähmende Angst vor der Übernahme von Verantwortung. Die Angst vor Verantwortlichkeit resultiert u. a. aus der Vorstellung, dass man scheitern könnte (vgl. Kline/ Saunders 1996, S. 34 f.). Viele Arbeitnehmer haben schon einmal diese Erfahrung machen müssen und wollen dies nicht noch einmal erleben und als inkompetente Person dastehen. Menschen, die in Lernsituationen aufgewachsen sind, in denen Fehler machen als Schwäche und Inkompetenz ausgelegt wurde, haben meist ein geringes Selbstvertrauen. Selbst mit der Erlaubnis, Fehler machen zu dürfen, sind ängstliche Menschen verständlicherweise misstrauisch und geben alte Gewohnheiten ungern auf. Trotzdem sollten auch diese Menschen versuchen, Verantwortung zu übernehmen, um ein Gefühl der Selbstbestätigung und Anerkennung erfahren zu können. Erst wenn man für die eigenen Handlungen einsteht, kann man aus Fehlern lernen und analysieren, was man an weiteren Fähigkeiten braucht, um sich zu verbessern. Ferner erlernt man die Arbeitsabläufe und macht die Erfahrung, was man durchführen und unterlassen sollte. Dies alles stärkt das eigene Selbstvertrauen.

Gefühle von Angst und Unsicherheit verursachen bei Mitarbeitern Stress und können auch dann entstehen, wenn sie davon überzeugt sind, sich zu wenig zu engagieren (vgl. Gebert/von Rosenstiel 1996, S. 118 ff.). Die folgenden Ausführungen erklären den Faktor Stress.

3.5 Belastung und Stressbewältigung am Arbeitsplatz

Arbeitsbelastungen können sich in Form von nicht förderlichem Stress bemerkbar machen (vgl. Spieß/Winterstein 1999, S. 142-151; Gebert/von Rosenstiel 1996, S. 109 ff.). Wenn eine Person unter Stress leidet, bedeutet dies, dass sie mit der Gesamtheit der belastenden Einwirkungen oder einer bestimmten Situation nicht zurechtkommt. Auswirkungen von Stress zeigen sich z. B. auf folgenden Ebenen:

- biochemisch (z. B. Blutzuckerspiegel, Herzinfarkt);
- neurophysiologisch (z. B. Blutdruck, Puls- und Atemfrequenz, Schweiß);
- psychisch (z. B. Erregung, Ärger, Sättigung, Ermüdung, Frustration, Angst, Depression);
- verhaltensbezogen (z. B. Leistungsschwankungen, Fehlerhäufigkeit, Feinmotorik, Fehlzeiten, soziale Isolierung, unfreundliche oder aggressive Äußerungen, langfristig chronischer Leistungsabfall).

Jeder Mensch reagiert mit unterschiedlichen physiologischen Reaktionsmustern auf Stressfaktoren. Deswegen kann ein und dieselbe Situation bei Personen unterschiedliche Reaktionen auslösen. Folgende Stressfaktoren, auch Stressoren genannt, können in Organisationen vorhanden sein:

- Stressfaktoren, die sich aus der Arbeitsaufgabe ergeben;
- physische Stressoren (Lärm, Hitze, Klimaanlage);
- zeitliche Stressoren (z. B. Schichtarbeit, Termindruck);
- soziale Stressoren (z. B. Spannungen unter Kollegen, Mobbing);
- organisatorisch bedingte Stressfaktoren (z. B. Rollenambiguität oder -konflikt, Organisationsstruktur oder -klima, Karriereentwicklung);
- lange Arbeitszeiten;
- fortwährende Unterbrechungen (Telefon, Anfragen);
- Stressoren in der Berufskarriere (z. B. Eintritt, Wechsel, Veralterung der Kompetenzen);
- Befürchtungen, den Arbeitsplatz zu verlieren (vgl. Spieß/Winterstein 1999, S. 143).

Stress entsteht durch subjektive Wahrnehmungs- und Bewertungsprozesse des Individuums mit seinen spezifischen Reaktionen. Erlebt und beurteilt eine Person eine Situation als bedrohend und sieht keine Bewältigungs- oder Veränderungsmöglichkeiten, wird sie mit Stressmerkmalen reagieren. Eine der stärksten Auswirkungen von Stress ist das sog. Burnout-Syndrom. Darunter ist ein emotionaler Erschöpfungszustand mit einhergehender reduzierter Leistungsfähigkeit zu verstehen. Dieser Zustand resultiert aus einem Prozess von enormer Arbeitsbelastung, Stress und Anpassung im Berufsleben (vgl. Heinz 1995, S. 85-95). Er kann ebenfalls durch eine Überbelastung durch den Versuch der Vereinbarung von privaten und beruflichen Zielen entstehen (vgl. Regnet: Streß und Möglichkeiten der Streßbehandlung, in: von Rosenstiel/Regnet/Domsch, Bd. 20, 1993, S. 85-95). Der Burnout-Prozess entsteht über einen längeren Zeitraum und vollzieht sich über mehrere Phasen (vgl. Spieß/Winterstein 1999, S. 149-151). Die meisten Menschen mit einem Burnout-Syndrom sind sehr ehrgeizig, arbeiten übermäßig viel und achten selten auf ihre eigenen Bedürfnisse, Werte und Gesundheit. Daraus resultieren Erschöpfungs- und Depressionszustände.

Das geschilderte Verhalten eines Burnout Betroffenen hat Auswirkungen auf andere Menschen und Organisationen. Beispielsweise kann es die sozialen Beziehungen innerhalb der Organisation beeinträchtigen, hat deutlich negative Effekte in Bezug auf die Effizienz und führt meist zu Krankheiten und/oder Fehlzeiten.

Menschen, die Stress nicht bewältigen können oder die an einem Burnout-Syndrom leiden, sehen selten Alternativen zu ihrem Verhalten und die Möglichkeiten, die Situation zu ändern bzw. ihr entrinnen zu können. Dabei spielen auch Persönlichkeitsmerkmale, wie z. B. Streben nach Professionalität oder hoher Leistungswille und Machtausübung eine Rolle. Nur selten wird das schleichende Abgleiten eines Mitarbeiters in den Burnout erkannt, weil vor allem leistungsfähige und ehrgeizige Mitarbeiter positiv bewertet werden. Besonders Führungskräfte sollten Anzeichen einer Überbelastung erkennen können und auf diese achten.

Menschen bewältigen Situationen, die Stress verursachen, unterschiedlich. Sie können ein problembezogenes oder emotionsbezogenes Bewältigungsverhalten haben. Das problembezogene Bewältigungsverhalten ist auf die Veränderung der Person-Umwelt-Relation gerichtet. Das emotionsbezogene Bewältigungsverhalten dagegen bezieht sich auf die subjektive Befindlichkeit, d. h. die Regulation der belastenden Emotionen, um das Wohlbefinden wieder herzustellen. Für eine erfolgreiche Bewältigung können als Kriterien die Reduktion der emotionalen Belastung, die Minderung des objektiven Problemniveaus und das Aufrechterhalten des Selbstwertgefühls genannt werden.

Je nachdem, wie hoch die Stressbelastung und Arbeitsunzufriedenheit ist, kann es bei den Mitarbeitern zu der sog. inneren Kündigung oder zum Absentismus kommen.

3.6 Innere Kündigung

Ein weiteres Verhalten, die sog. innere Kündigung, hat Auswirkungen auf die Organisation. Unter innerer Kündigung wird ein bewusster oder unbewusster Verzicht auf Engagement oder auch eine stille mentale Verweigerung engagierter Leistung verstanden (vgl. Spieß/Winterstein 1999, S. 151-153). Im Gegensatz zur sichtbaren Kündigung erfolgt sie verdeckt und ist damit schwer erkennbar. Die innere Kündigung resultiert meist aus einer Arbeitsunzufriedenheit, negativen Erfahrungen und dem Führungsverhalten des Vorgesetzten (Zaugg 1997, S. 17; Blake/Mouton 1980, S. 35-71).

Folgendes Führungsverhalten kann zu einer inneren Kündigung beim Mitarbeiter führen (vgl. Schaal 1992, S. 27; eigene Beobachtungen der Verfasserin):

- Eingriffe in den Aufgabenbereich des Mitarbeiters;
- Mitarbeiter hat wiederholt gute Leistung gezeigt und diese wird entweder vom Vorgesetzten nicht anerkannt oder sogar negiert;
- für Erfolge ist der Vorgesetzte zuständig;
- Fehlentscheidungen des Vorgesetzten muss der Mitarbeiter abfangen, ausbügeln oder verantworten;
- fehlende oder unzureichende Übertragung von Kompetenzen;
- autoritäres Verhalten bei Ziel- und Sollvorgaben;
- fehlende oder unzureichende Information;
- demotivierende Kontrolle und Misstrauen;
- Entscheidungsübertragungen und Übergabe von Verantwortung, die später zurückgenommen werden;
- Angriffe auf die Persönlichkeit des Mitarbeiters;
- keine Wertschätzung zeigen oder aussprechen;
- Mobbing bzw. Bossing;
- überwiegendes Kritisieren;
- auf zurückliegende Fehler wiederholt verweisen, nachtragendes Verhalten;
- mangelndes Verständnis für persönliche Probleme oder Schwierigkeiten;
- Launenhaftigkeit, Willkür, Schikane;
- Versprechen von Gehaltserhöhungen, die nicht eingehalten werden;
- Vorgesetzter stellt sich nicht hinter seine Mitarbeiter;
- den Mitarbeiter seine Abhängigkeit vom Vorgesetzten spüren lassen;
- keine Unterstützung für die persönliche Weiterbildung.

Innere Kündigungen können ebenfalls entstehen, wenn der Mitarbeiter am liebsten den Arbeitgeber wechseln würde, aber für ihn unüberwindbare Hindernisse, wie z. B. Arbeitsmarktchancen, Immobilität, Bezahlung, im Wege stehen. Dann verbleibt der unzufriedene Mitarbeiter im Unternehmen, erledigt seine Arbeit nach Vorschrift, ohne sich weiter für das Unternehmen zu interessieren oder zu engagieren. Er verfolgt vermehrt seine privaten Ziele auf Kosten des Unternehmens, z. B. erstellt er Folien für einen privaten Vortrag oder führt lange private Telefonate. Die innere Kündigung kann außer den erwähnten Kosten noch folgende negative Effekte haben:

- mangelnde Innovationsbereitschaft und -fähigkeit;
- fehlende Flexibilität, Mobilität und Kreativität;
- verkümmerte Fähigkeiten;
- negative Aussagen über den Arbeitgeber.

Die fehlende Bereitschaft, Neues zu lernen, Verantwortung zu übernehmen und Chancen für das Unternehmen zu entdecken, vermindert den Leistungsbeitrag eines solchen Mitarbeiters. Dieser Mitarbeiter steht dem Unternehmen mit seiner vollen Arbeitskraft nicht mehr zur Verfügung, dies kann bis zum Absentismus führen.

3.7 Absentismus

Eine weitere negative Auswirkung auf eine Organisation hat das Verhalten eines Mitarbeiters bzw. einer Führungskraft, welches mit Absentismus beschrieben wird (vgl. Spieß/Winterstein 1999, S. 153-154). Darunter ist ein Fehlen am Arbeitsplatz gemeint, wenn die Tätigkeitsausübung nach objektiven Kriterien zumutbar wäre. Dazu zählen z. B. subjektive Krankheiten oder eine vom Mitarbeiter verlängerte Krankheitsdauer. Dieses Verhalten wird eher bei Mitarbeitern beobachtet, die unzufrieden sind und/oder innerlich gekündigt haben, und wird bei einem Betriebsklima beobachtet, das als negativ empfunden wird.
Weiter können andere Fehlzeiten in Unternehmen festgestellt werden, z. B. zu spät kommen, Pausen verlängern, private Besorgungen während der Arbeitszeit machen, Fehlen aufgrund der Krankheit der Kinder (Neuberger, Personalwesen 1, Bd. 6, 1997, S. 303-403). Erfahrungsgemäß werden diese Verhaltensweisen von Mitarbeitern bzw. Führungskräften gezeigt, die demotiviert oder wenig verantwortungsbewusst sind. Auch diese Mitarbeiter und ihre Arbeitsleistungen stehen dem Unternehmen nicht mehr voll zur Verfügung.

Die o. g. beschriebenen Verhaltensweisen führen also bei Mitarbeitern und Führungskräften zu einer immer größeren Arbeitsunzufriedenheit. Je unzufriedener Mitarbeiter oder Führungskräfte mit ihrer Tätigkeit, ihrer Arbeitssituation und/oder mit ihrem Arbeitgeber sind, desto wahrscheinlicher ist es, dass sie sich einen neuen Arbeitgeber suchen und konsequent die Organisation wechseln. Im nächsten Kapitel wird auf den Organisationswechsel eingegangen.

3.8 Organisationswechsel - Fluktuation

Unter dem Begriff Fluktuation wird der Wechsel eines Arbeitnehmers in ein anderes Unternehmen verstanden. Für einen Organisationswechsel können u. a. folgende Gründe genannt werden.

Im Allgemeinen können unzureichende Arbeitszufriedenheit oder wenig Verbundenheit mit dem Arbeitgeber als verlässliche Vorhersage einer Entscheidung betrachtet werden, die Stelle oder die Organisation zu wechseln (vgl. Rastetter 1996, S. 322 ff.). Ein Organisationswechsel geht letztlich auf subjektive Bewertungs- und Vergleichsprozesse zurück, die zunächst zu Unzufriedenheit mit der bisherigen Tätigkeit bzw. zu einer geringen Verbundenheit mit der Organisation geführt haben. Diese Einstellung gegenüber der Arbeit und der Organisation münden in einen weiteren Bewertungsprozess, an dessen Ende ein tatsächlicher Stellenwechsel stehen kann. Dieser sich an Unzufriedenheit und geringer organisationaler Verbundenheit anschließende Abwägungsprozess kann folgenden Verlauf haben: Auf Unzufriedenheit mit der bestehenden Situation folgt das Nachdenken über einen Stellenwechsel, das Abwägen von Vor- und Nachteilen eines Wechsels, die konkrete Wechselabsicht, die Suche und schließlich der Wechsel in eine andere Organisation bzw. auf eine andere Stelle in derselben Organisation.
Ein Organisationswechsel kann auch Ausdruck der Erkenntnis sein, dass die persönlichen bzw. beruflichen Werte nicht zu den Unternehmenswerten passen (s. dazu die Auswertung der Fragen Nr. 20, 21 und 22 der empirischen Untersuchung in den Anhängen 1 bis 11). Außerdem kann die Entscheidung das Unternehmen zu wechseln, auch Ausdruck einer positiv bewerteten beruflichen Weiterentwicklung sein. Zudem kann ausschlaggebendes Motiv für einen Organisationswechsel das Angebot einer besseren Stelle sein, die im Vergleich zu der alten Stelle z. B. vielfältigere Entwicklungschancen bietet. Weitere Gründe für einen Wechsel können ein beruflicher Aufstieg, die Möglichkeit für eine berufliche Weiterentwicklung oder eine interessantere Tätigkeit mit der Möglichkeit zu Lernen sein (vgl. Roth 1993). Außerdem können ein geringes Gehalt, eine monotone Arbeitsaufgabe, arbeitsorganisatorische Gründe oder Schwierigkeiten mit den Kollegen oder Vorgesetzten als Kündigungsgründe genannt werden.
Besonders Berufseinsteiger wechseln schon innerhalb von zwei Jahren ihren Arbeitgeber. Am Anfang der beruflichen Laufbahn ist es wahrscheinlich, dass der beschriebene Konflikt zwischen den Werten bzw. Zielen der Berufseinsteiger und den Werten bzw. Zielen des Unternehmens am deutlichsten erlebt wird. Darin liegt möglicherweise eine Erklärung, warum innerhalb der ersten beiden Jahre ein freiwilliger Wechsel der Organisation am wahrscheinlichsten ist.

Hohe Fluktuationen können überwiegend in Unternehmen beobachtet werden, in denen Umstrukturierungen anstehen. Aufgrund der Umstrukturierung soll Personal abgebaut oder anders eingesetzt werden. Je länger der Umstrukturierungsprozess andauert und je mehr dadurch

Unruhen und Unsicherheiten entstehen, desto unzufriedener werden die Mitarbeiter. Meist verlassen die guten, kompetenten und engagierten Mitarbeiter die Organisation zuerst, um ihre Arbeitskraft in einem anderen Unternehmen zur Verfügung zu stellen. Das hat zur Folge, dass qualifiziertes Personal teuer eingekauft oder verbliebenes Personal geschult werden muss. Weiter ist zu erwähnen, dass ein Wechsel der Organisation nicht von sozial isolierten Personen vollzogen wird, sondern im Rahmen eines sozialen Netzwerkes stattfindet. Personen, die sich mit einer kündigenden Person vergleichen und sich dabei als vergleichbar wahrnehmen, weil sie sich in einer analogen beruflichen Situation befinden, werden mit der Kündigung dazu ermuntert, über einen eigenen Organisationswechsel nachzudenken.

Zusammenfassend ist zu sagen, dass es Verhaltensweisen gibt, die negative Auswirkungen auf Organisationen und die hier arbeitenden Menschen haben. In diesem Zusammenhang ist der Wechsel von Mitarbeitern und Führungskräften für eine Organisation mit hohen Kosten verbunden. Daher ist es für das Personalmanagement wichtig, die Gründe für einen Weggang aus dem Unternehmen zu wissen und mögliche präventive Faktoren mehr zu beachten. Weiter sollten Konzepte angeboten werden, welche die Mitarbeiter und Führungskräfte an das Unternehmen binden.

4. Zusammenfassung von Hauptkapitel C

Ziel in diesem Hauptkapitel war hemmende und Angst erzeugende Verhaltensweisen und deren Auswirkungen auf Menschen und Organisationen aufzuzeigen und die Hypothese Nr. 1 zu verifizieren. Es wurde auf die im Hauptkapitel B, Kapitel 2.1, gestellte Frage Nr. 8 insofern eingegangen, in dem versucht wurde für die Rahmenbedingungen zu sensibilisieren, die bewirken, dass die Arbeitszufriedenheit bei Mitarbeitern und Führungskräften sinkt und dass sich die Fluktuation erhöht.
Dafür wurden Verhaltensweisen vom Management, von Führungskräften und Mitarbeitern beschrieben und dabei auf die Ursachen und Konsequenzen eingegangen. In den Kapiteln 1 und 2 wurden fehlerhafte, hemmende und Angst machende Verhaltensweisen der Unternehmensleitung und von nachrangigen Führungskräften vorgestellt. Das Kapitel 3 beinhaltete weitere hemmende und Angst machende Verhaltensweisen vom Management, von Führungskräften und Mitarbeitern. Die Ausführungen zeigten Ursachen und Konsequenzen dieses Verhaltens.

Das Personalmanagement hat die Aufgabe, das Handeln des Personals zu optimieren und auf respektvolles Miteinander zu achten. Somit hat es eine Verantwortung für Verhalten, das, wie oben beschrieben, nicht förderlich ist, Angst macht und zu Konflikten führt. Um wenig Fluktuation und hohe Arbeitszufriedenheit zu erreichen, sollte das Personalmanagement einerseits Maßnahmen für ein kooperatives Miteinander anbieten und schon bei der Auswahl des Personals auf das Wertesystem des einzelnen Bewerbers achten.

Das nachfolgende Hauptkapitel beinhaltet die Darstellung der empirischen Untersuchung. Inhalt ist die Beantwortung der in dem Hauptkapitel A, Kapitel 2.1, aufgeworfenen Fragen und Hypothesen. Die Untersuchung wird ausgewertet und die Ergebnisse aufgezeigt. Insbesondere wird beleuchtet, ob aus individuellen Strukturen Gemeinsamkeiten ablesbar und diese für eine Personen- bzw. Berufsgruppe typisch sind und ob daraus eine Typologie entwickelt werden kann. Dazu gehört auch die Analyse, wie Abteilungen und Teams optimal zusammengesetzt sein sollten. Im Kapitel 3 des Hauptkapitels D werden die Ergebnisse zusammengefasst.

D. EMPIRISCHE UNTERSUCHUNG

1. Darstellung und Ziele der empirischen Untersuchung

In den vorherigen Kapiteln sind die Verhaltensstrukturen auf Menschen und Abteilungen und Teams dargestellt worden. Dabei wurde zunächst auf grundlegende Aspekte von Verhalten eingegangen, und es wurden allgemeine Grundlagen zum Thema Organisation dargestellt. Anschließend ist auf das Verhalten mit negativen Auswirkungen auf Abteilungen und Teams eingegangen worden. Diese Ausführungen dienten zur Erhöhung des Spannungsbogens und sollten für die empirische Untersuchung mit ihren Ergebnissen sensibilisieren.

Die nachfolgende empirische Analyse verfolgte folgende Ziele:

- Die im Hauptkapitel A, Kapitel 2.1, gestellten Fragen Nr. 1-5 und Nr. 7-8 sollten beantwortet werden.
- Die aus den Beobachtungen und praktischen Erfahrungen der Verfasserin gewonnenen Erkenntnisse und Hypothesen sollten durch eine Voruntersuchung erhärtet werden. Diese Ergebnisse sollten zur Gestaltung eines Fragebogens dienen, um die Hypothesen im Rahmen der Hauptuntersuchung auf der Grundlage einer repräsentativen Befragung empirisch zu überprüfen.
- Darüber hinaus sollte mit der Befragung auch eine Typologie entwickelt werden, die in Organisationen im Bereich des Personalmanagements angewendet werden kann.

1.1 Vorgehensweise

1.1.1 Voruntersuchung

Die Voruntersuchung wurde mit einer Testgruppe bestehend aus 18 Personen durchgeführt. Befragt wurden Teilnehmer einer Kommunikationsausbildung zum Trainer, die in unterschiedlichen Unternehmen und Branchen als Mitarbeiter, Führungskräfte oder als Selbstständige arbeiten. Bei der Auswahl der Teilnehmer für die zwei Gruppendiskussionen wurde auf eine möglichst große sozioökonomische Repräsentanz Wert gelegt.
Die Ausgangsbasis für die Gruppendiskussionen mit der beschriebenen Testgruppe bildete ein Diskussions-Leitfaden, der die persönlichen und beruflichen Werte sowie die Einstellungen zum Führungsverhalten, zum Unternehmen und zur Arbeitszufriedenheit untersuchte. Insgesamt haben die Teilnehmer 34 Fragen beantwortet, die weitgehend offen und leicht verständlich gestellt wurden, um eine möglichst hohe Informationsvielfalt und eine geringe Verweigerungsquote zu erhalten. An bestimmten Stellen wurde die Diskussion von der Verfasserin in der Rolle des Moderators bewusst fokussiert und provoziert. Die Gruppendiskussionen verfolgten einerseits den Zweck, Fragestellungen für die Hauptuntersuchung allgemein verständlich zu gestalten. Andererseits dienten sie dem Ziel, die unterschiedlichen Einstellungen der

Teilnehmer direkt miteinander zu konfrontieren. Auf diese Weise sollten scharfe Konturen für die Hauptuntersuchung herausgearbeitet werden. Die Gruppendiskussionen nahmen jeweils zirka zwei Stunden in Anspruch.

Die Erkenntnisse der Voruntersuchung sind beim Aufbau des Fragebogens, bei der Auswahl der Fragen sowie der Interpretation des Ergebnismaterials für die Hauptuntersuchung eingearbeitet worden. Außerdem konnten die für diese Dissertation aufgestellten Hypothesen erhärtet werden. Die Hauptuntersuchung wurde im Zeitraum von März bis September 2002 durchgeführt.

1.1.2 Hauptuntersuchung

Mit der Hauptuntersuchung wurden die Hypothesen überprüft. Der für die Hauptuntersuchung entwickelte Fragebogen[46] enthält neben einem soziodemografischen Teil die Themenkomplexe persönliche und berufliche Werte, Branchen- und Tätigkeitsbereiche, Position und Verweildauer im Unternehmen sowie die Fragen zum Führungsverhalten, zur Zusammensetzung von Abteilungen bzw. Teams und zur Arbeitszufriedenheit. Bei der Fragebogenentwicklung wurde darauf geachtet, dass die Befragungsergebnisse aus der Voruntersuchung ausreichende Berücksichtigung finden. Der Umfang des Fragebogens mit dem Deckblatt betrug fünf Seiten und wurde als Papierausdruck an die teilnehmenden Unternehmen geschickt.

1.1.3 Definierte Zielgruppe

Befragt wurden Mitarbeiter und Führungskräfte in mittelständischen Unternehmen sowie Großunternehmen unterschiedlicher Branchen in Deutschland. Die Untersuchung baut auf der Befragung von Mitarbeitern und Führungskräften auf, die in unterschiedlichen Bereichen tätig sind. Zudem wurden Selbstständige befragt.

1.1.4 Auswahl der Unternehmen und Durchführung der empirischen Untersuchung

Bei der Auswahl der Unternehmen wurde darauf geachtet, dass es mittelständische Unternehmen sowie Großunternehmen unterschiedlicher Branchen in Deutschland waren. Um sicher zu stellen, dass möglichst unterschiedliche Tätigkeitsbereiche in einem Unternehmen vertreten sind, wurden Unternehmen ausgewählt, in denen ein Personalmanagement existiert. Ergänzend dazu wurden Selbstständige befragt. Für die selbstständig arbeitenden Probanden war die Unternehmensgröße in Bezug auf die Mitarbeiterzahl irrelevant.

Die Befragung war auf ganz Deutschland ausgerichtet. Die Auswahl der Teilnehmer und die Versendung der Fragebögen an die Probanden wurden von den betroffenen Unternehmen von

[46] Zum Fragebogen s. 12. Anhang.

März bis September 2002 übernommen. Die gewünschte Datenbasis sollte zwischen 1.500 und 2.000 Probanden liegen. Es bestand die Absprache mit den Ansprechpartnern der Unternehmen, dass sie bis Ende September 2002 sukzessive die beantworteten Fragebögen zur Auswertung an die Verfasserin weiterleiten.

Zunächst wurde jeweils der Vorstandsvorsitzende bzw. der Geschäftsführer eines Unternehmens angeschrieben und um Unterstützung für die empirische Untersuchung im Rahmen dieser Dissertation gebeten. Diesem Schreiben lagen 18 Fragebögen bei, die an Führungskräfte und Mitarbeiter aus unterschiedlichen Unternehmensbereichen weitergeleitet werden sollten. Den Vorständen war es freigestellt, den Fragebogen selbst auszufüllen und zurückzusenden. Die Unternehmen hatten außerdem die Möglichkeit, den Fragebogen zu kopieren und an die entsprechende Mehranzahl von Führungskräften und Mitarbeitern weiterzuleiten. Diese sollten den ausgefüllten Fragebogen entweder an die angegebene Anschrift oder per Fax wieder zurücksenden. Ein weiteres Schreiben lag als Kurzmitteilung bei, um schnellstmöglich in Erfahrung zu bringen, ob sich das angeschriebene Unternehmen an der Untersuchung beteiligt oder dies ablehnt. Die Teilnahme war freiwillig und erfolgte anonym.

In der Hauptuntersuchung wurde versucht, die Verweigerungsquote möglichst gering zu halten, indem in Absprache mit den Unternehmen der Befragung ein Empfehlungsschreiben des Vorstands, Geschäftsführers oder des Personalverantwortlichen beigefügt wurde. Darüber hinaus wurde jedem Teilnehmer eine Kurzanalyse seines Persönlichkeitsprofils angeboten, um ihn für die Teilnahme zusätzlich zu motivieren.

1.1.5 Beschreibung der Rückläufer

Von den insgesamt 72 angeschriebenen Unternehmen antworteten insgesamt 44. Davon nahmen 26 Unternehmen an der Untersuchung teil. Dies entspricht einer Quote von 36,00 %. Die anderen lehnten die Teilnahme schriftlich ab. 26 Unternehmen meldeten sich nicht. Zusätzlich wurde der Fragebogen an insgesamt 108 Arbeitnehmer verteilt, die in unterschiedlichen Unternehmen und Tätigkeitsfeldern arbeiteten.

Insgesamt wurden 534 Fragebogen verteilt und von 122 Mitarbeitern, 186 Führungskräften und 14 Selbstständigen ausgefüllt und zurückgesandt. Diese Anzahl von 322 auswertbaren Fragebogen entspricht einer Rücklaufquote von erfreulichen 60,30 %. Damit basiert die Untersuchung auf 322 ausgewerteten Fragebogen, die zum Zeitpunkt der Analyse zur Verfügung standen.

2. Auswertung und Ergebnisse der Untersuchung

Vorab wird darauf hingewiesen, dass die Ergebnisse auf unterschiedliche Weise dargestellt werden: Grundsätzlich erfolgen die Auswertungen als Prozentangaben. Nur dann, wenn es sinnvoll erschien, wurden die Ergebnisse als absolute Zahlen dargestellt. Je nach Fragestellung und Auswertung erfolgt eine Darstellung differenziert nach Mitarbeitern (MA), Führungskräften (FK) und Selbstständigen (S) oder differenziert nach Typen. Die einzelnen Typen sind je nach Relevanz der Ergebnisse nochmals differenziert nach MA und FK.
Für einige Auswertungen erschien eine Differenzierung nicht sinnvoll wegen mangelnden signifikanten Unterschieden. Daher erfolgt die Beschreibung als Gesamtergebnis aller Probanden. Außerdem erschien es zuweilen nicht sinnvoll, die Ergebnisse der Selbstständigen ausführlich zu beschreiben, da sie nicht explizit in die Typologie mit einbezogen wurden.
Die unterschiedlichen differenzierten Darstellungsformen wurden dadurch möglich, dass die Auswertung der empirischen Untersuchung nach zwei Kriterien erfolgte:

- Zunächst wurde ausgewertet, welche Antworten Mitarbeiter, Führungskräfte und Selbstständige gaben.
- Darauf aufbauend wurde analysiert, ob es einen Zusammenhang zwischen den angegebenen beruflichen Tätigkeitsbereichen (Frage Nr. 4) und den Werten im privaten Bereich (Frage Nr. 20) bzw. im beruflichen Bereich (Frage Nr. 21) gibt.

Damit die weiteren Darstellungen in diesem Kapitel verständlich sind, muss an dieser Stelle schon folgendes Ergebnis genannt werden: Die Auswertung[47] der Fragen Nr. 20, 21 und 4 ergab, dass grundsätzlich Menschen mit ähnlichen Werten in vergleichbaren Unternehmensbereichen bzw. Aufgabenfeldern arbeiten. Das bedeutet, dass es Zusammenhänge zwischen den angegebenen beruflichen Werten und den Tätigkeitsbereichen gibt. Aufgrund dieser Ergebnisse wurden Typen gebildet, die Tätigkeitsbereiche einem Typ zugeordnet und daraus eine Typologie mit vier Persönlichkeitstypen entwickelt. Diese Typologie enthält die Typen „Visionär", „Planer", „Qualitätsmanager" und „Koordinator"[48] (s. dazu in dieser Arbeit die Beschreibung im Hauptkapitel E „Typologie - vier Grundtypen zur schnelleren und leichteren Einschätzung von Persönlichkeitstypen).

Die Darstellungen der Ergebnisse dieser drei im Zusammenhang stehenden Fragestellungen sind nachfolgend aufgeführt. Für ein besseres Verständnis der Auswertung der anderen Fragen und der Präsentation der jeweiligen Ergebnisse ist die Darstellung der Ergebnisse der Fragen Nr. 20, 21 und 4 an den Anfang gesetzt worden.

---

[47] Ausführliche grafische und tabellarische Darstellungen der Ergebnisse der empirischen Untersuchung sind in dieser Arbeit in den Anhängen 1 bis 11 zu finden.

[48] Die Typen erhalten diese Abkürzungen: Visionär = V; Planer = P; Qualitätsmanager = Q; Koordinator = K.

20. Welche Werte sind Ihnen in Ihrem *privaten* Bereich wichtig?

Für die Darstellung dieser Ergebnisse werden die Werte aufgeführt, die von der Rangfolge her die höchsten Ergebnisse für die jeweiligen *Typen* ausweisen. Zudem werden die Werte aufgezeigt, die vorrangig von den jeweiligen Typen genannt wurden. Die Grafiken Nr. 2 bis 7 im Anhang 1: „Welche Werte sind Ihnen in Ihrem privaten Bereich wichtig?" zeigen die detaillierten Ergebnisse. Die Auswertung dieser Frage, differenziert nach Typen und nach Mitarbeitern bzw. Führungskräften, ergibt folgende Ergebnisse:

Für den Typ des Visionärs ist:

- *Abwechslung* für Ø 35,71 % aller V wichtig; davon sind 33,33 % MA und 37,50 % FK.
- *Entwicklung* für Ø 28,57 % aller V wichtig; davon sind 16,67 % MA und 37,50 % FK.
- *Selbstbestimmung* für Ø 28,57 % aller V wichtig; davon sind 50,00 % MA und 12,50 % FK.
- *Überblick* für Ø 28,57 % aller V wichtig; davon sind 33,33 % MA und 25,00 % FK.
- *Flexibilität* für Ø 21,43 % aller V wichtig; davon sind 16,67 % MA und 25,00 % FK.
- *Bewegung* für Ø 21,43 % aller V wichtig; davon sind 16,67 % MA und 25,00 % FK.

Für den Typ des Planers ist:

- *Sicherheit* für Ø 34,09 % aller P wichtig; davon sind 40,54 % MA und 29,41 % FK.
- *Risiko* für Ø 26,14 % aller P wichtig; davon sind 27,03 % MA und 25,49 % FK.
- *Erfolg* für Ø 25,00 % aller P wichtig; davon sind 18,92 % MA und 29,41 % FK.
- *Selbstbestimmung* für Ø 19,32 % aller P wichtig; davon sind 16,22 % MA und 21,57 % FK.
- *Pflichtbewusstsein* für Ø 15,91 % aller P wichtig; davon sind 13,51 % MA und 17,64 % FK.
- *Anerkennung* für Ø 14,77 % aller P wichtig; davon sind 29,73 % MA und 3,92 % FK.

Für den Typ des Qualitätsmanagers ist:

- *Pflichtbewusstsein* für Ø 38,46 % aller Q wichtig; davon sind 20,00 % MA u. 50,00 % FK.
- *Weiterbildung* für Ø 38,46 % aller Q wichtig; davon sind 20,00 % MA und 50,00 % FK.
- *Karriere* für Ø 23,08 % aller Q wichtig; davon sind 20,00 % MA und 25,00 % FK.
- *Kontrolle* für Ø 23,08 % aller Q wichtig; davon sind 20,00 % MA und 25,00 % FK.
- *Struktur* für Ø 15,38 % aller Q wichtig; davon sind 40,00 % MA und für 0 % FK.
- *Genauigkeit* für Ø 15,38 % aller Q wichtig; davon sind 20,00 % MA und 12,50 % FK.

Für den Typ des Koordinators ist:

- *Genuss* für Ø 43,59 % aller K wichtig; davon sind 38,46 % MA und 46,15 % FK.
- *Verantwortung* für Ø 25,64 % aller K wichtig; davon sind 0 % MA und 38,46 % FK.
- *Abwechslung* für Ø 20,51 % aller K wichtig; davon sind 23,08 % MA und 19,23 % FK.
- *Risiko* für Ø 17,95 % aller K wichtig; davon sind 23,08 % MA und 15,95 % FK.
- *Flexibilität* für Ø 15,38 % aller K wichtig; davon sind 30,77 % MA und 7,69 % FK.
- *Koordination* für Ø 12,82 % aller K wichtig; davon sind 7,69 % MA und 15,38 % FK.

Für alle Typen, inkl. MA und FK, sind folgende Werte wichtig:

- *Lebensfreude* ist für Ø 72,05 % aller Typen wichtig; davon für 78,57 % der Visionäre, 70,45 % der Planer, 76,92 % der Qualitätsmanager, 74,36 % der Koordinatoren.
- *Liebe* ist für Ø 70,81 % aller Typen wichtig; davon für 50,00 % der Visionäre, 77,27 % der Planer, 46,15 % der Qualitätsmanager, 69,23 % der Koordinatoren.
- *Ehrlichkeit* ist für Ø 59,01 % aller Typen wichtig; davon für 50,00 % der Visionäre, 57,95 % der Planer, 61,54 % der Qualitätsmanager, 64,10 % der Koordinatoren.
- *Harmonie* ist für Ø 47,20 % aller Typen wichtig; davon für 21,43 % der Visionäre, 51,14 % der Planer, 46,15 % der Qualitätsmanager, 48,72 % der Koordinatoren.
- *Kommunikation* ist für Ø 40,99 % aller Typen wichtig; davon für 28,57 % der Visionäre, 34,09 % der Planer, 53,85 % der Qualitätsmanager, 56,41 % der Koordinatoren.
- *Beziehung* ist für Ø 39,13 % aller Typen wichtig; davon für 28,57 % der Visionäre, 38,64 % der Planer, 38,46 % der Qualitätsmanager, 43,59 % der Koordinatoren.
- *Freiheit* ist für Ø 36,02 % aller Typen wichtig; davon für 50,00 % der Visionäre, 32,95 % der Planer, 38,46 % der Qualitätsmanager, 35,90 % der Koordinatoren.
- *Gerechtigkeit* ist für Ø 32,92 % aller Typen wichtig; davon für 35,71 % der Visionäre, 35,23 % der Planer, 15,38 % der Qualitätsmanager, 30,77 % der Koordinatoren.

Für Selbstständige sind folgende Werte wichtig:

Liebe (85,71 %), Ruhe (85,71 %), Lebensfreude (57,14 %), Ehrlichkeit (57,14 %), Beziehung, Freiheit, Gerechtigkeit, Harmonie, Kommunikation, Sicherheit, Verantwortung je 42,86 %.

Fazit:

Aufgrund der Auswertung der Fragen Nr. 20, 21 und 4 konnten Typen gebildet und eine Typologie entwickelt werden. Mit diesem Ergebnis sind die Hypothesen Nr. 1, 3, 4 und 5 verifiziert und die Fragen Nr. 1-5 beantwortet.

Die Ergebnisse zeigen deutlich, dass die Typen unterschiedliche Werte haben. Somit können persönliche Werte einem bestimmten Typ bzw. den verschiedenen Typen bestimmte Werte zugeordnet werden. Damit kann weiter festgestellt werden, dass es einen Zusammenhang zwischen Werten und Typen gibt. Mit dieser Auswertung sind auch die Fragen beantwortet, ob aus individuellen Strukturen Gemeinsamkeiten ablesbar und diese für eine Personen- bzw. Berufsgruppe typisch sind und ob aus Personen- bzw. Berufsgruppen ein Typenprofil abgeleitet werden kann.

21. Welche Werte sind Ihnen in Ihrem *beruflichen* Bereich wichtig?

Für die Darstellung dieser Ergebnisse werden einerseits nur die Werte aufgeführt, die von der Rangfolge her die höchsten Ergebnisse für die jeweiligen Typen ausweisen. Andererseits werden die Werte aufgezeigt, die vorrangig von den jeweiligen Typen genannt wurden. Die Grafiken 8 bis 13 im Anhang 1: „Welche Werte sind Ihnen in Ihrem beruflichen Bereich wichtig?“ zeigen die detaillierten Ergebnisse. Die Auswertung dieser Frage, differenziert nach Typen und nach Mitarbeitern bzw. Führungskräften, ergibt folgende Ergebnisse:

Für den Typ des Visionärs ist:

- *Abwechslung* für Ø 71,43 % aller V wichtig; davon sind 66,67 % MA und 75,00 % FK.
- *Entwicklung* für Ø 71,43 % aller V wichtig; davon sind 83,33 % MA und 62,50 % FK.
- *Flexibilität* für Ø 64,29 % aller V wichtig; davon sind 66,67 % MA und 62,50 % FK.
- *Visionen* für Ø 57,14 % aller V wichtig; davon sind 66,67 % MA und 50,00 % FK.
- *Gerechtigkeit* für Ø 50,00 % aller V wichtig; davon sind 66,67 % MA und 37,50 % FK.
- *Risiko* für Ø 21,43 % aller V wichtig; davon sind 16,67 % MA und 25,00 % FK.

Für den Typ des Planers ist:

- *Anerkennung* für Ø 45,45 % aller P wichtig; davon sind 56,75 % MA und 37,25 % FK.
- *Motivation* für Ø 46,59 % aller P wichtig; davon sind 40,54 % MA und 50,98 % FK.
- *Verantwortung* für Ø 45,45 % aller P wichtig; davon sind 27,03 % MA und 58,45 % FK.
- *Pflichtbewusstsein* für Ø 35,23 % aller P wichtig; davon sind 35,14 % MA und 35,29 % FK.
- *Leistung* für Ø 34,09 % aller P wichtig; davon sind 27,03 % MA und 39,22 % FK.
- *Führung* für Ø 23,86 % aller P wichtig; davon sind 8,11 % MA und 35,29 % FK.

Für den Typ des Qualitätsmanagers ist:

- *Kontrolle* für Ø 69,23 % aller Q wichtig; davon sind 40,00 % MA und 87,50 % FK.
- *Sicherheit* für Ø 69,23 % aller Q wichtig; davon sind 100,00 % MA und 50,00 % FK.
- *Gerechtigkeit* für Ø 53,85 % aller Q wichtig; davon sind 40,00 % MA und 62,50 % FK.
- *Struktur* für Ø 46,15 % aller Q wichtig; davon sind 60,00 % MA und 37,50 % FK.
- *Anerkennung* für Ø 46,15 % aller Q wichtig; davon sind 20,00 % MA und 57,69 % FK.
- *Karriere* für Ø 46,15 % aller Q wichtig; davon sind 60,00 % MA und 37,50 % FK.
- *Beständigkeit* für Ø 38,46 % aller Q wichtig; davon sind 20,00 % MA und 50,00 % FK.

Für den Typ des Koordinators ist:

- *Koordination* für Ø 48,72 % aller K wichtig; davon sind 38,46 % MA und 53,85 % FK.
- *Verantwortung* für Ø 46,15 % aller K wichtig; davon sind 23,08 % MA und 58,45 % FK.
- *Gerechtigkeit* für Ø 35,90 % aller K wichtig; davon sind 46,15 % MA und 30,77 % FK.
- *Entwicklung* für Ø 33,33 % aller K wichtig; davon sind 30,77 % MA und 34,62 % FK.
- *Kundenorientierung* für Ø 33,33 % aller K wichtig; davon sind 53,85 % MA u. 23,08 % FK.
- *Selbstbestimmung* für Ø 28,21 % aller K wichtig; davon 23,08 % MA und 30,77 % FK.

Für alle Typen, inkl. MA und FK, sind folgende Werte wichtig:

- *Erfolg* ist für Ø 50,93 % aller Typen wichtig; davon für 50,00 % der Visionäre, 42,05 % der Planer, 61,54 % der Qualitätsmanager, 58,97 % der Koordinatoren.
- *Kommunikation* ist für Ø 48,45 % aller Typen wichtig; davon für 50,00 % der Visionäre, 46,59 % der Planer, 30,77 % der Qualitätsmanager, 61,54 % der Koordinatoren.
- *Ehrlichkeit* ist für Ø 42,86 % aller Typen wichtig; davon für 21,43 % der Visionäre, 45,45 % der Planer, 30,77 % der Qualitätsmanager, 51,28 % der Koordinatoren.
- *Entscheidungseinbindung* ist für Ø 32,30 % aller Typen wichtig; davon für 35,71 % der Visionäre, 35,23 % der Planer, 30,77 % der Qualitätsmanager, 30,77 % der Koordinatoren.
- *Weiterbildung* ist für Ø 27,33 % aller Typen wichtig; davon für 14,29 % der Visionäre, 27,27 % der Planer, 46,15 % der Qualitätsmanager, 25,64 % der Koordinatoren.

Für Selbstständige sind folgende Werte wichtig:

Erfolg (100,00 %), Kundenorientierung (57,14 %), Leistung (57,14 %), Motivation (57,14 %), Verantwortung (57,14 %), Selbstbestimmung (42,86 %), Entwicklung (42,86 %) Weiterbildung (28,57 %).

Fazit:
Aufgrund der Auswertung der Fragen Nr. 20, 21 und 4 konnten Typen gebildet und eine Typologie entwickelt werden. Mit diesem Ergebnis sind die Hypothesen Nr. 1, 3, 4 und 5 verifiziert und die Fragen Nr. 1-5 beantwortet.
Noch deutlicher beweisen diese Ergebnisse, dass die Typen unterschiedliche Werte haben. Insbesondere können berufliche Werte einem bestimmten Typ bzw. den verschiedenen Typen bestimmte Werte zugeordnet werden. Somit kann festgestellt werden, dass es einen Zusammenhang zwischen beruflichen Werten und Typen gibt. Mit dieser Auswertung sind auch die Fragen beantwortet, ob aus individuellen Strukturen Gemeinsamkeiten ablesbar und diese für eine Personen- bzw. Berufsgruppe typisch sind und ob aus Personen- bzw. Berufsgruppen ein Typenprofil abgeleitet werden kann. Außerdem gibt es Werte, die allen Typen wichtig sind.

4. In welchem Bereich arbeiten Sie?

Für die Darstellungen in der nachfolgenden Tabelle wurden Zusammenhänge zwischen den Werten (s. Ergebnisse der Fragen Nr. 20 und 21) und von Tätigkeitsbereichen analysiert. Die nachfolgende Tabelle zeigt daher einerseits die einzelnen Tätigkeitsbereiche, die den *Typen* zugeordnet werden können. Andererseits verdeutlicht sie, in welchen Bereichen die Typen vorrangig arbeiten. Weiter zeigt die Tabelle die genaue Anzahl der MA und FK, die in dem jeweiligen Bereich tätig sind. Die Angaben erfolgen als absolute Zahlen.

Typen	Tätigkeitsbereiche	MA	FK	Summe MA + FK
Visionär (V)	Entwicklung	8	4	
	Forschung	4	4	
	Marketing	0	8	
gesamt Visionär		12	16	28
Planer (P)	EDV	0	2	
	Einkauf	2	2	
	Expedition - Versand	0	4	
	Öffentlichkeitsarbeit/Presse	2	0	
	Produktion	0	14	
	Vertrieb/Verkauf	42	52	
	Verwaltung	28	28	
gesamt Planer		74	102	176

Typen	Tätigkeitsbereiche	MA	FK	Summe MA + FK
Qualitätsmanager (Q)	Controlling - Revision Kundendienst Marktforschung	6 2 2	8 8 0	
gesamt Qualitätsmanager		10	16	26
Koordinator (K)	Beratung Bildung Gesundheit/Therapie Personal/Sozialwesen	8 2 4 12	0 18 4 30	
gesamt Koordinator		26	52	78
Summe MA und FK		**122**	**186**	**308**
Selbstständige			**14**	**14**

Anhand dieser Darstellung ist für die Prozentangaben nachvollziehbar, wie viele Probanden effektiv die Antwort zu der jeweiligen Fragestellung gegeben haben.

Fazit:

Mit der zusammenhängenden Betrachtungsweise der oben dargestellten Ergebnisse der Fragen Nr. 20, 21 und 4 können die Fragen „Steuern persönliche Werte die Auswahl des Berufs bzw. die Wahl einer beruflichen Tätigkeit?“ und „Können Berufen bzw. Tätigkeitsbereichen Werte zugeordnet werden und sind hier bestimmte Persönlichkeitstypen zu finden?“ mit einem klaren „Ja“ beantwortet werden. Daraus folgt, dass aus diesen Personen- bzw. Berufsgruppen ein Typenprofil abgeleitet werden kann.

Aufgrund der Auswertung der Fragen Nr. 20, 21 und 4 konnten Typen gebildet und eine Typologie entwickelt werden. Mit diesem Ergebnis sind die Hypothesen Nr. 1, 3, 4 und 5 verifiziert und die Fragen Nr. 1-5 beantwortet.

Aufgrund dieser Ergebnisse wurde die vorliegende Typologie entwickelt.

Weitere erklärende Ausführungen zur Typologie und zur Beantwortung der Frage Nr. 4: „Wo sind die Unterschiede und wie wirken sie sich aus?“ sind einerseits in der nachfolgenden Auswertung zu finden und andererseits in dieser Arbeit im Hauptkapitel E „Typologie - vier Grundtypen zur schnelleren und leichteren Einschätzung von Persönlichkeitstypen“ dargestellt.

Weitere Ergebnisse aus dem Fragebogen zur empirischen Untersuchung:

1. Ist Ihr Unternehmen ein privatwirtschaftliches oder ein staatliches?

80,75 % der Befragten arbeiten in einem privatwirtschaftlichen und 19,25 % der Befragten arbeiten in einem staatlichen Unternehmen.

2. Zahl der Arbeitnehmer insgesamt:

Die Prozentzahl wurde bedingt durch die Gesamtzahl der Probanden (322) errechnet.
19,88 % arbeiten in einem Unternehmen mit einer Arbeitnehmeranzahl von weniger als 99
30,43 % arbeiten in einem Unternehmen mit einer Arbeitnehmeranzahl zwischen 100-500
24,84 % arbeiten in einem Unternehmen mit einer Arbeitnehmeranzahl zwischen 501-1000
14,91 % arbeiten in einem Unternehmen mit einer Arbeitnehmeranzahl zwischen 1001-10000
3,73 % arbeiten in einem Unternehmen mit einer Arbeitnehmeranzahl zwischen 10001-20000
6,21 % arbeiten in einem Unternehmen mit einer Arbeitnehmeranzahl zwischen 20001-100000

3. In welcher Branche arbeiten Sie?

Auf diese Frage hin wurden verschiedene Branchen genannt. Die Tabelle zeigt für die jeweilige Branche die absolute Zahl der Personen und die Prozentzahl bezogen auf die Gesamtzahl der Probanden (322).

Branche	**Auto-mobil**	**Bank**	**Beratung**	**Bildung**	**Berufs-feuerwehr**	**Com-puter**
Personen	6	38	24	10	14	10
in %	1,86	11,80	7,45	2,48	4,97	3,11
Branche	**Dienst-leistung**	**Energie-Gas- Strom-versorgung**	**For-schung**	**Gesund-heit/-Therapie**	**Groß-bäckerei**	**Handel**
Personen	4	10	4	12	46	70
in %	1,24	3,11	1,24	3,73	14,29	21,74
Branche	**Immo-bilien**	**Maschinen-bau**	**Öffent-lichkeit-sarbeit**	**Stadtver-waltung**	**Versiche-rung**	
Personen	6	8	4	14	42	
in %	1,86	2,48	1,24	4,35	13,04	

5. Sie sind zurzeit beschäftigt als?

Der Wert als absolute Zahl in der Tabelle hinter der genauen Bezeichnung der konkreten Tätigkeit beinhaltet die Anzahl der *Mitarbeiter* mit dem jeweils aufgeführten Beschäftigungsverhältnis. Die Aufstellung zeigt zudem die Differenzierung nach den vier Typen.

Auswertung für Mitarbeiter			
Zuordnung zum *Visionär* beschäftigt als ...	**Anzahl**	**Zuordnung zum *Planer* beschäftigt als ...**	**Anzahl**
Anwendungsentwickler	2	Anwendungsentwickler	2
CAD-Konstrukteur	2	Aushilfe Packtisch	4
Software Entwickler	4	Auszubildende	4
Wissenschaftlicher Mitarbeiter	4	Berater	2
		Ergotherapeut	2
		Gebietsverkaufsberater	4
		Hausinspektor	2
		kaufmännische Angestellte	4
		Kassierer	4
		Kreditsachbearbeiter	2
		Kundenbetreuer	2
		Projektorganisation	2
		Redakteur	2
		Referent Beschaffungsmarketing	2
		Sachbearbeiter für die Abteilungsorganisation	2
		Sachbearbeiter für Grundbesitzverwaltung	2
		Sozialversicherungsangestellte	6
		Verkäufer	12
		Verwaltungsangestellte	10
		Warenausgeberin	4
Zuordnung zum Qualitätsmanager beschäftigt als ...	**Anzahl**	**Zuordnung zum *Koordinator* beschäftigt als ...**	**Anzahl**
Bereichscontroller	4	Berater	6
Controller	2	Ergotherapeut	4
Sacharbeiter für die Kapitalmarktanalyse	2	Kreditsachbearbeiter	2
		Personalentwickler	4
Wertpapier Abwicklung u. Kontrolle	2	Personalsachbearbeiter	6
		Projektkoordinator	2
		Vertriebscoach	2

Der Wert als absolute Zahl in der Tabelle hinter der genauen Bezeichnung der konkreten Tätigkeit beinhaltet die Anzahl der *Führungskräfte* mit dem jeweils aufgeführten Beschäftigungsverhältnis. Die Aufstellung zeigt zudem die Differenzierung nach den vier Typen.

Auswertung für Führungskräfte			
Zuordnung zum *Visionär* beschäftigt als ...	**Anzahl**	**Zuordnung zum *Planer* beschäftigt als ...**	**Anzahl**
Leiter Entwicklung	4	Abteilungsleiter (AL) ohne Angabe	14
Leiter Forschung	4	Abteilungsleiter - stellvertretend	4
Leiter interne Kommunikation	2	AL EDV	2
Leiter Marketing	4	AL Einkauf	2
Projektleiter Bereich Marketing	2	AL Feinbäckerei	6
		Fachbereichsleiter	2
		Feuerwehrhauptmann/ Zugführer	14
		Gebietsverkaufsberater	10
		Geschäftsführer	4
		Geschäftsstellenleiter	4
		Hausinspektor	2
		Leiter Expedition/Versand	2
		Leiter kaufmännische Abteilung	2
		Leiter Produktion	4
		Leiter Projektoffice	2
		Leiter Rechnungswesen	2
		Leiter Verkauf	8
		Leiter Vermögensanlagen	2
		Leiter Verwaltung	4
		Team- bzw. Gruppenleiter	10
		Vorstand	2
Zuordnung zum Qualitätsmanager beschäftigt als ...	**Anzahl**	**Zuordnung zum *Koordinator* beschäftigt als ...**	**Anzahl**
Gruppenleiter Bereich Controlling	2	Bildungsmanager	2
Leiter Finanzbuchhalter	4	Geschäftsführer	8
Leiter Netze, Strom, Erdgas, Trinkwasser	2	Koordinator	6
		Leiter Ausbildung	3
Leiter Personalcontrolling	2	Leiter Personal	12
Leiter Schadensermittlung	4	Leiter Personalentwicklung	6
Steuerberater	2	Leiter Personalverwaltung	6
		Leiter Weiterbildung	4
		Schulleiter	2
		Teamleiter	3

Fazit:
Anhand der Auswertung dieser Fragestellung wird ersichtlich, dass es einen Zusammenhang zwischen den einzelnen Typen und den angegebenen Tätigkeiten bzw. Positionen gibt. Somit können einerseits Positionen den Typen zugeordnet und andererseits Berufstätige typenbezogen in Positionen eingesetzt werden. Mit diesem Ergebnis sind die Fragen Nr. 2 und 3 beantwortet. Außerdem kann an dieser Stelle die Hypothese Nr. 5 in Bezug auf die Stellenbesetzung als bestätigt angesehen werden.

6. Bei diesen Angaben geht es um Ihr Arbeitsverhältnis: Sind Sie (tätig als) ...

Auf diese Frage wurden verschiedene Arbeitsverhältnisse genannt. Die Tabelle zeigt für die jeweilige Branche die absolute Zahl der Personen und die Prozentzahl bezogen auf die Gesamtzahl der Probanden (322).

Arbeits-verhältnis	Ange-stellter	Beamter	Selbstständig/ freiberuflich	Auszubil-dende	Aushilfe	Gesamt
Personen	278	22	14	4	4	322
in %	86,34	6,83	4,35	1,24	1,24	100

Von den 322 befragten Probanden waren 86,34 % Angestellte, 6,83 % Beamte und 4,35 % waren selbstständig.

7. Auf welcher Ebene sind Sie tätig?

Die beiden Tabellen zeigen jeweils die Anzahl der *Mitarbeiter* bzw. *Führungskräfte* bezogen auf die Unternehmensebene. Die Angaben erfolgen als absolute Zahlen.

Auswertung für Mitarbeiter			
Unternehmensebene	**Anzahl**	**Unternehmensebene**	**Anzahl**
Aushilfe	4	Referentenebene	2
Auszubildende	4	Sachbearbeiter	76
Berater	8	Stabstelle	2
Hauptvertreter	2	Substitut	2
Mitarbeiter	10	Verkäufer	12

Auswertung für Führungskräfte			
Unternehmensebene	**Anzahl**	**Unternehmensebene**	**Anzahl**
Abteilungsleiter	82	Projektleiter	2
Abteilungsleiter stellvertretend	6	Schulleiter	2
Direktor	2	selbst. Mandantenbetreuung	2
Gebietsverkaufsberater	10	Teamkoordinator bzw. -leiter	6
Geschäftsführer	8	Teamleiter stellv.	2
Gruppenleiter	6	Verkaufsberater	4
Hauptabteilungsleiter	22	Vorstand	2
Hauptbrandleiter	14	Zug- und Wachführer	16

8. Wie lange sind Sie in diesem Unternehmen schon tätig?

Die Grafiken zeigen, seit wie vielen Jahren die befragten *Mitarbeiter* bzw. *Führungskräfte* im gegenwärtigen Unternehmen arbeiten. Eine weitere Differenzierung erfolgte nach den *Typen.*

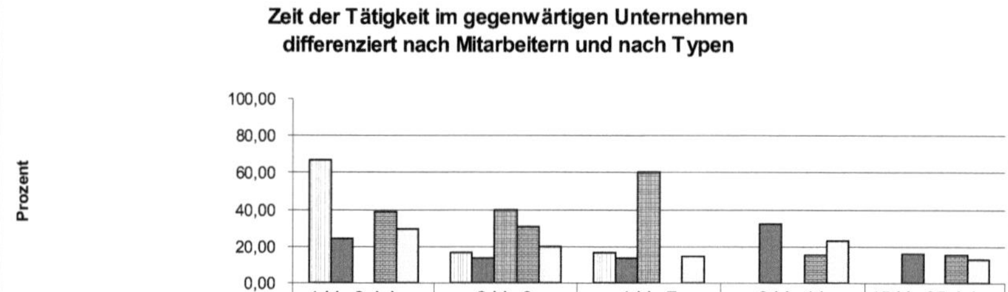

	1 bis 2 Jahre	2 bis 3	4 bis 7	8 bis 14	15 bis 25 Jahre
Visionär MA in %	66,67	16,67	16,67	0,00	0,00
Planer MA in %	24,32	13,51	13,51	32,43	16,22
Qualitätsmanager MA in %	0,00	40,00	60,00	0,00	0,00
Koordinator MA in %	38,46	30,77	0,00	15,38	15,38
gesamt V, P, Q, K in %	29,51	19,67	14,75	22,95	13,11

Gewichtung

Abb. 11: Zeit der Tätigkeit im gegenwärtigen Unternehmen - differenziert nach MA und Typen

Zu erkennen ist, dass insbesondere Mitarbeiter des Typs Visionär (66,67 %) und des Typs Koordinator (38,46 %) seit 1 bis 2 Jahren im gegenwärtigen Unternehmen arbeiten. 30,77 % der Mitarbeiter des Typs Koordinator gaben an, seit 2 bis 3 Jahren und 30,76 % der Koordinatoren gaben an seit über 8 Jahren in diesem Unternehmen zu arbeiten. Im Vergleich dazu gaben 24,32 % Mitarbeiter des Typs Planer an, seit 1 bis 2 Jahren in diesem Unternehmen tätig zu sein. 32,43 % der Mitarbeiter des Typs Planer bestätigten, seit 8 bis 14 Jahren für dieses Unternehmen tätig zu sein. Beim Mitarbeitertyp Qualitätsmanager ist die Verweildauer sogar für 60,00 % der Probanden 4 bis 7 Jahren.

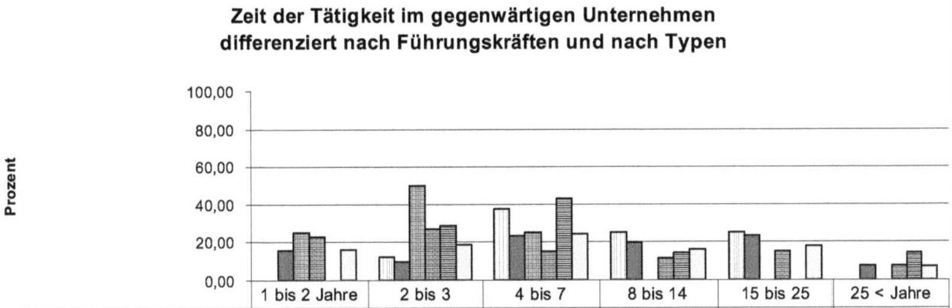

	1 bis 2 Jahre	2 bis 3	4 bis 7	8 bis 14	15 bis 25	25 < Jahre
Visionär FK in %	0,00	12,50	37,50	25,00	25,00	0,00
Planer FK in %	15,69	9,80	23,53	19,61	23,53	7,84
Qualitätsmanager FK in %	25,00	50,00	25,00	0,00	0,00	0,00
Koordinator FK in %	23,08	26,92	15,38	11,54	15,38	7,69
Selbstständige in %	0,00	28,57	42,86	14,29	0,00	14,29
gesamt V, P, Q, K, S in %	16,00	19,00	24,00	16,00	18,00	7,00

Gewichtung

Abb. 12: Zeit der Tätigkeit im gegenwärtigen Unternehmen - differenziert nach FK und Typen

Von den befragten Führungskräften waren 37,50 % des Typs Visionär und 23,53 % des Typs Planer seit 4 bis 7 Jahren in diesem Unternehmen beschäftigt. Insgesamt 50,00 % des Typs Visionär arbeiten seit mindestens 8 Jahren in diesem Unternehmen und 23,53 % der Planer gaben an, seit mindestens 15 Jahren in diesem Unternehmen zu arbeiten. 50,00 % des Typs Qualitätsmanager sind seit 2 bis 3 Jahren und jeweils 25 % seit 1 bis 2 Jahren und weitere 25,00 % seit 4 bis 7 Jahren im Unternehmen. Beim Typ Koordinator ist eine Gleichverteilung auf die vorgegebenen Jahreszeiträume zu erkennen. 42,86 % der Selbstständigen gaben an seit 4 bis 7 Jahren in ihrem Unternehmen zu arbeiten.

Werden die beiden Grafiken (Abb. 11 und 12) miteinander verglichen, kann festgestellt werden, dass zur Zeit der Untersuchung die Mitarbeiter im Durchschnitt kürzere Zeit im gegenwärtigen Unternehmen waren als die Führungskräfte.

9. Sie sind insgesamt x Jahre berufstätig?

Die Grafiken zeigen, wie viele Jahre die befragten *Mitarbeiter* bzw. *Führungskräfte* berufstätig sind. Eine weitere Differenzierung erfolgte nach den *Typen*.

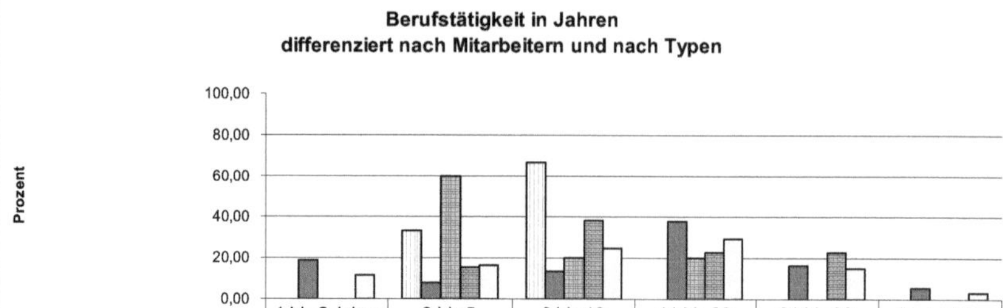

	1 bis 2 Jahre	3 bis 5	6 bis 10	11 bis 20	21 bis 30	31 < Jahre
Visionär MA in %	0,00	33,33	66,67	0,00	0,00	0,00
Planer MA in %	18,92	8,11	13,51	37,84	16,22	5,41
Qualitätsmanager MA in %	0,00	60,00	20,00	20,00	0,00	0,00
Koordinator MA in %	0,00	15,38	38,46	23,08	23,08	0,00
gesamt V, P, Q, K in %	11,48	16,39	24,59	29,51	14,75	3,28

Gewichtung

Abb. 13: Berufstätigkeit in Jahren - differenziert nach MA und Typen

Von den Mitarbeitern sind 60,00 % der Qualitätsmanager 3 bis 5 Jahre, 66,67 % der Visionäre und 38,46 % der Koordinatoren sind 6 bis 10 Jahre sowie 37,84 % der Planer 11 bis 20 Jahre berufstätig.

Wie die folgende Abbildung zeigt, ist der überwiegende Teil der Führungskräfte 11 bis 20 Jahre berufstätig. Für 54,90 % der Führungskräfte des Typs Planer liegen die Berufsjahre zwischen 21 bis 31 und mehr Jahren.

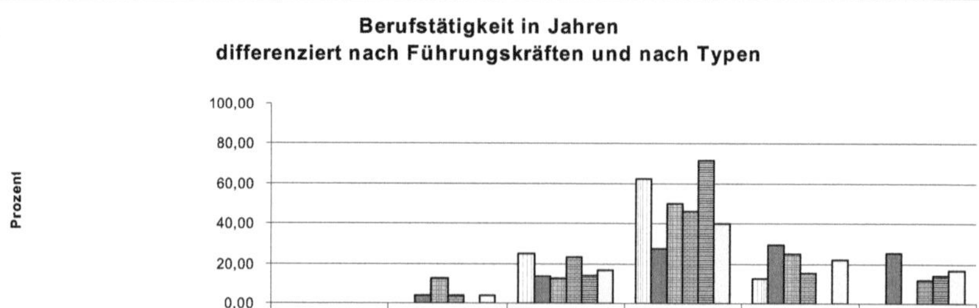

	1 bis 2 Jahre	3 bis 5	6 bis 10	11 bis 20	21 bis 30	31 < Jahre
Visionär FK in %	0,00	0,00	25,00	62,50	12,50	0,00
Planer FK in %	0,00	3,92	13,73	27,45	29,41	25,49
Qualitätsmanager FK in %	0,00	12,50	12,50	50,00	25,00	0,00
Koordinator FK in %	0,00	3,85	23,08	46,15	15,38	11,54
Selbstständige in %	0,00	0,00	14,29	71,43	0,00	14,29
gesamt V, P, Q, K, S in %	0,00	4,00	17,00	40,00	22,00	17,00

Gewichtung

Abb. 14: Berufstätigkeit in Jahren - differenziert nach FK und Typen

9 a. Sie haben x Mal das Unternehmen gewechselt?

Die Grafiken zeigen, wie oft die befragten *Mitarbeiter* bzw. *Führungskräfte* Unternehmen gewechselt haben. Eine weitere Differenzierung erfolgte nach den *Typen.*

Wie die beiden nachfolgenden Abbildungen zeigen, wechseln Mitarbeiter und Führungskräfte grundsätzlich im Laufe ihrer Berufstätigkeit unabhängig vom Typ 2- bis 3-mal das Unternehmen.

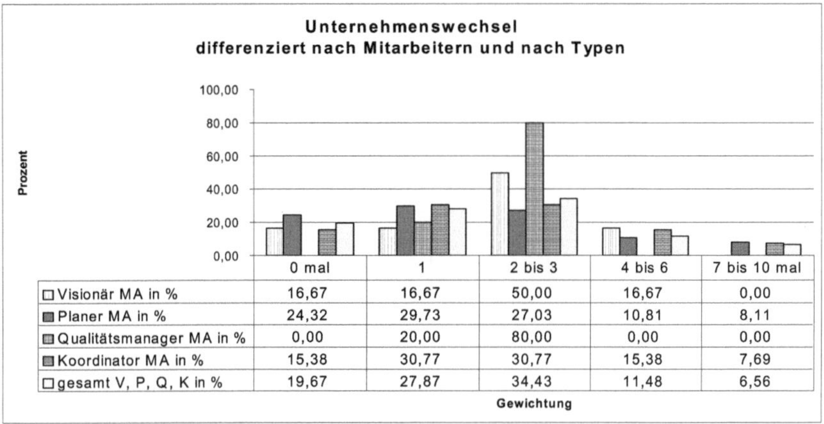

	0 mal	1	2 bis 3	4 bis 6	7 bis 10 mal
Visionär MA in %	16,67	16,67	50,00	16,67	0,00
Planer MA in %	24,32	29,73	27,03	10,81	8,11
Qualitätsmanager MA in %	0,00	20,00	80,00	0,00	0,00
Koordinator MA in %	15,38	30,77	30,77	15,38	7,69
gesamt V, P, Q, K in %	19,67	27,87	34,43	11,48	6,56

Abb. 15: Unternehmenswechsel - differenziert nach MA und Typen

54,05 % der Mitarbeiter des Typs Planer gaben an entweder keinmal oder nur einmal das Unternehmen gewechselt zu haben. 34,62 % der Koordinatoren haben keinmal das Unternehmen gewechselt.

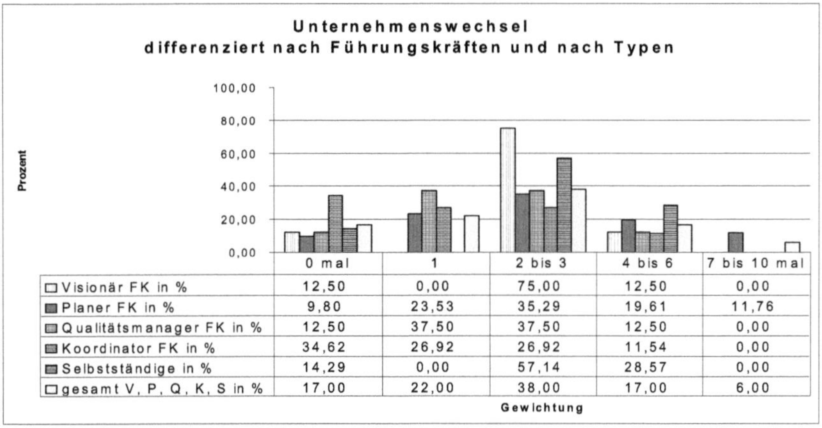

	0 mal	1	2 bis 3	4 bis 6	7 bis 10 mal
Visionär FK in %	12,50	0,00	75,00	12,50	0,00
Planer FK in %	9,80	23,53	35,29	19,61	11,76
Qualitätsmanager FK in %	12,50	37,50	37,50	12,50	0,00
Koordinator FK in %	34,62	26,92	26,92	11,54	0,00
Selbstständige in %	14,29	0,00	57,14	28,57	0,00
gesamt V, P, Q, K, S in %	17,00	22,00	38,00	17,00	6,00

Abb. 16: Unternehmenswechsel - differenziert nach FK und Typen

23,53 % der Führungskräfte des Typs Planer, 37,50 % des Typs Qualitätsmanager und 26,92 % des Typs Koordinator haben nur einmal das Unternehmen gewechselt. 34,62 % der Koordinatortypen sogar kein einziges Mal.

10. Wie lange sind Sie durchschnittlich in einem Unternehmen tätig?

Die Grafiken zeigen, seit wie vielen Jahren die befragten *Mitarbeiter* bzw. *Führungskräfte* durchschnittlich in einem Unternehmen arbeiten. Eine weitere Differenzierung erfolgte nach den *Typen*.

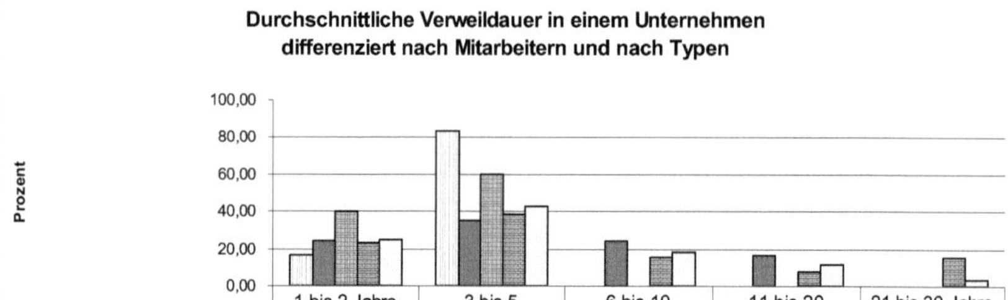

	1 bis 2 Jahre	3 bis 5	6 bis 10	11 bis 20	21 bis 30 Jahre
Visionär MA in %	16,67	83,33	0,00	0,00	0,00
Planer MA in %	24,32	35,14	24,32	16,22	0,00
Qualitätsmanager MA in %	40,00	60,00	0,00	0,00	0,00
Koordinator MA in %	23,08	38,46	15,38	7,69	15,38
gesamt V, P, Q, K in %	24,59	42,62	18,03	11,48	3,28

Abb. 17: Durchschnittliche Verweildauer in einem Unternehmen - differenziert nach MA und Typen

Unabhängig vom Typ bleiben Mitarbeiter durchschnittlich 3 bis 5 Jahre in einem Unternehmen. Der Planertyp bleibt eher länger in einem Unternehmen als die anderen Typen.

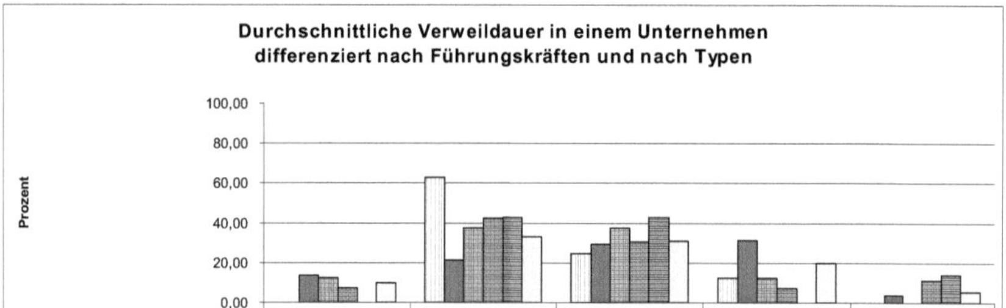

	1 bis 2 Jahre	3 bis 5	6 bis 10	11 bis 20	21 bis 30 Jahre
Visionär FK in %	0,00	62,50	25,00	12,50	0,00
Planer FK in %	13,73	21,57	29,41	31,37	3,92
Qualitätsmanager FK in %	12,50	37,50	37,50	12,50	0,00
Koordinator FK in %	7,69	42,31	30,77	7,69	11,54
Selbstständige in %	0,00	42,86	42,86	0,00	14,29
gesamt V, P, Q, K, S in %	10,00	33,00	31,00	20,00	6,00

Abb. 18: Durchschnittliche Verweildauer in einem Unternehmen - differenziert nach FK und Typen

Führungskräfte bleiben unabhängig vom Typ 3 bis 5 Jahre bzw. 6 bis 10 Jahre in einem Unternehmen. Beim Planer ist eine Tendenz von 6 bis 10 Jahren bzw. 11 bis 20 Jahren zu beobachten.

14,29 % der Selbstständigen, die 21 bis 30 Jahre für ihre Tätigkeit angaben, können dahingehend analysiert werden, dass sie seit ihrer Unternehmensgründung bzw. selbstständigen Tätigkeit für diesen Zeitraum im eigenen Unternehmen arbeiten. Dies ist auch anhand der Grafik „Berufstätigkeit in Jahren“ und anhand der Grafik „Unternehmenswechsel“ zu erkennen.

Fazit:
Werden die Fragen Nr. 8 bis 10 im Zusammenhang gesehen, kann festgestellt werden, dass zwischen den Typen Visionär, Qualitätsmanager und Koordinator in Bezug auf die Verweildauer in einem Unternehmen und dem durchschnittlichen Unternehmenswechsel keine wesentlichen Unterschiede bestehen. Die Ausnahme bildet der Planertyp. Bei diesem wird im Vergleich zu den anderen Typen eine durchschnittlich längere Berufszeit verfolgt. Wird die Berufstätigkeit des Planers ins Verhältnis gesetzt zu den Unternehmenswechseln und der durchschnittlichen Tätigkeit in einem Unternehmen, kann folgende Aussage gemacht werden: Planer stehen einem Unternehmen länger als Mitarbeiter bzw. als Führungskraft zur Verfügung als die anderen Typen. Grundsätzlich scheinen Führungskräfte, unabhängig von ihrem Typ, länger einem Unternehmen zur Verfügung zu stehen. Auch unter den Führungskräften bleibt der Planertyp länger im Unternehmen als die Führungskräfte anderer Typen. Mit diesem Ergebnis ist die Hypothese Nr. 1 verifiziert und sind die Fragen Nr. 3, 4 und 6 beantwortet.

11. Gründe für einen Unternehmenswechsel:

Folgende Gründe für einen Unternehmenswechsel wurden genannt. Die Angaben erfolgen in Prozent[49].

interessantere Tätig-	**Karrieresprung**	**mehr Gehalt**	**Unzufriedenheit**	**Vorgesetztenverhalten**	**Arbeitsklima**
53,42	40,99	37,27	27,33	18,01	14,29
Mobbing	**Umzug**	**Geschäftsaufgabe**	**Selbstständigkeit**	**allgemeiner Veränderungwunsch**	**nach Ausbildung**
8,70	4,97	4,35	4,35	1,86	1,24

53,42 % der Probanden gaben als Grund für einen Unternehmenswechsel eine zu erwartende interessantere Tätigkeit an. Weitere wichtige Gründe sind für 40,99 % der Probanden der Karrieresprung, für 37,27 % ein besseres Gehalt. 27,33 % der Probanden wechselten das Unternehmen aufgrund von Unzufriedenheit. Das Verhalten der Vorgesetzten war für 18,01 % der

[49] Wenn bei den Tabellen kein anderer Hinweis steht, erfolgen die Angaben in Prozent.

Probanden ein wichtiger Grund, das Unternehmen zu wechseln. Wegen des Arbeitsklimas wechselten 14,29 % und wegen Mobbing 8,70 % das Unternehmen. Jeweils weniger als 5,00 % begründeten einen Unternehmenswechsel wegen Umzugs, Geschäftsaufgabe, mit dem Weg in die Selbstständigkeit, allgemeinem Veränderungswunsch und dem Wechsel nach der Ausbildung.

Fazit:
Insbesondere sind eine interessantere Tätigkeit, der Karrieresprung, mehr Gehalt und eine allgemeine Unzufriedenheit, die Gründe, weswegen Berufstätige ein Unternehmen wechseln. Mit diesem Ergebnis ist die Hypothese Nr. 1 verifiziert und die Frage Nr. 8 beantwortet.

12. Haben Sie Führungsverantwortung?

186 der Befragten im Anstellungsverhältnis hatten Führungsverantwortung. Die folgende Tabelle zeigt, wie viele Mitarbeiter der jeweilige Führungstyp hat. Die Angaben erfolgen als absolute Zahlen.

Typ	**Mitarbeiteranzahl**					
	1 bis 5	6 bis 10	11 bis 20	21 bis 40	41 bis 70	71 <
Visionär	6	4	2	4	0	0
Planer	6	**28**	**20**	**26**	8	14
Qualitätsmanager	4	6	4	0	0	2
Koordinator	12	14	14	6	4	2

Dieser Auswertung ist anzumerken, dass der Planertyp als Führungskraft im Vergleich zu seinen Kollegen im Durchschnitt eine größere Anzahl von Mitarbeitern führt.

13. Arbeiten Sie in einer Abteilung, in Teamarbeit oder allein?

Auf diese Frage wurde wie folgt geantwortet.

X % der Typen arbeiten	**in einer Abteilung**						
	Mitarbeiteranzahl						
	1 bis 5	6 bis 10	11 bis 20	21 bis 40	41 bis 70	71 <	Gesamt
Visionär MA	16,67	16,67	0,00	0,00	0,00	0,00	33,34
Visionär FK	25,00	25,00	12,50	25,00	0,00	0,00	87,50
Planer MA	0,00	24,32	16,22	5,41	0,00	0,00	45,95
Planer FK	3,92	11,76	9,80	13,73	5,88	5,88	50,97
Qualitätsmanager MA	20,00	20,00	0,00	0,00	0,00	20,00	60,00
Qualitätsmanager FK	0,00	25,00	12,50	0,00	0,00	12,50	50,00
Koordinator MA	0,00	15,38	15,38	0,00	0,00	7,69	38,45
Koordinator FK	0,00	15,38	30,77	0,00	11,54	0,00	57,69
Selbstständige	0,00	0,00	0,00	0,00	0,00	0,00	0,00
Ø V, P, Q, K, S	3,73	16,77	14,29	6,83	3,73	3,73	49,08

X % der Typen arbeiten	**in Teamarbeit**						
	Mitarbeiteranzahl						
	1 bis 5	6 bis 10	10 bis 20	21 bis 40	41 bis 70	71 <	Gesamt
Visionär MA	33,33	33,33	0,00	0,00	0,00	0,00	66,66
Visionär FK	12,50	0,00	0,00	0,00	0,00	0,00	12,50
Planer MA	13,51	18,92	2,70	2,70	0,00	0,00	37,83
Planer FK	13,73	11,76	7,84	9,80	1,96	3,92	49,01
Qualitätsmanager MA	0,00	0,00	0,00	0,00	0,00	0,00	0,00
Qualitätsmanager FK	12,50	37,50	0,00	0,00	0,00	0,00	50,00
Koordinator MA	15,38	30,77	0,00	0,00	0,00	0,00	46,15
Koordinator	23,08	11,54	0,00	7,69	0,00	0,00	42,31
Selbstständige	28,57	14,29	0,00	0,00	0,00	0,00	42,86
Ø V, P, Q, K, S	16,15	16,15	3,11	4,97	0,62	1,24	42,24

Allein arbeiten nur Mitarbeiter und Selbstständige, davon:				
Planer	**Qualitätsmanager**	**Koordinator**	**Selbstständige**	**Gesamt**
16,22	40,00	15,40	57,14	8,68

33,34 % der MA und 87,50 % der FK des Typs Visionär arbeiten in einer Abteilung.
45,95 % der MA und 50,97 % der FK des Typs Planer arbeiten in einer Abteilung.
60,00 % der MA und 50,00 % der FK des Typs Qualitätsmanager arbeiten in einer Abteilung.
38,45 % der MA und 57,69 % der FK des Typs Koordinator arbeiten in einer Abteilung.

66,66 % der MA und 12,50 % der FK des Typs Visionär arbeiten in einem Team.
37,83 % der MA und 49,01 % der FK des Typs Planer arbeiten in einem Team.
00,00 % der MA und 50,00 % der FK des Typs Qualitätsmanager arbeiten in einem Team.
46,15 % der MA und 42,31 % der FK des Typs Koordinator arbeiten in einem Team.
42,86 % der Selbstständigen arbeiten in einem Team.

16,22 % der MA des Typs Planer arbeiten allein.
40,00 % der MA des Typs Qualitätsmanager arbeiten allein.
15,40 % der MA des Typs Koordinator arbeiten allein.
57,14 % der Selbstständigen arbeiten allein.

14. Wie sollten Personalverantwortliche mit ihren Mitarbeitern umgehen?

Die nachstehende Tabelle zeigt die Auswertung als Gesamtergebnis *aller Probanden*.

Umgang	**1** **unwichtig**	**2**	**3**	**4**	**5**	**6** **sehr wichtig**
autoritär	**52,17**[50]	**20,50**	14,29	8,07	3,11	1,86
unterstützend	2,48	1,86	8,70	13,04	**27,33**	**46,58**
auch mal Persönliches erzählen	6,21	19,88	**26,09**	**33,54**	9,94	4,35

[50] In den Tabellen fett gedruckte Werte in einer Zeile sind die höchsten Werte, die für die Beschreibung der Auswertung der Ergebnisse im Text zusammengefasst wurden. Der Fettdruck soll das Lesen der Ergebnisse vereinfachen und die Addition verdeutlichen.

Umgang	**1** unwichtig	**2**	**3**	**4**	**5**	**6** sehr wichtig
an Entscheidungen beteiligen	4,97	1,86	7,45	18,01	**45,96**	**21,74**
nach Mitarbeiterpersönlichkeit führen	6,83	3,73	13,66	21,12	**30,43**	**24,22**
kooperativ	1,86	0,62	8,07	10,56	**38,51**	**40,37**
Informationen jederzeit zugänglich machen	3,11	2,48	8,07	14,29	**29,81**	**42,24**
neutral bleiben	1,86	8,07	14,91	14,91	**22,36**	**37,89**
der eigenen Persönlichkeit entsprechend führen	9,94	11,18	22,36	20,50	18,01	18,01

Die Auswertung der Frage ergibt, dass die vier Typen relativ gleich die Frage beantwortet haben. Aus diesem Grund wurden die Gesamtergebnisse von allen vier Typen dargestellt. Die Grafiken Nr. 14 bis 22 im Anhang 2: „Wie sollten Personalverantwortliche mit ihren Mitarbeitern umgehen? Die Differenzierung nach *Typen*" zeigen die detaillierten Ergebnisse.

Interessant ist, dass vor allem der **autoritäre**[51] Umgang von durchschnittlich 72,67 % aller Probanden auf der Skala 1-2 als unwichtig bewertet wurde. Vor allem der Typ Koordinator (87,20 %) hält diesen Umgang für unwichtig. Eine Ausnahme bildet der Typ Qualitätsmanager, bei dem 23,08 % den autoritären Führungsstil als „sehr wichtig" auf der Skala 6 beurteilten. Diese Angaben bestätigen sein Persönlichkeitsprofil dahingehend, dass eines seiner typischen Merkmale ist, dass für ihn Autoritäten wichtig sind. Außerdem möchte er die Kontrolle behalten.
Mitarbeiter zu **unterstützen** war für 73,91 % der Befragten sehr wichtig (Skala 5-6). Vor allem Koordinatoren und Selbstständigen scheint die Unterstützung mit 76,92 % bzw. 100,00 % besonders wichtig zu sein.
Auch mal Persönliches erzählen liegt mit 59,63 % eher im Mittelfeld (Skala 3-4) und ist von der Tendenz eher unwichtig. Hier scheinen speziell Koordinatoren und Selbstständige keine Probleme zu haben.
Mitarbeiter **an Entscheidungen zu beteiligen** wurde von 45,96 % der Befragten im Bereich wichtig bis sehr wichtig angesehen (Skala 5-6). Mit 85,72 % ist vor allem Visionären eine Beteiligung sehr wichtig.
Nach Mitarbeiterpersönlichkeit führen war 67,17 % der Befragten sehr wichtig (Skala 5-6). Vor allem Koordinatoren und Selbstständige scheinen nach diesem Führungsstil zu führen.
Kooperativ zu sein ist 78,88 % aller Probanden sehr wichtig.
Informationen jederzeit zugänglich machen ist 72,05 % der Befragten sehr wichtig (Skala 5-6). Dieser Aspekt scheint vor allem für Planer und Qualitätsmanager sehr wichtig zu sein.

[51] Der Fettdruck von Wörtern in den Auswertungstexten soll auf die jeweilige Fragestellung lenken und das gezielte Lesen ermöglichen.

Neutral bleiben wurde in den Bereichen wichtig bis sehr wichtig mit der Tendenz zu sehr wichtig (60,25 %) gewichtet (Skala 5-6).

Bei der Bewertung nach **der eigenen Persönlichkeit entsprechend zu führen** wurde eine annähernde Gleichverteilung analysiert. Vor allem Selbstständigen scheint dieser Aspekt besonders wichtig zu sein.

Fazit:
Mit Qualitätsmanagern kann auch ein autoritärer Umgang gepflegt werden. Vor allem den Koordinatoren ist eine Unterstützung, das Erzählen von Persönlichem und nach Mitarbeiterpersönlichkeit führen wichtig. Visionäre wollen an Entscheidungen beteiligt werden. Planer und Qualitätsmanager legen großen Wert darauf, jederzeit informiert zu werden. Mit diesem Ergebnis ist die Hypothese Nr. 1 verifiziert und sind die Fragen Nr. 3, 4 und 8 beantwortet.

14. Wie sollten Personalverantwortliche mit ihren Mitarbeitern umgehen?

Die nachstehende Tabelle zeigt die Auswertung als Gesamtergebnis aller Probanden, differenziert nach *Mitarbeitern* und *Führungskräften.*

Umgang	MA/ FK	1 unwichtig	2	3	4	5	6 sehr wichtig
autoritär	MA	**50,82**	**21,31**	16,39	8,20	1,64	1,64
	FK	**60,22**	**17,20**	11,83	7,53	2,15	1,08
unterstützend	MA	0,00	3,28	8,20	14,75	**18,03**	**55,74**
	FK	4,30	1,08	8,60	13,98	**34,41**	**37,63**
auch mal Persönliches erzählen	MA	8,20	21,31	22,95	**37,70**	6,56	3,28
	FK	4,30	**21,51**	**33,33**	22,58	12,90	5,38
an Entscheidungen beteiligen	MA	3,28	3,28	4,92	13,11	**54,10**	**21,31**
	FK	6,45	1,08	7,53	22,58	**38,71**	23,66
nach Mitarbeiterpersönlichkeit führen	MA	4,92	6,56	21,31	18,03	**37,70**	**11,48**
	FK	7,53	2,15	8,60	**26,88**	**25,81**	**29,03**
kooperativ	MA	0,00	0,00	4,92	9,84	**40,98**	**44,26**
	FK	2,15	1,08	12,90	13,98	**35,48**	**34,41**
Informationen jederzeit zugänglich machen	MA	1,64	1,64	3,28	13,11	**31,15**	**49,18**
	FK	4,30	3,23	11,83	10,75	**33,33**	**36,56**
neutral bleiben	MA	1,64	3,28	11,48	13,11	**26,23**	**44,26**
	FK	2,15	10,75	16,13	21,51	**19,35**	**30,11**
der eigenen Persönlichkeit entsprechend führen	MA	8,20	18,03	29,51	16,39	18,03	9,84
	FK	12,90	6,45	15,05	26,88	17,20	21,51

Die Auswertung der Frage ergibt, dass die vier Typen relativ gleich die Frage beantwortet haben. Aus diesem Grund wurden die Gesamtergebnisse von allen vier Typen dargestellt.

Die Grafiken Nr. 23 bis 31 im Anhang 3: „Wie sollten Personalverantwortliche mit ihren Mitarbeitern umgehen?“ Differenzierung nach Mitarbeitern und Führungskräften zeigen die detaillierten Ergebnisse. Anhand dieser Auswertung ist zu erkennen, dass Mitarbeiter und Führungskräfte unterschiedlich bewerten, wie Personalverantwortliche mit ihren Mitarbeitern umgehen sollten.

Hervorzuheben ist, dass vor allem der **autoritäre** Umgang von 72,13 % der Mitarbeiter und von 77,42 % der Führungskräfte als unwichtig bewertet wurde (Skala 1-2). Das besagt, dass Führungskräfte stärker als die Mitarbeiter einen autoritären Umgang ablehnen.

Mitarbeiter zu unterstützen kreuzten 73,91 % der Befragten im Skalenbereich 5-6 an. Vor allem Koordinatoren und Selbstständigen scheint die Unterstützung mit 76,92 % bzw. 100,00 % sehr wichtig zu sein.

Auch mal Persönliches erzählen bewerteten 37,70 % der Mitarbeiter im Bereich 4 der Skala, bei der eine Tendenz der Mitarbeiter eher in Richtung unwichtig zu erkennen ist. Führungskräfte neigen eher dazu wenig Persönliches zu erzählen; 33,33 % kreuzten auf der Zahlenskala die 3 und 21,51 % die 2 an.

Mitarbeiter **an Entscheidungen zu beteiligen**, war den Mitarbeitern wichtiger als den Führungskräften. Insgesamt 54,10 % der Mitarbeiter kreuzten auf der Zahlenskala die 5 und 21,31 % die 6 an. 69,89 % der Führungskräfte ließen zwar auch eine Ausprägung in Richtung sehr wichtig erkennen, jedoch bewerteten 22,58 % der Führungskräfte diesen Punkt auf der Skala mit 4.

Nach Mitarbeiterpersönlichkeit führen erachteten Mitarbeiter und Führungskräfte als sehr wichtig. Insgesamt 49,18 % der Mitarbeiter sind im Skalenbereich 5 und 6 zu finden; die Führungskräfte erreichen sogar 81,72 % (Skala 4-6). Folglich scheint es den Führungskräften (mit 29,03 % auf der Skala 6) sogar noch wichtiger als den Mitarbeitern zu sein, nach Mitarbeiterpersönlichkeiten zu führen. Denn 37,70 % der Mitarbeiter kreuzten im Skalenbereich den Wert 5 an.

Bei dem Punkt **kooperativ** zu sein, scheinen sich Mitarbeiter und Führungskräfte einig zu sein im Umgang miteinander. Die Skalenwerte 5 und 6 kreuzten insgesamt 85,24 % der Mitarbeiter und 69,89 % der Führungskräfte an. Allerdings wünschen sich Mitarbeiter mehr Kooperation als Führungskräfte.

Informationen jederzeit zugänglich machen sahen 80,33 % der Mitarbeiter als sehr wichtig an. Im Vergleich dazu halten 69,89 % der Führungskräfte diesen Aspekt für sehr wichtig (Skala 5-6).

70,49 % der Mitarbeiter gaben im Skalenbereich 5-6 an, dass es ihnen sehr wichtig ist, dass Führungskräfte **neutral bleiben**, und auch 49,46 % der Führungskräfte halten dieses Verhalten für sehr wichtig.

Bei der Bewertung, nach **der eigenen Persönlichkeit entsprechend zu führen**, konnte keine klare Ausprägung analysiert werden. Es scheint Führungskräften wichtiger zu sein, der eigenen Persönlichkeit entsprechend zu führen.

Fazit:
Bei allen Fragen erreichen die Ergebnisse der MA einen höheren Grad an Wichtigkeit als für die FK. Vor allem ist Mitarbeitern ein unterstützender, kooperativer und neutraler Umgang wichtig. Außerdem wollen sie Informationen jederzeit erhalten und an Entscheidungen beteiligt werden. Eine Unzufriedenheit bei Mitarbeitern könnte demnach dadurch entstehen, dass Mitarbeiter ein anderes Führungsverhalten von ihren Führungskräften erwarten als das, welches Führungskräfte zeigen. Des Weiteren kann angenommen werden, dass FK die damit einhergehenden Werte ihrer MA nicht genügend beachten. Mit diesem Ergebnis ist die Hypothese Nr. 1 verifiziert und die Frage Nr. 8 beantwortet.

15. Wie ist Ihre Abteilung/Ihr Team auf die *fachliche* Kompetenz bezogen zusammengesetzt? Und:

16. Wie ist Ihre Abteilung/Ihr Team auf die *Persönlichkeit* bezogen zusammengesetzt?

Die folgende Tabelle zeigt die Ergebnisse der Fragen Nr. 15 und 16.

Fragen Nr. 15 u. 16 / Typen	**Zusammensetzung bezogen auf die *fachliche* Kompetenz**		**Zusammensetzung bezogen auf die *Persönlichkeit***	
	sehr heterogen	sehr homogen	sehr heterogen	sehr homogen
Visionär MA	66,67	33,33	66,67	33,33
Visionär FK	87,50	12,50	75,00	25,00
Planer MA	40,54	59,46	48,65	51,35
Planer FK	41,18	30,00	50,98	49,02
Qualitätsmanager MA	20,00	80,00	60,00	40,00
Qualitätsmanager FK	50,00	50,00	62,50	37,50
Koordinator MA	46,15	53,85	76,92	23,08
Koordinator FK	73,08	26,92	92,31	7,69
Selbstständige	14,29	28,57	14,29	28,57
Ø V, P, Q, K, S	48,45	49,07	60,25	37,27

Diese Tabelle zeigt im Durchschnitt, dass die fachliche Kompetenz von 48,45 % der Probanden als sehr heterogen und von 49,07 % die fachliche Kompetenz als sehr homogen beurteilt wurde. Weiter ist festzustellen, dass die Mitarbeiter, bis auf den Typ des Visionärs, die Zusammensetzung der fachlichen Kompetenz als homogener beurteilen als die Führungskräfte. Diese scheinen eher der Meinung zu sein, dass ihre Abteilung bzw. ihr Team von der fachlichen Kompetenz her heterogen zusammengesetzt ist.

Bezogen auf die *Persönlichkeit* zeigt das Gesamtergebnis, dass im Durchschnitt 60,25 % der Probanden die Zusammensetzung als sehr heterogen und 37,27 % diese als sehr homogen beurteilten. Insbesondere gaben 92,31 % der Führungskräfte des Typs Koordinators an, dass ihre Mitarbeiter sehr heterogene Persönlichkeiten sind.

Fazit:
Die Bewertung von durchschnittlich 60,25 % der Mitarbeiter und Führungskräfte, dass die Zusammensetzung ihrer Abteilung bzw. Teams sehr heterogen in Bezug auf die Persönlichkeit ist, kann mit ein Grund dafür sein, warum Konflikte zwischen Kollegen bestehen. Dieses Ergebnis kann auch Hinweise darauf geben, warum die Zusammenarbeit und/oder eine Kooperation mit Schwierigkeiten verbunden sind. Mit dieser Frage wurde die Hypothese Nr. 1 überprüft, gibt Hinweise für die Verifizierung der Hypothese Nr. 6 und ergab eine Antwort auf die Frage Nr. 8.

17. Wie wichtig sind Ihrer Meinung nach folgende Kompetenzen für eine Führungskraft?

Nachfolgend werden die Ergebnisse für die Frage differenziert nach *Typen* und *Selbstständige* aufgezeigt. Die Grafiken Nr. 34 bis 36 im Anhang 4: „Wie wichtig sind Ihrer Meinung nach folgende Kompetenzen für eine Führungskraft“ zeigen die Auswertung als Gesamtergebnis aller Probanden, differenziert nach *Typen* und *Selbstständigen.*

Die **fachliche Kompetenz** scheint vor allem für die Typen Planer (52,27 %) und Qualitätsmanager (53,8 %) sehr wichtig zu sein.

Das Gesamtbild der **methodischen Kompetenz** zeigt bei allen Typen eine relativ gleichmäßige Verteilung in den Skalenbereichen 4-6. Demnach wird die methodische Kompetenz als wichtig bis sehr wichtig erachtet. Auffällig ist die Bewertung von Selbstständigen, die auf der Skala 6 einen Wert von 42,86 % erzielten.

Die **persönliche Kompetenz** wurde im Durchschnitt von 57,14 % der Typen im Skalenwert 6 als sehr wichtig erachtet. Hier liegen die Prozentzahlen beim Skalenwert 6 zwischen 46,15 % beim Qualitätsmanager und bei 48,72 % der Koordinatoren im untersten Bereich. Die Selbstständigen erreichen 85,71 %.

Die **soziale Kompetenz** scheint für alle Typen noch wichtiger als die persönliche Kompetenz zu sein. Hier liegen die Prozentzahlen beim Skalenwert 6 zwischen 52,27 % beim Planer und bei 64,10 % der Koordinatoren im untersten Bereich. 71,43 % der Visionäre, 84,62 % der Qualitätsmanager und 85,71 % der Selbstständigen bewerteten diese Kompetenz als sehr hoch.

Die **emotionale Kompetenz** halten 56,52 % aller Typen für sehr wichtig (Skala 5-6). Bei dieser Bewertung sind der Visionär mit 42,86 % und der Koordinator mit 38,46 % eher im Skalenwert 5, Selbstständige mit 42,86 % und der Qualitätsmanager mit 30,77 % im Skalenbereich 6 anzusetzen. 30,77 % der Qualitätsmanager haben die Bewertung dieser Kompetenz im Skalenbereich 4 angesiedelt.

Fazit:
Die Auswertung der Frage differenziert nach Typen und Selbstständige ergibt, dass die Typen unterschiedliche Bewertungen in Bezug auf die Kompetenzen für eine Führungskraft abgaben. Das bedeutet, dass eine typenbezogene Klassifizierung vorgenommen werden kann. Mit diesem Ergebnis ist die Hypothese Nr. 1 verifiziert und sind die Fragen Nr. 3, 4 und 8 beantwortet.

Nachfolgend werden die Ergebnisse für die Frage differenziert nach *Mitarbeitern* und *Führungskräften* angegeben. Die Grafiken Nr. 37 bis 41 im Anhang 4 beinhalten die Auswertung als Gesamtergebnis aller Probanden, differenziert nach *Mitarbeitern* und *Führungskräften.*
Die **fachliche Kompetenz** ist für 55,74 % der Mitarbeiter und für 37,63 % der Führungskräfte sehr wichtig.
Das Gesamtbild der **methodischen Kompetenz** zeigt bei Mitarbeitern und Führungskräften eine relativ gleichmäßige Verteilung in den Skalenbereichen 5 und 6. Demnach ist die methodische Kompetenz für 70,50 % der Mitarbeiter und für 63,44 % der Führungskräfte sehr wichtig. 22,58 % der Führungskräfte bewerteten diese Kompetenz im Skalenbereich 4. Folglich ist diese Kompetenz Mitarbeitern wichtiger als den Führungskräften.
Die **persönliche Kompetenz** wurde von 47,54 % der Mitarbeiter und von 61,29 % der Führungskräfte auf der Skala 6 als sehr wichtig erachtet.
Im Vergleich dazu ist den Mitarbeitern die **soziale Kompetenz** noch wichtiger als die persönliche Kompetenz von Führungskräften. An dieser Stelle wurde der Skalenwert 6 von 67,21 % der Mitarbeiter angekreuzt. Auch 52,69 % der Führungskräfte erachten diese Kompetenz als sehr wichtig. Jedoch halten mehr Führungskräfte die persönliche Kompetenz für wichtiger.
Die **emotionale Kompetenz** halten 67,43 % der Mitarbeiter im Skalenbereich 5-6 für sehr wichtig. Führungskräfte schätzen diese Kompetenz tendenziell in Richtung wichtig ein: 30,11 % der Führungskräfte kreuzten den Skalenwert 4 an; 26,88 % der Führungskräfte gaben den Skalenwert 5 an.

Fazit:
Mitarbeiter bewerten die fachliche, methodische, soziale und emotionale Kompetenz, die eine Führungskraft haben sollte, höher als die Führungskräfte selbst. Über 67,00 % der MA geben an, dass eine FK vor allem die methodische, soziale und emotionale Kompetenz besitzen sollte. Unzufriedenheit bei Mitarbeitern könnte demnach dadurch auftreten, dass Führungskräfte die Erwartungen der Mitarbeiter nicht erfüllen. Mit diesem Ergebnis ist die Hypothese Nr. 1 verifiziert und sind die Fragen Nr. 6 und 8 beantwortet.

18. Wie würden Sie sich eher einschätzen?

Für dieses Thema wurden die Fragen für den Fragebogen in dem Sinne formuliert, dass sie mit einer großen Wahrscheinlichkeit den Typen zugeordnet werden können. Für die Erläuterungen an dieser Stelle werden nur die für die *Typen* spezifischen Aussagen zugeordnet. Mit wie vielen prozentualen Anteilen jeweils die anderen Typen auf die Fragen geantwortet haben, zeigen die Grafiken Nr. 42 bis 50 im Anhang 5: „Wie würden Sie sich eher einschätzen?" Eine Differenzierung zwischen Mitarbeitern und Führungskräften war für die Auswertung dieser Frage nicht sinnvoll, da sie fast gleichwertig auf die Fragen geantwortet haben.

Antworten zum Unterpunkt a) des Fragebogens
64,29 % der Visionäre sagen: „Ich inspiriere gern mein Umfeld durch Ideen."
48,86 % der Planer sagen: „Ich setze gerne die Vorschläge, Ideen oder Entscheidungen in konkrete Aktivitäten um."
61,54 % der Qualitätsmanager sagen: „Ich wäge die Ideen kritisch und sorgfältig ab."
51,28 % der Koordinatoren sagen: „Ich bringe gerne Leute zur Einigung/Übereinstimmung."

Antworten zum Unterpunkt b) des Fragebogens
Für
64,29 % der Visionäre sind Bewegung, Entwicklung, Freiheit, Ideen, Kommunikation, Vielseitigkeit;
30,68 % der Planer sind Ästhetik, Beziehung, Gestaltung, Ordnung, Organisation, Struktur;
38,48 % der Qualitätsmanager sind Gerechtigkeit, Tatsachen, Tradition, Wahrheit, Verstand;
48,72 % der Koordinatoren sind Abstimmung, Erfolg, Führung, Kommunikation, Koordination, Motivation, Verantwortung wichtig.

Antworten zum Unterpunkt c) des Fragebogens
50,00 % der Visionäre sagen: „Ich sehe die Vision, das Ziel im Überblick klar vor mir."
39,77 % der Planer sagen: „Ich kann mich in die Vision hineinversetzen und spüren, wie es sein wird."
53,85 % der Qualitätsmanager sagen: „Ich halte zunächst Abstand von einer neuen Vision und schaue mir diese mindestens zweimal an."
41,03 % der Koordinatoren sagen: „Ich treffe Entscheidungen."

Antworten zum Unterpunkt d) des Fragebogens
An dieser Stelle erfolgt nur die Beschreibung der typischen Aussagen der Typen; denn
53,42 % aller Typen sagen: „Für mich ist die Gegenwart und Zukunft wichtig."
21,43 % der Visionäre sagen: „Für mich ist die Zukunft wichtig."
51,14 % der Planer sagen: „Für mich ist die Gegenwart und Zukunft wichtig."
7,69 % der Qualitätsmanager sagen: „Für mich ist die Vergangenheit wichtig."
76,92 % der Koordinatoren sagen: „Für mich sind Vergangenheit, Gegenwart und Zukunft wichtig."

Antworten zum Unterpunkt e) des Fragebogens

50,00 % der Visionäre sagen: „Ich handle spontan."

37,50 % der Planer sagen: „Ich gehe schrittweise vor."

53,85 % der Qualitätsmanager sagen: „Ich vergleiche zwischen meinen Erfahrungen, bevor ich neue Dinge in Angriff nehme."

51,28 % der Koordinatoren sagen: „Ich sammle Informationen und treffe dann die Entscheidung."

Antworten zum Unterpunkt f) des Fragebogens

57,14 % der Visionäre sagen: „Ich gehe gerne auch mal ein Risiko ein."

62,50 % der Planer sagen: „Ich wäge ab zwischen Sicherheit und Risiko."

53,85 % der Qualitätsmanager sagen: „Ich brauche Sicherheit."

64,10 % der Koordinatoren sagen: „Ich wäge ab zwischen Sicherheit und Risiko."

10,23 % der Planer sagen: „Ich weiß, wann was richtig ist, was Sache ist."

Antworten zum Unterpunkt g) des Fragebogens

71,43 % der Visionäre sagen: „Ich arbeite gerne kreativ und selbstständig."

29,55 % der Planer sagen: „Ich organisiere gerne das, was mir aufgetragen wurde."

38,46 % der Qualitätsmanager sagen: „Ich kontrolliere gerne."

38,46 % der Koordinatoren sagen: „Ich koordiniere und motiviere gerne."

Antworten zum Unterpunkt h) des Fragebogens

71,43 % der Visionäre sagen: „Ich entwickle gerne neue Ideen."

35,23 % der Planer sagen: „Ich plane lieber."

76,92 % der Qualitätsmanager sagen: „Ich prüfe gerne den Zielzustand einer Idee und gebe Feedback darüber."

35,90 % der Koordinatoren sagen: „Ich habe gerne die Fäden in der Hand und führe gern."

Antworten zum Unterpunkt i) des Fragebogens

78,57 % der Visionäre sagen: „Ich suche die besondere Lösung."

46,59 % der Planer sagen: „Ich suche mehrere Lösungen."

61,54 % der Qualitätsmanager sagen: „Es gibt immer noch eine bessere Lösung."

56,41 % der Koordinatoren sagen: „Ich bin gerne für das Gesamtergebnis verantwortlich."

Fazit:

Die Antworten auf die Fragen zeigen deutlich, dass es typenbezogene Antworten gibt. Das beweist, dass durch bestimmte, typenbezogene Fragen, der Typ durch die entsprechende Antwort herausgefunden werden kann. Dieses Ergebnis verdeutlicht, dass insbesondere im Personalauswahlgespräch und auch für andere Personalgespräche die Typologie dieser Arbeit angewandt werden kann. Mit diesem Ergebnis sind die Hypothesen Nr. 1, 3 und 5 verifiziert und sind die Fragen Nr. 7 und 8 beantwortet.

19. Wie würden Sie sich tendenziell eher einschätzen?

Bei der Beantwortung dieser Frage konnten keine wesentlichen Unterschiede zwischen den Typen bzw. Mitarbeitern und Führungskräften festgestellt werden. Daher werden nur Abweichungen hervorgehoben, die wesentlich von den anderen Aussagen abweichen. Die Tabelle 1 im Anhang 11 zeigt die detaillierte Auswertung differenziert nach *Typen* sowie nach *Mitarbeitern* und *Führungskräften*. Die nun folgenden Werte sind die Durchschnittswerte aller Probanden.

32,92 % achten eher auf das, **was andere sagen bzw. tun**, 67,08 % **machen das, was sie selbst wollen**. 87,50 % der Führungskräfte des Typs Visionär gaben an, das zu machen, was sie selbst wollen.

34,16 % **kritisieren tendenziell eher**, 65,84 % **können in jedem noch etwas Gutes finden**. 60,00 % der Mitarbeiter des Typs Qualitätsmanager gaben an, dass sie **tendenziell eher kritisieren**. 70,59 % der Führungskräfte des Typs Planer und 85,71 % der Selbstständigen gaben an, dass sie **in jedem noch etwas Gutes finden können**.

29,19 % **reden eher über Schwierigkeiten/Probleme**, 70,81 % **reden eher über Möglichkeiten und Visionen**. Hier gaben 87,50 % der Führungskräfte des Typs Visionär, 92,31 % der Führungskräfte des Typs Koordinator und 100,00 % der Selbstständigen an, eher über Möglichkeiten und Visionen zu reden.

24,84 % **reden mehr über die Vergangenheit**, 75,16 % **reden mehr über die Zukunft**. 62,50 % der Führungskräfte des Typs Qualitätsmanager reden mehr über die Vergangenheit. 96,15 % Führungskräfte des Typs Koordinator gaben an, mehr über die Zukunft zu reden.

61,49 % **formulieren detailliert**, 38,51 % **formulieren allgemein**. Vor allem der Typ Qualitätsmanager formuliert detailliert; und zwar 80,00 % der MA und 87,50 % der FK.

64,60 % **erkennen eher, wenn was fehlt**, 35,40 % **erkennen eher das, was da ist**. 80,00 % der Mitarbeiter des Typs Qualitätsmanager erkennen eher, wenn was fehlt. 62,50 % der Führungskräfte des Typs Visionär gaben an, eher das zu erkennen, was da ist.

68,94 % **ordnen systematisch**, 31,06 % **handeln spontan**. 80,00 % Mitarbeiter und 87,50 % Führungskräfte des Typs Qualitätsmanager und 92,31 % Mitarbeiter des Typs Koordinator ordnen systematisch. Jeweils 50,00 % der Mitarbeiter und Führungskräfte des Typs Visionär gaben an, spontan zu handeln.

64,60 % **sind eher auf Sicherheit aus**, 35,40 % **gehen eher Risiken ein**. 100,00 % der Mitarbeiter und 87,50 % Führungskräfte des Typs Qualitätsmanager gaben an, eher auf Sicherheit aus zu sein. 75,00 % der Führungskräfte des Typs Visionär gaben an, eher Risiken einzugehen.

36,65 % **brauchen Bestätigung von außen**, 63,35 % **wissen, dass sie gute Arbeit geleistet haben.** 60,00 % der Mitarbeiter des Typs Qualitätsmanager sagten, dass sie Bestätigung von außen brauchen. Mehr als 64,00 % der Führungskräfte, außer 50,00 % des Typs Qualitätsmanager, und 100,00 % der Selbstständigen wissen selbst, dass sie gute Arbeit geleistet haben.

Fazit:
Diese Ergebnisse verdeutlichen, dass es Unterschiede in den Verhaltensstrukturen und entsprechenden Verhaltensweisen gibt. Es kann hiermit aufgezeigt werden, dass es signifikante Unterschiede gibt, was von Mitarbeitern zu erwarten und was nicht möglich ist. Insofern zeigt diese Auswertung, dass in Bezug auf die Führung von Mitarbeitern differenziert umgegangen werden muss. Mit diesem Ergebnis ist die Hypothese Nr. 1 verifiziert und sind die Fragen Nr. 3, 4, 7 und 8 beantwortet.

22. Welche Werte hat Ihr Unternehmen?

Die Auswertung der Gesamtwerte der Befragten ergibt nachstehende Ergebnisse. An dieser Stelle werden die Ergebnisse ab 30 % dargestellt. Die detaillierte Darstellung ist in den Grafiken 51 bis 56 im Anhang 6: „Welche Werte hat Ihr Unternehmen“ zu finden.

Von *allen Befragten* wurden folgende Werte als wichtig angegeben:
- *Kundenorientierung* wurde von Ø 61,49 %;
- *Kommunikation* wurde von Ø 44,72 %;
- *Leistung* wurde von Ø 44,10 %;
- *Erfolg* wurde von Ø 42,24 %;
- *Verantwortung* wurde von Ø 37,89 %;
- *Flexibilität* wurde von Ø 32,92 %;
- *Entwicklung* wurde von Ø 31,68 %;
- *Weiterbildung* wurde von Ø 31,06 % angegeben.

Wird die Auswertung nach Typen und Selbstständigen sowie Mitarbeitern und Führungskräften differenziert, ergeben sich die unter den Punkten a) und b) aufgelisteten Ergebnisse.

a) Die Daten nach *Typen* analysiert, ergeben folgende Ergebnisse. An dieser Stelle werden nur die Werte genannt, die auch für die jeweiligen Typen spezifisch sind. Detaillierte Darstellungen differenziert nach Typen sind in den Grafiken Nr. 51 bis 56 im Anhang 6 „Welche Werte hat Ihr Unternehmen“ zu finden.

1. Die Befragten des Typs *Visionär* gaben an, dass ihr Unternehmen folgende Werte hat.
- *Kommunikation* gaben Ø 57,14 % der Visionäre an;
- *Entwicklung* gaben Ø 50,00 % der Visionäre an;
- *Motivation* gaben Ø 42,86 % der Visionäre an;
- *Visionen* gaben Ø 35,71 % der Visionäre an;
- *Risiko* gaben Ø 28,57 % der Visionäre an;
- *Überblick* gaben Ø 28,57 % der Visionäre an;
- *Chaos* gaben Ø 21,43 % der Visionäre an.

2. Die Befragten des Typs *Planer* gaben an, dass ihr Unternehmen folgende Werte hat:
- *Leistung* gaben Ø 48,86 % der Planer an;
- *Erfolg* gaben Ø 45,45 % der Planer an;
- *Kommunikation* gaben Ø 42,05 % der Planer an;
- *Verantwortung* gaben Ø 36,36 % der Planer an;
- *Sicherheit* gaben Ø 28,41 % der Planer an;
- *Ordnung* gaben Ø 25,00 % der Planer an;
- *Pflichtbewusstsein* gaben Ø 23,86 % der Planer an.

3. Die Befragten des Typs *Qualitätsmanager* gaben an, dass ihr Unternehmen diese Werte hat:
- *Verantwortung* gaben Ø 53,85 % der Qualitätsmanager an;
- *Beständigkeit* gaben Ø 38,46 % der Qualitätsmanager an;
- *Ordnung* gaben Ø 38,46 % der Qualitätsmanager an;
- *Hierarchie* gaben Ø 38,46 % der Qualitätsmanager an;
- *Karriere* gaben Ø 30,77 % der Qualitätsmanager an;
- *Pflichtbewusstsein* gaben Ø 23,08 % der Qualitätsmanager an;
- *Sicherheit* gaben Ø 23,08 % der Qualitätsmanager an.

4. Die Befragten des Typs *Koordinator* gaben an, dass ihr Unternehmen folgende Werte hat:
- *Kommunikation* gaben Ø 53,85 % der Koordinatoren an;
- *Leistung* gaben Ø 46,15 % der Koordinatoren an;
- *Erfolg* gaben Ø 43,59 % der Koordinatoren an;
- *Entwicklung* gaben Ø 41,03 % der Koordinatoren an;
- *Verantwortung* gaben Ø 38,46 % der Koordinatoren an;
- *Bewegung* gaben Ø 25,64 % der Koordinatoren an;
- *Motivation* gaben Ø 23,08 % der Koordinatoren an.

5. Die *Selbstständigen* gaben an, dass ihr Unternehmen diese Werte hat:
71,43 % der Selbstständigen gaben Verantwortung an. Kommunikation, Erfolg, Entwicklung, Ehrlichkeit und Koordination wurden jeweils von 42,86 % angegeben.

Fazit:
Die Analyse der Ergebnisse beweist, dass es einen Zusammenhang zwischen den Werten der Typen und den Unternehmenswerten gibt. Das heißt, dass die Typen in den Unternehmen arbeiten, die ihren persönlichen und beruflichen Werten entsprechen. Beispielsweise arbeiten 50,00 % der Visionäre in Unternehmen, die den Wert Entwicklung haben und 48,86 % der Planer arbeiten in Unternehmen, die den Wert Leistung haben. Allerdings arbeiten die Typen auch in Unternehmen, dessen Werte nicht absolut zu ihren eigenen Werten passen. Das könnte einerseits bedeuten, dass sie genau diese Werte als positiv empfinden, weil sie diese nicht selbst haben, und eine Unterstützung von außen benötigen. Dies könnte allerdings als Erklärung dafür herangezogen werden, weswegen in vielen Unternehmen eine hohe Unzufriedenheit und damit eine hohe Fluktuation zu beobachten ist. Mit diesem Ergebnis sind die Hypothesen 1 und 2 verifiziert und sind die Fragen Nr. 2, 3, 6 und 8 beantwortet.

b) Die Auswertung, differenziert nach *Mitarbeitern und Führungskräften*, ergibt, dass diese die Unternehmenswerte unterschiedlich bewerten. An dieser Stelle werden nur die Angaben mit den großen Unterschieden zwischen MA und FK gemacht, eine detaillierte Darstellung ist in den Grafiken 57 bis 62 im Anhang 7: „Welche Werte hat Ihr Unternehmen“ zu finden.

Dass das Unternehmen den Wert
- *Entscheidungseinbindung* hat, gaben 14,75 % der MA und 30,11 % der FK an;
- *Erfolg* hat, gaben 31,15 % der MA und 49,46 % der FK an;
- *Genauigkeit* hat, gaben 19,67 % der MA und 5,38 % der FK an;
- *Kommunikation* hat, gaben 36,07 % der MA und 50,54 % der FK an;
- *Leistung* hat, gaben 34,43 % der MA und 51,61 % der FK an;
- *Ordnung* hat, gaben 31,15 % der MA und 13,98 % der FK an;
- *Sicherheit* hat, gaben 29,51 % der MA und 19,35 % der FK an.

c) Weiterhin wurden die Angaben unter dem Aspekt analysiert, welche Unternehmenswerte eine *hohe Arbeitszufriedenheit* mit bedingen und warum in einigen Unternehmen die Fluktuation höher ist als in anderen Unternehmen. In Bezug auf diese Analyse werden folgende Ergebnisse an dieser Stelle genannt. Detaillierte Darstellungen sind in den Grafiken 51 bis 56 im Anhang 6 und in den Grafiken 57 bis 56 im Anhang 7 zu finden.

Mitarbeiter und Führungskräfte gaben an, dass ihr Unternehmen folgende Werte hat:
- *Anerkennung* wurde nur von Ø 5,59 %;
- *Beziehung* wurde nur von Ø 3,73 %;
- *Freiheit* wurde nur von Ø 4,35 %;
- *Gerechtigkeit* wurde nur von Ø 3,11 %;
- *Lebensfreude* wurde nur von Ø 5,59 %;
- *Selbstverwirklichung* wurde nur von Ø 4,97 % angegeben.

Fazit:
Diese Auswertung zeigt, dass eine hohe Anzahl von MA bzw. FK die Unternehmenswerte unterschiedlich bewerten und somit zwischen ihnen kaum Übereinstimmungen gegeben sind. Dieses Ergebnis zeigt auf, warum Mitarbeiter und Führungskräfte unterschiedlicher Meinung sind, wenn es z. B. um Möglichkeiten der Entwicklung oder Weiterbildung geht.
Die Ergebnisse unter Punkt c zeigen, dass die Werte, die zu einer hohen Arbeitszufriedenheit führen, nur geringfügig als Unternehmenswerte angegeben werden. Diese Ergebnisse können eine Erklärung dafür sein, weswegen in vielen Unternehmen eine hohe Unzufriedenheit und damit eine hohe Fluktuation zu beobachten ist. Mit diesem Ergebnis sind die Hypothesen Nr. 1 und 2 verifiziert und ist die Frage Nr. 8 beantwortet.

23. Welche Werte sollten in einer Abteilung bzw. in einem Team vertreten sein, um eine optimale Zusammensetzung zu gewährleisten?

Für die Darstellung der Auswertung wurden die Werte verwendet, die von der Rangfolge her die höchsten Prozentangaben für die jeweiligen Typen aufweisen. Außerdem wurden die Werte aufgezeigt, die vorrangig von den jeweiligen Typen genannt wurden. Die Auswertung dieser Frage für eine Abteilung, differenziert nach *Typen*, kann in den Grafiken Nr. 63 bis 68 im Anhang 8 eingesehen werden.

Auswertung für eine Abteilung:

Für alle *Typen* sind folgende Werte wichtig:

- *Kommunikation* ist für Ø 66,46 % aller Typen wichtig, davon für 50,00 % der Visionäre, 64,77 % der Planer, 69,23 % der Qualitätsmanager und 76,92 % der Koordinatoren.
- *Motivation* ist für Ø 49,69 % aller Typen wichtig, davon für 50,00 % der Visionäre, 47,73 % der Planer, 61,54 % der Qualitätsmanager und 48,72 % der Koordinatoren.
- *Flexibilität* ist für Ø 42,86 % aller Typen wichtig, davon für 21,43 % der Visionäre, 47,73 % der Planer, 46,15 % der Qualitätsmanager und 38,46 % der Koordinatoren.
- *Verantwortung* ist für Ø 38,51 % aller Typen wichtig, davon für 14,29 % der Visionäre, 36,36 % der Planer, 46,15 % der Qualitätsmanager und 48,72 % der Koordinatoren.
- *Entscheidungseinbindung* ist für Ø 39,13 % aller Typen wichtig, davon für 50,00 % der Visionäre, 36,36 % der Planer, 46,15 % der Qualitätsmanager und 38,46 % der Koordinatoren.
- *Führung* ist für Ø 38,51 % aller Typen wichtig, davon für 42,86 % der Visionäre, 37,50 % der Planer, 7,69 % der Qualitätsmanager und 51,28 % der Koordinatoren.
- *Ehrlichkeit* ist für Ø 36,65 % aller Typen wichtig, davon für 64,29 % der Visionäre, 40,91 % der Planer, 23,08 % der Qualitätsmanager und 23,08 % der Koordinatoren.
- *Koordination* ist für Ø 34,16 % aller Typen wichtig, davon für 28,57 % der Visionäre, 35,23 % der Planer, 23,08 % der Qualitätsmanager und 35,90 % der Koordinatoren.
- *Pflichtbewusstsein* ist für Ø 34,16 % aller Typen wichtig, davon für 21,43 % der Visionäre, 43,18 % der Planer, 46,15 % der Qualitätsmanager und 15,38 % der Koordinatoren.
- *Kundenorientierung* ist für Ø 34,16 % aller Typen wichtig, davon für 28,57 % der Visionäre, 37,50 % der Planer, 30,77 % der Qualitätsmanager und 33,33 % der Koordinatoren.

Fazit:
Bei der Analyse dieses Ergebnisses wurde festgestellt, dass bei der Fragestellung nach einer optimalen Zusammensetzung von Abteilungen grundsätzlich die Typen ihren zugeordneten Werten entsprechend geantwortet haben. Dennoch weichen teilweise die einzelnen Typen von ihren persönlichen bzw. beruflichen Werten ab und gewichten die für eine optimale Zusammensetzung notwendigen Werte anders. Beispielsweise ist für 21,43 % des Typs Visionär die Flexibilität zwar immer noch wichtig, jedoch für 50,00 % der Wert Anerkennung. Beim Typ Qualitätsmanager, für den sonst die Werte Kontrolle und Sicherheit wichtig sind, sind keine Angaben zu diesen Werten zu finden, sondern 46,15 % geben in diesem Fall an, dass der Wert Flexibilität wichtig ist. Mit diesem Ergebnis sind die Hypothese Nr. 1 und 6 verifiziert und ist die Frage Nr. 8 beantwortet.

Die Auswertung dieser Frage für ein Team, differenziert nach *Typen*, kann in den Grafiken Nr. 69 bis 74 im Anhang 8 eingesehen werden.

Auswertung für ein Team:

Für alle Typen sind folgende Werte wichtig:

- *Kommunikation* ist für Ø 72,67 % aller Typen wichtig, davon für 85,71 % der Visionäre, 68,18 % der Planer, 76,92 % der Qualitätsmanager und 82,05 % der Koordinatoren.
- *Motivation* ist für Ø 54,66 % aller Typen wichtig, davon für 50,00 % der Visionäre, 56,82 % der Planer, 53,85 % der Qualitätsmanager und 53,85 % der Koordinatoren.
- *Flexibilität* ist für Ø 50,31 % aller Typen wichtig, davon für 78,57 % der Visionäre, 44,32 % der Planer, 46,15 % der Qualitätsmanager und 53,85 % der Koordinatoren.
- *Ehrlichkeit* ist für Ø 45,34 % aller Typen wichtig, davon für 50,00 % der Visionäre, 48,86 % der Planer, 46,15 % der Qualitätsmanager und 35,90 % der Koordinatoren.
- *Verantwortung* ist für Ø 39,13 % aller Typen wichtig, davon für 35,71 % der Visionäre, 37,50 % der Planer, 46,15 % der Qualitätsmanager und 43,59 % der Koordinatoren.
- *Entscheidungseinbindung* ist für Ø 37,27 % aller Typen wichtig, davon für 35,71 % der Visionäre, 39,77 % der Planer, 23,08 % der Qualitätsmanager und 41,03 % der Koordinatoren.
- *Anerkennung* ist für Ø 36,02 % aller Typen wichtig, davon für 35,71 % der Visionäre, 30,68 % der Planer, 38,46 % der Qualitätsmanager und 46,15 % der Koordinatoren.
- *Harmonie* ist für Ø 35,40 % aller Typen wichtig, davon für 14,29 % der Visionäre, 48,86 % der Planer, 23,08 % der Qualitätsmanager und 17,95 % der Koordinatoren.
- *Erfolg* ist für Ø 33,54 % aller Typen wichtig, davon für 14,29 % der Visionäre, 32,95 % der Planer, 30,77 % der Qualitätsmanager und 41,03 % der Koordinatoren.

Fazit:

Bei der Analyse dieses Ergebnisses wurde festgestellt, dass bei der Fragestellung nach einer optimalen Zusammensetzung von Teams grundsätzlich die Typen ihren zugeordneten Werten entsprechend geantwortet haben. Allerdings weichen manchmal die einzelnen Typen von ihren persönlichen bzw. beruflichen Werten ab. Insbesondere fallen die Angaben vom Qualitätsmanager auf, von denen 30,77 % angeben, dass der Wert Entwicklung wichtig für ein Team ist. Für 35,71 % der Visionäre sind Anerkennung und für weitere 50,00 % Motivation wichtig. Das sind Werte, die von Visionären im Allgemeinen nicht angegeben werden.

Zusammenfassend wird festgehalten, dass bei der Angabe, welche Werte für eine optimale Zusammensetzung von Abteilungen bzw. Teams notwenig sind, grundsätzlich die Typen die Werte nennen, die ihrem eigenen Typ entsprechen. Jedoch ordnen sie diese teilweise der Zielsetzung für eine optimale Zusammensetzung von Abteilungen und Teams unter.

Weiter ist festzuhalten, dass für Abteilungen andere Werte für eine optimale Zusammensetzung wichtig sind als für Teams: Für eine Abteilung sind die Werte Führung, Koordination, Kundenorientierung, Ordnung und Struktur im Durchschnitt für alle Typen wichtig. Für ein Team sind im Durchschnitt die Werte Anerkennung, Beziehung, Ehrlichkeit, Flexibilität, Harmonie und Motivation wichtiger. Für Abteilungen und Teams sind im Durchschnitt für alle Typen die Werte Entscheidungseinbindung, Kommunikation, Leistung und Verantwortung gleich wichtig. Mit diesem Ergebnis sind die Hypothesen Nr. 1 und 6 verifiziert und die Fragen Nr. 6 und 8 beantwortet.

24. Welche Werte sollte eine Führungskraft haben?

Werden die Ergebnisse nach *Typen* analysiert, ergeben sich folgende Daten. Weitere Details sind in den Grafiken Nr. 75 bis 80 im Anhang 9, differenziert nach Typen, erfasst:

Für den *Visionär* sind folgende Werte bei einer Führungskraft besonders wichtig:
Annerkennung (42,86 %), Flexibilität (42,86 %), Kundenorientierung (42,86 %), Entscheidungseinbindung (35,71 %), Genauigkeit (35,71 %).

Für den *Planer* sind folgende Werte bei einer Führungskraft besonders wichtig:
Verantwortung (75,00 %), Entscheidungseinbindung (26,14 %), Überblick (26,14 %), Leistung (21,59 %), Beständigkeit (15,91 %), Lebensfreude (12,50 %).

Für den *Qualitätsmanager* sind folgende Werte bei einer Führungskraft besonders wichtig:
Ehrlichkeit (61,54 %), Entwicklung (46,15 %), Koordination (46,15 %), Pflichtbewusstsein (46,15 %), Ordnung (15,38 %).

Für den *Koordinator* sind folgende Werte bei einer Führungskraft besonders wichtig:
Führung (71,79 %), Anerkennung (33,33 %), Erfolg (30,77 %), Visionen (25,64 %), Weiterbildung (12,82 %).

Für Selbstständige sind folgende Werte für eine Führungskraft wichtig:
Führung (71,43 %), Kommunikation (71,43 %), Motivation (71,43 %), Verantwortung (85,71 %), Gerechtigkeit (57,14 %), Koordination (57,14 %), Anerkennung, Ehrlichkeit, Entwicklung, Pflichtbewusstsein je (42,86 %).

Abweichend von den o. g. Darstellungen sind folgende Unterschiede bezogen auf die Typen beobachtbar. Interessant ist, dass sie von den eigentlichen Werten der Typen abweichen. Es werden nur signifikante Ausprägungen dargestellt. Weitere Details sind in den Grafiken Nr. 75 bis 80 im Anhang 9 erfasst:

- Für 46,15 % der Qualitätsmanager ist es wichtig, dass eine FK den Wert *Einwicklung* hat.
- Für 46,15 % der Qualitätsmanager ist es wichtig, dass eine FK den Wert *Koordination* hat.
- Für 42,86 % der Visionäre ist es wichtig, dass eine FK den Wert *Anerkennung* hat.
- Für 42,86 % der Visionäre ist es wichtig, dass eine FK den Wert *Kundenorientierung* hat.
- Für 35,71 % der Visionäre ist es wichtig, dass eine FK den Wert *Genauigkeit* hat.

Fazit:
Die Ergebnisse verdeutlichen, dass die vier Typen unterschiedliche Erwartungen an die Führungskräfte haben. Sie sollten ihrer Wertvorstellung entsprechend geführt werden. Mit diesem Ergebnis ist die Hypothese Nr. 1 verifiziert und die Frage Nr. 8 beantwortet.

Bei der Differenzierung nach *Mitarbeitern* und *Führungskräften* können folgende Ergebnisse dargestellt werden. Weitere Details sind in den Grafiken Nr. 81 bis 86 im Anhang 10, differenziert nach MA und FK, erfasst.

Bei folgenden Werten gaben Mitarbeiter und Führungskräfte fast gleich an, dass diese für eine Führungskraft wichtig sind:

- *Kommunikation* gaben 71,43 % aller Befragten an; davon 67,21 % MA und 74,19 % FK.
- *Verantwortung* gaben 72,05 % aller Befragten an; davon 70,49 % MA und 72,04 % FK.
- *Motivation* gaben 66,46 % aller Befragten an; davon 67,21 % MA und 65,59 % FK.
- *Führung* gaben 63,98 % aller Befragten an; davon 72,13 % MA und 58,06 % FK.
- *Ehrlichkeit* gaben 54,66 % aller Befragten an; davon 55,74 % MA und 54,84 % FK.
- *Gerechtigkeit* gaben 47,83 % aller Befragten an; davon 55,74 % MA und 41,94 % FK.

Werden die Ergebnisse nach Mitarbeitern und Führungskräften weiter differenziert, ergeben sich folgende Daten. Diese Auswertung zeigt vor allem, bei welchen Werten MA und FK besonders voneinander abweichen:

Für *Mitarbeiter* sind zudem folgende Werte wichtig, die eine Führungskraft haben sollte:

- *Führung* gaben 72,13 % der Mitarbeiter und 58,06 % der Führungskräfte an.
- *Gerechtigkeit* gaben 55,74 % der Mitarbeiter und 41,94 % der Führungskräfte an.
- *Koordination* gaben 34,43 % der Mitarbeiter und 22,58 % der Führungskräfte an.
- *Anerkennung* gaben 31,15 % der Mitarbeiter und 19,35 % der Führungskräfte an.
- *Beständigkeit* gaben 16,39 % der Mitarbeiter und 8,60 % der Führungskräfte an.
- *Weiterbildung* gaben 16,39 % der Mitarbeiter und 4,30 % der Führungskräfte an.

Für *Führungskräfte* sind zudem folgende Werte wichtig, die eine Führungskraft haben sollte:

- *Flexibilität* gaben 40,86 % der Führungskräfte und 22,95 % Mitarbeiter der an.
- *Leistung* gaben 23,66 % der Führungskräfte und 13,11 % der Mitarbeiter an.
- *Erfolg* gaben 22,58 % der Führungskräfte und 6,56 % der Mitarbeiter an.
- *Visionen* gaben 17,20 % der Führungskräfte und 8,20 % der Mitarbeiter an.
- *Entwicklung* gaben 12,90 % der Führungskräfte und 4,92 % der Mitarbeiter an.

Fazit:

Für Mitarbeiter und Führungskräfte sind andere Werte wichtig, die eine Führungskraft haben sollte. Diese unterschiedlichen Bewertungen können mit ein Grund dafür sein, weswegen einerseits die Mitarbeiter unzufrieden sind mit der Führung ihres Vorgesetzten. Die Erwartungen von Mitarbeitern an ihre Führungskraft werden nicht erfüllt. Andererseits ist anhand dieser Ergebnisse zu erkennen, dass Führungskräfte ganz andere Werte in Bezug auf die Führung haben als ihre Mitarbeiter. Dies kann zu Konflikten und Unzufriedenheit auf beiden Seiten führen. Mit diesem Ergebnis ist die Hypothese Nr. 1 verifiziert und die Frage Nr. 8 beantwortet.

25. Wie zufrieden sind Sie mit Ihrer *beruflichen* Tätigkeit?

Die nachstehende Tabelle zeigt die Auswertung als Gesamtergebnis aller Probanden, differenziert nach *Typen, Mitarbeitern* und *Führungskräften.*

Zufriedenheitsgrad / Typen	1 = unzufrieden	2	3	4	5	6 = zufrieden
Visionär MA	0,00	0,00	0,00	33,33	50,00	16,67
Visionär FK	0,00	**12,50**	**12,50**	37,50	37,50	0,00
Planer MA	0,00	2,70	16,22	27,03	40,54	13,51
Planer FK	0,00	5,88	5,88	21,57	43,14	23,53
Qualitätsmanager MA	0,00	**20,00**	0,00	40,00	40,00	0,00
Qualitätsmanager FK	0,00	0,00	12,50	25,00	50,00	12,50
Koordinator MA	0,00	0,00	**23,08**	30,77	38,46	7,69
Koordinator FK	0,00	7,69	3,85	11,54	53,85	23,08
Selbstständige	0,00	0,00	14,29	14,29	28,57	**42,86**
Ø V, P, Q, K, S	0,00	4,97	9,94	23,60	**43,48**	18,01

Die Auswertung ergibt, dass im Durchschnitt 43,48 % der Befragten im Skalenbereich 5 bestätigt haben, mit ihrer beruflichen Situation zufrieden zu sein. Führungskräfte sind insgesamt zufriedener als Mitarbeiter. Selbstständige scheinen noch zufriedener als Führungskräfte zu sein, da 42,86 % im Skalenbereich 6 ihre Zufriedenheit zum Ausdruck brachten.
Allerdings sind über 20,00 % der Visionäre (FK), Qualitätsmanager (MA) und Koordinatoren (MA) eher unzufrieden mit ihrer beruflichen Tätigkeit (s. Skalenwerte 2-3).

26. Wie zufrieden sind Sie mit Ihrem *privaten* Bereich?

Die nachstehende Tabelle zeigt die Auswertung als Gesamtergebnis aller Probanden, differenziert nach *Typen, Mitarbeitern* und *Führungskräften.*

Zufriedenheitsgrad / Typen	1 = unzufrieden	2	3	4	5	6 = zufrieden
Visionär MA	0,00	0,00	0,00	33,33	66,67	0,00
Visionär FK	0,00	12,50	0,00	37,50	37,50	12,50
Planer MA	2,70	2,70	5,41	27,03	27,03	35,14
Planer FK	0,00	5,88	5,88	7,84	35,29	45,10
Qualitätsmanager MA	0,00	0,00	0,00	**80,00**	20,00	0,00
Qualitätsmanager FK	0,00	0,00	12,50	0,00	50,00	37,50
Koordinator MA	0,00	0,00	7,69	0,00	46,15	46,15
Koordinator FK	0,00	0,00	0,00	11,54	61,54	26,92
Selbstständige	0,00	0,00	14,29	0,00	57,14	28,57
Ø V, P, Q, K, S	0,62	3,11	4,97	16,15	**40,99**	**34,16**

Die Auswertung ergibt, dass im Durchschnitt 75,15 % der Probanden mit ihrem privaten Bereich zufrieden sind: 40,99 % haben im Skalenbereich 5 und 34,16 % im Skalenwert 6 angegeben, zufrieden zu sein. Auffällig ist, dass 80,00 % der Mitarbeiter des Typs Qualitätsmanager im Skalenbereich 4 ihre Zufriedenheit im privaten Bereich bewertet haben.

Fazit:
Insgesamt sind Berufstätige mit ihrem privaten Bereich zufriedener als mit ihrem beruflichen Bereich. Dieses Ergebnis könnte ein Hinweis darauf sein, dass Berufstätige oft nicht ihren Neigungen entsprechend beschäftig werden und sich damit die Hypothese Nr. 2 bestätigt.

27. Wenn Sie alle Fähigkeiten und Qualifikationen für Ihren Traumberuf hätten, welchen würden Sie dann ausüben?

Die nachstehende Tabelle zeigt die Auswertung als Gesamtergebnis aller Probanden, differenziert nach *Typen*, *Mitarbeitern* und *Führungskräften.*

Zufriedenheitsgrad / Typen	keine Angabe	derselbe Beruf	Ausbildung entsprechend	anderer als Gegenwärtiger
Visionär MA	33,33	16,67	0,00	50,00
Visionär FK	37,50	12,50	0,00	50,00
Planer MA	32,43	8,11	2,70	56,76
Planer FK	19,61	21,57	3,92	54,90
Qualitätsmanager MA	0,00	0,00	20,00	80,00
Qualitätsmanager FK	12,50	25,00	0,00	62,50
Koordinator MA	23,08	7,69	7,69	61,54
Koordinator FK	23,08	23,08	0,00	53,85
Selbstständige	0,00	**42,86**	0,00	57,14
Ø V, P, Q, K, S	22,98	17,39	3,11	**56,52**

Die Auswertung ergibt, dass im Durchschnitt 56,52 % aller Probanden einen anderen als den gegenwärtigen Beruf als Traumberuf ansehen. Es ist auch keine Differenzierung zwischen Mitarbeitern, Führungskräften und Typen zu erkennen. Die Selbstständigen (42,86 %) gaben an, in ihrem Traumberuf tätig zu sein. Die Aufzählung der konkret angegebenen Traumberufe wird vernachlässigt.

28. Sind Sie weiblich oder männlich?

Von 322 befragten Probanden sind 154 Personen weiblich und 168 Personen männlich.

29. Nennen Sie bitte Ihr Geburtsdatum (Tag/Monat/Jahr):

11,18 % aller Probanden sind zwischen 20 und 30 Jahre alt.
49,07 % aller Probanden sind zwischen 31 und 40 Jahre alt.
26,71 % aller Probanden sind zwischen 41 und 50 Jahre alt.
13,04 % aller Probanden sind zwischen 51 und 65 Jahre alt.

30. Haben Sie Geschwister?

Die nachfolgende Tabelle zeigt die Ergebnisse für diese Frage nach *Typen*, *Mitarbeitern* und *Führungskräften* differenziert.

Anzahl Geschwister / Typen	Anzahl Geschwister					
	1	**2**	**3**	**4**	**5**	**6**
Visionär MA	100,00	0,00	0,00	0,00	0,00	0,00
Visionär FK	50,00	33,33	**16,67**	0,00	0,00	0,00
Planer MA	60,00	23,33	3,33	6,67	6,67	0,00
Planer FK	33,33	31,11	**17,78**	8,89	4,44	4,44
Qualitätsmanager MA	50,00	0,00	0,00	0,00	50,00	0,00
Qualitätsmanager FK	57,14	14,29	**14,29**	0,00	14,29	0,00
Koordinator MA	54,55	18,18	9,09	18,18	0,00	0,00
Koordinator FK	33,33	37,50	**16,67**	4,17	8,33	0,00
Selbstständige	42,86	0,00	28,57	14,29	14,29	0,00
Ø V, P, Q, K, S	45,65	25,36	13,04	7,25	7,25	1,45

14,29 % der Probanden sind Einzelkinder; 85,71 % der Probanden haben Geschwister. Folglich haben 45,65 % mindestens eine Schwester oder einen Bruder. 25,36 % haben 2 Geschwister. Interessant ist, dass alle FK mindestens 3 Geschwister haben.

31. Wenn Sie Geschwister haben, an welcher Stelle sind Sie geboren?

Die nachfolgende Tabelle zeigt, an welcher Stelle in der Geschwisterhierarchie die Befragten geboren sind. Die Angaben erfolgen differenziert nach *Typen*, *Mitarbeitern* und *Führungskräften.*

Stelle / Typen	**1**	**2**	**3**	**4**	**5**	**jüngste**
Visionär MA	25,00	0,00	0,00	0,00	0,00	75,00
Visionär FK	33,33	0,00	16,67	0,00	0,00	50,00
Planer MA	33,33	10,00	10,00	0,00	0,00	46,67
Planer FK	28,89	22,22	4,44	2,22	2,22	40,00
Qualitätsmanager MA	50,00	0,00	0,00	0,00	0,00	50,00
Qualitätsmanager FK	28,57	0,00	0,00	0,00	0,00	71,43
Koordinator MA	36,36	27,27	0,00	0,00	0,00	36,36
Koordinator FK	29,17	20,83	4,17	4,17	0,00	41,67
Selbstständige	57,14	14,29	0,00	0,00	0,00	28,57
Ø V, P, Q, K, S	32,61	15,94	5,07	1,45	0,72	44,20

Für die Auswertung ist es interessant das Augenmerk auf die Führungskräfte zu lenken. Führungskräfte, insbesondere dann, wenn sie mehrere Geschwister haben, sind überwiegend an erster oder letzter Stelle geboren.

32. Welchen Schulabschluss haben Sie?

Die nachfolgende Tabelle zeigt die Antworten aller Probanden im Durchschnitt.

Hauptschulabschluss	Mittlere Reife	Fachabitur	Abitur
16,77	19,25	4,35	59,63

33. Welche Berufsausbildung haben Sie?

Die nachfolgende Tabelle zeigt die Antworten aller Probanden im Durchschnitt.

keine Angabe	keine Ausbildung	Ausbildung vorhanden
9,32	21,12	69,57

Eine abgeschlossene Ausbildung haben 76 Mitarbeiter (62,30 %) und 136 Führungskräfte (73,12 %) und 12 Selbstständige (85,71 %). Eine detaillierte Aufstellung der Berufsausbildung, differenziert nach Mitarbeitern und Führungskräften und Typen zeigt die nachfolgende Tabelle.

Berufsausbildungen im Einzelnen

Der Wert als absolute Zahl in der Tabelle hinter der genauen Bezeichnung der Berufsausbildung beinhaltet jeweils die Anzahl der Mitarbeiter bzw. Führungskräfte mit der jeweils aufgeführten Berufsausbildung.

Auswertung für Mitarbeiter und Führungskräfte					
Zuordnung zum *Visionär* Ausbildung zur/zum ...	Anzahl MA	Anzahl FK	**Zuordnung zum *Planer* Ausbildung zur/zum ...**	Anzahl MA	Anzahl FK
Bäcker bzw. Konditor	0	4	Bankkaufmann	4	12
Betriebsschlosser	2	0	Bäcker bzw. Konditor	0	20
Funkmechaniker	2	0	Betriebsschlosser	0	2
Sozialversicherungsangestellte	0	2	Bürokauffrau	2	2
			Dekorateurin	2	0
			Einzelhandelskaufmann	6	12
			Elektroinstallateur	2	2
			Feuerwehrmann	0	4
			Floristin	0	2
			Friseurin	2	2
			Groß-Außenhandel	0	2
			Handelsassistentin	2	4
			Heizungsmonteur	0	2
			Hotelfachfrau	2	0
			Industriekaufmann	10	6

Auswertung für Mitarbeiter und Führungskräfte					
Zuordnung zum *Visionär* Ausbildung zur/zum ...	Anzahl MA	Anzahl FK	**Zuordnung zum *Planer* Ausbildung zur/zum ...**	Anzahl MA	Anzahl FK
			Journalist/Redakteur	2	0
			KFZ-Mechaniker	0	2
			Köchin	0	2
			Kommunalbeamter mittlerer Dienst	2	0
			Krankenkassenbetriebswirtin	0	2
			(Maschinen-) schlosser	0	6
			Renovierungsgehilfin	2	0
			Schreiner	0	2
			Sozialversicherungsfachfrau	6	4
			Versicherungskaufmann	0	2
			Verwaltungsangestellte	2	0
Summe	4	6		46	92
Zuordnung zum *Qualitätsmanager* Ausbildung zur/zum ...	Anzahl MA	Anzahl FK	**Zuordnung zum *Koordinator* Ausbildung zur/zum ...**	Anzahl MA	Anzahl FK
Bankkaufmann	2	0	Bankkaufmann	4	6
Groß- und Außenhandel	0	4	Ergotherapeutin	4	4
Industriekaufmann	2	0	Europasekretärin	0	2
Sozialversicherungsangestellte	0	2	Hotelfachfrau	0	2
			Industriekaufmann	2	6
Technische Ausbildung	0	2	KFZ-Mechaniker	0	4
Versicherungsfachmann (BWV)	2	2	Schreiner	0	2
			Sozialversicherungsfachfrau	2	0
Versicherungskaufmann	2	2			
			Versicherungskaufmann	4	0
			Verwaltungsangestellte	2	0
Summe	8	12		18	26

Bei der Angabe der Berufsausbildung können keine typenspezifische Berufe erkannt werden. Insofern scheinen die persönlichen bzw. beruflichen Werte erst nach der Berufsausbildung Einfluss auf Entscheidungen in Bezug auf eine berufliche Tätigkeit zu haben.

34. Welches Studium haben Sie absolviert?

Die nachfolgende Tabelle zeigt die Antworten aller Probanden im Durchschnitt.

keine Angabe	Kein Studium	Studium vorhanden
0	56,52	43,48

Von den Probanden hatten 43,48 % ein Studium und 56,52 % kein Studium absolviert. Von den Mitarbeitern hatten 46 Personen (37,70 %), von den Führungskräften hatten 90 Personen (48,39 %) und von den Selbstständigen hatten 10 Personen (71,43 %) studiert. Eine detaillierte Aufstellung, differenziert nach Mitarbeitern, Führungskräften und Typen, zeigt die nachfolgende Tabelle.

Studium im Einzelnen

Der Wert als absolute Zahl in der Tabelle hinter der genauen Bezeichnung des Studiums beinhaltet jeweils die Anzahl der Mitarbeiter bzw. Führungskräfte mit dem jeweils aufgeführten Studium.

Auswertung für Mitarbeiter und Führungskräfte					
Zuordnung zum *Visionär* Studium	Anzahl MA	Anzahl FK	**Zuordnung zum *Planer* Studium**	Anzahl MA	Anzahl FK
Betriebswirtschaft	2	4	Betriebswirtschaft	4	8
Biologie	4	0	European-Business	0	2
Germanistik	0	2	Forstwissenschaften	2	0
Ingenieur	2	0	Geisteswissenschaft	0	2
Maschinenbau	2	2	Grafik u. Design	2	0
Meteorologie	2	0	Ingenieurwissenschaften	4	4
Volkswirtschaft	0	4	Jura	0	2
			Diplom-Pädagogik	4	2
Summe	12	12		16	20
Zuordnung zum *Qualitätsmanager* Studium	Anzahl MA	Anzahl FK	**Zuordnung zum *Koordinator* Studium**	Anzahl MA	Anzahl FK
Betriebswirtschaft	2	4	Betriebswirtschaft	6	18
Betriebswirt (FH)	2	0	Diplom-Pädagogik	2	6
Germanistik	2	0	Germanistik	0	6
Informatik	0	2	Ingenieur/Maschinenbau	0	6
Ingenieur	0	2	Mathematik	0	2
Jura	2	0	Psychologie	0	6
Volkswirtschaft	2	0	Sozialwissenschaft	0	2
			Theologie	0	4
Summe	10	8		8	50

Bei der Angabe des Studiums können nur teilweise typenspezifische Berufe erkannt werden. Vielleicht ist dies ein Grund dafür, dass mehr als 20,00 % der Visionäre, Qualitätsmanager und Koordinatoren mit ihrer beruflichen Situation bzw. Tätigkeit unzufrieden sind (s. Auswertung der Frage Nr. 25 weiter oben).
Bei der Zuordnung der Berufsausbildung und des Studiums zu den einzelnen Typen, können keine Zusammenhänge zwischen den typischen Werten der Typen und der Berufswahl bzw. der Wahl des Studiums festgestellt werden. Insofern scheinen die persönlichen bzw. beruflichen Werte erst nach der Berufsausbildung bzw. nach dem Studium Einfluss auf Entscheidungen in Bezug auf eine berufliche Tätigkeit gehabt zu haben. Dies kann ein Grund dafür sein, dass Berufsanfänger schneller und häufiger das Unternehmen wechseln.
Zu vermuten ist, je länger ein Mensch berufstätig ist, desto mehr achtet er darauf, dass die Ausübung der Tätigkeit ihn zufrieden stellt. Folglich achten Berufstätige im Laufe ihres beruflichen Werdegangs verstärkt auf die eigenen Werte. Damit ist erklärbar, dass Berufstätige, wie in Frage Nr. 10 festgestellt wurde, im Durchschnitt 3 bis 5 Jahre im Unternehmen bleiben. Das Unternehmen wird dann gewechselt, wenn damit, wie in Frage Nr. 11 festgestellt, z. B. eine interessantere Tätigkeit, ein Karrieresprung oder mehr Gehalt verbunden ist.

Eine weitere Analyse des Datenmaterials ergibt, dass 83,93 % ihrer Ausbildung entsprechend und 67,14 % ihrem Studium entsprechend im Unternehmen tätig sind. Im Vergleich zu Führungskräften werden Mitarbeiter eher ihrer Ausbildung entsprechend eingesetzt. Führungskräfte werden im Vergleich zu Mitarbeitern öfter ihrem Studium entsprechend eingesetzt. Eine Differenzierung der Typen kann nicht festgestellt werden.
Werden die Fragen Nr. 32 bis 34 im Zusammenhang gesehen, kann insbesondere beim Typ des Planers Folgendes festgestellt werden: 60,00 % der Planer haben kein Abitur, 64,86 % der MA und 90,20 % der FK haben eine Berufsausbildung, 78,38 % der MA und 80,39 % der FK haben kein Studium. Eine Interpretation könnte dahin erfolgen, dass der Typ des Planers gerne in der Praxis arbeitet und dass es ihm besonders wichtig ist, etwas machen zu können.

3. Zusammenfassung der empirischen Ergebnisse

Erklärte Zielsetzung der vorliegenden empirischen Untersuchung war es, auf empirischer Basis Analysen vorzunehmen, welche die für diese Arbeit aufgeworfenen Fragen und erstellten Hypothesen beantworten bzw. bestätigen sollen. Die im Rahmen dieser Analysen gewonnenen zentralen Erkenntnisse lassen sich in den nachfolgenden Aussagen zusammenfassen:

- Die im Hauptkapitel A, Kapitel 2.1, aufgestellten Hypothesen konnten verifiziert werden.

- Mit der zusammenhängenden Betrachtungsweise der dargestellten Ergebnisse der Fragen Nr. 4, 20 und 21 können die Fragen „Steuern persönliche Werte die Auswahl des Berufs bzw. die Wahl einer beruflichen Tätigkeit?" und „Können Berufen bzw. Tätigkeitsbereichen Werte zugeordnet werden und sind hier bestimmte Persönlichkeitstypen zu finden?" mit einem klaren „Ja" beantwortet werden. Daher können Werte in Gruppen bzw. Kategorien zusammengefasst und somit einem bestimmten Typ zugeordnet werden.
  Das bedeutet, dass aus individuellen Strukturen Gemeinsamkeiten ablesbar und diese für eine Personen- bzw. Berufsgruppe typisch sind. Infolgedessen konnte aus diesen Personen- bzw. Berufsgruppen ein Typenprofil abgeleitet und im Rahmen dieser Dissertation eine Typologie entwickelt werden. Es besteht ein Zusammenhang zwischen Tätigkeitsbereichen und Typen: Typen können Tätigkeitsbereichen zugeordnet werden bzw. Tätigkeitsbereiche können typenbezogen besetzt werden.

- Insbesondere sind es die beruflichen Werte, die Einfluss nehmen auf die Auswahl der Tätigkeiten und die Zufriedenheit im beruflichen Bereich. Daher bestätigt sich die Hypothese dahingehend, dass es einen Zusammenhang zwischen beruflichen Werten und Beruf bzw. Tätigkeitsbereich gibt.
  Im Verlaufe des Berufslebens kristallisieren sich die beruflichen Werte und die Beachtung dieser Werte zunehmend heraus. Bedingt dadurch wechseln Berufsanfänger häufiger das Unternehmen als ältere Berufstätige.

- Die Auswertung der Frage Nr. 27 des Fragebogens ergab, dass mehr als die Hälfte aller Probanden einen anderen als den gegenwärtigen Beruf als Traumberuf ansehen. Dieses Ergebnis könnte dahingehend interpretiert werden, dass die Hypothese Nr. 2 stimmt und Berufstätige tatsächlich selten in ihren Neigungen entsprechenden Tätigkeitsbereichen und Positionen beschäftigt sind.

Zum Thema Führung können folgende Ergebnisse genannt werden:

- Unzufriedenheit entsteht bei Mitarbeitern dann, wenn sie ein anderes Führungsverhalten bzw. einen anderen Umgang von ihren Führungskräften erwarten. Außerdem kann angenommen werden, dass Führungskräfte die Werte ihrer Mitarbeiter nicht genügend beachten.

- Für Mitarbeiter ist vor allem die methodische, soziale und emotionale Kompetenz einer Führungskraft wichtig. Unzufriedenheit bei Mitarbeitern könnte dadurch entstehen, dass Führungskräfte diese Erwartungen der Mitarbeiter nicht erfüllen.
- Um Mitarbeiter zufrieden zu stellen, sollten Führungskräfte einen unterstützenden, kooperativen und neutralen Umgang pflegen. Außerdem sollten sie ihre Mitarbeiter an Entscheidungen beteiligen und Informationen jederzeit zugänglich machen. Auch hier konnten typenbezogene unterschiedliche Einstellungen festgestellt werden.
- Ebenfalls veranschaulicht die Eigeneinschätzung in der Frage Nr. 19 des Fragebogens die tendenziellen Unterschiede zwischen Personen. Es kann hiermit aufgezeigt werden, dass es signifikante Unterschiede gibt, was von Mitarbeitern erwartet werden kann und was bei ihnen nicht möglich ist. Daher zeigt diese Auswertung, dass in Bezug auf die Führung mit Mitarbeitern differenziert umgegangen werden muss.
- Die Auswertung der Frage Nr. 18 des Fragebogens zeigt deutlich, dass es typenbezogene Antworten gibt. Das bedeutet, dass durch bestimmte typenbezogene Fragen der Typ durch die entsprechende Antwort herausgefunden werden kann.
  Dieses Ergebnis verdeutlicht, dass insbesondere im Personalauswahlgespräch und auch für andere Personalgespräche diese Typologie angewendet werden kann.

Zu den Themen Arbeitszufriedenheit und Fluktuation können folgende Erkenntnisse genannt werden:

- Bei einer hohen Anzahl von Mitarbeitern bzw. Führungskräften und Unternehmenswerten sind keine bzw. kaum Übereinstimmungen vorhanden. Insbesondere die Werte, die zu einer hohen Arbeitszufriedenheit führen, werden nur geringfügig als vorhandene Unternehmenswerte angegeben.
- Diese Ergebnisse können eine Erklärung dafür sein, warum in vielen Unternehmen eine hohe Unzufriedenheit und damit auch eine hohe Fluktuation herrschen.
- Eine interessantere Tätigkeit, der Karrieresprung, ein besseres Gehalt und eine allgemeine Unzufriedenheit sind für Berufstätige die Gründe, ein Unternehmen auf freiwilliger Basis zu wechseln.
- Die Verweildauer in einem Unternehmen ist typenabhängig, wenn die gesellschaftlichen Rahmenbedingungen dies ermöglichen. Grundsätzlich stehen Mitarbeiter und Führungskräfte, die dem Typ Planer zugeordnet werden können, länger als die anderen Typen einem Unternehmen zur Verfügung. Außerdem bleiben Führungskräfte, unabhängig von ihrem Typ, länger einem Unternehmen treu. Auch bei den Führungskräften bleibt der Planertyp in einem Unternehmen als die anderen Typen länger tätig.
- Die Weiterbildung ist für alle Typen bzw. Mitarbeiter und Führungskräfte wichtig.

- Bei der Angabe, welche Werte für eine optimale Zusammensetzung von Abteilungen bzw. Teams notwendig sind, bevorzugen grundsätzlich die Typen die Werte, die ihrem eigenen Typ entsprechen. Jedoch ordnen sie diese teilweise der Zielsetzung für eine optimale Zusammensetzung von Abteilungen und Teams unter.
  Werden die beiden Auswertungen für Abteilungen und Teams miteinander verglichen, wird festgestellt, dass für Abteilungen andere Werte für eine optimale Zusammensetzung wichtiger sind als für Teams.
  Für eine Abteilung sind die Werte Führung, Koordination, Kundenorientierung Ordnung und Struktur wichtig.
  Für ein Team sind die Werte Anerkennung, Beziehung, Ehrlichkeit, Flexibilität, Harmonie, Motivation wichtiger.
  Für Abteilungen und Teams sind die Werte Entscheidungseinbindung, Kommunikation, Leistung, Motivation und Verantwortung gleich wichtig.

- Für einen größtmöglichen Unternehmenserfolg ist eine Zusammensetzung verschiedener Typen in Teams und in Abteilungen notwendig. Daraus ergibt sich, dass für eine sinnvolle Besetzung vakanter Stellen ein Persönlichkeitsprofil erstellt werden muss, um schon bei der Einstellung neuer Mitarbeiter auf deren Verhaltensstrukturen, d. h. auf ihre „Inneren persönlichen Systeme“, achten zu können. Dafür ist die vorliegende Typologie hilfreich.
  Aufgrund der „Inneren persönlichen Systeme“ und damit einhergehenden unterschiedlichen Werte von Mitarbeitern, sollten Führungskräfte in der Lage sein, auf diese eingehen zu können und mitarbeiterbezogen zu führen. Insbesondere ist die soziale und emotionale Kompetenz hierfür bedeutend.

Die vorliegende Untersuchung hat gezeigt, dass auf lange Sicht die Werte der Mitarbeiter ernst genommen werden müssen. Ihr Bedürfnis nach persönlicher und fachlicher Entwicklung, nach guter Kommunikation mit Kollegen und Vorgesetzten und interessanten Arbeitsinhalten müssen berücksichtigt werden. Mitarbeiter haben Erwartungen an die Führungskräfte. Sie sollen Prozesse und Entscheidungen transparent machen, Verantwortung für Mitarbeiter tragen und Führung aktiv übernehmen.
Insgesamt geht es darum, die Kultur des Unternehmens zu überprüfen, die Art, wie man in einem gegebenen Unternehmen miteinander umgeht, wie Entscheidungen getroffen werden, in welcher Weise und wie häufig kommuniziert wird, und vor allem, was für wirklich wichtig gehalten wird.
Die Kulturanalyse sollte sich auch stärker den einzelnen Subgruppen, d. h. Abteilungen und Teams zuwenden, da die Ergebnisse dieser Untersuchungen nahe legen, dass - neben der unternehmensweiten Führungskultur - in diesen Subgruppen Verhalten systematisch geprägt bzw. bestimmtes Verhalten erwartet wird.

Schriftliche Umfragen zu Werten und typischen Verhaltensweisen in Unternehmen ermöglichen es in einem ersten Schritt festzustellen, welche Verhaltensweisen kollektiv oder durch bestehende Strukturen geprägt werden. Diese Vorgehensweise kann Hinweise darüber liefern, welche Verhaltensweisen durch individuelles Personalmanagement, insbesondere Personalauswahl und -entwicklung, beeinflusst werden können.
Die vorliegende Dissertation bestätigt die Wichtigkeit einer werteorientierten Personalauswahl und einer kollektiv ausgerichteten Personalentwicklung bzw. einer stärkeren Integration von Personal- und Organisationsentwicklung.

Die Ergebnisse der empirischen Untersuchung bestätigen, dass berufliche Werte von Mitarbeitern in Gruppen bzw. Kategorien zusammengefasst und somit einem bestimmten Typ zugeordnet werden können. Folglich kann eine unternehmensbezogene Typologie entwickelt werden.

Im folgenden Hauptkapitel wird die Typologie vorgestellt. Es wird aufgezeigt, dass Typen Tätigkeitsbereichen zugeordnet werden können und dass die Typologie in Unternehmen bei Stellenbesetzungen und für die Mitarbeiterführung eingesetzt werden kann.

E. TYPOLOGIE - VIER GRUNDTYPEN ZUR SCHNELLEREN UND LEICHTEREN EINSCHÄTZUNG VON PERSÖNLICHKEITS-TYPEN

1. Ziele der Entwicklung und der Darstellung der Typologie

Die vorherigen Kapitel befassten sich mit der Entwicklung der Persönlichkeit und zeigten Verhaltensstrukturen und deren Auswirkungen auf. Des Weiteren wurden Verhaltensstrukturen auf Organisationen bezogen. Diese Ausführungen stellten dar, wie komplex Menschen sind und dienten dem besseren Verständnis für menschliches Verhalten. Dieses Hauptkapitel dient der Zusammenführung der Hauptkapitel B, C und D und beinhaltet eine eigenständig entwickelte *Typologie*. Außerdem werden hier die im Hauptkapitel A, Kapitel 2.1, gestellten Fragen beantwortet.

Die vorgenannte empirische Untersuchung wurde durchgeführt, um die Hypothesen Nr. 1-6 zu überprüfen. Die Auswertung dieser Untersuchung ergab die unten stehenden Antworten zu diesem Themenkomplex und führte zu der dafür eigens entwickelten Typologie[52]. Ergänzt wurden die Ergebnisse der empirischen Untersuchung durch die langjährigen Erfahrungen und Beobachtungen der Verfasserin als Personal- und Karriereberater, Coach und Kommunikationstrainer. In diesem Tätigkeitsfeld konnte sie umfassende Beobachtungen von Verhaltensstrukturen und deren Auswirkungen machen. Diese langjährigen Beobachtungen fließen mit in die Typologie ein und ergänzen die empirische Untersuchung.
Außerdem konnte die Verfasserin als Institutsleiterin im Rahmen von Kommunikationstrainings die Kategorisierung der Typen überprüfen und verfeinern. Dafür wurden seit 2003 in 9 Workshops mit insgesamt 100 Teilnehmern schriftliche Umfragen durchgeführt und ausgewertet. Dadurch konnten die in der empirischen Untersuchung herausgefundenen Ergebnisse weiter ausgearbeitet und die o. g. Erfahrungen und Beobachtungen empirisch unterlegt werden. Der Fokus lag darauf, die Werte der vier Grundtypen weiter zu differenzieren und Merkmale, Fähigkeiten und Einsatzmöglichkeiten der Typen herauszuarbeiten. Die in dieser Arbeit dargestellte Typologie wurde aufgrund dieser Erfahrungen und Ausarbeitungen ergänzt.

[52] Für die ausführliche Beschreibung von Typologien s. die Zusammenstellung von Dieterich/Sowarka: Psychologische Konstrukte für Eignungsprädiktoren, in: Sarges 1995, S. 432-446, eine Typologie für Manager ist zu finden bei Attems/Heimel 1991; weitere Literatur zum Thema Typologie ist zu finden bei Bents/Blank 1995 und 1997.

Ziele der Entwicklung und der Darstellung der Typologie mit den vier Grundtypen[53] sind Folgende:

- Es soll ein Ordnungs- und Strukturierungsschema entwickelt werden, das zu einer erheblichen Informationsreduktion und zu einer Vereinfachung und damit besseren Übersichtlichkeit führt.
- Da Verhalten üblicherweise in Situationen und in der Kommunikation direkt gezeigt wird, erscheint es sinnvoll, dass die Typologie in der direkten Kommunikation angewendet werden kann. Daher soll eine komprimierte und leicht anwendbare Typologie entwickelt werden, die kein rechenaufwändiges und kompliziertes schriftliches Testverfahren[54] benötigt.
- Sie soll dabei unterstützen, mehr Verständnis für sich und andere Personen zu entwickeln, um dadurch ein erfolgreiches und harmonisches Zusammenarbeiten und -leben zu ermöglichen.
- Personalverantwortliche sollen ein Handwerkszeug erhalten, um Mitarbeiter und Führungskräfte ihren persönlichen Strukturen, Werten, Neigungen und Fähigkeiten entsprechend optimaler einsetzen zu können.
- Sie soll Empfehlungen geben, was bei der Personalauswahl, beim Führen von Mitarbeitern und bei der Zusammensetzung von Abteilungen bzw. Teams beachtet werden sollte. Daher erschien es wichtig, eine Typologie zu entwickeln, die in Unternehmen und damit auf Mitarbeiter bezogen werden kann.

Außerdem verfolgt die Typologie die Erfüllung der folgenden Ziele. Sie soll darin unterstützen,

- die komplexen menschlichen Strukturen zu vereinfachen,
- zwischen den einzelnen Typen schneller unterscheiden zu können,

[53] Nachfolgende Anmerkungen zu den vier Persönlichkeitstypen erscheinen wichtig:
1. Alle Verhaltensstrukturen der vier Persönlichkeitstypen sind gleichwertig. 2. Alle Strukturen der vier Typen sind im Menschen vorhanden. 3. Eine Struktur ist tonangebend. 4. Die Persönlichkeitsstrukturen helfen, das „Innere persönliche System" zu erkennen und zu erweitern. 5. Die Verhaltensstrukturen offenbaren die Gemeinschaftsfähigkeit. 6. Die Kenntnis von den Verhaltensstrukturen der vier Typen macht Partnerbeziehungen durchschaubar. 7. Die Verhaltensstrukturen zeigen Stärken und Schwächen der Typen.
Zu beachten ist weiter, dass jede Verhaltenstendenz und damit einhergehende Strategien in jeder Persönlichkeitsstruktur vorhanden ist, allerdings fast immer in unterschiedlicher Intensität. Es gibt also in diesem Sinne nicht die Person, die nur einem Typ entspricht. Allerdings ist beobachtbar, dass Menschen in einer bestimmten tendenziell bevorzugten Weise wahrnehmen und beurteilen und ein dementsprechendes Verhalten zeigen. In stark emotional geprägten Situationen ist dieses persönliche Verhalten besonders ausgeprägt. Insbesondere scheinen die Werte eine wichtige steuernde Funktion für Verhalten zu sein (vgl. Kluge 1999, S. 80).

[54] Bei der Literaturrecherche wurde festgestellt, dass im Gegensatz zu den strukturellen Persönlichkeitsaspekten die Auswahl an Testverfahren zur Erhebung von Werten bzw. Werthaltungen insbesondere im deutschsprachigen Raum sehr gering ist (vgl. Marré 1997, S. 57).

- einen bestimmten Typus[55] schneller erkennen zu können,
- Unterschiede und Gemeinsamkeiten leichter wahrzunehmen,
- sich einen Überblick über arbeitsspezifische Einsatzmöglichkeiten im Allgemeinen zu verschaffen,
- einen Überblick über arbeitsspezifische Einsatzmöglichkeiten eines bestimmten Typs zu erhalten und damit auch einer bestimmten Person zu verschaffen,
- das Verhalten einzelner Mitarbeiter und Führungskräfte besser zu verstehen,
- gezielt Personal zu akquirieren,
- das richtige Personal für eine bestimmte Position auszuwählen,
- während eines Gesprächs die Werte und damit einhergehender Verhaltensmuster herauszufinden,
- Mitarbeitergespräche individuell führen zu können,
- Teams oder Abteilungen optimaler zusammenzusetzen,
- Personal individuell zu schulen,
- Verständnis für Konfliktpotenzial und Lösungsmöglichkeiten zu erhalten.

Die Auswertung der empirischen Untersuchung für die Typologie ergab, dass Menschen mit ähnlichen Werten in vergleichbaren Unternehmensbereichen arbeiten. Aufgrund dessen wurden die nachfolgend beschriebenen vier Persönlichkeitstypen entwickelt. Da sich diese Arbeit mit Personalmanagement beschäftigt, sind vor allem Hinweise zur Einschätzung von Mitarbeitern und Führungskräften erarbeitet worden. Um dieses komplexe Thema zu vereinfachen und komprimierter darstellen zu können, werden die jeweiligen Themen und Ergebnisse vielfach in Tabellen dargestellt.

Im folgenden Kapitel werden die vier Persönlichkeitstypen vorgestellt und Empfehlungen für deren Einsatz und Lösungen für die in der Einleitung aufgeworfenen Themen gegeben.

---

[55] Auf der Ebene des Typus werden die einzelnen Typen separat betrachtet, und es wird vorrangig nach den Gemeinsamkeiten aller Eigenschaften dieses einen Typus gesucht. Durch die hohe interne Homogenität werden die charakteristischen und wesentlichen Züge des Typus und der damit einhergehenden Verhaltensstrukturen besonders deutlich. Auf der Ebene der Typologie geht es um die Abgrenzung zwischen den einzelnen Typen. Hier wird vor allem auf die Differenzen zwischen den Gruppen geachtet. Durch eine möglichst hohe Heterogenität werden die Unterschiede zwischen den Typen deutlich.

2. Die vier Persönlichkeitstypen

2.1 Beschreibung der vier Persönlichkeitstypen

Zum besseren Verständnis wird schon zu Beginn dieses Kapitels auf die Persönlichkeitsstrukturen und auf die Rollen der vier Persönlichkeitstypen eingegangen sowie dazu unternehmensbezogene Anmerkungen gemacht. Die Beschreibungen der Typen ist eine vorweggenommene Zusammenfassung der Darstellungen aus dem Hauptkapitel E, Kapitel 2.2 und 3.1 und dient dem allgemeinen Überblick über die Typen.
Im nächsten Schritt werden detaillierte Informationen über die Merkmale, Werte und Fähigkeiten, die die Typen ausmachen, in tabellarischer Form dargestellt. Weiter wurde analysiert, welche spezifischen Stärken und Schwächen eine Person mit einer bestimmten Typenausprägung haben könnte. Diese Ergebnisse sind in einer weiteren Tabelle enthalten. Da die Stärken und Schwächen beobachtbar sind, wird unabhängig von der empirischen Untersuchung gezeigt, wie die einzelnen Typen von anderen Personen wahrgenommen werden können. Bei diesen Ausführungen ist ebenfalls zu beachten, dass es sich hier um Tendenzen handelt.

Die Vierer-Kategorie beinhaltet folgende Grundtypen:

- Der *Visionär*: Hier sind die Personen einzuordnen, die eher Visionen und Ideen haben.
- Der *Planer*: Hier sind die Personen einzustufen, die eher planen und Ideen umsetzen.
- Der *Qualitätsmanager*: Hier sind die Personen einzugliedern, die eher hinterfragen und kontrollieren.
- Der *Koordinator*: Hier sind die Personen einzuordnen, die Informationen sammeln, motivieren, das Team zusammenhalten und Entscheidungen treffen. Außerdem achten sie auf das Machtverhältnis zwischen den anderen drei Grundtypen.

Bei der nachfolgenden Beschreibung der Typen wird besonders auf berufliche und unternehmensbezogene Aspekte eingegangen. Die Merkmale und Verhaltensweisen der Typen können ebenso auf den privaten Alltag übertragen werden.
Die Reihenfolge der Beschreibung der Typen geschieht in Anlehnung an die in einer Organisation stattfindenden Managementprozesse, d. h. von der Vision und Entwicklung über die Planung und Überprüfung der Pläne bzw. Vorgehensweisen bis zur Entscheidung und Umsetzung. Zudem führen ebenfalls optimale Kommunikationsstrategien von der Idee über die Planung zur Entscheidung und Umsetzung.

2.1.1 Visionäre

Persönlichkeitsstruktur

Visionäre sind Innovatoren und Erfinder. Sie suchen das Unbekannte und Unerforschte. Sie sind neugierig und lieben die Abwechslung. Diese äußerst kreativen Denker liefern Ideen und Kerngedanken, aus denen sich wesentliche neue Entwicklungen und Projekte ergeben. Visionäre stellen sich die Frage, was man entwickeln oder kreieren könnte. Dabei bleiben sie außerhalb der Überlegung, ob dies realistisch umsetzbar ist oder ob es benötigt wird. Sie bleiben bei vagen Ideen und allgemeinen Aussagen. Es kommt selten zur Umsetzung ihrer Ideen, weil sie meist sehr viele und immer wieder neue Ideen haben oder diese ständig erweitern. Meistens ist keine Struktur bzw. kein strukturelles Vorgehen erkennbar, da sie ständig Geistesblitze haben, die wie in einem Brainstorming kritiklos gesammelt werden. Sie legen sich ungern fest und treffen selten eine Entscheidung, da es immer noch etwas Besseres geben könnte.

Gewöhnlich bevorzugen Visionäre mit Personen zusammenzuarbeiten, die wie sie selbst flexibel sind und Spaß haben wollen. Visionäre wollen unabhängig sein, lieben ihre Freiheit und sind originell. Sie nutzen ihre Fantasie, gehen ungewöhnliche Wege und können andere begeistern. Sobald sie eingeschränkt werden, z. B. wenn sie detaillierte und konkrete Aussagen machen sollen, reagieren sie empfindlich und fühlen sich blockiert. Alle ihre Ideen sind für sie wichtig und bedeutsam, und sie lassen sich nicht gern einschränken. Daher reagieren sie heftig auf Kritik und Beratung.

Rolle

Neue Ideen zu entwickeln und alternative Lösungswege bei komplexen Problemen aufzuzeigen, ist das Haupteinsatzgebiet der Visionäre. Sie sind Veränderungen gegenüber offen und gehen Risiken ein. Deswegen sind Visionäre die Personen, die Ungewöhnliches wagen und ein Gespür für zukunftsversprechende Innovationen besitzen. Sie erkennen Chancen und Möglichkeiten und sollten zum Projektbeginn oder bei Projektstillstand eingesetzt werden. Gewöhnlich haben sie sich einen Namen als Gründer von Firmen oder als Initiatoren von neuen Produkten gemacht.

Unternehmensbezogene Anmerkungen

Am besten werden Visionäre immer dann eingesetzt, sobald Kreativität gefragt ist, z. B. für die Entwicklung von Visionen und neuen Ideen. Visionäre sind diejenigen, die in einem Unternehmen für Entwicklung und Fortschritt sorgen. Visionäre haben eine Vorliebe für das Beschreiten unterschiedlicher Wege und sehen Chancen. Allerdings ist auch eine Tendenz zu beobachten, dass viele Aktivitäten gestartet werden, die ohne Resultat enden. Diesbezüglich können zu viele Visionäre innerhalb einer Organisation produktivitätshemmend sein. Sie wenden viel Zeit auf, ihre eigenen Ideen zu stärken, lassen sich nicht festlegen und machen keine klaren Aussagen. Mit Visionären zusammen zu arbeiten, bedeutet ständig mit neuen Ideen konfrontiert zu werden, die nur gelegentlich zum Abschluss kommen. Für Mitarbeiter, die unter einer Führungskraft des Typs Visionär arbeiten, bedeutet dies, in vielen Projekten involviert zu sein und dass ihre Aufgaben vielfältig sind. Allerdings bleiben sie oft im Ungewissen, da sie keine klaren Anweisungen, Aufgabenstellungen oder Zielvorgaben erhalten. Sie müssen auf ständige Veränderungen gefasst sein und darauf, keine Richtung zu bekommen. Damit ein Unternehmen langfristig erfolgreich sein kann, müssen verschiedene Typen eingesetzt werden, die gemeinsam eine Problemlösung erarbeiten und Entscheidungen treffen. Für die konkrete Planung und Umsetzung einer Idee sind die Planer-Typen erforderlich.

2.1.2 Planer

Persönlichkeitsstruktur

Planer sind die Macher, die die Aufgaben umsetzen, auch dann, wenn Hindernisse auftauchen. Sie möchten möglichst schnell und sofort etwas tun. Sie sind enthusiastische, schnell zu begeisternde und gewissenhafte Personen. Planer haben eine Vorliebe für die Erledigung von Dingen, Fällen, Projekten und Aufgaben. Sie ziehen es vor, keine offenen Fragen mehr zu haben und brauchen einen klar strukturierten Arbeitsplan. Außerdem haben sie nur eine geringe Toleranz für Mehrdeutigkeiten. Durch ihre offene Art gewinnen sie schnell die Sympathie anderer Personen. Sie brauchen Beziehungen und die Zusammenarbeit mit anderen. Sie kommunizieren sehr gut mit anderen Menschen innerhalb und außerhalb des Unternehmens. Sie sind talentierte Vermittler und geschickt darin, Kontakte aufzubauen und zu pflegen. Planer zeigen ihre Stärke, indem sie die Ideen anderer aufgreifen und sie dann weiterentwickeln. Sie finden schnell heraus, was möglich ist und kennen die daraus resultierenden Aufgaben, damit eine Idee umgesetzt werden kann. Sie besitzen ein großes Organisationstalent, sind produktiv und halten Termine und Fristen ein.

Planer mögen feste Strukturen, Ordnung und brauchen detaillierte Informationen darüber, welches Ziel die Neuerung haben soll. Mit diesen Informationen haben sie eine klare Vorstellung von dem, wie etwas gemacht wird. Meistens wollen sie bestimmen, wie etwas umgesetzt wird. Da sie schnell zu einem Ergebnis kommen und Erfolg haben wollen, sind sie im Extremfall die Antreiber, die auch ohne Rücksicht auf andere und ohne diese einzubeziehen handeln.

Rolle

Die Stärke der Planer liegt darin, Ideen aufzugreifen, zu veranschaulichen und umzusetzen. Durch ihr strukturiertes Vorgehen und ihrer Liebe zum Detail bringen sie Ordnung in das Durcheinander, das die Visionäre durch ihre Ideensammlung verursachen können. Planer besitzen die Fähigkeit, eigenverantwortlich mitzudenken, optimal organisieren zu können und Informationen von anderen einzuholen. Ferner verstehen sie sich gut darauf, die Resultate dem Team zu vermitteln. Sie sind diejenigen, die die notwendigen Veränderungen umsetzen. Planer steigen häufig in höhere Führungspositionen auf, da sie durch ihre organisatorischen Fähigkeiten und ihr strukturiertes Vorgehen ihre Ziele fristgerecht und erfolgreich erreichen.

Unternehmensbezogene Anmerkungen

Planer sind die Macher, die Umsetzer. Planer sind für eine Organisation aufgrund ihrer Zuverlässigkeit und Fähigkeit zur praktischen Vorgehensweise sehr nützlich. Sie haben Erfolg, weil sie effizient arbeiten und weil sie ein Gefühl für das Machbare und Relevante haben. Planer erledigen umgehend die notwendige Arbeit und drücken sich nicht vor unangenehmen Aufgaben. Weniger geeignet sind sie, um neue Ideen und Visionen zu entwickeln. Gerne nehmen sie das auf, was schon vorhanden ist, und setzen es um. Für ein Unternehmen bedeutet dies, einen Planer mit der Umsetzung zu beauftragen, sobald die Entscheidung getroffen ist. Mitarbeiter, die einem Planer als Vorgesetzten unterstellt sind, können auf strukturiertes Vorgehen und die Zuverlässigkeit ihrer Führungskraft vertrauen. Allerdings sollten sie wissen, dass Arbeiten schnell und gewissenhaft erledigt werden müssen. Für die Erhaltung der Wettbewerbsfähigkeit und insbesondere der Qualitätsstandards ist es notwendig, das Umzusetzende zu überprüfen und das schon Erreichte stets neu infrage zu stellen. Dies leistet der Typus Qualitätsmanager.

2.1.3 Qualitätsmanager

Persönlichkeitsstruktur

Qualitätsmanager sind Personen, die neue Ideen und Pläne kritisch prüfen. Sie sind tiefgründig denkende, besonnene Menschen mit einer Immunität, enthusiastisch zu reagieren. Sie sind eher nach innen gerichtet, reflektieren, können gut analysieren und kritisch hinterfragen. Qualitätsmanager orientieren sich an den über die fünf Sinne zugänglichen objektiven Daten und Fakten. Sie verfügen über eine scharfe Beobachtungsgabe, ein hervorragendes Detailgedächtnis und einen hohen Realitätsbezug. Sie ziehen es vor, jede Angelegenheit erneut zu prüfen und treffen nur dann Entscheidungen, wenn jedes Detail genau kontrolliert ist. In der Regel besitzen Qualitätsmanager ein sehr kritisches Denkvermögen. Sie wägen die Vor- und Nachteile ab und fragen, was fehlt oder was überflüssig ist. Unter Beachtung der zu berücksichtigenden Faktoren besitzen sie die Fähigkeit, scharfsinnig zu beurteilen und zu kontrollieren, ob etwas sinnvoll umgesetzt werden kann. Es sind Personen, die häufig reserviert wirken und lieber allein arbeiten. Hier können sie sich auf schrittweises Vorgehen und auf Details konzentrieren, eine Methode, die bei Analysen notwendig ist.

Rolle

Die Stärke der Qualitätsmanager liegt darin, neue Ideen und Pläne kritisch zu hinterfragen und Vor- und Nachteile abzuwägen. Sie werden am sinnvollsten zur Analyse von Problemen und zur Untersuchung von Ideen oder Vorschlägen eingesetzt. Sie wägen die Vor- und Nachteile der unterschiedlichen Alternativen ab und achten auf Qualität. Auf Außenstehende wirken Qualitätsmanager trocken, entnervend und überkritisch. Deshalb sind viele Menschen überrascht, wenn ein Qualitätsmanager Führungskraft wird. Trotzdem besetzen häufig Qualitätsmanager strategisch wichtige Posten und haben Erfolg in hochkarätigen Positionen. Bei einigen Aufgaben ist eben Erfolg und Misserfolg von einer kritischen Betrachtungs- und Vorgehensweise abhängig.

Unternehmensbezogene Anmerkungen

Qualitätsmanager analysieren und bewerten die Ideen und Pläne. Dafür wägen sie Vor- und Nachteile ab und suchen nach möglichen Problemen. Sobald eine Idee, ein neues Produkt oder andere Sachverhalte kritisch hinterfragt und kontrolliert werden müssen, sollten Qualitätsmanager zum Einsatz kommen. Sie sind diejenigen, die die Vorschläge überdenken und prüfen, ob etwas effektiv und nützlich umgesetzt werden kann. Sie achten auf Qualitätsstandards und führen damit ein Unternehmen zum Erfolg. Allerdings neigen sie dazu, spontane Veränderungen abzulehnen und bevorzugen die stressfreie bzw. erfolgserprobte Routine.
Mitarbeiter, die einen Qualitätsmanager als Führungskraft haben, sollten sich darauf einstellen, dass detailliert und analytisch vorgegangen wird. Für Veränderungen offen zu sein, ist nicht der Fall ihres Vorgesetzten. Mitarbeiter, die keine großen Veränderungen mögen, sind bei diesem Typ am besten aufgehoben. Weiter können sie davon ausgehen, dass die Arbeit von ihrem Vorgesetzten gewissenhaft und auf Qualität achtend erledigt wird. Allerdings sollten sie davon ausgehen, dass ihre Arbeiten kontrolliert werden und sie als Mitarbeiter nur einen geringen Freiraum haben. Gleichzeitig wird es nur in überschaubaren, qualitätsgesicherten Schritten vorangehen.

Die Arbeiten und Fähigkeiten von Visionären, Planern und Qualitätsmanagern sind gleich wichtig für ein Unternehmen. Oft arbeiten sie unkoordiniert nebeneinander, versuchen ihre Arbeit als bedeutender erscheinen zu lassen als die von den anderen Typen oder sie erheben einen Machtanspruch zum Nachteil der anderen Typen. Deshalb ist der Typus Koordinator wichtig, der kohäsive, separierende und koordinierende Funktionen hat.

2.1.4 Koordinatoren

Persönlichkeitsstruktur

Das herausragende Merkmal von Koordinatoren ist ihre verbindende Art. Sie halten die Kommunikationskanäle offen und erleichtern jedem Teammitglied die Teilnahme. Sie schlagen Verfahrensweisen vor, die erlauben, dass alle erfahren, was Einzelne zu sagen haben. Sie pflegen Beziehungen, können gut motivieren und koordinieren. Sie gehen auf andere ein, ermutigen, unterstützen und akzeptieren die Vorschläge anderer. Koordinatoren sammeln Informationen und geben diese weiter. Bereitwillig dirigieren sie mit ihrer vertrauensvollen, selbstsicheren und überzeugenden Art. In zwischenmenschlichen Beziehungen verstehen sie schnell, die individuellen Talente der Gruppenmitglieder festzustellen und sie im Sinne des Gruppenziels einzusetzen. Sie verfügen über die Fähigkeit, andere zu motivieren, um an einem gemeinsamen Ziel zu arbeiten.

Koordinatoren versuchen auf eine Hierarchieebene zu gelangen, aufgrund der sie über verschiedene Abteilungen hinweg koordinieren und die Verantwortung für einen Teilbereich der Organisation übernehmen können. Sie wollen für das Gesamtergebnis verantwortlich sein. Koordinatoren identifizieren ihre Tätigkeit mit dem Erfolg des Unternehmens, bei dem sie beschäftigt sind. Der Typ Koordinator ist mit einer Führungskraft vergleichbar.

Rolle

Koordinatoren übernehmen die Koordination von Aufgaben und arbeiten gerne mit anderen Menschen zusammen. Sie beschaffen Informationen und geben diese weiter. Sie fordern zum Ausdrücken von Gefühlen auf, bitten um Aussagen oder Schätzungen jedes einzelnen Teammitglieds und fassen die Aussagen und Ideen zusammen. Dann bieten sie der Gruppe Entscheidungen oder Schlussfolgerungen zum Abwägen an und fragen nach, ob sich die Gruppe einer Entscheidung nähert. Sie besitzen den notwendigen Weitblick, motivieren und halten die Teammitglieder unterschiedlicher Persönlichkeitsausprägungen zusammen. Sinnvollerweise agieren Koordinatoren im Sinne eines Coaches, d. h., sie unterstützen durch eine lenkende Beratung.

Es ist nicht ungewöhnlich, dass Koordinatoren höhere Managementpositionen innehaben. Durch ihre diplomatischen Fähigkeiten können sie selbst in einem Linienmanagement, das vielfach durch Machtansprüche einzelner Manager durchsetzt ist, Konflikte lösen und Konsens herbeiführen. Koordinatoren, die Führungskräfte sind, besitzen in Unternehmen eine hohe Akzeptanz, und Mitarbeiter werden gerne von ihnen geführt. Koordinatoren nehmen Einfluss auf die reibungslose Arbeit im Team. Die Arbeitsmoral ist höher, und Menschen kommen besser miteinander aus, wenn sie in der Nähe sind.

Unternehmensbezogene Anmerkungen

Ein Unternehmen sollte Koordinatoren immer dann einsetzen, wenn etwas zusammengebracht, koordiniert und zum Abschluss gebracht werden soll. Sie sind richtig platziert, wenn ein Team aus Mitgliedern mit unterschiedlichsten Fachkenntnissen und charakterlichen Eigenschaften zusammengesetzt ist. Sie motivieren Teammitglieder, ihre Unterschiede und Gemeinsamkeiten zu erforschen, und versuchen, Meinungsverschiedenheiten zu schlichten, damit Spannungen vermindert werden. Sie können gut motivieren und bringen dadurch Harmonie und Kooperation in eine Gruppe. Sie können als Personen beschrieben werden, die eine Filterfunktion haben. Die Koordinatoren sind zudem Personen, die auf Termine achten, diese koordinieren und Entscheidungen herbeiführen. Diese Fähigkeiten haben sie durch ihre verbindliche Art und dadurch, dass sie Situationen bzw. Projekte überblicken. Koordinatoren sind außerdem die richtigen Personen, um externe Kontakte herzustellen und daraus resultierende Verhandlungen zu führen. Mitarbeiter, die einem Koordinator als Führungskraft zuarbeiten, können sich über eine respektvolle und partnerschaftliche Zusammenarbeit freuen. Allerdings wird von ihnen erwartet, dass sie harmonisch miteinander arbeiten und alle Informationen, insbesondere an ihre Führungskraft weitergeben.

Auch wenn die vier Typen zur klaren Unterscheidung separat beschrieben wurden, sollte klar sein, dass es Typen in ihrer Reinform nicht gibt. Das heißt, dass jede Person grundsätzlich alle Verhaltensmöglichkeiten zur Verfügung hat. Allerdings sind einige Verhaltensstrukturen stärker, andere schwächer ausgebildet. Bei den meisten Menschen steht eine Struktur im Vordergrund, die das Denken, Fühlen und Handeln, den zwischenmenschlichen Umgang und den Bezug zu sich selbst bestimmt. Im weiteren Verlauf werden die Merkmale, Werte und Fähigkeiten der einzelnen Typen beschrieben.

2.2 Merkmale, Werte und Fähigkeiten der einzelnen Typen

Im Folgenden werden die wesentlichen Merkmale, Werte und Fähigkeiten der einzelnen Typen tabellarisch dargestellt.[56] Des Weiteren wird darauf eingegangen, wie die Persönlichkeitsstile der einzelnen Typen von den anderen Typen eingeschätzt werden und dementsprechend unterschiedliche Reaktionen hervorrufen.

2.2.1 Merkmale der vier Typen

Die folgende Tabelle zeigt die Kernmerkmale der vier Grundtypen, an denen diese zu erkennen sind. Wesentliche Grundlage für die folgenden Darstellungen sind die durch die in der empi-

[56] Die Darstellung erhebt nicht den Anspruch auf Vollständigkeit.

rischen Untersuchung analysierten Ergebnisse, insbesondere die Ergebnisse aus den Fragen Nr. 18, 20 und 21. Außerdem fließen die Erkenntnisse der Verfasserin mit ein.

Merkmale der vier Typen	
Der **Visionär**	Der **Planer**
• hat Visionen und Ideen • alles ist möglich: Brainstorming ohne Zensur • Entwicklung ist wichtig • ist impulsiv, spontan • ist risikobereit • braucht Kreativität und Flexibilität • Abwechslung ist wichtig • schwelgt in Fantasien • hat vage Ideen, wenig Konkretes • trifft keine Entscheidung und legt sich nicht fest • stellt sich die Frage, was man alles ohne Einschränkungen machen könnte • braucht eher Chaos • festgelegte Strukturen behindern ihn • ist unbekümmert, abenteuerlustig • hat ein Gespür für Keimendes, Zukunftsversprechendes • will in seiner Umgebung Eindruck hinterlassen • mag es, wenn was los ist, ist gerne unter Menschen • gibt sich in neue Situationen hinein • ist neugierig • ist kontaktfreudig • wechselt in mechanischen Bürojobs öfter die Stelle • lässt alle Möglichkeiten offen, deutet die Wirklichkeit immer wieder neu, greift viel auf und führt wenig zu Ende • hat eine positive Haltung gegenüber Veränderung • schätzt neue Möglichkeiten • Innovationen sind wichtig • schätzt Autonomie • mag offen gehaltene Anweisungen • schwebt oft über den Wolken • ist spekulativ • lässt sich inspirieren • ist aufgabenorientiert • hält sich selbst für wichtig	• plant gerne • setzt Ideen um • sucht nach Mitteln und Wegen zur Realisierung • organisiert gerne • ist sachlich • ist pragmatisch, solide und realistisch • ist treu, loyal und zuverlässig • ist genau • benötigt Ordnung und Struktur • zieht praktische Anwendungsmöglichkeiten vor • schätzt Autorität und Arbeit • hat praktische Perspektiven • ist einverstanden, Richtungen einzuschlagen, die sich auf definierte Ziele hinbewegen • hat klare Vorstellungen • Details sind wichtig • liebt die Zusammenarbeit mit anderen • fragt sich, was an Zeit, Geld, Wissen, Vorbereitung usw. nötig ist, um das Ziel zu erreichen • fragt sich, was man dafür bräuchte, um etwas umzusetzen • greift bei der Planung die Ideen anderer auf • aktive, schöpferische Vorgänge sind wichtig • will bestimmen, was gemacht wird, und zwar in detaillierten Schritten • braucht Sicherheit • braucht Kommunikation • steht mit beiden Beinen fest auf dem Boden • ist entschlossen und gleichzeitig besonnen in der Ausführung • hält Termine und Fristen ein • ist produktiv • braucht Ergebnisse und Erfolg • ist menschenorientiert • andere sind wichtig

Der **Qualitätsmanager**	Der **Koordinator**
• hinterfragt kritisch • überprüft und kontrolliert • analysiert • setzt hohe Maßstäbe • hat klare Vorstellungen • ist detailorientiert • sieht eher, was nicht da ist, sieht Fehler und prüft, ob eine Idee sinnvoll und realistisch umsetzbar ist • fragt sich, was man dafür bräuchte, um etwas realistisch umzusetzen • besitzt analytische Fähigkeiten, Logik • betrachtet Dinge, Situationen mit Distanz • braucht Beständigkeit und bevorzugt Routine • mag selten Veränderungen und Neuerungen • ist korrekt • ist genau bis pedantisch • braucht Gerechtigkeit • Gesetze und Regeln sind wichtig • denkt in Kategorien • hat hohen Sicherheitswert • Struktur und Ordnung sind hohe Werte • Qualität ist wichtig • ist eher kopfgesteuert • ist objektiv • benötigt Zuordnung • objektive Kriterien sind wichtig • Präzision ist wichtig • Prinzipien sind wichtig • ist aufgabenorientiert • er selbst ist wichtig	• hat die Fäden in der Hand, er koordiniert • sammelt alle Informationen vom Visionär, Planer und Qualitätsmanager • filtert die wichtigen Informationen heraus und gibt sie an alle weiter • will verbinden • motiviert andere • sucht und braucht Harmonie • hält alle beteiligten Personen zusammen • pflegt Beziehungen und Kontakte • löst Konflikte und Probleme • trifft Entscheidungen • ist gerecht • verhandelt, ist entgegenkommend und verbindlich • ist Zukunftsgestalter • bleibt offen für neue Ideen • hat Intuition für das Zukünftige • kann gut Fragen stellen • ist lösungsorientiert und unterstützend • bietet Möglichkeiten an • gutes Zeitmanagement und hält Termine ein • mag Interaktionen • Kommunikation ist wichtig • persönliche Vertrautheit ist wichtig • schätzt und würdigt andere • ist einfühlsam • braucht die Übereinstimmung mit anderen • arbeitet mit Überzeugungskraft • ist menschenorientiert • andere sind wichtig

Tab. 6: Merkmale der vier Typen
Quelle: Eigene Darstellung

Zum Vergleich der beiden nachfolgenden Tabellen erscheint es wichtig, an dieser Stelle nochmals auszuführen, dass Werte die persönlichen Überzeugungen repräsentieren, was Menschen für besonders wichtig halten. Sie bestimmen das, was Individuen wünschenswert erscheint, und das, was sie wollen. Dies bedeutet allerdings nicht, dass sie das, was sie möchten, auch qualifiziert umsetzen können. Das, was jemand kann, wird mit Fähigkeiten umschrieben und beinhaltet die für eine Handlungskompetenz erworbenen Fertigkeiten und Strategien. Beispielsweise ist einer Person wichtig, dass etwas optimal organisiert ist. Ob diese Person selbst gut organisieren kann, muss nicht unbedingt gegeben sein.

2.2.2 Werte der Typen

Die folgende Tabelle zeigt die charakteristischen Werte der einzelnen Typen. Wesentliche Grundlage für die folgenden Darstellungen sind die durch die in der empirischen Untersuchung analysierten Ergebnisse, insbesondere die Ergebnisse aus den Fragen Nr. 18, 20 und 21. Die fett gedruckten Werte sind im Rahmen der empirischen Untersuchung angegeben worden.[57] Die anderen aufgeführten Werte sind von der Verfasserin aufgrund ihrer o. g. Erkenntnisse ergänzt worden.

Werte der Typen	
Typ	**Werte**
Visionär	**Abwechslung**, Autonomie, **Bewegung**, **Entwicklung** von Neuem, **Flexibilität**, **Ideen**, **Kommunikation**, **Kreativität**, Fortschritt, **Freiheit**, **Gerechtigkeit**, Neues ausprobieren, **Risiko**, **Selbstbestimmung**, Selbstständigkeit, Selbstverwirklichung, Spaß haben, Unabhängigkeit, Veränderung, **Vielseitigkeit**, Vielfalt, **Überblick**, **Visionen**
Planer	**Aktiv sein**, **Ästhetik**, **Anerkennung**, Anpassung, Bewegung, **Beziehung**, Details, Entwicklung, **Erfolg**, **Flexibilität**, **Führung**, Gemeinschaft, **Gestaltung**, **Informationen** sammeln, Interaktion, **Kommunikation**, Kooperation, Kundenorientierung, Kreativität, **Leistung**, **Machen**, **Motivation**, **Ordnung**, **Organisation**, **Pflichtbewusstsein**, **Planen**, (etwas sollte) praktisch sein, Ruhe, Schnelligkeit, Selbstbestimmung, Selbstständigkeit, **Sicherheit und Risiko**, **Struktur**, **Umsetzung**, Veränderung, **Verantwortung**
Qualitätsmanager	Analysieren, **Anerkennung**, Autoritäten, **Beständigkeit**, Ehrlichkeit, Denken, Details, **Erfolg**, Fakten, **Genauigkeit**, **Gerechtigkeit**, Gesetze, Hierarchie, Intellekt, **Karriere**, **Kontrolle**, **Kritik**, Normen, Ordnung, **Pflichtbewusstsein**, **Prüfen**, Regeln, Qualität, **Sicherheit**, **Struktur**, **Tatsachen**, **Tradition**, Überprüfen, Verbindlichkeit, **Verstand**, **Wahrheit**, Zuverlässigkeit
Koordinator	**Abstimmung**, Abschluss, Beziehung, **Ehrlichkeit**, **Entscheidungen treffen**, **Entwicklung**, **Erfolg**, Flexibilität, **Führung**, Gerechtigkeit, **Harmonie**, **Informationen** sammeln, **Interaktion**, **Koordination**, **Kommunikation**, **Kundenorientierung**, Leistung, **Motivation**, Organisation, **Selbstbestimmung**, **Selbstverwirklichung**, Selbstständigkeit, Überblick, **Übereinstimmung**, Vielseitigkeit, **Verbindlichkeit**, Veränderung, **Verantwortung**, **Verbinden**, Verständnis, **Zusammenarbeit**

Tab. 7: Werte der Typen
Quelle: Eigene Darstellung

[57] An dieser Stelle werden nur die charakteristischen Werte der Typen angegeben. Die Werte, die für alle Typen wichtig sind, sind in der Auswertung der empirischen Untersuchung unter den Fragen 20 und 21 aufgeführt.

2.2.3 Fähigkeiten der Typen

Die folgende Tabelle zeigt die Fähigkeiten der einzelnen Typen. Die Auflistung der Fähigkeiten erfolgt aufgrund der Bildung von Analogien zu den Merkmalen und Werten der Typen.

Fähigkeiten der Typen	
Typ	**Fähigkeiten**
Visionär	Ideen, Visionen haben, Flexibilität, Kreativität, erkennt Chancen, sieht Möglichkeiten, Entwicklung und Fortschritt fördern, begeistern können, Risikofreude, vielseitig sein, Überblick haben, spielerischer Umgang, neugierig sein, zukunftsorientiert sein, offen sein für Neues
Planer	Ideen umsetzen, gestalten können, Ausdauer, sich anpassen, detailliertes Denken, Kommunikation, Planung für andere sichtbar machen, konkret werden, organisieren, etwas ausführen, Beziehungen eingehen, in Kontakt sein und bleiben mit anderen, verbindlich sein, Zusammenarbeit, Termine einhalten, den praktischen Nutzen erkennen, Verantwortung übernehmen
Qualitäts-manager	kontrollieren können, Fehler finden, auf Qualität achten, analytisches Denken, konstruktive Kritik üben, wissen, was realistisch möglich ist und was nicht möglich ist, Details und Fakten beachten, Dinge bewahren, auf Tradition achten, detailliert forschen, Ausdauer haben, geduldig sein
Koordi-nator	koordinieren können, verbinden können, Verantwortung übernehmen, Kommunikation, delegieren, sich mit anderen abstimmen, führen und motivieren können, Beziehungen eingehen, in Kontakt sein und bleiben mit anderen, Informationen erfahren, sammeln und weitergeben, Überblick haben, Abwägen zwischen Sicherheit und Risiko, Entscheidungen treffen, Zusammenarbeit, die Zeit gut einteilen können, Prioritäten setzen, offen sein, für neue Ideen, Ziele erreichen, Termine einhalten

Tab. 8: Fähigkeiten der Typen
Quelle: Eigene Darstellung

Die folgende Tabelle zeigt beispielhaft die Stärken und Schwächen der einzelnen Typen. Die Auflistung der Stärken und Schwächen erfolgt aufgrund der Ergebnisse der Frage Nr. 18 aus der empirischen Untersuchung und der Erkenntnisse der Verfasserin.

Stärken und Schwächen der Typen		
Typ	**Stärken**	**Schwächen**
Visionär	• starkes, klares Gefühl oder Einsicht für in der Zukunft liegende Ereignisse • experimentierfreudig • neugierig sein • offen für Neues • sucht Herausforderung	• ist schnell gelangweilt • ist inkonsequent • ist zu risikobereit • sieht im Unbekannten die Lösung • drückt sich nicht klar aus • ist unpraktisch

Stärken und Schwächen der Typen		
Typ	**Stärken**	**Schwächen**
Planer	• hat Blick für realistische Umsetzung • ergänzt, verfeinert Ideen • verfolgt konsequent die Ziele • denkt in Zusammenhängen • planvolles Erarbeiten von Lösungen • entscheidungsfreudig • konzeptionelle Stärke	• benötigt Input vom Visionär • mangelnde Flexibilität in der Umsetzung von Zielen, da zu stark am Plan festgehalten wird • rein am Nutzen orientiertes Vorgehen • ungeduldig, da er sofort und schnell umsetzen will • braucht Anerkennung von anderen
Qualitäts-manager	• hohes analytisches Geschick • sieht in der Analyse weitere verschiedene Möglichkeiten • archiviert Wissen • betrachtet die Dinge von vielen Seiten • achtet auf Qualität • führt umfangreiche Vergleiche durch	• verliert sich in Details • benötigt Input vom Visionär u. Planer • nicht entscheidungsfreudig • rein rationales Vorgehen • hoher Sicherheitsanspruch und damit unflexibel • langsame, aufwändige Vorgehensweise
Koordi-nator	• kann andere motivieren • delegiert • kanalisiert und separiert die Kräfte der übrigen Typen • hält die übrigen Typen zusammen • treibt Ergebnisse voran • fordert zum Weitermachen auf • hat den Überblick	• hat von allen Typen etwas, weiß nicht wirklich über alles Bescheid • macht nichts selbst • benötigt Input der übrigen Typen • sammelt zu lange und zu viele Informationen • übernimmt zu viel Verantwortung • will überall dabei sein • will es allen recht machen

Tab. 9: Stärken und Schwächen der Typen
Quelle: Eigene Darstellung

Es kann davon ausgegangen werden, dass sich Personen mit ähnlichen Strukturen, wie Werten oder Einstellungen, also sich gleichenden „Inneren persönlichen Systemen", mit einer großen Wahrscheinlichkeit in denselben Situationen ähnlich verhalten werden. Es ist jedoch zu beachten, dass die inneren Strukturen für Verhalten ebenso ausschlaggebend sind wie das soziale Umfeld. Deshalb können sich Personen mit einem hohen Sicherheitswert aufgrund des sozialen Umfeldes unterschiedlich verhalten. Verändert sich z. B. die Lebenssituation durch Familiengründung und durch Nachwuchs, wird sich der neue Familienvater darum bemühen, eine neue, besser bezahlte Tätigkeit zu erhalten. Wenn dies in seinem gegenwärtigen Unternehmen möglich ist, wird er keine Motivation haben, das Unternehmen zu wechseln. Wenn ein höheres Gehalt in dem Unternehmen nicht möglich ist, wird er sich aufgrund seiner Familie dazu entscheiden, sein Sicherheitsbedürfnis zurückzustellen, und das Risiko eingehen, in einem ihm fremden Unternehmen neu anzufangen, um hier mehr Geld zu verdienen. Aufgrund der o. g. Stärken und Schwächen kann unterschiedliches Verhalten beobachtet werden. Im folgenden Kapitel wird darauf eingegangen, wie sich die Typen gegenseitig einschätzen und welche Reaktionen sie bei den anderen Typen hervorrufen.

2.2.4 Gegenseitige Einschätzung der vier Typen

Jeder Typ hat bestimmte Stärken und damit einhergehende Verhaltensmuster, die von den anderen Typen entweder als günstig oder ungünstig wahrgenommen werden können. Beispielsweise könnte der Ideenreichtum des Visionärs von den anderen Typen als sprunghaft bewertet werden. Die folgende Tabelle zeigt beispielhaft auf der einen Seite die von den anderen Typen als günstig wahrgenommenen Verhaltensmuster und auf der anderen Seite die als ungünstig eingeschätzten Bewertungen. Diese Darstellungen erfolgen aufgrund der Erkenntnisse der Verfasserin.

Wirkungen der Typen auf andere Typen			
Typ	**günstige Wahrnehmung**	**versus**	**ungünstige Wahrnehmung**
Visionär	• ideenreich • flexibel • spontan • geht Risiken ein • kontaktfreudig • optimistisch • pionierhaft • stimmungsvoll	- - - - - - - -	• sprunghaft • unbeständig • impulsiv • unrealistisch • kumpelhaft • voreilig • fordernd • unaufmerksam
Planer	• zuverlässig • schnell • handelt sofort • ordentlich • strukturiert • anpassungsfähig • aufmerksam • loyal	- - - - - - - -	• zu pflichtbewusst • überfahren • ruhelos • unflexibel • langsam • unselbstständig • zu angepasst • unterwürfig
Qualitäts-manager	• genau • systematisch • analytisch • geduldig • qualitätsorientiert • sorgfältig • detailliert • kritisch	- - - - - - - -	• pedantisch • unflexibel • bremsend • ausnutzbar • problemorientiert • zu gewissenhaft • unschlüssig • misstrauisch
Koordi-nator	• diplomatisch • selbstbewusst • entschieden • alle einbindend • kommunikativ • ergebnisorientiert • kooperativ • extrovertiert	- - - - - - - -	• umständlich • arrogant • bestimmend • harmoniesüchtig • redet zu viel • wettbewerbsorientiert • angepasst • geltungsbedürftig

Tab. 10: Wirkungen der Typen auf andere Typen
Quelle: Eigene Darstellung

Die folgenden beispielhaften Ausführungen zu den Wahrnehmungen der Typen resultieren aufgrund der Erkenntnisse und schließen das Kapitel ab.

Koordinator versus Visionär
Ein Koordinator, der sich zunächst mit vielen Menschen auseinander setzt, bevor er handelt, könnte von einem Visionär als übermäßig vorsichtig angesehen werden oder als jemand, der Zeit mit zwischenmenschlichen Aktivitäten verschwendet. Auf der anderen Seite könnte der Koordinator die Tendenz des Visionärs, flexibel bleiben und sich nicht festlegen zu wollen, als Zeichen von Unverbindlichkeit und Unentschlossenheit sehen.

Qualitätsmanager versus Visionär
Ein Mensch, der erst nach Fakten sucht bevor er handelt, würde einen Menschen wie den Visionär, der mehr intuitiv und spontan handelt, als impulsiv bezeichnen. Er würde ihm vorwerfen, er handelt vornehmlich aufgrund plötzlich auftauchender Ideen, ohne dass er „seine Hausaufgaben sauber machen" würde. Der Visionär wiederum wird die Sorgfalt, mit der der Qualitätsmanager alle Informationen prüft, bevor er entscheidet, so einschätzen, dass jener sich unnötig um Details kümmert und einfach vermeidet, Risiken einzugehen und Entscheidungen zu treffen.

Qualitätsmanager versus Koordinator
Qualitätsmanager schätzen sich als fähig ein, Entscheidungen basierend auf einer logischen Situationsanalyse zu treffen; sie sehen diejenigen, die eher menschenorientiert arbeiten, als zu zart besaitet an, und sie hängen ihnen irrationales Urteilen an. Außerdem meint der Qualitätsmanager, dass die Koordinatoren zu leicht durch Emotionen und Mitgefühl aus der Bahn geworfen würden. Im Gegenzug schätzen sich Koordinatoren selbst als sensibel, rücksichtsvoll und den Wünschen von anderen zugewandt ein; sie werden den Qualitätsmanager als zu aufgabenorientiert, distanziert und unsensibel betrachten.

Planer versus Koordinator
Hier sind die Unterschiede deswegen interessant, da sie sich direkt auf den Problemlösungsaspekt einer Führungsfunktion auswirken. Für Koordinatoren ist es wichtig, alle Aspekte eines Problems zu ermitteln. Sie sind überzeugt, dass Planer zu schnell auf die Lösung des Problems losgehen und dass sie nicht gewillt sind, die notwendige Zeit aufzubringen, um wirklich das Problem zu durchdringen. Planer werden bei Koordinatoren ungeduldig, da für sie die Koordinatoren nicht schnell genug handeln. Sie glauben, dass Koordinatoren nicht in der Lage sind, jemals zu Lösungen zu kommen, weil sie es möglichst jedem recht machen wollen. Planer sehen sich selbst als entscheidungsstark und meinen, dass sie schnell zum Kern einer Sache vordringen und damit das Geschäft vorantreiben.

Auswirkungen auf (Arbeits-)beziehungen:
Sich der oben beschriebenen Unterschiede bewusst zu sein, hilft, (Arbeits-)beziehungen von zwei oder mehr Personen zu verstehen. Zum einen können zwei Menschen ihre Unterschiede verstehen lernen und diese dann akzeptieren und schätzen. Zum anderen kann dadurch die Komplementarität in einer (Arbeits-)beziehung erkannt werden. Die meisten Situationen erfordern eine Vielzahl unterschiedlicher Ansätze, u. a. die Fähigkeit, sowohl den Verstand als auch das Gefühl, genauso wie die Intuition als auch analytisches, strukturiertes Vorgehen einzusetzen. Gegenseitiges Akzeptieren führt dazu, die Fähigkeiten des anderen zu nutzen und das Zusammenspiel der vier Typen zu erlernen.

2.2.5 Zusammenspiel der vier Typen

Wie zuvor erläutert, hat jeder Typ bevorzugte Verhaltensstrukturen, die ihn in besonderer Weise ausmachen. Diese Verhaltensstrukturen können mit Strategien beschrieben werden, mit denen er seine Aufgaben erfüllt und sein Leben meistert.
Aufgrund der Verschiedenheit dieser Strategien und damit verbundenen Stärken brauchen sich die vier Typen gegenseitig und können voneinander profitieren. Denn ein Visionär kann seine Ideen ohne einen Planer nicht praktikabel verwirklichen. Ein Qualitätsmanager und ein Visionär fahren sich ohne einen Planer in einem endlosen Konflikt fest. Ein Visionär und ein Planer können zwar Dinge erschaffen, aber ohne den Qualitätsmanager sind es wahrscheinlich keine Erfolg versprechenden Ideen. Ein Qualitätsmanager ist ohne einen Planer oder Visionär tatsächlich allenfalls ein ständiger Kritiker. Der Visionär, der Planer und der Qualitätsmanager arbeiten ohne den Koordinator für sich allein. Sie brauchen ihn als verbindendes Element zum Koordinieren. Bei ihm laufen die Fäden zusammen. Demzufolge verbindet der Koordinator die drei anderen Grundtypen und trifft letztendlich die Entscheidungen. Der Koordinator wiederum ist ohne die anderen drei Typen wie eine Führungskraft ohne Mitarbeiter. Er benötigt sie z. B. für die Ideen, Kommunikation, Organisation, Kontrolle, Informationen und um Aufgaben oder Projekte voranzutreiben.

Die folgende Grafik zeigt die Zusammenarbeit bzw. das Zusammenspiel der vier Typen:

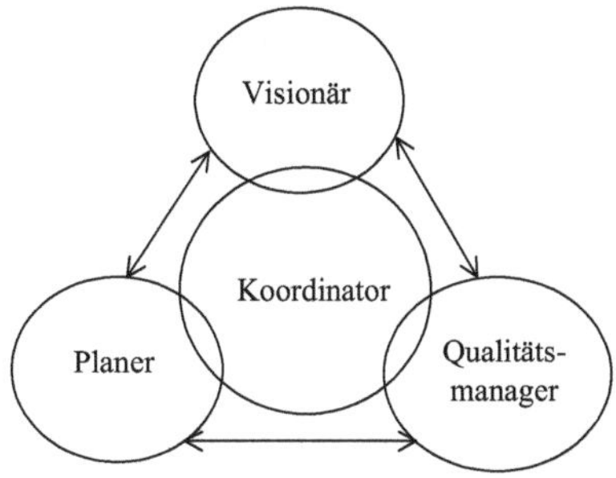

Abb. 19: Zusammenspiel der vier Typen
Quelle: Eigene Darstellung

Erst das Zusammenspiel bzw. die Zusammenarbeit der vier Typen mit ihren unterschiedlichen Fähigkeiten und Verhaltensstrukturen macht eine neue Idee umsetzbar und erfolgreich. Anzumerken ist, dass jeder Mensch regelmäßig alle vier Strategien nutzt, um sein Leben erfolgreich zu gestalten. Allerdings gibt es Menschen, die für eine der Strategien besonders geeignet sind. Deswegen ist es für jedes Unternehmen wichtig, Personal zu haben, das von seiner Struktur her unterschiedliche Fähigkeiten mitbringt.

Dementsprechend wären für Unternehmen und für jede Person nachfolgende Fähigkeiten zur Lösung von Problemen hilfreich:

- kreatives Vorgehen: unorthodoxe Wege einschlagen können, wenn andere nicht greifen;
- analytisches Vorgehen: systematische Annäherung an eine Fragestellung;
- strukturierendes Denken: Informationen klassifizieren;
- logisches Denken: logische Schlussfolgerungen ziehen;
- kontextbezogenes Denken: Zusammenhänge und Interdependenzen verstehen;
- kreatives Denken: Informationen neu kombinieren;
- kritisches Denken: Bestehendes infrage stellen;
- entscheidungsorientiertes Denken: Entscheidungen treffen können;
- soziale Kompetenz: mit sich selbst in Einklang sein, seine Ziele artikulieren können und fähig sein, mit anderen interagieren und kooperieren zu können;
- die Fähigkeit, für jede Situation und Aufgabe eine persönliche Handlungsstrategie zu entwickeln.

Wie in der Einleitung beschrieben, ist es nicht nur wichtig, seine eigenen Strukturen, d. h. sein eigenes „Persönliches System“ zu kennen, sondern ebenfalls das von seinen Mitmenschen zu kennen bzw. erkennen zu können. Daher wird nachfolgend beschrieben, wie die vier Typen im beruflichen Alltag erkannt werden können.

2.3 Erkennen der Typen im Alltag

Dieses Kapitel soll aufzeigen, wie die Typen im Alltag anhand ihres Verhaltens und durch ihre Aussagen und Antworten auf Fragen erkannt werden können. Nützlich können die folgenden Darstellungen insbesondere für die Personalauswahl im Rahmen eines Vorstellungsgesprächs[58] sein. Für eine komprimierte Darstellung wurden Tabellen entwickelt, die beispielhaft die möglichen typenspezifischen Antworten und Aussagen sowie Verhaltensweisen skizzieren.

2.3.1 Typen am Verhalten erkennen

Die folgende Tabelle soll dabei unterstützen, durch das beobachtbare Verhalten des Gesprächspartners den Typ leichter einschätzen zu können. Die folgenden Ausführungen konnten aufgrund der Erkenntnisse der Verfasserin gemacht werden.

Typen am Verhalten erkennen			
Visionär	**Planer**	**Qualitätsmanager**	**Koordinator**
Wenn dieser Typ spricht, wirkt er ...			
• laut	• verhalten	• emotionslos	• selbstbewusst
Wenn dieser Typ zuhört, verhält er sich ...			
• freundlich, optimistisch, unterbricht oft, bringt immer wieder eigene Beiträge ein	• ruhig und aufmerksam, ist ein geduldiger Zuhörer	• unterbricht nicht, wirkt in sich gekehrt, abwesend	• als guter Zuhörer und gibt diplomatische Hinweise
Wenn dieser Typ Fragen stellt, geht es meistens ...			
• um eigene und die Gefühle anderer	• um „Wie"-Fragen	• um weitere Informationen über Fakten	• darum, wie etwas miteinander verbunden werden kann
Bei längeren Besprechungen diskutiert dieser Typ ...			
• lebhaft und emotional	• bedacht und strukturiert	• diszipliniert und sorgfältig	• darauf achtend, dass alle zu Wort kommen
Mit Personen aus seinem eigenen Umfeld spricht dieser Typ ...			
• offen, temperamentvoll und unbeschwert	• rücksichtsvoll und auf die Beziehung achtend	• sorgfältig und detailliert	• diplomatisch

[58] Wird auch betitelt als Einstellungsinterview, Auswahl- oder Bewerbergespräch. Weitere Ausführungen zum Thema Vorstellungsgespräch sind zu finden z. B. bei Marré 1997, S. 116 f.; Jetter 1996, S. 85; List 1996, S. 11; Schuler 1996, S. 198.

Typen am Verhalten erkennen			
Visionär	**Planer**	**Qualitätsmanager**	**Koordinator**
In der Kommunikation drückt sich dieser Typ ...			
• unklar aus	• anerkennend und auf Genauigkeit achtend aus	• eher vorsichtig und nachfragend aus	• für jeden möglichst verständlich aus
Wenn die Gestik und Mimik dieses Typs beobachtet wird, sieht man, dass er ...			
• viel mit den Händen gestikuliert	• freundlichen Augenkontakt mit anderen bewahrt	• in seiner Ausdrucksweise eher zurückhaltend ist	• sich zu allen hinbewegt
Bei der Beobachtung, wie dieser Typ mit anderen umgeht, merkt man, dass ...			
• er seine Gefühle offen zum Ausdruck bringt und schnell Kontakt findet	• er sehr freundlich und nett ist	• er viel beobachtet, zuhört, ohne die anderen zu unterbrechen	• er versucht, eine Verbindung herzustellen und die Führung zu übernehmen
Wenn dieser Typ mit Schwierigkeiten konfrontiert wird, reagiert er ...			
• ausweichend und sucht nach allgemeinen Lösungen	• gefasst und versucht, wieder eine stabile Situation herzustellen	• ängstlich und versucht, die Auswirkungen der Probleme zu analysieren	• überlegt und versucht wieder Harmonie herzustellen
Wenn auf diesen Typ neue Aufgaben zukommen, dann ...			
• bevorzugt er spontane Lösungen	• ist er kooperativ und bereitwillig	• ist er eher vorsichtig und nachfragend	• sucht er Kooperation und Lösungen für alle
Auf die Pünktlichkeit bezogen ist dieser Typ ...			
• unpünktlich	• pünktlich	• überpünktlich	• pünktlich-unpünktlich
Im Mittelpunkt zu stehen mag dieser Typ ...			
• sehr	• mal mehr, mal weniger	• gar nicht	• sehr
Gibt Fehler zu ...			
• unterdurchschnittlich	• überdurchschnittlich	• am wenigsten	• am ehesten

Tab. 11: Erkennen der Typen am Verhalten
Quelle: Eigene Darstellung

Nicht nur durch aufmerksame Beobachtung können diese Typen identifiziert werden, sondern ebenfalls über betrieblich relevante Fragestellungen.

2.3.2 Durch stellen von Fragen oder durch Aussagen des Gesprächspartners den Typ identifizieren

Nachfolgende Tabelle listet beispielhaft die Fragen auf, die hilfreich sind, um die Typen zu identifizieren. Den Fragen sind den Typen entsprechende Antworten zugeordnet. Die folgenden Darstellungen sind aufgrund der Erkenntnisse der Verfasserin entwickelt worden.

Typen durch Fragen identifizieren			
Visionär	**Planer**	**Qualitätsmanager**	**Koordinator**
Wenn dieser Typ zu Menschen/Ereignissen befragt wird, verhält er sich ...			
• begeisternd	• entspannt	• distanziert	• kooperativ
Wenn dieser Typ nach dem befragt wird, was ihm wichtig ist, sagt er ...			
• Ideen, Entwicklung, Bewegung, Vielseitigkeit, Freiheit, Spaß, Flexibilität	• etwas tun, machen, Struktur, Ordnung, Beziehung, Kommunikation, Organisation, Gestaltung	• Sicherheit, Genauigkeit, Tatsachen, Verstand, Regeln, Wahrheit, Gerechtigkeit	• Koordination, Kommunikation, verbinden, Motivation, Zusammenarbeit, Verantwortung
Nach den Zielen gefragt, antwortet dieser Typ ...			
• ausweichend, mehrere Ziele gleichzeitig nennend	• mit konkreten Zielen, die er meist schon durchgeplant hat	• mit Zielen, die er im Rahmen seines sicheren Umfelds erreichen kann	• mit Zielen, bei denen er selbst bestimmen kann
Bei Fragen nach Konflikten antwortet er:			
• „Ich habe keine Konflikte, komme mit allen gut aus."	• „Ich plane genau, wie ich einen Konflikt lösen kann."	• „Ich ziehe mich zurück und warte ab."	• „Ich versuche eine Lösung für alle zu erreichen."
Nach der Zusammenarbeit gefragt, antwortet er:			
• „Ich arbeite am liebsten mit anderen zusammen, mit denen ich Spaß habe."	• „Ich arbeite am liebsten mit anderen zusammen, die zuverlässig sind."	• „Ich arbeite am liebsten allein."	• „Ich arbeite am liebsten mit anderen zusammen, die kooperativ sind."
Nach Erfolgen gefragt, antwortet dieser Typ ...			
• mit vielen Beispielen	• mit einigen konkreten Beispielen	• mit wenigen Beispielen	• mit außergewöhnlichen Beispielen
Nach seinem Arbeitsstil befragt, beschreibt er ihn als ...			
• eher chaotisch	• ordentlich, strukturiert	• gewissenhaft, genau	• den Überblick behaltend
Auf die Frage: „Wie treffen Sie Entscheidungen?" Antwortet er:			
• „Ich treffe Entscheidungen aus dem Bauch heraus."	• „Ich gehe schrittweise vor."	• „Erst wenn ich alles genau überprüft habe, treffe ich eine Entscheidung."	• „Ich sammle Informationen und binde andere mit ein."

Tab. 12: Typen durch Fragen identifizieren
Quelle: Eigene Darstellung

Die folgende Tabelle zeigt weitere Fragen, Antworten und Aussagen zur Ermittlung des Typs. Zwischen den Fragen zur Ermittlung des Typs und den aufgelisteten Antworten und Aussagen des Typs bestehen keine Zusammenhänge. Diese Tabelle entstand aufgrund der Erkenntnisse der Verfasserin.

Fragen, Antworten und Aussagen zur Ermittlung des Typs		
Typ	**Fragen zur Ermittlung des Typs**	**Antworten und Aussagen des Typs**
Visionär	• Ist Ihnen die Idee wichtiger als die Umsetzung? • Können Sie zukünftige Ereignisse erspüren? • Sind Sie Ihrer Zeit voraus? • Setzen Sie sich selbst gerne Ziele? • Sind Sie kreativ bei der Lösungsfindung? • Wo fühlen Sie sich wohler: Ideen haben oder Ideen umsetzen? • Können Sie sich lange auf ein Ziel konzentrieren? • Sind Sie konsequent in der Zielerfüllung? • Handeln Sie spontan?	• Ich sehe das Bild, das Ziel, das Ereignis vor mir. • Wir brauchen Innovation. • Das wird später mal so aussehen. • Davon wird man noch hören. • Das wird denen da oben zwar nicht schmecken, aber das wird so kommen. • Dann fühlt es sich später besser an. • Ich inspiriere gern mein Umfeld durch Ideen. • Ich entwickle gerne neue Ideen. • Ich suche mehrere Lösungen.
Planer	• Ist Ihnen die Umsetzung wichtiger als die Idee? • Werden Sie öfters von anderen inspiriert, um mehr daraus zu machen? • Haben Sie den Überblick bei Planungen? • Fühlen Sie sich wohl, Probleme zu lösen? • Wo fühlen Sie sich wohler: Ideen haben oder Ideen umsetzen? • Können Sie sich lange auf ein Ziel konzentrieren? • Planen Sie Ihre Ziele? • Gehen Sie schrittweise vor? • Organisieren Sie gerne das, was Ihnen aufgetragen wurde?	• Ich sehe den Nutzen, der mit der Idee verbunden ist. • Ich sehe realistische Chancen, diese Idee umzusetzen. • Ich bleibe am Ball. • Ich fühle, dass ich jetzt richtig liege. • Ich weiß, wie ich es schaffe. • Daraus kann man noch mehr machen. • Ich habe das schon mal skizziert. Wir können so oder so vorgehen. • Das ist nicht einfach, aber möglich. • Ich suche die praktische Lösung.

Fragen, Antworten und Aussagen zur Ermittlung des Typs		
Typ	**Fragen zur Ermittlung des Typs**	**Antworten und Aussagen des Typs**
Qualitätsmanager	• Fühlen Sie sich wohl, Dinge zu überprüfen? • Üben Sie gerne Kontrolle aus? • Sehen Sie bei der Zielerreichung eher Probleme oder Lösungen? • Halten Sie eher an Altbewährtem fest? • Sind Sie konservativ eingestellt? • Vergleichen Sie lieber oder verlassen Sie sich auf Inspirationen? • Können Sie gut analytisch denken? • Wägen Sie Ideen kritisch und sorgfältig ab? • Achten Sie gerne auf Qualität? • Sind Sie an Daten und Fakten interessiert? • Vertrauen sie eher Ihrem Gefühl oder lieber auf das, was Autoritäten zu einem Thema sagen? • Arbeiten Sie lieber allein?	• Das wäre auch anders möglich gewesen. • Wie man sieht, geht das nicht. • Prima, das ist gut so, aber ... • Viel wichtiger sind doch ... • Die eigentlichen Probleme sind damit doch gar nicht gelöst worden. • Das hätte ich Ihnen auch gleich sagen können, dass ... • Einerseits haben wir die Probleme gelöst, andererseits ... • Das kann nicht gut gehen, weil ... • Schön, wir haben es gelöst. Haben wir es wirklich gelöst? • Das ist auch noch zu bedenken. • Das ist noch keine Lösung.
Koordinator	• Delegieren Sie lieber, anstatt es selbst auszuüben? • Sind Sie lieber Generalist oder Spezialist? • Motivieren Sie gerne? • Sind Sie der Meinung, im Team klappt es besser? • Vermitteln Sie gerne? • Haben Sie gerne die Fäden in der Hand? • Führen Sie gern? • Sammeln Sie gerne Informationen und treffen dann die Entscheidung? • Koordinieren Sie gerne? • Übernehmen Sie gerne Verantwortung? • Brauchen Sie eine harmonische Arbeitsatmosphäre?	• Sind wir damit jetzt zufrieden? • Soviel Selbstverantwortung, wie möglich und Kritik, wo nötig. • Ich bin sicher, hier gibt es eine Lösung. • Das haben wir bisher immer geschafft, auch diesmal ... • Setzen Sie sich zusammen und überlegen Sie gemeinsam ... • Das reicht! Ich bitte um konstruktive Kritik! • Sie werden das schaffen. • Kümmern Sie sich bitte darum. • Ich bin gerne für das Gesamtergebnis verantwortlich.

Tab. 13: Fragen, Antworten und Aussagen zur Ermittlung des Typs
Quelle: Eigene Darstellung

Bisher wurden die vier Grundtypen mit ihren Verhaltensstrukturen mithilfe der Ergebnisse der empirischen Untersuchung dieser Arbeit und der Erkenntnisse der Verfasserin dargestellt. Es wurden die Gemeinsamkeiten, die einen Typ ausmachen, herausgearbeitet und damit die charakteristischen und wesentlichen Züge des Typs aufgezeigt. Gleichzeitig dienten die Ausführungen auch der Abgrenzung der Typen voneinander, die insbesondere durch die tabel-

larischen Darstellungen über Merkmale, Werte und Fähigkeiten der Typen ersichtlich wurden. Weiter wurden die Stärken und Schwächen der Typen aufgelistet und mögliche Wirkungen von und Reaktionen auf Verhaltensstrukturen aufgezeigt. Es wurde herausgearbeitet, dass sich die vier Typen aufgrund ihrer unterschiedlichen Verhaltensstrukturen unterstützen können und sich letztendlich gegenseitig brauchen. Weiter wurde darauf eingegangen, wie die einzelnen Typen im Alltag, also im Gespräch oder durch ihr gezeigtes Verhalten, zu erkennen sind. Diese Darstellungen sollen vor allem für die Personalauswahl im Rahmen eines Vorstellungsgesprächs anwendbar sein.
Jeder Mensch hat besondere Neigungen, Werte und Einstellungen oder eine Vorliebe für bestimmte Dinge. Eine gesunde Persönlichkeitsentwicklung erfordert die lebenslange sorgsame Entfaltung dieser natürlichen Neigungen, nicht etwa den Versuch, sie zu verändern. Reifwerdung bedeutet, dass man mehr und mehr fähig ist, mit den spezifisch gewählten Präferenzen zu leben und sich immer weniger von ihnen bedroht zu fühlen.

Durch den Wandel der persönlichen Werte der Mitarbeiter und Unternehmenswerte, den veränderten Einstellungen und Ansprüchen des Personals an einen Arbeitgeber sind die Unternehmen immer mehr herausgefordert, im Sinne ihrer Mitarbeiter zu handeln. Dieser Wandel konkretisiert sich im Personalmanagement in einem Bedeutungszuwachs der Aufgaben Personalauswahl, -betreuung, -führung und -entwicklung (vgl. Töpfer 1989). Dies ist beispielsweise erkennbar an vermehrter Anwendung von Personalbeurteilungs- und -fördergesprächen, Führungsseminaren und Führungsleitsätzen.

Insbesondere im Arbeitsleben sollten die Neigungen der einzelnen Mitarbeiter bestmöglich eingesetzt und beachtet werden. Im folgenden Kapitel wird dargestellt, wie die Typologie in Organisationen, vor allem in Bezug auf Führung und Motivation von Mitarbeitern eingesetzt werden kann.

3. Ausgewählte personalwirtschaftliche Anwendungsbereiche zum Einsatz der Mitarbeiter-Typologie

Mit diesem Kapitel werden ausgewählte personalwirtschaftliche Anwendungsbereiche vorgestellt, in denen die erarbeitete Mitarbeiter-Typologie im Rahmen des Personalmanagements angewendet werden kann. Mit diesen Darstellungen soll die Hypothese Nr. 5 verifiziert werden. Die vorgenannte Typologie kann das Personalmanagement bei der Auswahl von Bewerbern sowie bei der Betreuung, Führung und Entwicklung von Mitarbeitern unterstützen. Sie ist auch hilfreich, um vakante Stellen optimal zu besetzen und Mitarbeiter effizient einzusetzen. In nachstehender Reihenfolge wird auf folgende Themen eingegangen:

- Personalauswahl,
- Einsatzmöglichkeiten der Typen im beruflichen Umfeld,
- Personalbetreuung (Sozialisation von Mitarbeitern),
- Personalführung und
- Personalentwicklung.

Da die Personalauswahl eine herausragende Bedeutung bei der Filterung von gewünschten Verhaltensstrukturen hat, wird sie vorrangig vorgestellt.

3.1 Personalauswahl

Bei der Personalauswahl gilt, nicht nur die Kriterien[59] festzulegen, die die Bewerber zu erfüllen haben, um die vakante Stelle optimal ausfüllen zu können (vgl. Kannheiser: Erfassung von Anforderungen einer konkreten Situation, in: Sarges 1995, S. 141-150; s. auch Werner 2003; Eilles-Matthiessen 2002), sondern auch die Kriterien zu bestimmen, die ihre wünschenswerten Verhaltensstrukturen offen legen.

Das Vorstellungsgespräch ist bei der Auswahl von Personal eine zentrale Informationsquelle, um eine Entscheidung für bzw. gegen die Stellenbesetzung durch einen Bewerber treffen zu können (vgl. Sarges: Interviews, in: Sarges 1995 (a), S. 475-487). Im Vorstellungsgespräch lassen sich insbesondere die Übereinstimmung der Werte des Bewerbers mit den Unternehmenswerten und damit eine Passung gut prüfen. Gerade die richtige Chemie, welche zur ressourcenvollen Zusammenarbeit und zur besseren Integration beiträgt, lässt sich am besten in einem persönlichen Kontakt erfassen.

[59] Als Kriteriengrundlage werden meist die betriebsinternen Stellenbeschreibungen und damit verbundenen Anforderungen an die Arbeitsstelle als Entscheidungsgrundlage genommen. Zudem sollten die formalen Kriterien, wie z. B. Schulabschluss, Alter, Zeugnisnoten und/oder fachliche Kompetenzen festgelegt werden. Weitere wichtige Kriterien sind die persönlichen und sozialen Kompetenzen, die der Bewerber mitbringen muss. Diese können selbstverständlich nur in einem persönlichen Gespräch und/oder in anderen Auswahlverfahren näher beleuchtet werden (s. zum Thema Potenzialfeststellung Kleinmann/Strauß 1998). Auswahlverfahren sind z. B. das Assessment-Center (AC) oder Testverfahren (vgl. dazu Schuler 1996, S. 103).

Nicht nur für das Unternehmen ist das Vorstellungsgespräch eine Entscheidungshilfe für die Auswahl eines Bewerbers, sondern auch für die Bewerber. Es bietet ihnen vor allem die Möglichkeit herauszufinden, ob ihr Idealbild von der vakanten Stelle oder bei externen Bewerbern, das Bild, das sie von einem potenziellen neuen Arbeitgeber haben, mit ihren Vorstellungen übereinstimmt. Bei externen Bewerbern sind als Grundlage für die Wahl eines Unternehmens u. a. folgende Dimensionen zu nennen: Bezahlung, Arbeitsbedingungen, notwendige Ausbildung, Verantwortung und Wahrscheinlichkeit des beruflichen Erfolgs (vgl. Nerdinger: Selbstreflektion von potentiellen Führungskräften, in: von Rosenstiel/Lang/Sigl (Hrsg.) 1994, S. 29).
Bei externen Bewerbern wird durch ein persönliches Gespräch der erste unmittelbare Eindruck vom Unternehmen gewonnen. Bewerber lassen sich in ihren Entscheidungen u. a. von den Eindrücken beeinflussen, die sie aus dem Gespräch gewinnen. Beispielsweise wird geprüft, ob sich der Interviewpartner vorbereitet hat, ob wirkliches Interesse am Bewerber gezeigt wird oder ob der Interviewer nur auf seine eigene Selbstdarstellung achtet. Es wird weiter darauf Wert gelegt, welche Informationen gegeben und welche Fragen gestellt und ob eigene Fragen beantwortet wurden (vgl. Nerdinger: Selbstreflektion von potentiellen Führungskräften, in: von Rosenstiel/Lang/Sigl (Hrsg.) 1994, S. 20 ff.). Zudem werden aus dem Verhalten der Anwesenden, der Umgebung, dem Empfang usw. Rückschlüsse auf das Unternehmen und die Arbeitsplätze gezogen. Vor allem „weiche Faktoren“ wie Arbeitsklima, Kommunikationsverhalten und Umgangsformen werden aus Hinweisen des Interviews abgeleitet. Diese Informationen tragen mit zur Entscheidung eines Bewerbers bei, ob er ein Stellenangebot annimmt oder ablehnt.

An dieser Stelle sei betont, wie wichtig es ist, im Vorstellungsgespräch darauf zu achten, ob der Bewerber tatsächlich die Werte, Fähigkeiten und Kompetenzen für die vakante Stelle mitbringt. Aufgrund des Wertewandels und der gegenwärtigen Notwendigkeit der Vielseitigkeit an beruflichen unterschiedlichen Erfahrungen bewerben sich vermehrt Kandidaten auf eine Position, um ihren beruflichen Horizont zu erweitern. Oft passt der Bewerber aufgrund seines „Inneren persönlichen Systems“ und seines Persönlichkeitstyps (s. in dieser Arbeit das Hauptkapitel E) nicht zu dieser Stelle.
Erfahrungsgemäß werden selten Fragen zu den Werten der Bewerber gestellt. Allerdings sorgt die Übereinstimmung zwischen den Werten des Bewerbers mit den Unternehmenswerten für eine höhere Arbeitszufriedenheit, Leistungsbereitschaft, Engagement und die Bereitschaft, im Unternehmen zu bleiben (vgl. Marré 1997, S. 52; Wunderer 1997, S. 113; Schein 1995, S. 193 f.; Schaal 1992).

Die folgende Auflistung zeigt Wege, um die Werte herauszufinden:

- Es kann direkt nach dem gefragt werden, was dem Bewerber in seinem Leben bzw. Beruf wichtig ist.
- Es kann eine Werteliste vorgelegt werden, mit der Bitte, diese in eine Reihenfolge persönlicher Bedeutsamkeit zu bringen (vgl. Staehle 1994, S. 159; s. Fragebogen für diese Arbeit im Anhang 12).
- Es kann sich während des Gesprächs auf die unbewusst dargestellten Werte des Bewerbers konzentriert und diese so herausgehört werden.[60] Diese Vorgehensweise bedarf der Übung und der Konzentration. Wenn ein Bewerber davon spricht, dass ihm z. B. Bewegung oder Entwicklung wichtig sind, dann sollte diese Person in einem Tätigkeitsfeld arbeiten, in dem sie ihre Werte leben kann, z. B. in einer Abteilung, die mit Entwicklung zu tun hat, oder in einem Arbeitsfeld, das abwechslungsreich ist. Dieser Person sollten auch ihre Entwicklungschancen aufgezeigt werden, und sie sollte nach einiger Zeit gefördert werden, denn sonst wird sie unzufrieden.

Für jede Organisation ist es wichtig, Mitarbeiter richtig und Erfolg bringend einzusetzen. Jeder Mitarbeiter bringt eine Persönlichkeitsstruktur mit, die von der Tendenz her einem Typen zugeordnet werden kann. Jeder Typ beinhaltet Stärken, die für bestimmte Berufe und Tätigkeitsbereiche besonders geeignet sind. Im Folgenden wird behandelt, wie die vier Typen im beruflichen Umfeld eingesetzt werden können. In die Ausführungen des gesamten Kapitels fließen die Erkenntnisse der Verfasserin mit ein.

3.2 Einsatzmöglichkeiten der Typen im beruflichen Umfeld

Für die folgende Tabelle wurden die Merkmale, Werte und Fähigkeiten der Typen dahingehend analysiert, auf welchen Beruf und welche Tätigkeitsbereiche diese bezogen werden können. Des Weiteren konnte durch die Auswertung der empirischen Untersuchung die folgende Einteilung vorgenommen werden.[61] Für folgende Tabelle wurden die Erkenntnisse der Verfasserin eingearbeitet. Die Tabelle zeigt beispielhaft die Berufe bzw. Berufsbilder, in denen die Typen bevorzugt arbeiten bzw. bezogen auf ihr Persönlichkeitsprofil arbeiten sollten. Außerdem sind die Tätigkeitsbereiche innerhalb eines Unternehmens aufgezeigt, in denen die Typen am besten eingesetzt sind. Die Tabelle erhebt keinen Anspruch auf Vollständigkeit.

---

[60] Weitere Anregungen sind in dieser Arbeit im Hauptkapitel E, Kapitel 2.3.2 „Durch stellen von Fragen oder durch Aussagen des Gesprächspartners den Typ identifizieren" zu finden.

[61] Siehe dazu in dieser Arbeit die im Rahmen der empirischen Untersuchung ausgewertete Frage 5: „Sie sind zurzeit beschäftigt als?" im Hauptkapitel D, Kapitel 2.

<table>
<tr><th colspan="3">Einsatzmöglichkeiten der Typen</th></tr>
<tr><th>Typ</th><th>Berufe</th><th>Tätigkeitsbereiche</th></tr>
<tr><td>Visionär</td><td colspan="2">Einsatz überall dort, wo Ideen, Visionen, Kreativität und Entwicklung gebraucht wird:</td></tr>
<tr><td></td><td>• Animateure
• Autoren
• Designer
• Entwickler
• Grafiker
• Konstrukteure
• Künstler
• Marketingspezialisten
• Moderatoren
• Musiker
• Philosophen
• Schauspieler
• Schriftsteller
• Softwareentwickler
• Spekulanten
• Unternehmer
• Werbefachleute</td><td>Ideales Umfeld für Visionäre:
• neue, abwechslungsreiche Aufgaben
• Gelegenheit, Vorschläge zu machen
• viel Bewegungsfreiheit bei der Arbeit
• wenig Kontrolle und Beaufsichtigung
• Gelegenheit zu persönlichen Erfolgen
• Befreiung von Detailarbeit und Kontrolle
• direkte Antworten, wenig Diskussion

Beispiele für Tätigkeitsbereiche:
• Außendienst/Vertrieb
• Entwicklung: Personal-, Organisations-, Produktentwicklung, technische, EDV-Entwicklung
• kreative Forschung
• Marketing, insbesondere Werbung</td></tr>
<tr><td>Planer</td><td colspan="2">Einsatz überall dort, wo eine Idee oder Aufgabe umgesetzt oder geplant und ausgeführt werden soll:</td></tr>
<tr><td></td><td>• Architekten
• Betriebswirte
• Büroassistenten, Sekretäre
• Coach
• Dolmetscher
• Handwerker
• Ingenieure
• Kaufleute
• Krankenpfleger
• lehrende Berufe
• Projektmanager
• technische Berufe
• Pädagogen
• Personalberater
• Personalleiter
• Produktionsmitarbeiter
• Programmierer (anwendungsbezogen)
• Trainer
• Unternehmer
• Verkäufer</td><td>Ideales Umfeld für Planer:
• strukturierte Vorgehensweisen
• selbstständiges und erfolgsorientiertes Arbeiten
• schnelles Handeln, umsetzen können
• Absprachen werden eingehalten
• echte, ernsthafte Wertschätzung
• Anerkennung für geleistete Arbeit
• mit anderen zusammen arbeiten

Beispiele für Tätigkeitsbereiche:
• Beratung, Coaching
• Betrieb, z. B. Einkauf, Expedition/ Versand
• Dienstleistung
• handwerkliche Tätigkeiten
• Organisation von z. B. Veranstaltungen, Training
• Personalabteilung
• Planung und Umsetzung
• Presse- und Öffentlichkeitsarbeit
• Produktion
• Projektmanagement
• Sachbearbeitung</td></tr>
</table>

<table>
<tr><th colspan="3">Einsatzmöglichkeiten der Typen</th></tr>
<tr><th>Typ</th><th>Berufe</th><th>Tätigkeitsbereiche</th></tr>
<tr><td>Planer</td><td colspan="2">Einsatz überall dort, wo eine Idee oder Aufgabe umgesetzt oder geplant und ausgeführt werden soll:</td></tr>
<tr><td></td><td></td><td>• Sekretariat, Büromanagement
• Übersetzungsabteilung
• Verkauf - Vertrieb
• Weiterbildung, Trainingsbereich, wo strukturiertes Vorgehen und Wissensvermittlung nötig sind</td></tr>
<tr><td>Qualitätsmanager</td><td colspan="2">Einsatz überall dort, wo etwas kritisch hinterfragt, kontrolliert bzw. überprüft werden muss:</td></tr>
<tr><td></td><td>• Analysisten
• Ärzte
• Beamte
• Bank- bis Versicherungskaufleute
• Biologen, Chemiker, Mathematiker, Physiker
• Buchhalter
• Controller
• Forscher
• Informatiker
• Juristen
• Lehrer
• Lektoren
• Mediziner
• Notare
• Polizisten
• Programmierer
• Verwaltungsangestellte bei Stadt, Land, Bund
• Wissenschaftler</td><td>Ideales Umfeld für Qualitätsmanager:
• eine genaue Aufgabenbeschreibung
• genügend Zeit zur Aufgabenerledigung
• Gelegenheit zur sachlichen Kritik
• Leistung von Detail- und Qualitätsarbeit
• Beibehaltung bewährter Verfahren
• Vorbereitung auf Veränderungen
• Bestätigung und Sicherheitsgarantien

Beispiele für Tätigkeitsbereiche:
• alle verwaltenden Tätigkeiten
• Betrieb/Innendienst
• Buchhaltung/Rechnungswesen
• Controlling/Qualitätssicherung
• EDV-Abteilung, z. B. Programmierung, Datenverarbeitung
• Einkauf
• Finanzabteilung/Kontoführung
• Forschung, Marktforschung
• Kundendienst/Reparaturdienst
• Revision
• Statistik</td></tr>
<tr><td>Koordinator</td><td colspan="2">Einsatz überall dort, wo etwas zum Abschluss kommen soll sowie Koordination, Kommunikation, Zusammenarbeit und Motivation gefragt sind:</td></tr>
<tr><td></td><td>• Berater (Personal- und Unternehmensberatung)
• Coach
• Erwachsenenbildner
• Führungskräfte
• Freiberufler
• Helfende Berufe, wie z. B.: Heilpraktiker, Psychologen, Therapeuten</td><td>Ideales Umfeld für Koordinator:
• starke, einflussreiche Position
• freundliche, angenehme Atmosphäre
• Zugang zu Informationen
• möglichst keine Konfliktsituationen
• Beratung und Schulung anderer
• freie Meinungsäußerung
• Entscheidungen treffen können</td></tr>
</table>

Einsatzmöglichkeiten der Typen		
Typ	**Berufe**	**Tätigkeitsbereiche**
Koordinator	Einsatz überall dort, wo etwas zum Abschluss kommen soll sowie Koordination, Kommunikation, Zusammenarbeit und Motivation gefragt sind:	
	• Lehrende • Manager • Organisationssprecher • Pädagogen • Personalentwickler • Projektmanager • Reporter • Selbstständige • Trainer • Unternehmer	Beispiele für Tätigkeitsbereiche: • Außendienst • Beratung, Coaching • Bildungsbereich • Dienstleistung • Gesundheitsbereich/Therapie • Management, Führungskräfte • Öffentlichkeitsarbeit/Presse • Organisationsentwicklung • Personalabteilung (Personalentwicklung, Weiterbildung, Training) • Projektmanagement • Sekretariat • Vertrieb/Verkauf

Tab. 14: Einsatzmöglichkeiten der Typen im beruflichen Umfeld
Quelle: Eigene Darstellung

Grundsätzlich scheinen die Typen Planer und Koordinator prädestiniert für den Einsatz als Führungskraft zu sein. Die Frage Nr. 31 aus dem Fragebogen: „Wenn Sie Geschwister haben, an welcher Stelle sind Sie geboren“ zeigte, dass insbesondere die Typen Planer und Koordinator unabhängig von ihrer Eingliederung in eine Geschwisterkonstellation, eine Führungsrolle einnahmen. Grund dafür könnte auch sein, dass bei diesen beiden Typen die Werte „Erfolg haben“ und „Verantwortung übernehmen“, besonders ausgeprägt sind.

Die folgende Tabelle zeigt die Branchen, die dem jeweiligen Typ zugeordnet werden können. Die Darstellungen sind aufgrund von Analogien den Einsatzmöglichkeiten der Typen und zu den Typen selbst entwickelt worden. Die Tabelle erhebt keinen Anspruch auf Vollständigkeit.

Dem Typ zuzuordnende Branchen			
Visionär	**Planer**	**Qualitätsmanager**	**Koordinator**
• Design • Entwicklung • Forschung • Informationstechnologie • Kosmetik • Medien • Mode • Raumfahrt • Unterhaltung • Touristik • Werbung	• Autohandel • Handwerk • Hotel und Gaststätten • Industrie • Konsumgüter • Möbel • Personal- und Unternehmensberatungen • Theater • Verlag • Weiterbildung	• Akademien • Behörden des Landes und des Bundes • Finanzdienstleistungen • halbstaatliche Unternehmen • Heilung • Hochschulen, Schulen • Rechtsberatung • Stadtverwaltung • Steuerberatung • Verbände • Wirtschaftsprüfung	• Heime • Kirche • Krankenhäuser • Personal- und Unternehmensberatungen • Politik • private soziale Einrichtungen • Stiftungen • Training • Weiterbildung

Tab. 15: Dem Typ zuzuordnende Branchen
Quelle: Eigene Darstellung

Die bisherigen Ausführungen können dahingehend zusammengefasst werden, dass Berufe, Tätigkeitsbereiche und sogar Branchen den vier Typen zugeordnet werden können. Genauso kann davon ausgegangen werden, dass die meisten Menschen ihren Neigungen entsprechende Berufe erlernen und in Branchen arbeiten, die zu ihrem Typ passen. Umso wichtiger ist es, dass Mitarbeiter in den Unternehmens- oder Tätigkeitsbereichen eingesetzt werden, die sie von ihrem Typ her optimal erfüllen. Es kommt aber immer wieder vor, dass sich Mitarbeiter in Tätigkeitsbereichen wieder finden, die nicht zu ihnen passen. Das kann daran liegen, dass sie sich selbst und ihre Persönlichkeitsstrukturen zu wenig kennen, den falschen Beruf erlernt haben oder sich auf die falschen Positionen bewerben. Ein anderer Grund könnte sein, dass bei der Auswahl von Mitarbeitern nicht auf die typengerechte Einstellung geachtet wird. Hinzu kommt, dass nicht allein der typen- bzw. persönlichkeitsentsprechende Einsatz von Mitarbeitern zur Mitarbeiterzufriedenheit und zum Unternehmenserfolg führt, sondern auch eine typenspezifische Sozialisation und Integration in die Abteilungen und Teams. Das Thema der Sozialisation in ein Unternehmen als ein Schwerpunkt der Personalbetreuung wird im folgenden Kapitel behandelt.

3.3 Personalbetreuung: Sozialisation von Mitarbeitern

Die Sozialisation[62] von Mitarbeitern als ein Schwerpunkt der Personalbetreuung bezieht sich auf die integrativen, kohäsiven und lokomotiven Kräfte, die in Abteilungen und Teams wirken. Für das Personalmanagement bedeutet dies, den Mitarbeitern eine typenspezifische Einarbeitung in das zu übertragende Fachgebiet zu ermöglichen und Integrationsmöglichkeiten in Abteilungen und Teams zu gestalten. Für die kohäsiven Kräfte, die in Abteilungen und Teams wirken, kann das Personalmanagement auf eine möglichst heterogene Besetzung der Mitarbeiter in Abteilungen und Teams achten.

Diese soziale Unterstützung kann z. B. durch sog. Paten oder Mentoren[63] vereinfacht werden. Dabei handelt es sich meist um ältere erfahrene Mitarbeiter oder Führungskräfte, die einen neuen Mitarbeiter in der Anfangszeit betreuen, ohne direkt mit ihm zusammenzuarbeiten. Sie übernehmen die Aufgabe, dem neuen Mitarbeiter Orientierungs- und Interpretationshilfen zu geben, damit er sich schneller im Unternehmen zurechtfindet (vgl. Hilb 1997, S. 33 f.). Ebenso wie Paten oder Mentoren haben Vorgesetzte im Allgemeinen die Aufgabe, neuen Mitarbeitern wichtige aufgaben- und rollenbezogene Informationen zukommen zu lassen und sie in ihrer Einarbeitungszeit besonders zu unterstützen (vgl. Marré 1997, S. 122 f.; Wunderer 1997, S. 134-136). Für die Sozialisation neuer Mitarbeiter können weiter spezifische Trainings, in denen gewünschte Fähigkeiten und Verhaltensweisen vermittelt werden, eingesetzt werden (vgl. von Rosenstiel/Nerdinger/Spieß/Stengel 1989, S. 40 f.). Allerdings haben den prägendsten Einfluss auf neue Mitarbeiter der Vorgesetzte und die direkten Kollegen. Hier kann der größte Grad einer Sozialisation beobachtet werden. Deswegen ist es sinnvoll einen Kollegen in der Anfangszeit mit der Betreuung des neuen Mitarbeiters zu beauftragen.

Bei jeder Integration in das Unternehmen ist zu beachten, dass sich Mitarbeiter in ihrer Anpassung an das neue Arbeitsumfeld unterscheiden. Diese Anpassungsunterschiede können auf die individuellen Berufsorientierungen und damit verbundene Identifikationsbereitschaft, den Grad der Inkongruenz bei Eintritt in das neue Unternehmen oder auf die Umstände der bisher vollzogenen betrieblichen Sozialisation zurückgeführt werden (vgl. von Rosenstiel/Nerdinger/ Spieß/Stengel 1989). Ein weiterer Grund kann ein Grundwiderspruch zwischen den individuellen Zielen bzw. Werten und Unternehmenszielen bzw. -werten sein. Deswegen sollten insbesondere bei (neuen) Mitarbeitern die beruflichen Ziele in Erfahrung gebracht werden. Weiter sollte die Kompatibilität der Mitarbeiterziele mit den Unternehmenszielen überprüft sowie Fördermöglichkeiten seitens des Unternehmens erarbeitet werden. Denn das Erreichen

---

[62] Ausführliche Darstellungen zur Sozialisation in Organisationen sind zu finden bei z. B. Faulstich-Wieland 2000; Marré 1997, S. 74; Wagner 1997.

[63] Mentoren betreuen meist Trainees, die auf ihre zukünftige Rolle als Führungskraft vorbereitet werden (vgl. Hilb 1997, S. 33 ff.).

der eigenen Ziele hat einen wesentlichen Einfluss auf die Arbeitszufriedenheit und bedingt damit eine erfolgreiche Mitarbeit. Außerdem verläuft die Sozialisation der neuen Mitarbeiter umso erfolgreicher, je eher die Werthaltungen des Unternehmens mit den eigenen Werten übereinstimmen (vgl. Wunderer 1997, S. 113). Verschiedene empirische Studien liefern Anhaltspunkte für eine hohe Bedeutung kongruenter arbeitsbezogener Werte im Hinblick auf Zufriedenheit, Engagement und die Bereitschaft, im Unternehmen zu bleiben (vgl. von Rosenstiel/ Nerdinger/Spieß/Stengel 1989). Allerdings kann hieraus auch die umgekehrte Kausalitätsrichtung abgeleitet werden.

Zusammenfassend kann festgehalten werden, dass eine optimale Sozialisation von Mitarbeitern, Auswirkungen auf die Zusammenarbeit und auf das Arbeitsklima in Abteilungen und Teams hat. Während der Integration und Sozialisation von Mitarbeitern ergeben sich in Abteilungen und Teams regelmäßig Führungssituationen, in denen eine typenspezifische Führung möglich ist. Auch in anderen Situationen sollte eine Führungskraft bei allen Mitarbeitern auf ein der Persönlichkeitsstruktur des jeweiligen Mitarbeiters entsprechendes und auf seinen Typ abgestimmtes Führungsverhalten achten. Auf diese Thematik wird im folgenden Kapitel eingegangen.

3.4 Persönlichkeit und Mitarbeiterführung unter Beachtung der Typologie

Die besten Leistungen werden von Menschen erbracht, die mit sich selbst und anderen effektiv umzugehen vermögen. Was bei einem Mitarbeiter zu effektiven Leistungen führt, kann beim anderen genau das Gegenteil bewirken. Das bedeutet, dass unterschiedliche Mitarbeiter auch unterschiedliches Führungsverhalten, also Führungstechniken und Führungsstile benötigen.

Eine Führungskraft hat die Aufgabe, für die nötigen Ressourcen zu sorgen und mit diesen effektiv umzugehen, um ein optimales Potenzial zu sichern. Bei der Auswahl der eigenen Mitarbeiter wirkt sie wesentlich mit und führt diese dann ziel- und ergebnisorientiert. Bei Bedarf sollte sie fähig sein, die Mitarbeiter zu coachen, zu entwickeln und zu fördern. Die Interaktion, Kommunikation und das Führen von Mitarbeitergesprächen[64] gehören mit zu den wesentlichen Aufgaben einer Führungskraft. Nach wie vor werden sie unterschätzt bzw. für nicht so wichtig erachtet, wie die Kommunikation mit dem Vorgesetzten, obwohl sie ca. zwei Drittel der Kommunikationskontakte im Rahmen von Führungsaufgaben ausmachen (vgl. Winterstein: Kooperative Kommunikation, in: Spieß/Nerdinger 1998, S. 144-164; Schuler (Hrsg.) 1995, S. 359). Die Führungskraft gibt ihren Mitarbeitern nicht nur Anleitungen, sondern auch Hilfestellungen, damit sie die Arbeits- und Aufgabenziele erreichen können. Dadurch können die Mitarbeiter im Erreichen dieser Ziele eine persönliche Befriedigung ihrer Bedürfnisse erfahren

[64] Empfehlungen für das Führen von Mitarbeitergesprächen geben u. a. Mentzel 1997, S. 129; Neumann: Das Mitarbeitergespräch, in: von Rosenstiel/Regnet/Domsch, Bd. 20, 1993, S. 195-210.

und ein Gefühl der Zufriedenheit entwickeln. Zusammengefasst bedeutet dies, dass sie den Mitarbeitern eine optimale Infrastruktur bereitstellt (vgl. Wunderer 1997, S. 19; Grunwald: Aufgaben und Schlüsselqualifikationen von Managern, in: Sarges 1995, S. 196; Bayer 1995).

Mitarbeiter sollten ihrem Typ entsprechend motiviert[65] werden. Wenn Führungskräfte danach gefragt werden, wie sie ihre Mitarbeiter am besten motivieren können, wird vielfach die Antwort gegeben, dass sie z. B. durch Bezahlung, Bonus, Privilegien am besten zu motivieren seien. Das ist allerdings ein Trugschluss, da diese Komponenten der extrinsischen Motivation zugeordnet werden müssen. Eine langfristige Motivation geht damit nicht einher, da sich die Schraube der Erwartungen an das Unternehmen immer höher drehen wird. Das Unternehmen wird jedoch aus betriebswirtschaftlichen Gründen eine obere Grenze, z. B. in Bezug auf Bezahlung, ziehen müssen. Wenn diese Grenze erreicht ist und der Mitarbeiter keine weiteren höheren Belohnungen in Form von finanziellen Zuwendungen oder Privilegien erhalten kann, stellt sich erneut Demotivation ein.
Führungskräfte sollten ihren Mitarbeitern so motivieren, wie es ihren Persönlichkeitstyp bzw. Verhaltensstil am besten entspricht. Deswegen kann die Typologie von Führungskräften dazu genutzt werden, ihr Führungsverhalten an die Erfordernisse der Situation und die Bedürfnisse der Person anzupassen.

Nachfolgend werden die vier Typen in der bereits erläuterten Reihenfolge in ihrer Rolle als Mitarbeiter im Einzelnen beschrieben. In den nachfolgenden Tabellen wird aufgezeigt, welche Stärken, Ziele und Ängste den einzelnen Typen zugeordnet werden können. Außerdem beinhalten die Ausarbeitungen, wie die jeweiligen Typen motiviert werden können und welche Aspekte sie frustriert. Die folgenden Tabellen sind aufgrund der Erkenntnisse der Verfasserin entstanden; einige Aufführungen sind auch anhand der Ergebnisse der empirischen Untersuchung ableitbar (vgl. dafür die Auswertungen der Fragen Nr. 14, 18, 19, 20, 21 in dieser Arbeit in den Anhängen 1 bis 11).

---

[65] Ausführliche Darstellungen zum Thema Motivation können nachgelesen werden bei z. B. von Rosenstiel 2000, S. 403 ff.; Wunderer 1997, S. 157; von Rosenstiel: Motivation von Mitarbeitern, in: von Rosenstiel/ Regnet/Domsch, Bd. 20, 1993, S. 168-171. Zum Thema Motivatoren s. bei Wunderer 1997, S. 157. Darstellungen zur Motivationstheorien s. bei Cohen/Fink/Gadon/Willits 1996, S. 215-216.

3.4.1 Der Typ Visionär als Mitarbeiter

Der Visionär als Mitarbeiter mag die Geselligkeit. Er ist unterhaltsam und sehr emotional. Er übernimmt spontan neue Aufgaben und tendiert dazu, eine informelle, ungezwungene Atmosphäre in seinem Umfeld aufzubauen. Er ist beliebt, manchmal leutselig und gewinnt in seinem Arbeitsumfeld schnell und einfach neue Freunde. Er bringt immer wieder neue Vorschläge und Ideen ein und begeistert sich für diese.

<table>
<tr><th colspan="6">Der Visionär als Mitarbeiter</th></tr>
<tr><th colspan="2">Stärken</th><th colspan="2">Ziele</th><th colspan="2">Ängste</th></tr>
<tr><td colspan="2">• liebt hohes Tempo, neue Aktivitäten, Veränderungen und Abwechslung
• hat neue Ideen
• geht schnell auf neue Ideen und Veränderungen ein
• ist flexibel und kreativ
• sucht nach Möglichkeiten
• drückt sich begeistert aus
• liebt Kontakte mit vielen Menschen</td><td colspan="2">• möchte bei der Arbeit Spaß haben
• möchte von der Verantwortung für Detailarbeit frei sein
• möchte Veränderungen einleiten
• wünscht vielfältige Aufgaben, Aktivitäten
• liebt Herausforderung und Wettbewerb
• möchte Neues entwickeln und den Fortschritt antreiben</td><td colspan="2">• an Routine gebunden zu sein
• Langeweile, Stillstand
• sich festlegen zu müssen
• sich an Regeln und konkrete Anweisungen halten zu müssen
• gefühlsarme Umgebung
• Verlust der Anerkennung seiner Ideen
• detaillierte Vorgehensweisen
• sich einschränken müssen</td></tr>
<tr><th colspan="3">Motivation für den Visionär</th><th colspan="3">Frustration für den Visionär</th></tr>
<tr><td colspan="3">• eigene Kontrolle über die Arbeitssituation
• neue Chancen und Herausforderungen
• keine Übernahme von Verantwortung
• offen gehaltene Anweisungen
• seine Ideen ausbreiten zu dürfen
• flexibel seine Arbeit zu erledigen
• ihn für seine ungewöhnlichen Ideen zu loben</td><td colspan="3">• feste Termine und enge Zeitpläne
• in einem pessimistischen, unfreundlichen Umfeld zu arbeiten
• sich auf Fakten zu konzentrieren und Gefühle auszuklammern
• Routinearbeiten mit Detailgenauigkeit durchzuführen
• Gedanken nicht aussprechen zu können</td></tr>
</table>

Tab. 16: Der Visionär als Mitarbeiter
Quelle: Eigene Darstellung

3.4.2 Der Typ Planer als Mitarbeiter

Der Planer neigt dazu, zurückhaltend und gelassen zu sein. In der Regel lebt er Situationen durch, bevor er handelt, obwohl er schnell etwas umsetzen möchte. Es geht ihm darum, etwas zu tun zu haben. Obwohl er versucht, neue Ansätze auszuprobieren, zieht er es dennoch vor, Abläufe einzuhalten, die früher funktioniert haben. Er wird ungewisse, nicht erprobte Methoden vermeiden. Um gewünschte Ergebnisse zu erreichen, kann er sehr gut mit anderen zusammenarbeiten. Er hat enge Beziehungen mit einer relativ kleinen Gruppe von Kollegen.

Der Planer als Mitarbeiter		
Stärken	**Ziele**	**Ängste**
• nimmt die Ideen anderer an und setzt sie um • arbeitet gern mit anderen zusammen • ist bereit, sich für andere einzubringen • bemüht sich, eine stabile Umgebung zu schaffen • ist pragmatisch, solide und realistisch	• schnelles Umsetzen von Ideen • bestimmen, wie etwas gemacht wird • strukturiertes Vorgehen • zeitnahes Erledigen von Aufgaben • in Kontakt sein mit anderen • Austausch mit anderen • die Arbeit nach seiner Art zu erledigen	• nicht sofort aktiv werden zu können • es wird keine Entscheidung getroffen • von anderen abhängig sein • unklare Situationen, keine Orientierung • mangelnde Klarheit über Erwartungen • alleine arbeiten zu müssen • keine Anerkennung erhalten

Motivation für den Planer	Frustration für den Planer
• Möglichkeit, konstruktiv mit anderen zusammenzuarbeiten • Möglichkeit, andere mit Produkten und Dienstleistungen zu unterstützen • klar definierte Verantwortungs- und Autoritätsbereiche • eine berechenbare, geordnete Umgebung • eine harmonische und freundliche Arbeitsatmosphäre • eine Umgebung, in der Loyalität mit einem sicheren Arbeitsplatz belohnt wird	• unrealistische Entscheidungen • ständig mit Ablehnung oder Konflikten konfrontiert zu werden • nicht selbst organisieren und entscheiden zu können • keine Verantwortung haben • Erwartungen an die eigene Leistung sind unklar oder wechseln • kein selbstständiges und kein eigenverantwortliches Arbeiten

Tab. 17: Der Planer als Mitarbeiter
Quelle: Eigene Darstellung

3.4.3 Der Typ Qualitätsmanager als Mitarbeiter

Qualitätsmanager neigen dazu, präzise und systematisch zu denken und nach festgelegten Richtlinien zu arbeiten. Sie werden mit großer Sorgfalt Arbeiten ausführen, die Detailtreue und Genauigkeit erfordern. Sie sind im Allgemeinen zurückhaltend und vorsichtig in allem, was sie tun. Sie neigen dazu, besonnen und methodisch zu sein und ihre Arbeiten korrekt und kompetent zu erledigen. Oft fordern Qualitätsmanager von anderen Kollegen, die gleichen Maßstäbe an ihre Arbeit anzusetzen.

<table>
<tr><th colspan="6">Der Qualitätsmanager als Mitarbeiter</th></tr>
<tr><th colspan="2">Stärken</th><th colspan="2">Ziele</th><th colspan="2">Ängste</th></tr>
<tr><td colspan="2">• analysiert Situationen, wägt das Für und Wider ab
• schätzt Genauigkeit und Korrektheit
• achtet auf Details
• geht systematisch an Aktivitäten heran
• distanziertes Vorgehen, Betrachten
• achtet auf Regeln und Gesetze
• achtet auf Qualität</td><td colspan="2">• möchte spezifische Leistungsmaßstäbe
• Genauigkeit und Ordnung
• hohe Maßstäbe setzen und einhalten
• will Gelegenheiten zur Analyse und Bewertung
• mag logisches, systematisches Vorgehen bei der Arbeit
• Qualitätsstandards einhalten</td><td colspan="2">• Verlust der Sicherheit
• Veränderungen, welche die eigene Leistung gefährden
• spontane Gefühlsäußerungen
• ungerechtfertigte, persönliche Kritik
• zu wenig Zeit haben
• sich unter Druck fühlen
• zu geringe Qualität
• Verantwortung übernehmen zu müssen</td></tr>
<tr><th colspan="3">Motivation für den Qualitätsmanager</th><th colspan="3">Frustration für den Qualitätsmanager</th></tr>
<tr><td colspan="3">• Möglichkeit schaffen, die Qualitätsmaßstäbe einhalten zu können
• Kontrolle über die Qualität der eigenen Leistung
• Belohnungen für Qualität und Genauigkeit
• „Recht“ behalten zu können
• logische, systematische Vorgehensweisen
• Projekte, bei denen er sein Spezialwissen zeigen kann
• berechenbares, sich nicht veränderndes Umfeld</td><td colspan="3">• Regeln oder Erwartungen wechseln ständig und ohne Begründung
• zu wenig Zeit, um Informationen zu verarbeiten, bevor eine Entscheidung getroffen werden muss
• geselliger Kontakt mit anderen wird als Teil der Arbeit angesehen; andere stören die Privatsphäre
• kann wiederholt nicht die Leistungen bringen, die seine Qualitätsansprüche verlangen
• zu wenig Zeit oder Arbeitsmittel, um die Qualität sicherzustellen</td></tr>
</table>

Tab. 18: Der Qualitätsmanager als Mitarbeiter
Quelle: Eigene Darstellung

3.4.4 Der Typ Koordinator als Mitarbeiter

Er liebt es, Verantwortung und die Koordination von Aufgaben zu übernehmen. Er mag schwierige Arbeiten, einzigartige Aufträge und einflussreiche Positionen. Gerne arbeitet er mit Mitarbeitern aus anderen Bereichen zusammen, weil er dann seine Kommunikations- und Diplomatiefähigkeit am besten unter Beweis stellen kann. Er lebt auf, wenn er Konflikte konstruktiv lösen und dadurch Harmonie herstellen kann.

<table>
<tr><th colspan="2">Der Koordinator als Mitarbeiter</th></tr>
<tr><td colspan="2">
<table>
<tr><th>Stärken</th><th>Ziele</th><th>Ängste</th></tr>
<tr><td>• motiviert andere
• sammelt Informationen und koordiniert
• hält das Team zusammen
• drückt Gedanken und Gefühle gern aus
• will Kontakte auch in schwierigen Situationen positiv gestalten
• geht direkt und aktiv an Probleme heran</td><td>• die Fäden in der Hand zu halten
• möchte Ergebnisse erzielen
• Kooperation mit anderen
• Menschen helfen, Dinge zu lösen
• möchte etwas miteinander verbinden
• Verantwortung haben
• Entscheidungen treffen</td><td>• keine Kooperationsmöglichkeiten mit anderen zu haben
• Disharmonie
• keine Informationen zu erhalten
• keine Verantwortung übertragen zu bekommen
• dass andere über ihn ärgerlich werden
• Ablehnung, nicht gemocht werden</td></tr>
</table>
</td></tr>
<tr><th>Motivation für den Koordinator</th><th>Frustration für den Koordinator</th></tr>
<tr><td>• Gelegenheit schaffen für positive Beziehungen mit anderen
• Möglichkeiten, eigene Gedanken und Gefühle auszudrücken
• Situationen, in denen gegenseitiger Gedankenaustausch erwünscht ist
• sofortige, mündliche Rückmeldungen
• harmonisches Umfeld
• Möglichkeit, die Aktivitäten anderer zu lenken
• für Ergebnisse, nicht für Methoden der Zielerreichung verantwortlich zu sein
• Gelegenheit zum beruflichen Aufstieg</td><td>• Gedanken nicht aussprechen können
• keine Möglichkeit zur Kommunikation mit anderen
• seine Autorität wird übergangen
• seine Verantwortung für Ergebnisse, Menschen oder Situationen wird eingeschränkt
• Routinearbeiten ohne Abwechslung durchführen
• wird stark überwacht, kontrolliert
• muss oft über Aktivitäten, aber nicht über Ergebnisse berichten
• keine Gelegenheit zum beruflichen Aufstieg</td></tr>
</table>

Tab. 19: Der Koordinator als Mitarbeiter
Quelle: Eigene Darstellung

Neben den oben aufgeführten Hinweisen zu den Verhaltensstrukturen und Motivatoren der Typen, sind die Führungstechniken wichtig. Ein wichtiger Aspekt einer mitarbeiter- und typenbezogenen Führungstechnik ist, die Persönlichkeit der Mitarbeiter mit einzubeziehen, wie das nachfolgende Kapitel zeigt.

3.5 Persönlichkeit und Führungsstile unter Beachtung der Typologie

Führungskräfte haben die Aufgabe durch ihr Verhalten Einfluss auf ihre Mitarbeiter zu nehmen und bei ihnen ein Verhalten hervorzurufen, das zu einer optimalen Zusammenarbeit in Abteilungen und Teams führt. Zu ihren Aufgaben gehören daher, Mitarbeiter dementsprechend zu führen sowie aufgabenrelevante Gruppenaktivitäten zu initiieren, zu kontrollieren, zu planen, zu leiten, zu koordinieren und sie auf das Erreichen des vorbestimmten Arbeits- bzw. Organisationszieles hin zu lenken. Führung und das damit einhergehende Verhalten hat maßgebliche Auswirkungen auf den einzelnen Menschen und die Organisation. Das Thema Führung ist sehr umfangreich, und in der Literatur sind die unterschiedlichsten Aussagen und Empfehlungen dazu zu finden. Ziel dieses Kapitels ist daher, einen Überblick über das Thema Führung und Hinweise zu geben, wie Führung in Bezug auf die unterschiedlichen Verhaltensstrukturen und Typen optimiert werden kann. Ausführliche Darstellungen des Themas sind zu finden bei z. B. Wunderer 1997; Schuler (Hrsg.) 1995; von Rosenstiel/Regnet/Domsch, Bd. 20, 1993; Rosenstiel 1986, S. 151 ff.

Die Aufgabe einer Führungskraft besteht u. a. darin, auf Mitarbeiter einzuwirken und eine leistungsfördernde Umgebung zu schaffen (vgl. Wunderer 1997, S. 19; Grunwald: Aufgaben und Schlüsselqualifikationen von Managern, in: Sarges 1995, S. 196). Um Führungstechniken[66] mitarbeiterorientiert anzuwenden, sollten Führungskräfte in drei Schritten vorgehen:

1. Den Verhaltensstil ihrer Mitarbeiter erkennen: Bei Kenntnissen über die zuvor beschriebenen vier Typen, besteht die Möglichkeit, den Mitarbeiter zu erkennen und auf ihn so mit seinem Führungsverhalten einzugehen, wie es seinem Typ bzw. Verhaltensstil entspricht. Dazu gehören je nach Situation und Person die Anwendung der passenden Führungstechniken als auch der Einsatz des richtigen Führungsstils.

2. Die geeignete Führungstechnik auswählen: Es sollte die Führungstechnik ausgewählt werden, die je nach Situation und Mitarbeiter am effektivsten erscheint. Zu den Führungstechniken gehören z. B. Fördern, Entwickeln, Motivieren, Coachen, Probleme lösen, Delegieren, Korrigieren, Entscheiden, Kommunizieren. Führungstechniken effektiv anzuwenden bedeutet, auf die Engpässe der Situation richtig einzugehen und über Erwartungen und Leistung zu sprechen. Sinnvollerweise sind Mitarbeiter so zu coachen, dass sie für ihre Ergebnisse selbst verantwortlich sein können.

---

[66] Führung beschränkt sich nicht nur auf Mitarbeiter ohne Führungsverantwortung, sondern umfasst auch die Führung von Führungskräften durch die nächst hierarchisch höher gestellte Führungskraft. Beispielsweise durch einen Geschäftsbereichsleiter, der seine Abteilungsleiter führt. Die Führung von Führungskräften beinhaltet andere Aufgaben und Themen als die von Mitarbeitern. Darstellungen zu diesem Thema sind u. a. nachzulesen bei Einsiedler: Führung von Führungskräften, in: von Rosenstiel/Regnet/Domsch, Bd. 20 1993, S. 259-272).

3. Den eigenen Führungsstil dem Verhaltensstil der Mitarbeiter anpassen: Es geht darum, den Führungsstil anzuwenden, der dem Verhaltensstil und damit den Bedürfnissen des Mitarbeiters als Visionär, Planer, Qualitätsmanager bzw. Koordinators gerecht wird. Ziel dabei sollte die Verbesserung der Arbeitsbeziehung sein.

Die folgende Tabelle zeigt, wie diese einzelnen Führungstechniken auf die unterschiedlichen Typen angewandt werden sollten. Die Inhalte der Tabelle sind in Anlehnung an die Ergebnisse der empirischen Untersuchung und aufgrund der Erkenntnisse der Verfasserin entwickelt worden.

Führungstechniken und Verhaltensstile				
Führungs-techniken	**Visionär**	**Planer**	**Qualitäts-manager**	**Koordinator**
Fördern und Entwickeln	• Dabei helfen, Strukturen zu entwickeln. • Aufgaben zum Abschluss führen zu können. • Dabei unterstützen, sich klar und verständlich auszudrücken. • Bezug zur Realität entwickeln.	• Ihm ermöglichen, schnell produktiv sein zu können. • Praktische, schrittweise Anleitungen geben. • Möglichkeit geben, seine Arbeiten zu präsentieren.	• Zusammenhänge logisch erklären und Gründe für jede verwendete Methode erläutern. • An wichtigen Punkten nachfragen, ob alles verstanden wurde. • Zeit geben, Informationen zu verarbeiten.	• Dafür sorgen, dass er schnell in neue Situationen integriert wird, damit er anfangen kann, Beziehungen zu knüpfen. • Klar zeigen, wie weit seine Entscheidungsbefugnisse gehen.
Motivieren	• Ideen ohne Einschränkungen entwickeln lassen. • Gelegenheit geben, diese aufzuzeigen, um andere dafür begeistern zu können. • Seine Kreativität loben.	• Ihn selbstständig arbeiten lassen. • Belohnen für seine geduldige Art, seine Zuverlässigkeit. • Zeigen, wie seine Bemühungen andere unterstützen.	• Sein Spezialwissen zeigen lassen. • Sein Streben nach hochwertigen Leistungen unterstützen. • Anerkennung u. Belohnung für ausdauernde Leistungen geben.	• Mit anderen kooperativ zusammenarbeiten lassen, um sichtbare Ergebnisse zu erzielen. • Dabei helfen, auch die Details einer Aufgabe durchzuführen.
Coachen	• Zeit nehmen, um die Kompetenz von ihm anzuerkennen, um evtl. Empfindlichkeit gegenüber Kritik zu verringern.	• Ihm Wege aufzeigen, von bekannten Planungen abzuweichen, um etwas Neues auszuprobieren.	• Spezifisch erforderliche Änderungen und die Notwendigkeit erklären und nach seiner Meinung fragen.	• Aufzeigen, nicht alles selbst in die Hand nehmen zu wollen, sondern auch etwas ablehnen zu können.

Führungstechniken und Verhaltensstile				
Führungstechniken	**Visionär**	**Planer**	**Qualitätsmanager**	**Koordinator**
Coachen	• Offene Fragen verwenden, um ihn anzuregen, spezifische Lösungen zu finden und umzusetzen.	• Aufzeigen, dass es auch wichtig ist, andere bei der Planung mit einzubeziehen.	• Zugeben, dass Veränderungen kurzfristig zu Stress führen und dabei die Vorteile und Stabilität betonen, die dadurch entstehen.	• Zeigen, dass er nicht mit jedem gut auskommen muss. • Klar machen, dass es oft ausreicht, sich auf die wesentlichen Informationen zu beschränken.
Probleme lösen	• Damit rechnen, dass er komplexe Detailprobleme zu vermeiden sucht, obwohl sorgfältige Nacharbeit nötig wäre. • Deutlich machen, dass nicht alles vereinfacht werden kann und auch Qualitätssicherung notwendig ist.	• Braucht Hinweise, um innovative Lösungen für neuartige Probleme entwickeln und einsetzen zu können. • Zeit lassen, ein Problem zu untersuchen, bevor er eine Lösung ins Auge fasst.	• Alternative Problemlösungsverfahren zeigen, die eine schnellere Lösung ermöglichen. • Hilfestellung geben, wenn es darum geht, eine funktionierende Lösung und nicht eine perfekte zu finden.	• Anleitung zum Umgang mit komplexen Problemen geben. • Dabei unterstützen, Probleme auch alleine anzugehen und nicht alle einbeziehen zu wollen.
Delegieren	• Sich vergewissern, dass er die spezifischen Leistungserwartungen und den zeitlichen Rahmen versteht und akzeptiert. • Termine für Zwischenergebnisse festlegen und deutlich vereinbaren, was bis wann zu erledigen ist.	• Eine schrittweise und strukturierte Erklärung geben, was zu tun ist, und soviel wie möglich schriftlich festlegen. • Unterstützung anbieten, die er im Bedarfsfall in Anspruch nehmen kann.	• Logische, zutreffende und präzise Leistungsbeschreibungen der erwarteten Qualitätsmaßstäbe geben. • Erklären, warum die Aufgaben getan werden sollen und warum es für das ganze Projekt notwendig ist.	• Sagen, welche Ergebnisse bis wann gebraucht werden, und es ihm überlassen, wie er sie erreicht. • Sich Zwischenergebnisse zeigen lassen.

Führungstechniken und Verhaltensstile				
Führungs-techniken	**Visionär**	**Planer**	**Qualitäts-manager**	**Koordinator**
Korrigieren	• Ihn motivieren, das Problem im Auge zu behalten. • Das Problem und die Konsequenzen spezifisch und klar ansprechen.	• Nicht nur die notwendigen Verbesserungen fordern, sondern auch darauf achten, dass er Anerkennung, z. B. auch für kleine Verbesserungen, für die Bereiche erhält, in denen er gute Leistung erbringt.	• Mit Selbstrechtfertigung rechnen, wenn seine Leistung kritisiert wird. • Konsequent bleiben bei konkreter, sachlicher Diskussion, welche Ergebnisse vorliegen und welche Leistung notwendig ist.	• Konsequent und direkt bleiben und das gewünschte Ergebnis und das aktuelle Problem beschreiben. • Aufzeigen, mit welchen Schritten er seine Leistung verbessern kann.
Entscheiden	• Klarmachen, dass Unentschlossenheit andere frustriert und einen schlechten Eindruck macht. • Ihn dazu bewegen, impulsive, gefühlsbetonte Entscheidungen zu vermeiden und mehr auf Logik und Tatsachen zu achten.	• Die methodische, logische Vorgehensweise unterstützen und ihm zeigen, welche Entscheidungen weniger riskant sind. • Seine Entscheidungsfreude loben und ihm klar machen, dass die Einbindung anderer auch sinnvoll ist.	• Er wird Zeit haben wollen, um Informationen für eine Entscheidung zu sammeln. Dafür einen Endtermin setzen. • Er wird Entscheidungen analytisch angehen und Risiken und mögliche Gewinne gegeneinander abwägen.	• Darum bitten, sich ausreichend Zeit für Entscheidungen zu nehmen, genügend Informationen zu sammeln und mögliche Folgen zu bedenken. • Zeigen, dass er mit durchdachten Entscheidungen bessere Ergebnisse erzielt.
Kommunizieren	• Gelegenheit geben, seine Erfahrungen, Anekdoten und Ideen begeistert mitzuteilen. • Ihn dazu ermutigen, näher am Thema zu bleiben, um das Gespräch in einer akzeptablen Zeit abschließen zu können.	• Regelmäßig Gelegenheit zu informellen, zwanglosen Diskussionen geben. • Damit rechnen, dass er nicht spontan über seine Anliegen, Sorgen und Konflikte redet. • Ihm Zeit geben, Fragen zu stellen.	• Sofort den Zweck eines Gesprächs mitteilen. Das Gespräch logisch und systematisch angehen. • Formell, in geschäftlicher Form und ohne persönliche Anspielungen kommunizieren.	• Zu Gesprächsbeginn informelle Themen ansprechen. • Zuerst Bereiche nennen, in denen Übereinstimmung herrscht, bevor Bereiche mit weniger Übereinstimmung angesprochen werden.

Tab. 20: Führungstechniken und Verhaltensstile
Quelle: Eigene Darstellung

Mitarbeiter haben ihrer Entwicklung entsprechende Fähigkeiten, Kompetenzen und zeigen unterschiedliches Engagement. In enger Wechselbeziehung mit den Führungstechniken stehen Führungsstile, die die Mitarbeiter in ihrer Entwicklung unterstützen. Diese Personalentwicklungsmaßnahmen wurden in die Darstellungen integriert. Sie geben damit Antwort auf die in der Problemstellung angerissene Frage nach den Möglichkeiten der Entwicklung von Mitarbeitern zu mehr Selbsterkenntnis und Eigenverantwortung und die in einer Führungssituation möglichen Vorgehensweisen.

3.5.1 Auf Mitarbeitertypen bezogene Führungsstile

Für jede Führungskraft ist es wichtig zu erkennen, wie hoch das Engagement und die Kompetenz jedes Mitarbeiters sind. Die Leistung seiner Mitarbeiter zu managen ist die eigentliche Aufgabe einer Führungskraft. Das Leistungsniveau hängt maßgeblich vom Engagement und von den Kompetenzen der Mitarbeiter für bestimmte Aufgaben und Aktivitäten ab. Mit Engagement ist die Motivation gemeint, die eine Person für eine bestimmte Aufgabe in einer bestimmten Situation mitbringt. Kompetenzen, fachliche Kenntnisse und Fähigkeiten beziehen sich darauf, mit welchem Geschick und welcher Erfahrung der Mitarbeiter die betreffende Aufgabe ausführen kann. Das bedeutet, dass neben der typen- und mitarbeiterorientierten Führung das Führungsverhalten der Situation und dem Mitarbeiter angepasst werden sollte. Dieser Führungsstil wird situativer Führungsstil genannt (vgl. Spieß/Winterstein 1999, S. 100 f.; Wunderer 1997, S. 193-202).

Bei einer Kombination von Engagement und Kompetenz ergeben sich zunächst vier Ausgangssituationen, die den Entwicklungsstand des Mitarbeiters wiedergeben. Diese reichen von einem geringen Engagement in Kombination mit geringer Kompetenz bis zu hohem Engagement in Kombination mit hoher Kompetenz. Je nach Entwicklungsstand des Mitarbeiters müssen unterschiedliche Führungsstile eingesetzt werden. Diese können von einem dirigierenden Führungsstil bis zu einem delegierenden Führungsstil reichen (vgl. Wiendieck: Führung 2000 - Perspektiven und Konsequenzen, in: Wiendieck/Wiswede (Hrsg.) 1990, S. 39-51; Staehle 1994, S. 317). Beispielsweise benötigt eine Person mit hohem Engagement und geringer Kompetenz Hilfe, die notwendigen Fähigkeiten zu entwickeln. Hier ist der dirigierende Führungsstil am effektivsten, bei dem die Führungskraft regelmäßig sehr detaillierte, schrittweise Anweisungen sowie Methoden vorgibt und die Leistung des Mitarbeiters überwacht, bis dieser die Fähigkeiten zur Aufgabenerfüllung entwickelt hat. Eine Person, die wenig Engagement und hohe Kompetenz aufweist, benötigt eher einen unterstützenden Führungsstil, der die Entwicklung des notwendigen Engagements unterstützt. Der unterstützende Führungsstil zielt auf eine kooperative Zusammenarbeit und Zielvereinbarungen: Führungskraft und Mitarbeiter entscheiden gemeinsam. Die Führungskraft hört zu und fördert den Entwicklungsprozess. Genaue Anweisungen sind nicht notwendig, allerdings muss das Engagement gestärkt werden. In der folgenden Tabelle werden die Führungsstile und die damit korrelierenden Unterstützungsleistungen der Führungskraft beschrieben:

Führungsstile	
Dirigierender Führungsstil	**Trainierender Führungsstil**
Person zeigt hohes Engagement und geringe Kompetenz. „Ich möchte, aber ich kann nicht". • Spezifische Beschreibungen und Erklärungen geben. • Qualitätsmaßstäbe klar bestimmen. • Anweisungen und Informationen geben, wie etwas gemacht werden muss. • Die Person bei der Ausführung der Aufgabe eng überwachen. • Rückmeldung über die Leistung geben. • Fortschritte bewerten und über Ergebnisse berichten. • Ziele und Qualitätsmaßstäbe setzen. • Weiterbildungsmaßnahmen vereinbaren.	Person zeigt schwankendes oder hohes Engagement und mittlere Kompetenz. „Ich möchte zwar vielleicht, aber ich brauche Unterstützung". • Entscheidungen erläutern und um weitere Ideen bitten. • Einen Durchführungsplan entwickeln und ihn mit der Person besprechen. • Die letzte Entscheidung selbst treffen. • Die erbrachten Leistungen und die Entwicklung der Person beobachten. • Die erbrachten Leistungen bewerten und gemeinsam besprechen. • Bei Bedarf spezifische Anweisungen geben.
Unterstützender Führungsstil	**Delegierender Führungsstil**
Person zeigt wenig Engagement und hohe Kompetenz. „Ich will nicht, aber ich kann". • Die Person coachen, damit sie die richtigen Entscheidungen treffen kann. • Die Person an der Zielsetzung und der Problemlösung beteiligen. • Der Person den Rücken stärken und sie ermutigen, Neues zu wagen. • Mit der Person über weitere Schritte und Qualitätsmaßstäbe nachdenken. • Unterstützung, Hilfsmittel und Ideen bieten, wenn die Person darum bittet.	Person zeigt hohes Engagement und hohe Kompetenz. „Ich will und ich kann". • Große Vertrauensspanne geben und wenige Kontrollen durchführen. • Der Person gestatten, die eigene Arbeit zu bewerten. • Die Person mit weitreichenden Befugnissen ausstatten. • Für außergewöhnliche Fälle Berater und Ansprechpartner sein. • Der Person gestatten, eigene Pläne, Methoden und Vorgehensweisen zu entwickeln. • Perspektiven für eine Weiterentwicklung im Unternehmen bieten.

Tab. 21: Führungsstile
Quelle: In Anlehnung an Seiwert und Gay 1996, S. 63

Nachdem das Engagement und die Kompetenz der Mitarbeiter ermittelt wurden und damit der situativ bestmögliche Führungsstil bestimmt wurde, sollte überprüft werden, welchen Verhaltensstil die Person hat. Die folgende Tabelle zeigt jeweils den Führungsstil, der beim gezeigten Engagement und der Kompetenz einer Person am effektivsten ist. Außerdem geben die Ausführungen Anregungen, wie der jeweilige Führungsstil auf die einzelnen Typen angewandt werden sollte.

Führungsstile und Typen				
Führungsstil	**Visionär**	**Planer**	**Qualitäts-manager**	**Koordinator**
Dirigierender Führungsstil Person hat • hohes Engagement und • geringe Kompetenz	• Schnelle, begeisternde Beschreibungen verwenden. • Nicht mit Einzelheiten überfallen. • Genau nachprüfen, dass die Aufgabe verstanden wurde und „wie" sie erledigt werden soll.	• Person mit einem schrittweisen Plan fördern. • Angebot von praktischer Einzelbetreuung und schriftlichen Richtlinien. • Regelmäßige Rückmeldungen über Verbesserungen.	• Limitierte Zeit geben, um Informationen zu verarbeiten und Fähigkeiten zu üben. • Nachprüfen, ob wichtige Punkte verstanden und anerkannt wurden.	• Den einfachsten, schnellsten und praktischen Weg aufzeigen, um Ergebnisse zu erzielen. • Konsequent und direkt sein und die erforderlichen Leistungen genau definieren. • Genau festlegen, wie weit die Kompetenzen reichen.
Trainierender Führungsstil Person hat • schwankendes oder • hohes Engagement und • mittlere Kompetenz	• Offene Fragen (was? wo? wann? wie?) stellen, um den Handlungsbedarf zu definieren. • Gelegenheit bieten, Gedanken, Gefühle und Ideen zu äußern. • Auf Logik als weiteres Werkzeug zur besseren Problemlösung Wert legen. • Strukturen für komplexe Aufgaben bieten, die methodisches Arbeiten erfordern. • Die gesteigerte Anerkennung, die aus besseren Leistungen resultiert, betonen.	• Dabei helfen, schrittweise einen Plan zu erstellen, um die neuen Fähigkeiten bis zu einem bestimmten Zeitpunkt zu entwickeln. • Coaching anbieten, um innovative Lösungsansätze für neuartige Situationen zu entwickeln. • Häufiges Feedback über verbesserte Leistungen geben. • Selbstsicheres Verhalten fördern.	• Sagen, welche Veränderungen nötig sind und die Gründe nennen. Um entsprechende Lösungsvorschläge bitten. • Fähigkeiten anerkennen, um einer Abwehrhaltung vorzubeugen. • Zeit zum Nachdenken geben, bevor Person sich zum Handeln verpflichten muss. • Lösungstechniken für Probleme betonen, die eine schnelle Reaktion erfordern.	• Schwerpunkt darauf legen, Hindernisse für Ergebnisse zu überwinden. • Die positive Wirkung notwendiger Veränderungen auf Ergebnisse und Konsequenzen betonen. • Um Lösungsvorschläge bitten. • Wert auf die Fähigkeit legen, komplexe Probleme zu lösen, Fakten vor der Entscheidung zu sammeln und Folgen gegeneinander abzuwägen.

Führungsstile und Typen				
Führungsstil	**Visionär**	**Planer**	**Qualitäts-manager**	**Koordinator**
Unterstützender Führungsstil Person hat • wenig Engagement und • hohe Kompetenz	• Verbale und zwischenmenschliche Fähigkeiten öffentlich anerkennen. • Kontakte mit anderen ermöglichen. • Zeit geben, Gedanken, Gefühle und Ideen auszudrücken. • Unterstützung bei Detailarbeiten geben.	• Echte Wertschätzung für den Beitrag zur Stabilität und kooperativen Beziehungen geben. • Anerkennung und Belohnungen für ausdauernde, zuverlässige Leistungen geben. • Regelmäßige Gelegenheiten für zwanglose Diskussionen über Probleme geben.	• Präzise Aussagen im Einzelgespräch machen, um Anerkennung für die erbrachte Leistung zu geben. • Situationen schaffen, wo logische und systematische Arbeit zu langfristigen Erfolgen und guter Qualität führt. • Gelegenheit geben, Spezialwissen zu zeigen.	• Verbindende Aussagen verwenden. • Leistungen, Ergebnisse bzw. Führungsstärke anerkennen. • Herausforderungen bieten und selbstständiges Arbeiten ermöglichen. • Alternative Methoden bieten, um Ergebnisse zu erreichen.
Delegierender Führungsstil Person hat • hohes Engagement und • hohe Kompetenz	• Nachprüfen, ob Leistungserwartung und Terminplan verstanden wurden. • Termine für (Zwischen-) Kontrollen setzen und für Klarheit darüber sorgen, was bis wann fertig werden soll. • Dafür sorgen, dass Person mit anderen zusammenarbeiten kann und dabei Spaß hat.	• Dafür sorgen, dass nicht zu schnell und unüberlegt umgesetzt wird. • Dafür sorgen, dass nicht „wie immer" umgesetzt wird, sondern auch Neuerungen und Alternativen möglich werden. • Für Rückfragen und feste Rücksprachen immer ansprechbar sein.	• Logische, präzise Beschreibungen der Leistungsanforderungen und Qualitätsmaßstäbe geben. • Erklären, warum die Arbeitsaufgabe im Rahmen eines Gesamtprojektes wichtig ist und getan werden muss. • Die Grenzen seiner Autorität und Verantwortung einschließlich seines persönlichen Risikos erläutern.	• Sagen, welche Ergebnisse wann vorliegen sollen; ihn selbst entscheiden lassen, wie die Arbeit erledigt wird. • Genau die Grenzen der Kompetenz und die verfügbaren Mittel definieren; alles andere als eigenen Entscheidungsspielraum überlassen.

Tab. 22: Führungsstile und Typen
Quelle: Eigene Darstellung

Die vorangegangenen Ausführungen verdeutlichen, wie Führungskräfte ihre Mitarbeiter typenbezogen führen könnten und sollten. Im folgenden Kapitel werden die typenspezifischen Führungsstile und die persönlichen Verhaltensstile von Führungskräften aufgezeigt.

3.5.2 Typenspezifische Führungsstile

Menschen, die Führungsaufgaben übernommen haben, neigen dazu, den Führungsstil einzusetzen, der ihrem persönlichen, typenbezogenen Verhaltensstil entspricht. Dieses Verhalten kann vom dirigierenden bis zum delegierenden Führungsstil reichen.

Visionäre haben einen unterstützenden Führungsstil. Sie stärken den Mitarbeitern den Rücken und ermutigen sie, Neues zu wagen. Sie bieten Unterstützung, Hilfsmittel und Ideen, wenn die Mitarbeiter darum bitten, und beteiligen sie an der Zielsetzung und der Problemlösung. Ein Visionär als Führungskraft bedeutet, permanent mit neuen Ideen konfrontiert zu werden. Die Unterstützung bezieht sich hier auf die Entwicklung neuer Ideen und den Umgang mit Veränderungen. Unterstützung bei der tatsächlichen Umsetzung kann selten erwartet werden, da kaum klare Anweisungen, Aufgabenstellungen oder Zielvorgaben gegeben werden. Mitarbeiter müssen sich deshalb darauf einstellen, keine Richtung zu bekommen. Daher sollten sie eine hohe Toleranz für Mehrdeutigkeit oder Unklarheit mitbringen.

Planer neigen zu einem trainierenden Führungsstil. Sie erklären schrittweise und strukturiert die Aufgabe und erläutern Entscheidungen. Planer entwickeln einen Durchführungsplan und besprechen ihn mit dem Mitarbeiter. Sie bitten um weitere Ideen. Bei Bedarf geben sie spezifische Anweisungen und treffen die letzte Entscheidung selbst. Mitarbeiter deren Vorgesetzter ein Planer ist, können auf ein organisiertes Vorgehen und auf die Zuverlässigkeit ihrer Führungskraft vertrauen. Allerdings müssen sie sich darauf einstellen, dass die Arbeit schnell und gleichzeitig gewissenhaft erledigt werden muss.

Qualitätsmanager haben eher einen dirigierenden Führungsstil inne. Sie bestimmen Qualitätsmaßstäbe und geben klare Anweisungen und Informationen, wie etwas abgewickelt werden muss. Außerdem überwachen sie ihre Mitarbeiter bei der Ausführung der Aufgaben eng. Mitarbeiter deren Führungskraft ein Qualitätsmanager ist, sollten sich darauf einstellen, dass ihr Vorgesetzter Veränderungen scheut. Weiter können sie davon ausgehen, dass die Arbeit gewissenhaft, detailliert und in kleinen Schritten erledigt wird.

Koordinatoren haben einen delegierenden Führungsstil. Sie geben große Vertrauensspannen vor und führen selten Kontrollen durch. Sie gestatten den Mitarbeitern, eigene Pläne, Methoden und Vorgehensweisen zu entwickeln und statten sie mit weit reichenden Befugnissen aus. Mitarbeiter, deren Führungskraft ein Koordinator ist, können sich auf eine respektvolle und partnerschaftliche Zusammenarbeit freuen. Allerdings müssen sich die Mitarbeiter von Koordinatoren darauf einstellen, dass ihre Führungskraft erwartet, dass Informationen allen zugänglich zu machen sind und insbesondere ihr diese geliefert werden. Die Mitarbeiter sollten möglichst keine Konflikte miteinander haben und somit in Harmonie miteinander arbeiten. Trotz aller Freizügigkeit möchten Koordinatoren die Fäden in der Hand behalten, obwohl sie ihren Mitarbeitern eigene Entscheidungs- und Handlungsspielräume einräumen.

Neben den Kompetenzen von Führungskräften, mitarbeiter- und typenbezogen zu führen, weisen einige Führungskräfte weitere Fähigkeiten aus, die sie zu Führungspersönlichkeiten machen. Führungspersönlichkeiten zeichnen sich durch eine Reihe von Schlüsselqualifikationen aus. Diese sind u. a. Kommunikationsstärke, ganzheitliches, vernetztes Denken, Coachingfähigkeit, Einfühlungsvermögen, Ehrgeiz, Leistungsorientierung, Durchsetzungsfähigkeit, Verlässlichkeit, Kooperationsbereitschaft, Kreativität, Authentizität und eine gut organisierte Arbeitsweise (vgl. Werner 2003; Spieß/Winterstein 1999, S. 95; Wunderer/von Arx 1998, S. 193 ff.; Bayer 1995; Attems/Holzer 1989). Bei der Motivation und Unterstützung der Mitarbeiter zeigen Führungspersönlichkeiten kongruentes Verhalten. Kongruent sein bedeutet, sich und anderen gegenüber ehrlich zu sein und für das einzustehen, was man selbst will. Eine Haltung, die dem Mitarbeiter gegenüber wertfrei und respektvoll ist, gehört selbstverständlich dazu. Erst dann kann sich eine vertrauensvolle Beziehung entwickeln, weil der Mitarbeiter sich in seinen Eigenschaften verstanden fühlt und immer weiß, woran er ist.
Führungspersönlichkeiten kennen die Stärken ihrer Mitarbeiter. Sie konzentrieren sich darauf und setzen ihre Mitarbeiter entsprechend ihrer Stärken ein. Dementsprechend achten sie darauf, dass das Aufgabengebiet mit den Stärken des Mitarbeiters kongruent ist. Weiter achten sie auf eine gegenseitige Vertrauensbasis, die eine gute Voraussetzung für schwierige Führungssituationen ist (vgl. Malik 1993). Sie sorgen in erster Linie für eine förderliche Gestaltung der Arbeitssituation, während die Mitarbeiter möglichst selbst den günstigsten Weg und die Methode zur Umsetzung wählen können. Basis dafür sind Offenheit, Kommunikation, Gerechtigkeit, Ehrlichkeit und Koordination (s. dafür auch die Auswertung der Frage Nr. 24 der empirischen Untersuchung in dieser Arbeit im Hauptkapitel D, Kapitel 2 „Auswertung und Ergebnisse der Untersuchung“). Erst dadurch ist eine Stabilisierung von Kooperation in Organisationen möglich.

Die Effizienz und die Qualität einer Führungskraft werden daran gemessen, inwiefern sie Einfluss auf das Verhalten und die Änderung von nicht angemessenem Verhalten von Mitarbeitern hat und in welchem Maß sie die Mitarbeiter zufrieden stellen und ihren Zielen näher bringen kann. Daher fällt dem Vorgesetzten bei der Personalentwicklung eine Schlüsselrolle zu, denn er trägt wesentliche Verantwortung für die Entwicklung seiner Mitarbeiter. Personalentwicklung ist also in erster Linie eine Führungsaufgabe. Führungskräfte sind also für die Ermittlung des Personalentwicklungsbedarfs und für das Anbieten von entsprechenden Maßnahmen mit deren anschließenden Erfolgskontrollen verantwortlich (vgl. Mentzel 1997, S. 33; Rückle/Mutafoff/Riekehof 1994, S. 38). Daher sollten Vorgesetzte die Stärken und Schwächen ihrer Mitarbeiter kennen und wissen, inwieweit diese die Anforderungen der Arbeitsplätze erfüllen. Die Auswahl, Beurteilung und Förderung von Mitarbeitern sollten Vorgesetzte nicht nach eigenen Maßstäben, sondern auf der Basis der hier vorgestellten Typologie durchführen.

Im weiteren Verlauf werden einleitend Personalentwicklungsmaßnahmen vorgestellt und daran anschließend auf Möglichkeiten eingegangen, sich damit beruflich weiter zu entwickeln.

3.6 Personalentwicklung

Mit der Hypothese Nr. 2 wurde behauptet, dass in Organisationen auch Personen beschäftigt sind, die nicht ihren Verhaltensstrukturen und Neigungen entsprechend eingesetzt werden. Außerdem lassen es oft die Rahmenbedingungen nicht zu, dass diese Personen auf eine Position wechseln können, die zu ihnen optimaler passt. In diesem Kapitel soll aufgezeigt werden, dass es trotzdem im Rahmen der Personalentwicklung Möglichkeiten gibt, die Mitarbeiter zu qualifizieren und dadurch eine höhere Arbeitszufriedenheit zu erreichen.

Die Entwicklung des Personals stellt aus Sicht einer Organisation einen wesentlichen Beitrag für die Organisationsentwicklung[67] dar. Personalentwicklung hat zum Ziel, die Funktionsfähigkeit der Organisation aufrecht zu erhalten und zu verbessern. „Personalentwicklung ist die personalwirtschaftliche Funktion, die darauf abzielt, Belegschaftsmitgliedern aller hierarchischen Stufen Qualifikationen zur Bewältigung der gegenwärtigen und zukünftigen Anforderungen zu vermitteln" (Hentze 1994, S. 315). Im Mittelpunkt der Personalentwicklung stehen Erweiterung und Veränderung der individuellen Kenntnisse und Fähigkeiten, von Einstellungen sowie die Motivation der Mitarbeiter und Führungskräfte. Gegenstand der Personalentwicklung ist die Veränderbarkeit des Verhaltens in Organisationen. Da das Verhalten in Organisationen von einer Vielzahl von Faktoren beeinflusst wird, ist auch der Ansatz der Personalentwicklung nicht isoliert zu sehen. Die Komplexität des Prozesses bringt eine Verflechtung personeller tätigkeits- und strukturbezogener Maßnahmen innerhalb einer Organisation mit sich (vgl. Mentzel 1997; Rückle/Mutafoff/Riekehof 1994). „Die Personalentwicklung umfasst alle bildungs- und stellenbezogenen Maßnahmen (Ausbildung, Weiterbildung, Umschulung, Verwendungsplanung und -steuerung, Aufstiegsplanung und -steuerung, Stellvertretungsregelungen etc.), die zur Qualifizierung der Mitarbeiter und Führungskräfte dienen und sich stützen

[67] Eine ausführliche Darstellung des Themas „Organisationsentwicklung" würde den Rahmen dieser Arbeit sprengen. Ausführliche Erläuterungen zur Organisationsentwicklung sind u. a. zu finden bei: Marré 1997, S. 130 ff.; von Rosenstiel: Organisationsentwicklung, in: Feix (Hrsg.) 1991, S. 327-355.

auf Informationen über Personen (Eignungs- und Fähigkeitsprofile, Leistungen, Potential etc.), Organisationseinheiten (Anforderungsprofile) und relevante Märkte (Bildungs- und Arbeitsmärkte). [...] Die Personalentwicklung versteht sich einerseits mitarbeiterorientiert und andererseits unternehmensorientiert [...]“ (Thom: Personalentwicklung und Personalentwicklungsplanung, in: Gaugler/Weber (Hrsg.) 1992, Sp. 1676 f.; vgl. auch Scholz 1994, S. 251; Drumm 1992, S. 291 ff.; Hinz/Pichlbauer 1991).

Die Qualifizierung der Mitarbeiter kann sich auf prozessgebundene Qualifikationen bezüglich der fachlichen und technischen Anforderungen eines bestimmten Arbeitsplatzes und auf prozessunabhängige Qualifikationen beziehen, die von mehreren Arbeitsrollen gefordert sind. Überfachliche Qualifikationen gewinnen, bedingt durch den ständigen Wandel, zunehmend an Bedeutung. Diese Schlüsselqualifikationen betreffen soziale Kompetenzen, Problemlösefähigkeiten oder die Fähigkeit zu selbst gesteuertem, reflektiertem Handeln und ermöglichen insgesamt eine höhere Flexibilität. Im Allgemeinen können drei Dimensionen von Qualifikationen unterschieden werden: Eine fachliche, eine soziale und eine methodische, die zusammengefasst die Handlungskompetenz ausmachen (vgl. Faix: Der Erfolgsfaktor: Handlungskompetente Mitarbeiter und Führungskräfte, in: Faix/Rütter/Wollstadt (Hrsg.) 1995, S. 11-22).
Gezielte Personalentwicklung kann dazu beitragen, das Verhalten zu erweitern und wünschenswerte Einstellungen und Werthaltungen herbeizuführen (vgl. Mentzel 1997, S. 168). Um den gegenwärtigen Anforderungen gewachsen zu sein und vorgegebene Ziele zu erreichen, wird vermehrt in Unternehmen auf eine Erweiterung des Handlungsspielraums Wert gelegt. Die Handlungserweiterung dient der Steigerung der Motivation, fördert die Qualifizierung der Mitarbeiter, die Verhaltensänderungen und damit die Persönlichkeitsentwicklung[68]. Dafür werden Personalentwicklungsmaßnahmen konzipiert und dem Personal als Qualifizierungsmöglichkeit angeboten (vgl. Thom 1987).[69] Außerdem gibt es in Unternehmen Arbeitsstrukturierungsprinzipien, die die Maßnahmen Job Rotation, Job Enlargement, Job Enrichment und Bildung teilautonomer Arbeitsgruppen beinhalten (vgl. Ulich 1994, S. 45 ff.). Diese Arbeitsstrukturierungsprinzipien werden im Folgenden kurz erläutert:

- *Job Rotation* (Aufgabenwechsel): Durch einen systematischen Arbeitsplatzwechsel soll der durch starke vertikale Arbeitsteilung eingeschränkte Tätigkeitsspielraum durch Wechsel mit anderen Tätigkeiten vergrößert werden. Diese Form der Arbeitsstrukturierung soll durch Aufgaben- und Beanspruchungswechsel, d. h. durch eine Vergrößerung des Tätig-

[68] Siehe weiterführende Literatur zum Thema menschliche Entwicklung z. B. bei Oerter: Menschliche Entwicklung und ihre Gestaltbarkeit: Beiträge der Entwicklungspsychologie, in: Sonntag 1992, S. 19-37. Siehe weiterführende Literatur zum Thema Lernen bei z. B. Kline 1996; Neber/Wagner/Einsiedler 1978; Bandura 1976; Tietgens/Weinberg 1971; Roth 1963.

[69] Siehe zum Thema Gestaltung von Lernprozessen und Trainings z. B. Krapp/Weidenmann: Entwicklungsfördernde Gestaltung von Lernprozessen, in: Sonntag 1992, S. 63-82.

keitsspielraums, motivierend wirken. Die betrieblichen Abläufe werden durch regelmäßigen Wechsel für den Einzelnen deutlicher, und die Mitarbeiter werden sich ihrer Verantwortung bewusst. Wird zwischen Arbeitsplätzen mit strukturell verschiedenen Tätigkeiten gewechselt, kommt die Möglichkeit der fachlichen Qualifizierung als weiterer Motivationsaspekt hinzu. Die Mitarbeiter können sich die Arbeit frei einteilen, wodurch ihr Tätigkeits- und Entscheidungsspielraum erweitert wird.

- *Job Enlargement* (Aufgabenerweiterung): Die Aufgabenerweiterung zielt auf eine horizontale Zusammenfassung von strukturell gleichartigen oder ähnlichen Arbeitsverrichtungen an einem Arbeitsplatz ab. Eine motivierende Wirkung verspricht man sich dabei vor allem durch die abwechslungsreichere Arbeit. Der Tätigkeitsspielraum wird dadurch vergrößert, der Entscheidungs- und Kontrollspielraum bleibt von dieser Arbeitsgestaltungsmaßnahme jedoch unberührt.
- *Job Enrichment* (Aufgabenbereicherung): Die Aufgabenbereicherung ist auf eine strukturelle Änderung von Arbeitsinhalten ausgerichtet. Durch das Zusammenfassen dispositiv-planender, ausführender und kontrollierender Arbeitsinhalte wird mit dem Tätigkeitsspielraum auch der Entscheidungs- und Kontrollspielraum ausgeweitet. Job Enrichment wird häufig mit Gruppenarbeit kombiniert, wobei die Gruppenmitglieder z. B. in Form der Arbeitsvorbereitung über die Arbeitseinteilung disponieren können und schließlich ihr Arbeitsergebnis selbst kontrollieren. Mit dieser Maßnahme sollen die Selbstverwirklichung und die Selbstkontrolle der Mitarbeiter innerhalb eines sinnvollen Verantwortungsbereiches gefördert werden.
- Die *Bildung teilautonomer Arbeitsgruppen* als Grundform der Arbeitsstrukturierung wird als die fortschrittlichste Art der Arbeitsstrukturierung bezeichnet. Dafür werden Arbeitsgruppen gebildet, denen Planungs-, Steuerungs- und Kontrollfunktionen, d. h. dispositive Funktionen, in unterschiedlichem Ausmaß übertragen werden. Die Gruppen können anfallende Entscheidungen in Bezug auf die übertragenen Funktionen selbst treffen. Daher weisen die Gruppen unterschiedlich starke Autonomiegrade auf. Insgesamt wird durch die Einführung teilautonomer Gruppen der Entscheidungs- und Kontrollspielraum der Mitarbeiter erweitert. Da die Autonomie der Gruppen normalerweise begrenzt bleibt und die Mitwirkung an Entscheidungen, wie z. B. über Investitionen, die Art der Produkte oder über Produktionsstandorte, ausgeschlossen ist, werden diese Gruppen als teilautonome Gruppen[70] bezeichnet.

[70] Vgl. zum Begriff der Abgrenzung und den Merkmalen der teilautonomen Arbeitsgruppe bei Ulich 1994, S. 176 ff.

Folgende Personalentwicklungsmaßnahmen sind grundsätzlich in Unternehmen zu finden bzw. werden den Mitarbeitern und Führungskräften angeboten:

Mitarbeitergespräche sind offizielle Gespräche zwischen Mitarbeitern und Vertretern des Managements. Meistens führt sie der direkte Vorgesetzte durch. Mitarbeitergespräche sind an bestimmte Anlässe gebunden, z. B. bei auffälligen Verhaltensmerkmalen wie Leistungsschwäche, Konflikte, häufiges Fehlen oder Krankheit sowie an den Eintritt in die Organisation, an die Leistungsbeurteilung[71], Arbeitsaufgaben, Zielvereinbarungen, an die Beförderung oder an das Verlassen der Organisation. Sie sollten in regelmäßigen Abständen, mindestens einmal im Jahr, stattfinden.

Beurteilungs- und Fördergespräche und das *Projekt-Feedback* dienen der Überprüfung der gesetzten Ziele und neue Ziele werden vereinbart. Außerdem werden für die persönliche Entwicklung notwendige Trainingsmaßnahmen vereinbart. Nach Abschluss eines Projekts wird besprochen, was sowohl aufgabenbezogen als auch in der Zusammenarbeit mit dem Team und der Führungskraft gut war und welche Entwicklungsmöglichkeiten es gibt.

Coaching hat zum Ziel, Wahrnehmungsblockaden aufzuzeigen sowie Konfliktsituationen und andere Probleme zu lösen. Coaching beinhaltet die psychische, zum Teil auch physische Begleitung von berufstätigen Personen im Rahmen einer Einzelberatung durch einen Berater. Mit einem Coaching können Führungskräfte ihr Verhalten reflektieren und erhalten bei relevanten Themen Unterstützung. Eine Führungskraft kann selbst als Coach für seine Mitarbeiter fungieren, um diese in ihrem Entwicklungsprozess zu unterstützen (vgl. Müller/Hoffmann 2002; Hauser: Coaching: Führung für Geist und Seele, in: Feix (Hrsg.) 1991, S. 216 und S. 207-236; Schmidt 1995).

Mentoring ist die Betreuung eines Mitarbeiters durch einen erfahrungsgemäß hierarchisch höher gestellten Mitarbeiter. Dieser muss nicht unbedingt direkter Vorgesetzter sein. Der Mentor übernimmt die Rolle als Vorbild, Berater oder Förderer. Seine Aufgabe ist es, Orientierung zu geben und die Integration in die Organisation zu erleichtern oder einen jungen Mitarbeiter (meist Trainee) auf seine zukünftige Rolle als Führungskraft vorzubereiten (vgl. Thom/Gattlen 1994, S. 171-182). Der Mentor gibt seinem Mentee[72] seine Erfahrungen weiter und leitet ihn an. Dafür arbeitet der Mentee seinem Mentor zu und kann sich z. B. über Artikel profilieren, die er im Auftrag seines Mentors geschrieben hat, und die bei einer Veröffentlichung auch seinen Namen tragen (vgl. Hilb 1997, S. 33 ff.). Neben der Aufgabe, den Mentee in eine

---

[71] Siehe z. B. bei Schuler/Prochaska: Ermittlung personaler Merkmale: Leistungs- und Potentialbeurteilung von Mitarbeitern, in: Sonntag (Hrsg.) 1992, S. 157-185; Schuler/Funke 1991.

[72] Mentee ist die Person, die von einem Mentor begleitet wird.

Organisation zu integrieren, diesen zu beraten und zu führen, beinhaltet die Rolle des Mentors auch eine Schutzfunktion (vgl. Hilb 1997, S. 20 f.). Ein Mentoring in einer Organisation geht von gegenseitigem Respekt aus. Nach dem Mentorenkonzept sollten Initiative und Verantwortung für die Anlagenentfaltung jedoch primär beim Mentee selbst liegen. Folglich sollte der Mentor überwiegend beratend und fördernd zur Seite stehen.

Des Weiteren sichern bedarfsgerechte und am Personalentwicklungskonzept orientierte *Trainingsmaßnahmen*[73] den Unternehmenserfolg. In diesen können sowohl die für die Aufgaben der Organisation notwendigen Skills der Mitarbeiter erarbeitet und entwickelt als auch den eigenen Fortbildungswünschen der Mitarbeiter Rechnung getragen werden. Fachliche und methodische Qualifikationen zählen ebenso wie die Entwicklung der Persönlichkeit zu den Hauptsäulen der Mitarbeiterentwicklung. Ziele dieser Maßnahmen können z. B. die längerfristige Förderung der individuellen Weiterentwicklung oder eine kurzfristige Hilfe bei einer punktuellen Problemstellung sein. Zu diesen Maßnahmen gehören z. B. Führungskräftetraining, Trainings für Nachwuchsführungskräfte, Teamentwicklungs-Workshops, Intergruppen-Teamentwicklungs-Interventionen (vgl. French/Bell jr. 1994).

Für die Erweiterung der *Fach- und Methodenkompetenz* werden Trainings angeboten, die die Entwicklung von spezifischen, beruflichen Fertigkeiten und Kenntnissen beinhalten und/oder auf die Vermittlung von situationsübergreifenden, flexibel einzusetzenden kognitiven Fähigkeiten ausgerichtet sind, z. B. Problemstrukturierung und -lösung, Entscheidungsfindung oder Handlungskompetenz. Beispielhaft sei hier die Handlungsregulationstheorie von Wilfried Hacker und Walter Volpert erwähnt, die vor allem bei der Entwicklung der Leittextmethode große Bedeutung erlangt hat (vgl. Hacker 1986, S. 70 ff.; Volpert: Das Modell der hierarchisch-sequentiellen Handlungsorganisation, in: Hacker/Cranach von (Hrsg.) 1983, S. 38-58).

In *Seminaren zu Einstellungs- und Verhaltensänderungen* wird direkt an den individuellen Verhaltensstrukturen gearbeitet. Beispielweise können Werte und hinderliche, blockierende Überzeugungen, Glaubenssätze und Einstellungen hinterfragt und geändert werden. Außerdem kann das eigene Verhalten reflektiert und erweitert werden. Diese Themen sollten von einem externen Trainer oder externen Weiterbildungsanbieter bearbeitet werden.

Trainings für Führungskräfte beinhalten ihre Entwicklung der fachlichen Fähigkeiten und sozialen Kompetenzen. Sie sollen nicht nur für ihre Mitarbeiter sorgen, sondern auch inhaltliche Aufgaben und Management-Aufgaben übernehmen. Ein auf ihre Bedürfnisse abgestimmtes Trainingsprogramm ermöglicht die notwendige Hilfe. Die vielfältigen Aufgaben und kom-

---

[73] Zum Thema Lehren und Training s. Döring/Ritter-Mamczek 1997; Brommer 1992; Döring 1992.

plexen Situationen, denen sich eine Führungskraft stellen muss, verlangen jedoch eine individuelle Betreuung in Form eines Coachings.

Für *Teams* gibt es spezielle Maßnahmen. Diese werden in der Dissertation im Hauptkapitel F, Kapitel 2 „Maßnahmen zur Förderung der Zusammenarbeit in Abteilungen und Teams“ beschrieben.

Zusammenfassend kann festgestellt werden, dass die Personalentwicklung wichtige Instrumente zur Verfügung stellt, um die Bindung der Mitarbeiter an das Unternehmen zu erhöhen. Neben flexiblen Vergütungsmodellen, Führungsleitlinien, einem adäquaten Personalentwicklungskonzept, einem darauf abgestimmten Trainingsprogramm, Coaching und Feedback-Prozessen auf verschiedenen Ebenen stehen viele weitere Maßnahmen zur Diskussion. Personalentwicklung zielt auf die Veränderung von Verhalten und umfasst den Bereich des äußerlich sichtbaren Verhaltens und den Bereich der Kenntnisse und Fähigkeiten, Werte, Einstellungen und Gefühle. Die in dieser Arbeit entwickelte Typologie kann darin unterstützen, eine Personalentwicklung im Unternehmen zu praktizieren, die typengerechter und damit mehr mitarbeiterbezogen ist.

Zudem sind für jede Person, ob Mitarbeiter oder Führungskraft, Erkenntnisse über ihre Verhaltensstrukturen und Werte sinnvoll, damit sie im Hinblick auf ihren beruflichen Werdegang die richtigen Pläne entwickeln und die richtigen Entscheidungen treffen kann. Gleichzeitig können die gewonnenen Erkenntnisse über die Werte auch dabei helfen, den Werdegang anderer zu beeinflussen. Bei der beruflichen Entwicklung geht es darum, die Bedürfnisse des einzelnen Mitarbeiters mit den Erfordernissen der Organisation in Einklang zu bringen.

4. Zusammenfassung von Hauptkapitel E

In diesem Kapitel wurde erörtert, dass jeder Mitarbeiter Verhaltensstrukturen hat, die einem bestimmten Typ zugeordnet werden können. Es wurde die Frage gestellt, wie es möglich ist, diese komplexen Wesen ansatzweise zu verstehen, um diese in ihrer Entwicklung unterstützen zu können. Diese Frage war der Leitgedanke für die Inhalte dieses Hauptkapitels. Zur Bearbeitung dieses Themenkomplexes wurden die verschiedenen Neigungen der Menschen betrachtet, wie sie die Welt wahrnehmen und sich verhalten. Es wurden die Gemeinsamkeiten, die einen Typ ausmachen, herausgearbeitet und die charakteristischen und wesentlichen Züge des Typs aufgezeigt. Gleichzeitig dienten die Ausführungen der Abgrenzung der Typen voneinander, die insbesondere durch die Darstellungen über Merkmale, Werte und Fähigkeiten der Typen ersichtlich wurden. Außerdem wurden die Stärken und Schwächen der Typen aufgelistet und mögliche Wirkungen von Verhaltensstrukturen und Reaktionen darauf aufgezeigt. Es wurde weiter herausgearbeitet, dass sich die vier Typen aufgrund ihrer unterschiedlichen Verhaltensstrukturen unterstützen können und sich letztendlich gegenseitig ergänzen.
Aufgezeigt wurde weiter, dass die Mitarbeiter ihrem Typ entsprechende Stärken, Ängste und Ziele haben und dass bestimmte Verhaltensweisen und gewisse Aufgaben zu Frustration führen können. Um auf Mitarbeiter bestmöglich und motivierend eingehen zu können, sollten Führungskräfte ihren Verhaltens- und Führungsstil dem jeweiligen Mitarbeiter anpassen. Der Führungsstil kann je nach Mitarbeitertyp variieren und der jeweiligen Situation angepasst werden. Je besser eine Führungskraft ihre Mitarbeiter kennt, desto mehr kann sie mit den oben vorgestellten Führungstechniken die Mitarbeiter fördern und motivieren. Gleichzeitig hat jede Führungskraft einen ihrem Typ entsprechenden eigenen persönlichen Führungs- und Verhaltensstil, der sich auf ihre Arbeit und den Umgang mit ihren Mitarbeitern auswirkt. Folglich sollten auch die Mitarbeiter das Verhalten ihrer Führungskräfte einschätzen können, um sie und ihre Verhaltensstrukturen besser zu verstehen. Das Kennen der vier Typen und deren Verhaltensstrukturen fördert demzufolge nicht nur die Zusammenarbeit unter Kollegen, sondern auch das Verständnis zwischen Führungskraft und Mitarbeiter.

Das folgende Kapitel steht im engen Zusammenhang mit den bisher gemachten Aussagen zur Typologie, zu den Einsatzmöglichkeiten und Stärken von Mitarbeitern sowie dem Umgang mit Mitarbeitern. Es fokussiert die theoretischen und empirisch gewonnenen Ergebnisse zu einer optimalen Zusammensetzung von Abteilungen und Teams unter Beachtung der Typologie. Es werden Lösungsansätze diskutiert, wie Abteilungen bzw. Teams optimal zusammengesetzt werden könnten, um dadurch die Zusammenarbeit erfolgreicher zu gestalten.

F. DIE OPTIMALE ZUSAMMENSETZUNG VON ABTEILUNGEN UND TEAMS

1. Empfehlungen für eine optimale Zusammensetzung von Abteilungen und Teams unter Beachtung der Typologie

Alle wünschen sich erfolgreiche Teams, leider gibt es davon zu wenige. Es stellt sich nun die Frage, warum Teams erfolgreich und andere weniger erfolgreich sind. In diesem Kapitel wird erläutert, welche Voraussetzungen gegeben sein müssen, damit Abteilungen bzw. Teams optimal zusammengesetzt und dadurch erfolgreich sind. Das Kapitel beinhaltet die Beantwortung der in dem Hauptkapitel A, Kapitel 2.1, aufgeworfene Frage Nr. 8 und geht auf die Hypothese Nr. 6 ein.

Team- und Abteilungserfolge[74] sind nicht nur von der fachlichen und methodischen Kompetenz der Teammitglieder abhängig, sondern zum großen Teil von der Fähigkeit zu einer reibungslosen Zusammenarbeit, um das gemeinsame Ziel zu erreichen. Diese Ausgangssituation ist selten gegeben.
In den meisten Fällen unterliegt die Auswahl der Mitglieder von Teams den Kriterien der Verfügbarkeit, des fachlichen Wissens und der Fähigkeit, funktionale Interessen zu vertreten. So gut wie gar nicht wird bei der Zusammenstellung von Teams beachtet, wo die Stärken und Schwächen bezüglich der interpersonellen Aktionen untereinander bei den einzelnen Teammitgliedern zu finden sind.[75] Diese Fragestellung findet oft erst dann Beachtung, wenn der gewünschte Fortschritt ausbleibt. In der Regel reagiert der Auftraggeber oder das verantwortliche Management mit Druck und der Verbreitung von Angst, z. B.: „Wenn wir den Auftrag nicht pünktlich fertig bekommen, dann ...“. Oder auf sanftere Art mit den beschwörenden Worten, wie z. B.: „Sie müssen besser miteinander arbeiten, sie sind doch ein Team“. Trotz der in beiden Fällen oben aufgeführten Aufforderung wird oft nicht das gewünschte Ergebnis erzielt. In einem Team, in dem die bevorzugten und weniger bevorzugten Verhaltensweisen der einzelnen Mitglieder keine Beachtung finden, stellen sich Reibereien ein, die bis zur Demotivation, Frustration und inneren Kündigung führen können. Es ist unumstritten, dass bei einer fallenden Moral im Team die Qualität des Ergebnisses sinkt und/oder das Ziel nicht erreicht wird. Wenn sich Teammitglieder auf der Beziehungsebene gegenseitig Vorwürfe machen oder die Schwächen der anderen herausstellen, wird das Team in internen Machtkämpfen aufgezehrt. Daher sollten Teammitglieder auf der Sachebene[76] kommunizieren, um respektvoll miteinander umzugehen und um das gesetzte Ziel zu erreichen.

---

[74] Die für ein Team beschriebenen Inhalte gelten auch für Abteilungen.

[75] Siehe spezielle Aussagen zu Managementteams bei Belbin 1996.

[76] Siehe dazu auch in dieser Arbeit Hauptkapitel A, Kapitel 1.2.3 „Kommunikation“.

Wenn Gruppen überdurchschnittliche Ergebnisse erzielen wollen, müssen sie zu echten Teams werden. Jedes Teammitglied hat seine persönlichen Stärken sowie seine eigenen Schwächen. Bei der Zusammenarbeit stößt man unmittelbar an die Grenzen der einzelnen Persönlichkeitstypen.

Spannungen lassen sich häufig auf Persönlichkeitskonflikte zurückführen. Die meisten Menschen sind sich der Unterschiede und der Dynamik zwischen den verschiedenen Persönlichkeiten und damit den „Inneren persönlichen Systemen“ nicht bewusst. In den Teams müssen daher alle Mitglieder die Stärken, Bedürfnisse und Schwächen der anderen Teammitglieder erkennen und manches auch akzeptieren. Der persönliche Verhaltensstil jedes einzelnen Teammitglieds wirkt sich auf die Leistungen des ganzen Teams aus.

Entscheidend ist daher, die Potenziale der einzelnen Mitglieder zu erkennen und diese im Team zu fördern. Jedes Teammitglied wird umso erfolgreicher sein, je besser es ihm gelingt, seine persönlichen Stärken voll einzusetzen und je mehr seine Schwächen toleriert werden. Teamarbeit bedeutet Zusammenarbeit auf höchstem Niveau, da es unter Beachtung von gegenseitiger Toleranz Synergieeffekte gibt. Die für diese Arbeit entwickelten vier Typen können auch als Typenrollen im Team bzw. Teamrollen identifiziert werden, wie im Folgenden dargestellt wird.

1.1. Typenrollen im Team - Stärken und Schwächen

Sobald im Team gearbeitet wird, übernimmt jeder Mitarbeiter eine Rolle im Team. Wenn auf die oben beschriebene Typologie zurückgegriffen wird, können den einzelnen Typen spezifische Teamrollen zugeordnet werden. Diese beinhalten gewisse Stärken, aber auch Schwächen. Greifen wir als Beispiel die Teamrolle des Planers und des Koordinators heraus. Ein Planer hat die Stärke, die Ideen des Visionärs zu planen und umzusetzen. Als Schwäche kann benannt werden, dass er den Visionär für Ideen braucht und es ihm schwer fällt, geduldig abzuwarten, da er sofort etwas tun möchte. Die Stärke eines Koordinators liegt in der Fähigkeit, zu koordinieren, zu entscheiden und zu delegieren. Seine Schwäche jedoch ist, dass er sehr auf Harmonie achtet und es allen recht machen möchte. Die folgende Tabelle zeigt die für diese Arbeit entwickelten Typen mit ihren typischen Rollen im Team und den damit verbundenen Stärken und Schwächen. Weiter ist dargestellt, in welchen Bereichen bzw. für welche Aufgaben der jeweilige Typ die Fähigkeiten der anderen Typen braucht. Die tabellarischen Darstellungen erfolgen aufgrund der entwickelten Typologie und der Erkenntnisse der Verfasserin.

Typenrollen im Team			
Typ	**bevorzugter Teamrollenbeitrag = Stärken**	**mögliche Schwächen**	**braucht andere, die**
Visionär	• mag verschiedene Aufgaben, die eine Herausforderung sind, Initiative erfordern und sein Interesse wach halten • ist fantasievoll, bringt viele Ideen ein • löst schwierige Probleme, in dem er Vorschläge für Abläufe und Ideen zur Problemlösung einbringt • sieht Möglichkeiten • geht Risiken ein • versprüht Optimismus, Begeisterung	• bleibt nicht bei der Sache • bringt Dinge nicht konsequent zu Ende • ignoriert Nebensächlichkeiten • zu gedankenverloren, um effektiv zu kommunizieren • trifft keine Entscheidung • schätzt Ergebnisse zu optimistisch ein • übersieht Risiken und Fakten • redet zuviel • handelt zu impulsiv	• Ideen umsetzen • Routine-Arbeiten gerne erledigen • besonnen und mit Vorsicht handeln • auf Details und Fakten achten • das Für und Wider gegenüberstellen • Risiken abschätzen und berechnen • Entscheidungen vorbereiten und treffen
Planer	• bevorzugt Aufgaben, die er in seinem Tempo erledigen kann • Arbeiten, die bekannte, bewährte Methoden erfordern • setzt die Ideen und Pläne um • ist begeisterungsfähig • ist teamfähig • konzentriert sich auf die Aufgaben • hört gut zu • erforscht Möglichkeiten • veranschaulicht die Ideen • organisiert	• Entscheidungen müssen sofort getroffen werden, damit er sofort umsetzen und handeln kann • stellt eigene Wünsche zu sehr zurück • passt sich zu sehr an • zu stark von Beziehungen abhängig • braucht Anerkennung für geleistete Arbeit • braucht Struktur • ist zu pflichtbewusst	• Ideen haben und Neues initiieren • Entscheidungen abwägen • ein langsameres Tempo vorgeben • auf Unvorhersehbares spontan reagieren können • ihn und seine Arbeit loben und anerkennen • ihm klar machen, dass er auch etwas ablehnen kann
Qualitätsmanager	• braucht Arbeiten, die Genauigkeit, Details und Präzision erfordern und bei denen Verantwortung geteilt werden kann • hinterfragt kritisch • urteilt genau • konzentriert sich auf wichtige Details • arbeitet unter geregelten Bedingungen	• verstrickt sich in Einzelheiten, Details • kann nicht loslassen und delegieren • richtet sich genau nach Vorschriften • Mangel an Antrieb und die Fähigkeit andere zu inspirieren • hat Angst vor Veränderungen	• begeistern, motivieren können • schnelle Entscheidungen treffen • Überzeugungsarbeit leisten können • Optimismus zeigen und ausstrahlen • Möglichkeiten sehen • Risiken eingehen • kompromissfähig und flexibel sind

Typenrollen im Team			
Typ	**bevorzugter Teamrollenbeitrag = Stärken**	**mögliche Schwächen**	**braucht andere, die**
Qualitätsmanager	• folgt Anweisungen und Normen • ist der Bewahrer • sieht, was fehlt oder was nicht funktioniert • achtet auf Qualität	• zögert, neue Dinge auszuprobieren • ist zu vorsichtig • ist zu pedantisch • ist zu pessimistisch • kontrolliert stark	• Anweisungen nur als Richtlinien sehen
Koordinator	• mag Aufgaben, bei denen er mit Menschen zu tun und die Gelegenheit hat, diese zu motivieren • mag Aufgaben, bei denen er die Vermittlung übernehmen und selbst entscheiden kann • hält zusammen, gleicht aus • motiviert • sammelt Informationen • entscheidet • arbeitet gerne kooperativ mit anderen zusammen • drückt sich gut und klar aus • delegiert und koordiniert • hat gutes Einfühlungsvermögen	• versucht es allen recht zu machen • braucht Harmonie und meidet Konflikte • sammelt zu lange und zu viele Informationen • trifft daher Entscheidungen nicht zeitnah • ist zu offen, vertrauensselig • will Arbeit loswerden • achtet zu wenig auf sich selbst • ist oft zu tolerant • diskutiert zu viel • verspricht mehr, als er halten kann	• nicht nur auf Beziehung und Harmonie achten, sondern auf der Sachebene bleiben • sich auf eine Aufgabe konzentrieren • Routine und Detailarbeit erledigen • sich an Zahlen und Fakten orientieren • systematisch und geplant arbeiten • Vorgänge abarbeiten und kontrollieren • kritisch hinterfragen

Tab. 23: Typenrollen im Team - Stärken und Schwächen
Quelle: Eigene Darstellung

Wenn die natürliche Stärke eines Teammitgliedes bekannt ist, dann ist es nahe liegend, dass es möglichst diese Stärke in den gemeinsamen Arbeitsprozess einbringt. Wie sollte jedoch mit der Schwäche umgegangen werden? Die Empfehlung lautet: Schwächen tolerieren, lernen mit Schwächen umzugehen, Stärken im Arbeitsprozess nutzen und sich gegenseitig ergänzen. Letztlich geht es um einen respektvollen Umgang mit Teammitgliedern.

1.2 Umgang mit Teammitgliedern

Jeder Mensch möchte so behandelt werden, wie es seinen Neigungen und seinem Typ entspricht. Die folgende Tabelle zeigt, wie mit den einzelnen Teammitgliedern ihrem Typ entsprechend im Allgemeinen umgegangen werden sollte. Für Führungskräfte sind Hinweise zur Motivation und zur Entwicklung des einzelnen Typs erarbeitet worden und in der Tabelle dargestellt. Die folgenden Darstellungen erstanden aufgrund der entwickelten Typologie und der Erkenntnisse der Verfasserin.

<table>
<tr><th colspan="4">Umgang mit Teammitgliedern</th></tr>
<tr><th>Typ</th><th>Schlüssel zur Motivation</th><th>Umgang mit diesem Teammitglied</th><th>Hinweise zur persönlichen Entwicklung</th></tr>
<tr><td>Visionär</td><td>Thema: Flexibilität und Spaß
• abwechslungsreiche Arbeitsatmosphäre
• Gelegenheit, seine Ideen in Worte fassen und präsentieren zu können
• Humor</td><td>• Kommt am besten mit Menschen zurecht, die begeisterungsfähig und flexibel sind.
• Kann am besten in einem demokratischen Umfeld arbeiten, in dem seine Beiträge anerkannt und gewürdigt werden.

Hinweise zum Umgang:
• sich interessiert zeigen
• in Gesprächen direkt und offen sein für seine Ideen
• Flexibilität zeigen
• Gelegenheit geben, seine Ideen in Worte zu fassen
• dabei helfen, Worte in Taten umzusetzen
• auf lockere, humorvolle Stimmung achten
• ihm die Initiative überlassen
• Details schriftlich geben, allerdings nicht zu viele
• ihm die Initiative überlassen</td><td>Klar machen, dass
• realisierbare Ideen zum Erfolg führten
• manche Kontrolle ganz nützlich ist
• jeder mit anderen zusammenarbeiten kann
• sich festlegen notwendige (Führungs-)stärke ist
• Entscheidungen getroffen werden müssen
• Termine wirklich dringlich sind</td></tr>
<tr><td>Planer</td><td>Thema: Beziehung und Verständnis
• Ideen, die er umsetzen kann
• wenig Risiko, Zusicherung von Unterstützung
• sicheres, angenehmes Umfeld
• Beziehungen, bei denen er Anerkennung findet</td><td>• Kann am besten mit entspannten, freundlichen Menschen zusammenarbeiten, die sich nicht nur für seine Arbeit, sondern auch für ihn interessieren.
• Braucht freundliche, kollegiale Arbeitsatmosphäre, in der er in seinem Tempo Aufgaben umsetzen und organisieren kann.</td><td>Klar machen, dass
• Neues auszuprobieren und Veränderungen Chancen und Gelegenheiten sind
• nicht alles sofort erledigt werden muss</td></tr>
</table>

Umgang mit Teammitgliedern			
Typ	**Schlüssel zur Motivation**	**Umgang mit diesem Teammitglied**	**Hinweise zur persönlichen Entwicklung**
Planer		Hinweise zum Umgang: • systematisch und objektiv sein • entspannt und freundlich sein • beständig und berechenbar bleiben • das „wie“ erklären • auf Veränderungen vorbereiten • ehrliches Interesse an ihm zeigen • Ziele und Aufgaben im übergeordneten Ganzen zeigen • ihm die volle Aufmerksamkeit geben • schrittweise Lösungen bieten	Klar machen, dass • andere ihm nicht ständig Anerkennung geben können • er sich auch mit anderen weiter abstimmen sollte, auch wenn es länger dauert
Qualitätsmanager	Thema: Schutz und Sicherheit • Forderung nach Regeln, Richtlinien • Berücksichtigung begründeter Bedenken • Forderung nach Details, Qualität	• Kann am besten mit solchen Teammitgliedern zusammenarbeiten, die ihn unterstützen, detaillierte Erklärungen geben und Diskussionen über Schlüsselfragen führen. • Braucht ein Arbeitsumfeld, in dem er Sicherheit und Beständigkeit erleben kann. Hinweise zum Umgang: • detaillierte Beschreibung seiner Aufgaben und schriftliche Vorschläge liefern • Sicherheiten bieten • Zusagen unbedingt einhalten • Loyalität und Ernsthaftigkeit zeigen • auf seine Erfahrungen zurückgreifen • auf Qualität achten	Klar machen, dass • selbst genaueste Aufgabenbeschreibungen sich durchaus ändern können • Termine trotz doppelter, genauester Kontrolle eingehalten werden müssen • es totale Unterstützung nicht gibt • es keine Sicherheit gibt
Koordinator	Thema: Herausforderungen und Selbstständigkeit • zusätzliche Verantwortung ermöglichen • bestimmte Zustände infrage stellen • Beziehungen pflegen können	• Kommt am besten mit Menschen zurecht, die offen und direkt sind und mit denen durch Diskussionen oder Verhandlungen Übereinstimmung erzielt werden kann. • Kann am besten in einem demokratischen Umfeld arbeiten, in dem er mit anderen kooperieren kann.	Klar machen, dass • Verantwortung abzugeben kein Hinweis auf Schwäche ist • es Sinn macht, sich auch an Zahlen und Fakten zu orientieren

Umgang mit Teammitgliedern			
Typ	**Schlüssel zur Motivation**	**Umgang mit diesem Teammitglied**	**Hinweise zur persönlichen Entwicklung**
Koordinator		Hinweise zum Umgang: • auf partnerschaftliche Beziehung achten • Vereinbarungen durch verhandeln erzielen • nur Rahmen festlegen, ansonsten freie Hand lassen • Kompetenz zeigen • beim Geschäftlichen bleiben • Unabhängigkeit zeigen	Klar machen, dass • Kritisches zu Hinterfragen nicht unbedingt zu Konflikten führt • Konflikte auszuhalten eine Führungskraft ausmacht • er auf sich selbst achten muss

Tab. 24: Umgang mit Teammitgliedern
Quelle: Eigene Darstellung

Beim Umgang mit den vier Typen, die in einem Team oder in einer Organisation angetroffen werden können, stellt sich die Frage, wie ein Team optimal zusammengestellt werden soll, um Organisationsziele zu erreichen. Dies soll nun geklärt werden.

1.3 Zusammenstellung von Teams

Bevor ein Team zusammengestellt wird, sollte klar sein, welches Ziel verfolgt wird. Wenn ein Team eine einheitliche Aufgabe erfüllen soll, wie z. B. Ideen für neue Produkte zu sammeln oder eine Idee umzusetzen, dann sollte ein Team mit denselben Typen zusammengestellt werden. Für die Ideensammlung sollte ein Team vorrangig mit Visionären und für die Umsetzung der Ideen mit Planern zusammengesetzt sein. Für umfassendere Zielvorgaben, die unterschiedliche Aufgaben beinhalten, ist es wichtig, dass in einem Team alle Typen vertreten sind. Dadurch existieren in einem Team alle vier Teamrollen, und die Teammitglieder ergänzen sich gegenseitig (vgl. Bebin 1996). Eine optimale Zusammensetzung ist demnach dann gewährleistet, wenn alle Typen gleichmäßig verteilt sind. Dies ist in der Realität selten anzutreffen. Überwiegend sind die Typen ungleich verteilt, wie die folgende Abbildung zeigt.

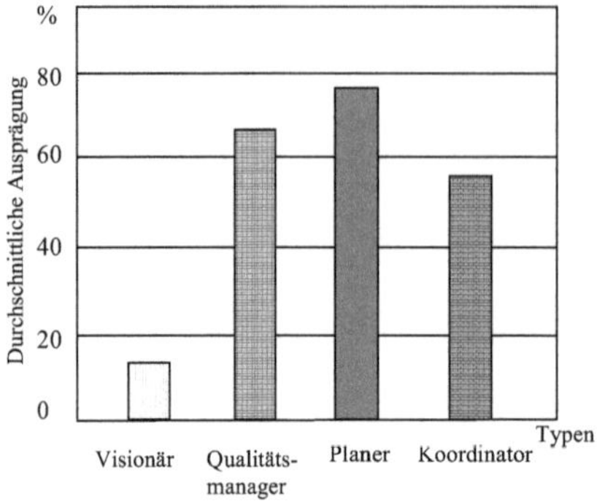

Abb. 20: Profil eines Teams
Quelle: Eigene Darstellung

In der obigen Abbildung ist als Beispiel dargestellt, dass der Typ des Visionärs im Verhältnis zu den anderen Typen nicht ausreichend repräsentiert ist. Die Folge ist, dass dieses Team kaum Kreativitätspotenzial besitzt.

Eine Ungleichverteilung der Typen kommt zustande, da die Mitglieder von Teams ohne Beachtung ihrer Persönlichkeitsstrukturen zusammengesetzt werden. Es wird damit argumentiert, dass verfügbare Ressourcen limitiert sind. Um Teams optimal zusammenzusetzen, ist der erste Schritt davon auszugehen, dass in einem Unternehmen genügend unterschiedliche Typen vertreten sind. Hilfreich dabei ist die Überzeugung, dass ein Unternehmen und damit alle Bereiche und Abteilungen bzw. Teams an einem gemeinsamen Ziel arbeiten und eine Einheit bilden. Mit dieser Sichtweise ist eine Kooperation mit anderen Abteilungen bzw. Teams selbstverständlich, sodass Mitarbeiter aus anderen Abteilungen bzw. Teams zeitweilig hinzugezogen werden können. Dies bedeutet also:

- Wenn Teams schon bestehen, können weitere Personen - auch aus anderen Abteilungen, Teams oder Bereichen - für die entsprechende Aufgabe und Phase hinzugezogen werden.
- Bei der Zusammenstellung von neuen Teams sollte von Anfang an auf ein ausgewogenes Verhältnis der vier Persönlichkeitstypen geachtet werden. Auch hier besteht die Möglichkeit, für die jeweiligen Aufgaben weitere Personen zur Unterstützung für eine Zeit lang hinzuzuziehen.

Auf das o. g. Beispiel bezogen würde dies bedeuten, dass für die Entwicklungs- bzw. Kreativitätsphase weitere Personen des Typs Visionär hinzugezogen würden.

Weiterhin ist für eine optimale Zusammenarbeit wichtig, dass in jedem Team von Anfang an die Stärken offen gelegt und die Aufgabenverteilung der einzelnen Teammitglieder festgelegt werden. Es sollte klar sein, dass die Visionäre für die Ideen, die Planer für die Umsetzung und die Qualitätsmanager für die Kontrolle zuständig sind. Die Koordinatoren sind für die

Zusammenstellung der Informationen und die Koordination verantwortlich. Außerdem treffen sie nach Absprache mit allen Teammitgliedern eine Entscheidung.
Wenn ein Team bestmöglich zusammengestellt wurde, sollten jedem Mitglied folgende Punkte klar werden, um die Zusammenarbeit zu fördern:

1. Jeder Mensch hat eine Persönlichkeitsstruktur mit unterschiedlicher Ausprägung der Teamrollen.
2. Es gibt weder gute noch schlechte Teamrollenprofile.
3. Jeder Typ ist wertvoll und stellt einen Beitrag zum Team dar.
4. Jeder Typ hat Stärken und zulässige Schwächen.
5. Die Teammitglieder sollten:
   - ihre Stärken in den gemeinsamen Teamprozess einbringen;
   - ihre Schwächen tolerieren;
   - sich gegenseitig ergänzen;
   - Konfliktpotenzial erkennen;
   - gemeinsame Handlungspläne zur Verbesserung der Teamarbeit nutzen.

Obwohl ein Unternehmen oder ein Projektleiter nach Möglichkeit alle bisher gemachten Aussagen zur Teambildung beachtet hat, kann es sein, dass trotzdem unerwünschte Verläufe in Bezug auf die Zusammenarbeit oder im Rahmen des Projektes registriert werden. Insbesondere bei der Projektarbeit wünscht sich jedoch jeder Projektverantwortliche einen idealen Verlauf seines Projektes. Dies ist allerdings erfahrungsgemäß selten gegeben. In dieser brenzligen Situation kommt es zu unterschiedlichen Reaktionen, die vom Austausch von Personal, über das zur Verfügung stellen weiterer Mittel, Definition neuer Zielpunkte, Druck, Überstunden, Reduzierung des Qualitätsstandards bis hin zur vorzeitigen Einstellung des Projektes variieren können. In einigen wenigen Fällen besinnt man sich eines anderen Ansatzes, nämlich sich Bedenkzeit zu nehmen und sich zu fragen, ob die Energien der Teammitglieder in die Arbeitsprozesse fließen oder sich durch Konflikte aufzehren. Vorausgesetzt die Rahmenbedingungen, wie Leistungsmöglichkeit, fachliche und methodische Kompetenz und ausreichende Ressourcen, stimmen, sollte eine Bedenkzeit für eine Analyse der psycho-sozialen Ebene und für die Entwicklung eines Handlungsplanes zur Kompensation fehlender Teamrollen genommen werden. Mit dem gemeinsamen Handlungsplan wird ein Team in der Lage sein, eine Arbeitsweise zu entwickeln, die den Team- und damit den Projekterfolg sicherstellen.
An einem aus der Realität entnommenen Fallbeispiel[77] soll einerseits diese Vorgehensweise verdeutlicht werden und andererseits die vorausgehenden Aussagen zur Optimierung eines Teams betonen.

---

[77] Eigene Erfahrung der Verfasserin.

Der Fall:
Ein Unternehmen beauftragte ein Team von Mitarbeitern damit, ein neues Produktentwicklungskonzept mit dem Ziel zu erarbeiten, künftig neue Produkte schneller als der Wettbewerb zu entwickeln. Zur Entwicklung des neuen Konzeptes wurden 7 Mitarbeiter von ihren Tagesaufgaben freigestellt und hatten 8 Wochen Zeit, ein neues Konzept zu erarbeiten. Als Projektteammitglieder wurden folgende Personen definiert: ein Hauptabteilungsleiter, eine Abteilungsleiterin und fünf Sachbearbeiter aus unterschiedlichen Fachgebieten, die bei der Produktentwicklung beteiligt waren. Alle Teammitglieder brachten eine sehr gute fachliche und methodische Kompetenz mit. Ferner bekamen sie alle finanziellen Mittel, die sie benötigten. Der Projektleiter war in diesem Fall nicht vorgegeben. Das Team begann mit der Projektarbeit zum verabredeten Zeitpunkt und hatte sich nach zwei Wochen festgefahren. Es trat auf der Stelle und Frustration machte sich breit. Das Team legte eine Bedenkzeit ein, da es Probleme im zwischenmenschlichen Bereich vermutete. Was war bis dahin geschehen? In der ersten Arbeitssitzung wählte das Team den Teamleiter. Die Wahl fiel, wie nicht anders vermutet, auf den Hauptabteilungsleiter, dem Ranghöchsten der Runde. Er nahm die Arbeit, in seiner Position bestätigt, auf und gab den Arbeitstakt entsprechend seines natürlichen Verhaltens vor. Sein bevorzugtes Verhalten entsprach dem des Qualitätsmanagers. Dieses Profil unterstützt Liebe zum Detail mit einem hohen Qualitätsanspruch und kritischem Abwägen; jedoch nicht die Verhaltensstruktur, eine Veränderung herbeizuführen, neue Wege zu gehen und aus allen Teammitgliedern für das Projekt das Beste herauszuholen. Dieses Verhalten verhinderte bei den anderen Teammitgliedern, ihre Stärken in den gemeinsamen Arbeitsprozess einzubringen. Sie fühlten sich bevormundet, entmündigt und durch die Bedenken des Projektleiters entmutigt. In einer nur eintägigen Teamentwicklungssitzung mit einem externen Coach, konnten die Teammitglieder ihre Arbeitsbeziehungen untersuchen und durch eine neue Rollenverteilung, entsprechend der individuell vorhandenen Stärken und Schwächen, eine neue Teamkomposition entwickeln. Kern der Teamentwicklungssitzung war die Bestimmung des Projektleiters. Die Wahl wurde jetzt mittels eines nicht beachteten Kriteriums getroffen. Das Team war sich einig, dass die Projektleitung von der Person übernommen werden sollte, die die ausgeprägteste natürliche Rolle eines Koordinators aufwies. Es wurde nicht der vorherige Ranghöchste der Runde ernannt. Die Projektleitung wurde von einem Sachbearbeiter übernommen, der die stärkste Koordinator-Ausprägung mitbrachte. In dieser Rolle gelang es ihm, die anderen Teammitglieder so zu aktivieren, dass diese entsprechend ihrer natürlichen Stärken einen Beitrag zum Teamerfolg leisteten. Außerdem konnte der Projektleiter dazu motivieren, dass die individuell vorhandenen Schwächen toleriert und durch andere Teammitglieder kompensiert wurden. Der Erfolg: Das Team holte den Rückstand auf und erzielte zum vorgegebenen Termin ein respektables Ergebnis.

Das Fallbeispiel zeigt, dass es für jedes Team empfehlenswert ist, bereits vor der Aufnahme einer Team- oder Projektarbeit in einem Workshop folgende Dinge zu erledigen:

- Teamrollen der Teammitglieder feststellen;
- Defizite der Gruppe feststellen;
- Beziehungsnetzwerk erarbeiten und Konfliktpotenzial feststellen;
- Merkmale der Schlüsselabschnitte des Projektverlaufes definieren;
- Handlungsplan zur reibungslosen Zusammenarbeit verabreden;
- Einhaltung des Handlungsplanes prüfen.

Wenn o. g. Aspekte beachtet werden, kann ein Erfolg versprechender Arbeitsverlauf und eine gute Zusammenarbeit erreicht werden. Sie sind auch eine wertvolle Grundlage für die Arbeitsbeziehungen im Team.

1.4 Arbeitsbeziehungen im Team

In einem Team entwickeln sich Arbeitsbeziehungen zwischen einzelnen Teammitgliedern. Diese können erfolgreich sein aber auch zu Konflikten führen. Die Kenntnisse über die in dieser Arbeit vorgestellten vier Persönlichkeitstypen lässt es zu, die Arbeitsbeziehungen zwischen den einzelnen Teammitgliedern zu analysieren. Es können vorab schon Aussagen darüber gemacht werden, welche Auswirkungen es haben kann, wenn die unterschiedlichen Typen miteinander arbeiten. Aufgrund dessen braucht niemand über die unterschiedlichen Aussagen der Teammitglieder überrascht zu sein. Trotzdem sollten in einer Teamsitzung die Aussagen der Teammitglieder gesammelt und bewertet werden (vgl. Sperling/Wassefeld 1997). Diese Aussagen können auf eine sehr gute, eine neutrale oder eine konfliktbehaftete Beziehung hinweisen. In einem Teamgespräch können dann entsprechende Hinweise über die Vorgehens- und Verhaltensweisen der Typen gegeben und damit Konfliktpotenziale vermindert werden.

Alle Arbeitsbeziehungen der Teammitglieder untereinander ergeben das Beziehungsnetzwerk des Teams (s. Abb. 21). Die gewonnenen Aussagen geben Hinweise auf ein mögliches Konfliktpotenzial der Gruppe und bilden eine Grundlage zur Entwicklung eines Handlungsplanes. Die Untersuchung von Beziehungsnetzwerken und daraus abgeleitete Handlungspläne haben sich als besonders nützlich bei Teams vor dem Projektstart erwiesen. Damit sind Teams auf potenzielle Konflikte vorbereitet und können mit den durch die Teammitglieder getroffenen Absprachen dafür sorgen, dass ihre Energien nicht bei der Austragung von Konflikten und im Gegeneinander verbraucht werden, sondern auf der sachlichen Ebene direkt in die Wertschöpfung einfließen.

In der folgenden Abbildung ist beispielhaft das Beziehungsnetzwerk eines fünfköpfigen Teams (A bis E) dargestellt. Es bestehen verschiedene Arbeitsbeziehungen zwischen den Teammitgliedern, die sich aus den unterschiedlichen Teamrollenprofilen von zwei Personen ergeben. In dem hier gezeigten Beispiel werden nur drei Arbeitsbeziehungen exemplarisch betrachtet. Dafür wird zur verständlicheren Anschauung festgelegt, dass A dem Koordinator, B dem Planer und D dem Visionär entspricht.

Beziehungsnetzwerk in einem Team

5 Teammitglieder A bis E

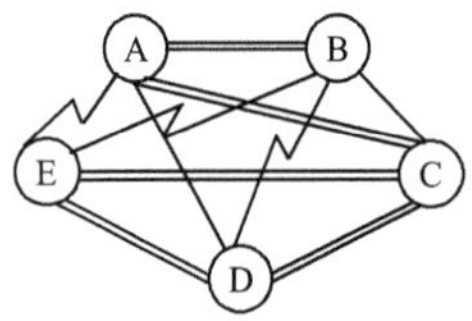

Verbindungen:
═ sehr gute Arbeitsbeziehung
Arbeitsbeziehung mit Konfliktpotenzial
— neutrale Arbeitsbeziehung

Auswahl: 3 von 10 Arbeitsbeziehungen

Beziehung A-B
Es bildet sich eine enge Arbeitsverbindung. Sie ist sehr gut für das Arbeitsgebiet geeignet, in dem Zusammenarbeit und Verhandlungen gefordert sind.

Beziehung B-D
Beide könnten sich gegenseitig irritieren, da sie wahrscheinlich sehr unterschiedliche Ansichten vertreten. Sie können aber sehr gut zusammenarbeiten, wenn ihre Aufgabengebiete von einer übergeordneten Kraft geführt werden und wenn B z. B. die Aufgabe übertragen bekommt, die Arbeit von D zu unterstützen.

Beziehung A-D
Dies ist eine lebhafte Verbindung in der sich beide Parteien gegenseitig mit ihrem Enthusiasmus ergänzen. Es besteht aber das Defizit, begonnene Dinge nicht zu Ende zu bringen.

Abb. 21: Beziehungsnetzwerk in einem Team
Quelle: Eigene Darstellung

Die Beziehung zwischen den Teammitgliedern A und B ist eine gute Grundlage für Zusammenarbeit und Verhandlungen.
Die Beziehung zwischen B und D dagegen weist auf ein Konfliktpotenzial hin. Daher ergibt sich ein Ansatz für eine gemeinsame Absprache und eine Festlegung in einem Handlungsplan. In diesem Fall muss klargestellt werden, wie und in welcher Form Teammitglied B das Teammitglied D unterstützt. Geschieht dies nicht, kann hier eine Keimzelle von Reibereien entstehen.
Die Beziehung zwischen A und D ist eine sich ergänzende Beziehung. Bei ihr besteht lediglich die Gefahr, dass zu viel begonnen und nur wenig vollendet wird. In dieser Beziehung wird es höchstwahrscheinlich keine Konflikte geben. Trotzdem sollte auch für diese Beziehung eine Absprache entwickelt werden, die in einem Handlungsplan festgehalten wird. Für diese Beziehung bietet sich als Absprache z. B. die Definition von Kontrollpunkten an.

Die gemeinsame Diskussion aller Beziehungen untereinander in einem Team fördert das gegenseitige Verständnis und erhöht die Wertschätzung. Die individuellen Stärken der Teammitglieder können sich voll entfalten und in den gemeinsamen Arbeitsprozess einfließen.

Bei der Berücksichtigung des aus dem Beziehungsnetzwerk entwickelten Handlungsplanes wird sichergestellt, dass keine Energien während der Teamarbeit verschwendet werden.
Bei jeder Besprechung im Team sollte auf eine bestimmte Reihenfolge der Gesprächspartner geachtet werden, da ansonsten weitere Konflikte oder Frustrationen entstehen können. Das nachfolgende Kapitel gibt einen kurzen Einblick, wie Teambesprechungen organisiert werden sollten.

1.5 Teambesprechungen bezogen auf die Typologie

Eine Teambesprechung wird üblicherweise von einer Person eröffnet. Wie eine Person eine Besprechung eröffnet, ist eine Typensache. Jede Person kann einem der vier Persönlichkeitstypen zugeordnet werden, weswegen der Beginn einer Teambesprechung sehr unterschiedlich ist und entsprechende Auswirkungen auf den Verlauf der Besprechung hat.
In diesem Kapitel geht es um die Darstellung einer optimalen Gesprächsreihenfolge der Typen in Besprechungen.

Doch zunächst ein Beispiel für eine Gesprächreihenfolge, die weniger optimal ist:
Fallbeispiel: ein neues Produkt soll entwickelt und umgesetzt werden:

- Der Visionär beginnt. Er hat die Ideen, macht viele Vorschläge, ist in seinem Element, es kommen immer mehr Ideen hinzu.
- Danach spricht der Planer. Dieser „bremst“ tendenziell den Visionär in seinem Ideenreichtum ab, weil er sofort anfangen möchte zu planen. Er will handeln und zwar sofort. Er hinterfragt die Ideen des Visionärs im Einzelnen. Der Visionär fühlt sich in einem zu frühen Zeitpunkt festgelegt.
- Danach spricht der Qualitätsmanager. Er wird alles nochmals kritisch hinterfragen, also eher die Ideen und die Planungsmöglichkeit negieren. Oft reagiert der Visionär schon zu diesem Zeitpunkt beleidigt, weil seine schönen Ideen zerrissen werden.
- Daran anschließend spricht der Koordinatortyp. Er wird versuchen die Vorschläge vom Visionär, Planer und Qualitätsmanager zusammenzubringen, um Harmonie herzustellen.
- Danach spricht wieder der Planer. Er legt aufgrund der Überlegungen des Qualitätsmanagers neue Planungsmöglichkeiten vor.
- Dem Planer folgt der Visionär. Dieser breitet das jetzt „Zusammengepackte“ wieder aus und fügt neue Ideen ein.
- An den Visionär knüpft der Koordinator an, der wieder integrieren will.
- Anschließend wird der Qualitätsmanager erneut alles umstoßen und seine Bedenken anmelden.

Anhand dieses Beispiels ist zu erkennen, dass man mit dieser Reihenfolge zu keinem Ergebnis kommt. Jedoch gibt es eine optimale Reihenfolge, die bei Besprechungen eingehalten werden sollte. Sie fördert die Zusammenarbeit und führt zu bestmöglichen Ergebnissen.

Die optimale Reihenfolge ist in folgender Tabelle dargestellt. Sinnvollerweise holt man den Planer zunächst dazu, um eine erste Planung zu haben. Danach ist er erst wieder gefragt, wenn erste Überlegungen von den drei anderen Typen vorliegen. Die verbindende Rolle hat der Koordinator. Er vermindert die Unterschiede zwischen den Typen und steigert so die Zusammenarbeit zwischen den Teammitgliedern.

<table>
<tr><th colspan="35">Optimale Gesprächsreihenfolge der Typen in Besprechungen</th></tr>
<tr><td colspan="35">1. Durchgang:</td></tr>
<tr><td colspan="7">Visionär</td><td colspan="7">Koordinator</td><td colspan="7">Planer</td><td colspan="7">Qualitäts-manager</td><td colspan="7">Koordinator</td></tr>
<tr><td colspan="7">liefert Ideen</td><td colspan="7">fasst zusammen</td><td colspan="7">greift die Ideen auf und plant</td><td colspan="7">überprüft macht realistischer</td><td colspan="7">integriert vermindert Unterschiede</td></tr>
<tr><td colspan="35">2. Durchgang:</td></tr>
<tr><td colspan="5">Visionär</td><td colspan="5">Koordinator</td><td colspan="5">Qualitäts-manager</td><td colspan="5">Koordinator</td><td colspan="5">Planer</td><td colspan="5">Koordinator</td><td colspan="5">Planer</td></tr>
<tr><td colspan="5">liefert weitere Ideen</td><td colspan="5">fasst zusammen</td><td colspan="5">überprüft macht realistischer</td><td colspan="5">integriert vermindert Unterschiede</td><td colspan="5">plant und macht noch realistischer</td><td colspan="5">führt zusammen, entscheidet</td><td colspan="5">setzt um</td></tr>
</table>

Tab. 25: Optimale Gesprächsreihenfolge der Typen in Besprechungen
Quelle: Eigene Darstellung

Zusammenfassend kann ausgesagt werden, dass die Zusammensetzung von Teams dann optimal ist, wenn alle vier Typen vertreten sind. Dann erst können alle Ressourcen und Potenziale, die im Unternehmen vorhanden sind, genutzt werden. Dafür übernimmt jedes Teammitglied seinem Typ entsprechend eine wesentliche Teamrolle, mit der individuelle Stärken einhergehen. Um die Typen noch besser verstehen zu können, wurden deren Schwächen aufgezeigt und beschrieben. Ein weiterer Themenbereich war die Darstellung eines typengerechten Umgangs mit Teammitgliedern und wie diese motiviert werden können. Zudem wurden Hinweise zur Förderung der persönlichen Entwicklung der Mitarbeitertypen gegeben. Es wurde weiter erläutert, dass in jedem Team Arbeitsbeziehungen entstehen, die zu Konflikten führen können. Ein Instrument, um Konflikte in Teambesprechungen zu vermeiden, ist auf die Reihenfolge der Gesprächspartner zu achten. Bei der Bildung von Arbeitsteams kann die oben dargestellte Typologie eine durchaus wirksame Anwendung finden. Sobald Teammitglieder die unterschiedlichen Verhaltensstrukturen und Arbeitsweisen ihrer Teamkollegen als Chancen sehen, sind sie in der Lage, auf Stärken und Problemlösungsmethoden aufzubauen, um damit ihre Ziele erfolgreich zu erreichen. Das bedeutet, dass ein effektives Team weiß, dass unterschiedliche Verhaltensstrukturen und damit Typen das kreative Potenzial der Gruppe fördern. All dies muss das Management berücksichtigen, wenn es um die Bildung von Arbeitsgruppen geht.

Damit stellt sich die Frage nach den Maßnahmen zur Förderung der Zusammenarbeit in Abteilungen und Teams. Dafür werden im folgenden Kapitel einige Maßnahmen dargestellt, welche die Zusammenarbeit im Unternehmen fördern. Diese für das Team dargestellten Maßnahmen können auch für Abteilungen oder Bereiche genutzt werden.

2. Maßnahmen zur Förderung der Zusammenarbeit in Abteilungen und Teams

Bei der optimalen Zusammensetzung von Abteilungen und Teams geht es nicht darum, die sich ähnelnden Mitarbeiter zusammenzufassen. Ziel ist, dass trotz der unterschiedlichen Persönlichkeiten eine kooperative und erfolgreiche Zusammenarbeit möglich ist. Dafür muss allerdings erreicht werden, dass die Mitarbeiter und Führungskräfte mehr Verständnis für die Unterschiedlichkeit der einzelnen Kollegen gewinnen und die darin enthaltenden Chancen erkennen. Letztendlich muss das gesamte Personal auf die Chancen einer kooperativen Zusammenarbeit aufmerksam gemacht werden, damit auf allen Ebenen der Hierarchien zielorientiertes Arbeiten möglich wird. Die Zusammenarbeit in einem Team und die Fähigkeit, einen kooperativen und situativen Führungsstil zu praktizieren, setzen insbesondere eine individuelle Reife mit entsprechenden sozialen Kompetenzen voraus (vgl. Bungard: Team- und Kooperationsfähigkeit, in: Sarges 1995, S. 410). Deswegen sind neben den fachlichen Qualifikationen u. a. folgende Eigenschaften und Fähigkeiten nötig:

- „reflexive Beschäftigung mit dem eigenen Selbstbild und dem eigenen Handeln,
- selbstbewusstes Ausschöpfen und Weiterentwickeln eigener Fähigkeiten,
- selbstverantwortliches Ausdrücken eigener Ideen, Interessen und Gefühle gegenüber der Umwelt,
- helfende Unterstützung anderer bei deren Selbstakzeptierung,
- geistige Beweglichkeit und Aufgeschlossenheit gegenüber Neuem und Anderem,
- Experimentierfreudigkeit sowie Lernbereitschaft und Lernfähigkeit,
- und schließlich eine positive innere Haltung und Bereitschaft zur Teamarbeit" (Bungard: Team- und Kooperationsfähigkeit, in: Sarges 1995, S. 410).

Weiter können folgende Bedingungen, welche die Teamarbeit optimieren, genannt werden (vgl. Spieß/Winterstein 1999, Cohen/Fink/Gadon/Willits 1996; Schein 1995, S. 74 ff.; Schuler (Hrsg.) 1995, S. 324; Attems/Holzer 1989, S. 331-333):

- räumliche Nähe derer, die zusammenarbeiten;
- Möglichkeiten zur unmittelbaren Kommunikation, z. B. durch Stellung der Arbeitsplätze zueinander, durch informelle Kommunikationsmöglichkeiten (Teeküche, Kantine);
- kleine Arbeitseinheiten, damit die Möglichkeit des unmittelbaren Kontaktes besteht;
- Verflechtung der Arbeitsinhalte in einer Weise, dass durch Kooperation und Koordination Erfolg möglich ist;
- Zusammensetzung der Mitarbeiter einer Abteilung, eines Teams in der Form, dass sie sich sowohl fachlich ergänzen als auch Sympathie durch Verständnis füreinander empfinden;
- Unterstützung durch höhere Hierarchieebenen der Organisation;
- gemeinsam festgelegte Ziele;

- festgelegte Grundregeln, wie sich das Team verhalten wird;
- positive Gestaltung der Kommunikationsprozesse, Festlegung einer gemeinsamen Sprache, aktives Zuhören, direktes Kommunizieren miteinander;
- Formalisieren von Kommunikationsmöglichkeiten (Arbeits-, Team- oder Abteilungsbesprechungen);
- Informationen greifbar machen;
- klare Verantwortlichkeiten festlegen;
- prüfen der individuellen Standpunkte und Klärung einzelner Ansichten;
- in übergeordneten Lösungen gemeinsame Grundlagen finden;
- Akzeptanz anderer Meinungen und Denkweisen;
- genügend Zeit, um effizient arbeiten zu können;
- konsequentes Überprüfen der Ergebnisse.

Es ist wichtig, die Ziele einer Aufgabe klar zu definieren. Erst dann ist es für die Beteiligten möglich, konstruktiv zusammenzuarbeiten und gemeinsam festzulegen, was notwendig und dringend ist, damit ein bestmögliches Ergebnis erreicht wird (vgl. Cohen/Fink/Gadon/Willits 1996, S. 124). Oft fehlen klare Ziele. Die Folgen sind hinderlicher Wettbewerb zwischen Gruppen und einzelnen Personen, die ihre persönlichen Ziele auf Kosten anderer verfolgen. Daher sollten Teams ihre Zusammenarbeit damit beginnen, ihre Ziele zu klären. Bei der Teamarbeit können die Mitglieder über bestimmte Aufgaben, Projekte und Zielvorstellungen mit ihrer Führungskraft verhandeln. Sie können zudem selbstständig und eigenverantwortlich arbeiten. Aufgabe der Führungskraft ist, auf Ziel- und Terminvorgaben zu achten und bei Bedarf das Team zu unterstützen.
Die Zusammenarbeit wird begünstigt, wenn die Gruppenmitglieder Verständnis füreinander haben und sie Verantwortung für die Erledigung ihrer Aufgaben selbstbestimmt übernehmen. Außerdem ist wichtig, dass Kompetenzen geklärt sind und eine zufrieden stellende Rollenverteilung vorhanden ist. In aller Regel steigt die Gruppenkohäsion, wenn die Kommunikation innerhalb der Gruppe stimmt. Kennzeichen für einen engen Gruppenzusammenhalt sind z. B. geringe Fehlzeiten und/oder ein gutes Arbeitsklima (vgl. von Rosenstiel 2000, S. 264-271; Spieß/Winterstein 1999, S. 115; von Rosenstiel 1986, S. 57 ff.).

Die nachfolgend beschriebenen Maßnahmen können zur Förderung des Abteilungs- und Teamgedankens eingesetzt werden.

2.1. Teamentwicklungs-Trainings

Sie können die Zusammenarbeit in Teams sowie eine konfliktarme Vorgehensweise und ein Arbeiten miteinander fördern. Ein Training kann ein Team zu seiner vollen Leistungsfähigkeit bringen und in seiner Effizienz optimieren (vgl. Comelli: Qualifikation für Gruppenarbeit:

Teamentwicklungstraining, in: von Rosenstiel/Regnet/Domsch, Bd. 20, 1993, S. 355-377; French/Bell jr. 1994, S. 142 ff.). Gleichzeitig können hierbei die Ängste und Befürchtungen angesprochen werden, die bei der Einführung von Teamarbeit bestehen. Dadurch können das Vertrauen in die eigenen Fähigkeiten und in die Fähigkeiten der Gruppe als Ganzes gestärkt werden. Damit die Gruppenmitglieder kooperativ und erfolgreich zusammenarbeiten, ist es wichtig, die persönlichen Strukturen der Gruppenmitglieder herauszufinden. Dafür können folgende Fragen gestellt werden:

- Wie sehen sich die einzelnen Mitglieder selbst? Wie können diese Sichtweisen miteinander verknüpft werden, um Regeln für das Team zu finden, wie z. B. Entscheidungen getroffen werden und miteinander umgegangen wird?
- Was ist den einzelnen Mitgliedern wichtig? Worauf legen sie wert?
- Warum haben Mitglieder die Gruppennormen akzeptiert oder abgelehnt? Was macht die einzelnen Mitglieder für die Art und Weise, wie die Dinge erledigt werden, empfänglich oder was lässt sie dagegen aufbegehren?
- Warum reagieren die einzelnen Mitglieder unterschiedlich auf den gleichen Anforderungskatalog und Führungsstil?
- Hilft die Vorgeschichte verschiedener Mitglieder zur Erklärung, warum sie Schlüsselereignisse oder besonders wichtige Dinge eingeleitet haben?
- Inwieweit passen die Unternehmenskultur und die „Persönlichen Systeme“ der Mitglieder zusammen? Werden die Anforderungen von den Personen, die zeitgleich oder nachrangig Gruppenmitglieder wurden, nach aller Wahrscheinlichkeit als angemessen akzeptiert?

2.2. Teambesprechungen

Diese dienen der Problembesprechung, dem Finden von Lösungen und der Zielvereinbarung. Bei diesen Zusammenkünften sollten Probleme, Verhaltensauffälligkeiten und Konflikte angesprochen, verdeutlicht und Lösungen dafür gefunden werden. Dafür arbeiten alle Teammitglieder gemeinsam an Lösungen, die von allen akzeptiert werden können. Weiter können Ziele sowie die Aufgaben- und Arbeitseinteilung festgelegt werden. Teambesprechungen sollten in regelmäßigen Zeitabständen stattfinden und werden im Idealfall eigenverantwortlich vom Team- oder Gruppenleiter geleitet (vgl. French/Bell jr. 1994, S. 142 ff.). Sollten in den Teambesprechungen Probleme nicht gelöst werden können, bieten sich Teamentwicklungs-Workshops an.

2.3. Teamentwicklungs-Workshops

Sie haben die Verbesserung der Leistungsfähigkeit der Gruppe, der Beziehungen und der Gruppenvorgänge zum Ziel. Während dieser Workshops richtet die Gruppe ihre Aufmerksamkeit nach innen, d. h. auf ihre eigenen Leistungen, auf ihr Verhalten und ihre Kultur, um dadurch hinderliche Verhaltensweisen zu verringern und effektive zu verstärken. Dadurch wird ihre Arbeitsweise analysiert und Strategien zur Verbesserung ihrer Arbeit entwickelt. Diese Workshops werden sinnvollerweise von einem externen Berater moderiert und finden in größeren Zeitabständen, z. B. zweimal im Jahr, statt (vgl. French/Bell jr. 1994, S. 142 ff.). Für die Workshops gelten dieselben Fragestellungen, wie bei den zuvor beschriebenen Teamentwicklungs-Trainings.

2.4. Intergruppen-Teamentwicklungs-Interventionen

Sie dienen der Verbesserung der Zusammenarbeit zwischen zwei Gruppen, wie z. B. Abteilungen und/oder Teams. Gemeinsam wird in einem Workshop nach Möglichkeiten der Konfliktlösung, besseren Verständigung, Kommunikation und Zusammenarbeit gesucht und hierfür Strategien entwickelt. Nach einer bestimmten Zeit trifft man sich erneut, um festzustellen, ob die vereinbarten Maßnahmen wirklich durchgeführt wurden und was sich wie geändert hat (vgl. French/Bell jr. 1994, S. 152 ff.).

Gleichgültig welche Maßnahmen angewandt werden, sollten folgende Ziele verfolgt werden:

- Akzeptanz der unterschiedlichen „Persönlichen Systeme“ und damit einhergehenden Verhaltensstrukturen;
- direktes Ansprechen von Unterschieden im Team und die Darstellung des Nutzens andersartiger Strukturen und Verhaltensweisen;
- Verbesserung des Verständnisses für die Rolle eines jeden Teammitgliedes innerhalb der Arbeitsgruppe;
- Erkennen der Beschaffenheit des Teams und seine Rolle innerhalb der Gesamtabläufe der Organisation;
- Optimierung der Kommunikation zwischen den Teammitgliedern;
- Stärkung der gegenseitigen Unterstützung unter den Gruppenmitgliedern;
- klares Verständnis für die ablaufenden Gruppenprozesse, d. h. für jene gruppendynamischen Ereignisse, die in jeder Gruppe vorkommen, in der Leute eng zusammenarbeiten;
- Finden von effektiveren Wegen für die Gruppe, wie sie ihre bestehenden Probleme auf der Sach- und Beziehungsebene bewältigen kann;
- Fähigkeiten entwickeln, Konflikte positiv statt destruktiv zu nutzen;
- Verstärkung der Zusammenarbeit zwischen den Teammitgliedern und eine Verringerung des Wettbewerbs, der zu Lasten der jeweiligen Gruppe bzw. der Organisation geht;
- Stärkung des Bewusstseins der wechselseitigen Abhängigkeiten innerhalb des Teams;
- Verbesserung der Fähigkeit des Teams, mit anderen Arbeitsgruppen innerhalb der Organisation zusammenzuarbeiten (vgl. Comelli: Qualifikation für Gruppenarbeit: Teamentwicklungsmaßnahmen, in: von Rosenstiel/Regnet/Domsch, Bd. 20, 1993, S. 358).

3. Zusammenfassung von Hauptkapitel F

Zusammenfassend kann gesagt werden, dass es aufgrund von Arbeitsteilung in Organisationen erforderlich wurde, dass mehrere Personen, koordiniert durch einen Vorgesetzten, gemeinsam komplexe Aufgaben bewältigen. Die Positionen, die zur Aufgabenerfüllung erforderlich sind, werden nach zweckrationalen Gesichtspunkten ermittelt und im Organisationsplan niedergelegt.

Unter Teams wird eine Mehrzahl von Personen verstanden, die gemeinsam an einer Aufgabe bzw. einem Ziel arbeiten. Teams stehen in direkter Interaktion miteinander und sind durch Rollendifferenzierung und gemeinsame Normen gekennzeichnet sowie durch ein Wir-Gefühl verbunden. Weiter zeichnen sich Teams durch gemeinsam festgelegte Verhaltensmodalitäten aus und übernehmen eigenständig Verantwortung für das Erreichen der Arbeitsaufgaben und Ziele.

Der Zusammenhalt einer Arbeitsgruppe bzw. eines Teams kann durch organisatorische Maßnahmen beeinflusst werden. Erhöht wird dieser Zusammenhalt, wenn die Kommunikation eines jeden mit jedem ermöglicht wird und befriedigenden Charakter hat. Der Gruppenzusammenhalt steigt außerdem, wenn möglichst kleine Gruppen gebildet werden. Die Leistungsbereitschaft innerhalb der Arbeitsgruppen erhöht sich, wenn sich die Gruppenmitglieder mit den Leistungszielen identifizieren oder eine Bindung an die Aufgabe entwickeln. Trotz unterschiedlicher „Persönlicher Systeme" ist eine Zusammenarbeit dann erfolgreich und konfliktfrei, wenn sich die einzelnen Teammitglieder gegenseitig motivieren und akzeptieren. Optimale Zusammensetzung einer Abteilung oder eines Teams heißt daher nicht Homogenität, sondern das Akzeptieren von Heterogenität sowie das Finden schneller Lösungen in Konfliktfällen.

G. ZUSAMMENFASSUNG DER ERGEBNISSE AUS DEN HAUPTKAPITELN B BIS F

Die im Rahmen der empirischen Untersuchung gewonnenen zentralen Erkenntnisse und Ergebnisse dieser Gesamtarbeit lassen sich dahingehend zusammenfassen, dass die im Hauptkapitel A, Kapitel 2.1, aufgestellten Hypothesen verifiziert und die gestellten Fragen beantwortet werden konnten. Die Grundaussagen werden im Folgenden dargestellt.

Ergebnisse zu den Hypothesen Nr. 1-6:

Ergebnisse zur Hypothese Nr. 1:

- Mittels Literaturrecherche und durch die Erfahrungen bzw. Erkenntnisse der Verfasserin konnte insbesondere im Hauptkapitel B die aufgestellte Hypothesen Nr. 1 aufgrund der theoretischen Ausführungen verifiziert werden.
- Im Rahmen der empirischen Untersuchung konnte durch die Auswertung der Fragen Nr. 4, 11, 14-16, 18-24 des Fragebogens[78] und aufgrund der Ergebnisse dieser Fragen die Hypothese Nr. 1 verifiziert werden. Das bedeutet, dass es individuelle Verhaltensstrukturen gibt, die das Verhalten steuern. Dafür sind individuelle Werte und damit einhergehende andere Verhaltensstrukturen verantwortlich, die Verhalten im persönlichen und beruflichen Bereich beeinflussen und steuern.

Ergebnisse zur Hypothese Nr. 2:

- Im Rahmen der empirischen Untersuchung konnte durch die Auswertung der Fragen Nr. 2, 26 und 27 des Fragebogens und aufgrund der Ergebnisse dieser Fragen die Hypothese Nr. 2 verifiziert werden. Das bedeutet, dass Berufstätige oft nicht in ihren persönlichen Verhaltensstrukturen und damit Neigungen entsprechenden Tätigkeitsbereichen bzw. Positionen beschäftigt sind.
- Die Auswertung der Frage Nr. 27 des Fragebogens ergab, dass mehr als die Hälfte aller Probanden einen anderen als den gegenwärtigen Beruf als Traumberuf ansehen. Dieses Ergebnis wird dahingehend interpretiert, dass die Hypothese Nr. 2 stimmt und Berufstätige tatsächlich selten in ihren Neigungen entsprechenden Tätigkeitsbereichen und Positionen beschäftigt sind.
- Mittels Literaturrecherche und durch die Erfahrungen bzw. Erkenntnisse der Verfasserin konnte im Hauptkapitel B die aufgestellte Hypothese Nr. 2 aufgrund der theoretischen Ausführungen verifiziert werden. Die Darstellungen verdeutlichten, dass Arbeitnehmer dann in

[78] Es ist der Fragebogen gemeint, der für empirische Untersuchung im Rahmen dieser Dissertation erstellt wurde. Im Folgenden wird nur der Begriff Fragebogen aufgeführt.

ihren Neigungen entsprechenden Tätigkeitsbereichen beschäftigt sind, wenn sie ihre Verhaltensstrukturen kennen. Bewerber können sich grundsätzlich bei optimalen Arbeitsmarktbedingungen die Unternehmen, die Tätigkeitsfelder bzw. Positionen auswählen, die ihren Verhaltensstrukturen, Neigungen und Wunschvorstellungen am ehesten entsprechen. Zurzeit sind diese Bedingungen nicht vorhanden und viele Arbeitnehmer müssen Kompromisse machen. Auch für Unternehmen ist die Situation momentan nicht leicht, um kompetente und zu ihnen passende Mitarbeiter zu finden und einzustellen.

- Ausgeführt wurde in diesem Zusammenhang, dass es momentan besonders wichtig ist, schon bei der Personalauswahl auf die Passung zwischen Unternehmens- und Mitarbeiterwerten zu achten.
- Im Hauptkapitel E wurde gezeigt, dass es unterschiedliche Typen mit unterschiedlichen Neigungen und Stärken gibt, die in Unternehmen entsprechend ihren Verhaltensstrukturen eingesetzt werden sollten.
- Im Hauptkapitel F wurden Empfehlungen gegeben, wie diese Typen ihren Verhaltensstrukturen entsprechend für eine bessere Zusammensetzung von Abteilungen und Teams eingesetzt werden können.

Ergebnisse zur Hypothese Nr. 3:

- Mittels der Ergebnisse der Fragen Nr. 18, 21 und 21 des Fragebogens konnte weiter analysiert werden, dass Berufen bzw. Tätigkeitsbereichen Werte zugeordnet werden können. Außerdem konnte nachgewiesen werden, dass Werte in Gruppen bzw. Kategorien zusammengefasst und somit einem bestimmten Typ zugeordnet werden können. Das bedeutet, dass aus individuellen Strukturen Gemeinsamkeiten ablesbar und diese für eine Personen- bzw. Berufsgruppe typisch sind. Infolgedessen konnte aus diesen Personen- bzw. Berufsgruppen ein Typenprofil abgeleitet und im Rahmen dieser Dissertation eine Typologie entwickelt werden.

Ergebnisse zur Hypothese Nr. 4:

- Aufgrund der Verifizierung der Hypothese Nr. 3 und der Ergebnisse der Frage Nr. 4 des Fragebogens bestätigt sich auch die Hypothese Nr. 4: Es besteht ein Zusammenhang zwischen Tätigkeitsbereichen und Typen: Typen können Tätigkeitsbereichen zugeordnet werden. Damit können auch Tätigkeitsbereiche typenbezogen besetzt werden.

Ergebnisse zur Hypothese Nr. 5:

- Die Auswertung und die Ergebnisse der Fragen Nr. 5, 18, 20 und 21 des Fragebogens bestätigen die Hypothese Nr. 5. Es können demnach berufliche Werte von Mitarbeitern in Gruppen bzw. Kategorien zusammengefasst und somit einem bestimmten Typ zugeordnet werden. Daraufhin konnte eine unternehmensbezogene Typologie entwickelt werden, die in Unternehmen bei Stellenbesetzungen und für die Mitarbeiterführung eingesetzt werden kann. Mit diesen Ergebnissen kann die Hypothese Nr. 5 als bestätigt betrachtet werden.

Ergebnisse zur Hypothese Nr. 6:

- Die Erkenntnisse aus der Literaturrecherche, die Ergebnisse aus der empirischen Untersuchung und die Darstellungen des Hauptkapitels E wurden im Hauptkapitel F zusammengeführt.
- Als Fazit kann genannt werden: Für einen größtmöglichen Unternehmenserfolg ist eine Zusammensetzung verschiedener Typen in Teams und in Abteilungen notwendig. Damit kann die Hypothese Nr. 6 als verifiziert betrachtet werden.
- Durch die Frage Nr. 23 des Fragebogens wurde die Hypothese Nr. 6 näher beleuchtet. Als Ergebnis kann genannt werden, dass bei der Angabe, welche Werte für eine optimale Zusammensetzung von Abteilungen bzw. Teams notwendig sind, grundsätzlich die Typen die Werte bevorzugen, die ihrem eigenen Typ entsprechen. Jedoch ordnen sie diese teilweise der Zielsetzung für eine optimale Zusammensetzung von Abteilungen und Teams unter.
- Für eine Abteilung sind die Werte Führung, Koordination, Kundenorientierung wichtig. Ordnung und Struktur sind im Durchschnitt für alle Typen wichtig. Für ein Team sind die Werte Anerkennung, Beziehung, Ehrlichkeit, Flexibilität, Harmonie und Motivation wichtiger. Für Abteilungen und Teams sind die Werte Entscheidungseinbindung, Kommunikation, Leistung und Verantwortung gleich wichtig.
- Für eine sinnvolle Besetzung vakanter Stellen muss ein Persönlichkeitsprofil erstellt werden, um schon bei der Einstellung neuer Mitarbeiter auf deren Verhaltensstrukturen, d. h. auf ihre „Inneren persönlichen Systeme“, achten zu können. Dafür hilfreich ist die vorliegende Typologie.
- Aufgrund der „Inneren persönlichen Systeme“ und damit einhergehenden unterschiedlichen Werte von Mitarbeitern sollten Führungskräfte in der Lage sein, auf diese eingehen zu können und mitarbeiterbezogen zu führen. Insbesondere ist die soziale und emotionale Kompetenz hierfür bedeutend.

Ergebnisse zu den im Hauptkapitel A, Kapitel 2.1, gestellten Fragen Nr. 1 bis 8:

Ergebnisse zur Frage Nr. 1:

- Durch die Auswertung und die Ergebnisse der Fragen Nr. 4, 20 und 21 des Fragebogens konnte die Frage Nr. 1 beantwortet und festgestellt werden, dass persönliche Werte die Auswahl des Berufs bzw. die Wahl einer beruflichen Tätigkeit steuern. Insbesondere sind es die beruflichen Werte, die Einfluss auf die Auswahl der Tätigkeiten und die Zufriedenheit im beruflichen Bereich nehmen. Es gibt einen Zusammenhang zwischen beruflichen Werten und Beruf bzw. Tätigkeitsbereich.
  Im Verlaufe des Berufslebens kristallisieren sich die beruflichen Werte und die Beachtung dieser Werte zunehmend heraus. Bedingt dadurch wechseln Berufsanfänger häufiger das Unternehmen als ältere Berufstätige. Dieses Ergebnis gibt auch Antwort auf die Frage, warum die Fluktuation in Unternehmen unterschiedlich ist.

Ergebnisse zur Frage Nr. 2:

- Die Ergebnisse aus den Fragen Nr. 4, 5, 20 und 21 des Fragebogens ergeben, dass Berufen bzw. Tätigkeitsbereichen Werte zugeordnet werden können. Infolgedessen konnte aus diesen Personen- bzw. Berufsgruppen ein Typenprofil abgeleitet werden.

Ergebnisse zur Frage Nr. 3:

- Die Ergebnisse der Fragen Nr. 4, 5, 8-10, 14, 17, 19-22 des Fragebogens ergeben zusammengefasst, dass aus individuellen Strukturen Gemeinsamkeiten ablesbar und diese für eine Personen- bzw. Berufsgruppe typisch sind.

Ergebnisse zur Frage Nr. 4:

- Die Beantwortung dieser Frage nach den Unterschieden und Auswirkungen erfolgte durch die Auswertung und die Ergebnisse der Fragen Nr. 4, 20 und 21 des Fragebogens. Die Antworten dazu sind in den einzelnen Kapiteln ausführlich dargestellt worden und werden deswegen nicht noch einmal gesondert aufgelistet.

Ergebnisse zur Frage Nr. 5:

- Aufgrund der Ergebnisse der Fragen Nr. 8-10, 17, 22 und 23 des Fragebogens und der Beantwortung der im Hauptkapitel B, Kapitel 2,1, gestellten Fragen Nr. 1-4 konnte im Rahmen dieser Dissertation eine Typologie entwickelt werden.

Ergebnisse zur Frage Nr. 6:

- Die Frage danach, welche Mitarbeitertypen ein Unternehmen braucht, um wettbewerbs- und entwicklungsfähig zu sein, wurde im Hauptkapitel F ausführlich beantwortet.

Zudem wurde im Hauptkapitel E, Kapitel 3, auf die Themen Persönlichkeit und Mitarbeiterführung, Motivation und Personalentwicklung eingegangen.

Ergebnisse zur Frage Nr. 7:

- Die im Hauptkapitel A, Kapitel 2.1, gestellte Frage Nr. 7 konnte durch die Auswertung der Fragen Nr. 18 und 19 des Fragebogens beantwortet werden. Die Auswertungen der Fragen Nr. 18 und 19 zeigen deutlich, dass es typenbezogene Antworten gibt. Das bedeutet, dass durch bestimmte typenbezogene Fragen der Typ durch die entsprechende Antwort herausgefunden werden kann.
- Außerdem konnte durch die Bildung von Analogien aufgrund der Ergebnisse der empirischen Untersuchung und der Entwicklung der Typologie die Antwort auf diese Frage weiter spezifiziert werden.
  Dieses Ergebnis verdeutlicht, dass insbesondere im Personalauswahlgespräch und auch für andere Personalgespräche diese Typologie angewendet werden kann.

Ergebnisse zur Frage Nr. 8:

- Mithilfe der Literaturrecherche, durch die Erfahrungen bzw. Erkenntnisse der Verfasserin und aufgrund der theoretischen Ausführungen, insbesondere im Hauptkapitel C konnte die im Hauptkapitel B, Kapitel 2, gestellte Frage Nr. 8 beantwortet werden. Außerdem wurde die Frage Nr. 8 durch die Ergebnisse der Fragen Nr. 11, 14-19, 22-25 und 27 des Fragebogens beantwortet.
- Im Hauptkapitel C wurden Verhaltenskomponenten aufgezeigt, die dazu führen, dass die Arbeitnehmer unzufrieden sind, und die eine hohe Fluktuation zur Folge haben. Mit diesen Ausführungen konnte die in der Problemstellung gestellte Frage, warum in einigen Unternehmen die Fluktuation hoch und in andern gering ist, und die im Hauptkapitel A, Kapitel 2.1, gestellte Frage Nr. 8 beantwortet werden.
- Als Fazit für diese Thematik lassen sich nennen, dass
  - bei einer hohen Anzahl von Mitarbeitern bzw. Führungskräften keine bzw. kaum Übereinstimmungen mit den Unternehmenswerten vorhanden sind. Insbesondere die Werte, die zu einer hohen Arbeitszufriedenheit führen, werden nur geringfügig als vorhandene Unternehmenswerte angegeben.
  - diese Ergebnisse eine Erklärung dafür sein können, warum in vielen Unternehmen eine hohe Unzufriedenheit und damit auch eine hohe Fluktuation herrscht.
  - eine interessantere Tätigkeit, der Karrieresprung, ein besseres Gehalt und eine allgemeine Unzufriedenheit für Berufstätige die Gründe sind, ein Unternehmen auf freiwilliger Basis zu wechseln.

- die Verweildauer in einem Unternehmen typenabhängig ist, wenn die gesellschaftlichen Rahmenbedingungen dies ermöglichen. Grundsätzlich stehen Mitarbeiter und Führungskräfte, die dem Typ Planer zugeordnet werden können, länger als die anderen Typen einem Unternehmen zur Verfügung. Außerdem bleiben Führungskräfte, unabhängig von ihrem Typ, länger einem Unternehmen treu. Auch bei den Führungskräften bleibt der Planertyp länger als die anderen Typen in einem Unternehmen tätig.

- Da die Weiterbildung für alle Typen bzw. Mitarbeiter und Führungskräfte wichtig ist, können Unternehmen mit Angeboten zur Weiterbildung die Zufriedenheit ihres Personals steigern und somit die Fluktuationsrate verringern.
- Zum Thema Führung, ein wichtiges Element, damit die Rahmenbedingungen förderlich sind und damit die Zufriedenheit der Mitarbeiter steigt, können folgende Ergebnisse genannt werden:
  - Unzufriedenheit entsteht bei Mitarbeitern dann, wenn sie ein anderes Führungsverhalten bzw. einen anderen Umgang von ihren Führungskräften erwarten. Auch kann angenommen werden, dass Führungskräfte die Werte ihrer Mitarbeiter nicht genügend beachten.
  - Für Mitarbeiter ist vor allem die methodische, soziale und emotionale Kompetenz einer Führungskraft wichtig. Unzufriedenheit bei Mitarbeitern könnte dadurch entstehen, dass Führungskräfte diese Erwartungen der Mitarbeiter nicht erfüllen.
  - Um Mitarbeiter zufrieden zu stellen, sollten Führungskräfte einen unterstützenden, kooperativen und neutralen Umgang pflegen. Außerdem sollten sie ihre Mitarbeiter an Entscheidungen beteiligen und Informationen jederzeit zugänglich machen. Auch hier konnten typenbezogene unterschiedliche Einstellungen festgestellt werden.
  - Ebenfalls veranschaulicht die Eigeneinschätzung in der Frage Nr. 19 des Fragebogens die tendenziellen Unterschiede zwischen Personen. Es kann hiermit aufgezeigt werden, dass es signifikante Unterschiede gibt, was von Mitarbeitern erwartet werden kann und was bei ihnen nicht möglich ist. Daher zeigt diese Auswertung, dass in Bezug auf die Führung mit Mitarbeitern differenziert umgegangen werden muss.

Abschließende Anmerkungen:

Die vorliegende Untersuchung hat gezeigt, dass auf lange Sicht die Werte der Mitarbeiter ernst genommen werden müssen. Ihr Bedürfnis nach persönlicher und fachlicher Entwicklung, nach guter Kommunikation mit Kollegen und Vorgesetzten und interessanten Arbeitsinhalten müssen berücksichtigt werden. Mitarbeiter haben Erwartungen an die Führungskräfte. Sie sollen Prozesse und Entscheidungen transparent machen, Verantwortung für Mitarbeiter tragen und Führung aktiv übernehmen. Insgesamt geht es darum, die Kultur des Unternehmens zu überprüfen, die Art, wie man in einem gegebenen Unternehmen miteinander umgeht, wie Entscheidungen getroffen werden, in welcher Weise und wie häufig kommuniziert wird, und vor allem, was für wirklich wichtig gehalten wird. Die Kulturanalyse sollte sich auch stärker den einzelnen Subgruppen, d. h. Abteilungen und Teams zuwenden, da die Ergebnisse dieser Untersuchungen nahe legen, dass - neben der unternehmensweiten Führungskultur - in diesen Subgruppen Verhalten systematisch geprägt bzw. bestimmtes Verhalten erwartet wird.

Schriftliche Umfragen zu Werten und typischen Verhaltensweisen in Unternehmen ermöglichen es in einem ersten Schritt festzustellen, welche Verhaltensweisen kollektiv oder durch bestehende Strukturen geprägt werden. Diese Vorgehensweise kann Hinweise darüber liefern, welche Verhaltensweisen durch individuelles Personalmanagement, insbesondere Personalauswahl und -entwicklung beeinflusst werden können.
Die vorliegende Dissertation bestätigt die Wichtigkeit einer werteorientierten Personalauswahl und einer kollektiv ausgerichteten Personalentwicklung bzw. einer stärkeren Integration von Personal- und Organisationsentwicklung.

Wir leben in einem Zeitalter der immer schneller fortschreitenden Veränderungen. Technologische Entwicklungen, wirtschaftliche Rahmenbedingungen und gesellschaftliche Trends werden weniger berechenbar, die Halbwertzeit des Wissens wird kürzer.
Jeder Mensch arbeitet in der Situation oder Umgebung am effektivsten, in der er seine Stärken einsetzen kann. Er ist dann ineffektiv, wenn er sich außerhalb dieser Situation oder Umgebung befindet. Daher ist es wichtig, die Menschen an dem Arbeitsplatz einzusetzen, an dem sie ihre Stärken und Fähigkeiten voll einbringen können. Meistens haben sich Menschen nicht intensiv genug mit sich selbst beschäftigt und kennen ihre eigenen inneren Strukturen und Verhaltensmuster nicht. Sie wissen daher nicht, welches „Innere persönliche System" ihnen zugrunde liegt und welche Auswirkungen es auf ihr beobachtbares Verhalten hat.
Es ist wichtig, die eigenen Strukturen zu kennen, um das innere Potenzial und das äußere Verhalten miteinander in Einklang zu bringen. Auf diese Weise kann jeder authentisch sein und muss nicht versuchen, bewusst oder unbewusst Rollen zu spielen, die nicht zu ihm passen. Erfolgreiche Menschen entwickeln ihren ganz persönlichen Verhaltensstil. Sie kennen ihre Stärken sowie ihre Grenzen und wissen damit so umzugehen, dass sie auch kritische Situationen oder Konflikte in Beruf und Partnerschaft souverän meistern.

Die Typologie wurde auf Unternehmen bezogen, und es wurde aufgezeigt, dass Berufe, Tätigkeitsbereiche und sogar Branchen den vier Typen zugeordnet werden können. Es wurde festgestellt, dass die meisten Menschen ihren Neigungen entsprechende Berufe erlernen. Jedoch ist es möglich, dass sie nicht in dem Tätigkeitsbereich arbeiten, in dem sie optimale Bedingungen zum Ausleben ihrer Neigungen finden. Aus diesem Grund erscheint es wichtig, dass bei der Auswahl und beim Einsatz von Mitarbeitern darauf geachtet wird, dass sie in den

Unternehmens- oder Tätigkeitsbereichen eingesetzt werden, die sie von ihrem Typ her bestmöglich ausfüllen.

Weiter wurde erläutert, dass das Kennen von typen- bzw. mitarbeiterorientierten Führungstechniken, deren mitarbeiter- und situationsbezogene Anwendung sowie entsprechende Personalentwicklungsmaßnahmen zu mehr Mitarbeiterzufriedenheit und zum Unternehmenserfolg führen.

Nachfolgend wird aufgezeigt, welche Anwendungsmöglichkeiten sich für die Typologie der vier Persönlichkeitstypen anbieten:

a) Das Wissen um die Strukturen der vier Persönlichkeitstypen dient dazu,

- auf Verhaltensstrukturen aufmerksam zu machen und damit
- die Menschenkenntnis von Personen zu fördern,
- andere Personen darin zu unterstützen, dass sie mehr Verständnis für ihre eigenen Strukturen haben.

b) Wer über sich selbst und die Verhaltensstrukturen anderer nachdenkt und sie kennt, erhöht zudem seine soziale Kompetenz. Dadurch verbessert sich

- seine Kommunikations- und Teamfähigkeit,
- sein Umgang mit kritischen Situationen und Konflikten,
- seine Führung und Einflussnahme,
- sein Verantwortungs- und Selbstbewusstsein,
- seine Fähigkeit, andere so zu akzeptieren, wie sie sind.

c) In der Berufswelt sollte darauf geachtet werden, dass Personen ihren Stärken entsprechend eingesetzt werden. Kenntnisse über die vier Persönlichkeitstypen mit ihren Stärken und Schwächen tragen daher zum Unternehmenserfolg bei und erleichtern die Zusammenarbeit im Unternehmen wesentlich. Die folgenden Punkte beschreiben, in welchen Bereichen die Typologie unterstützen bzw. eingesetzt werden kann:

- Bei der *Personalauswahl*, um die individuellen Werte, Neigungen und Fähigkeiten sowie die damit einhergehenden möglichen Verhaltensweisen eines Bewerbers festzustellen;
- zur Feststellung der *Führungsqualität* und des Führungsansatzes sowie bei der Lösung von Problemen und Konflikten, die aus dem Führungsverhalten resultieren;
- zur Beachtung der unterschiedlichen Typen im gesamten Komplex der *Führung*, wie Führungsverhalten und Führungsstil, kann die Typologie mit einfließen;

- bei der Erarbeitung von *Personal- und Managemententwicklungsprogrammen* mit Rücksicht auf individuelle Entwicklungspotenziale;
- zur *Lösung von Konflikten*, indem die Strukturen aller Beteiligten mit einbezogen werden;
- zur Verbesserung der Information und *Kommunikation* innerhalb von Unternehmen;
- beim *Coaching* bzw. bei Supervisionen, das auf individuelle Verhaltensstrukturen eingeht;
- zur Feststellung von *Motiven* und Bedürfnissen und Entwicklung von Handlungskonzepten;
- *Organisationsentwicklung* und andere Interventionen der Organisationskultur könnten aufgrund der Typen anschaulicher werden und mit in die Entwicklung einfließen;
- *Unternehmensphilosophie*, Leitbilder und langfristige Strategien sollten immer unter Einbeziehung der Typen und deren Verhaltensweisen bearbeitet werden;
- im *Marketing* und Personalmarketing sollten Kenntnisse über psychologische Wirkungen mit einfließen; da bereits bei z. B. Textierungen, Bildern, Formen und Klängen, Fehlinvestitionen die Folge sein könnten.

Für das Management können folgende Verhaltensempfehlungen aufgezeigt werden:

- Konzentration auf die vorgegebenen Ziele;
- Ziele sollten klar definiert werden;
- Nutzung der Präferenzen der Mitarbeiter für gewünschte Ergebnisse;
- Analyse der Verträglichkeit von Mitarbeiter- und Arbeitszielen;
- Analyse der Aufgabeneignung und -motivation;
- Förderung von Fähigkeiten zur Zielerreichung;
- Schaffung einer günstigen Arbeitssituation;
- sichere Belohnung bei Zielerreichung;
- Artikulation von Werten und Visionen;
- Aufzeigen der Wichtigkeit von höheren, umfassenderen Werten;
- Veränderung von fundamentalen Motiven und Werthaltungen;
- Aktivieren der Motive auf höhere Transformation;
- Steigerung der Attraktivität von Aufgaben und Zielen;
- Erreichung von hoher Aufgaben- und Personalidentifikation.

Die Darstellungen in dieser Arbeit und die Typologie können darin unterstützen, dass die Zusammenarbeit in Unternehmen erfolgreicher und kooperativer wird. Außerdem können die Inhalte dieser Arbeit erkenntnisleitend und potenzialentfaltend für alle Personen sein, die sich mit sich selbst und ihren persönlichen Verhaltensstrukturen und folglich mit ihrem „Inneren persönlichen System" beschäftigen wollen.

H. SCHLUSSBEMERKUNGEN, AUSBLICK UND EIGENE STELLUNGNAHME

1. Schlussbemerkungen

Jeder Mensch bevorzugt je nach Situation und Umfeld einen bestimmten Verhaltensstil. Bei einigen Menschen entstehen Spannungen und Unwohlsein, weil andere anders als sie selbst sind. Die individuellen Unterschiede sind offensichtlich. Menschen haben unterschiedliche Vorstellungen, mögen verschiedene Dinge, bevorzugen verschiedene Zugänge zu den Dingen und erfreuen sich am Leben auf unterschiedliche Weise. Dennoch findet man so etwas wie „rote Fäden“, die das Verhalten der Individuen trotz ihrer unendlichen Mannigfaltigkeit durchziehen. Mit einigen Menschen kommt man außerordentlich gut zurecht, während andere eine unverständliche Sprache zu sprechen scheinen.

Für die Beantwortung der Frage, wie es möglich ist, diese komplexen Wesen ansatzweise zu verstehen, wurden für ein besseres Verständnis die unterschiedlichen Verhaltensstrukturen und deren Auswirkungen diskutiert. In diesem Kontext wurden die verschiedenen Neigungen betrachtet, die Menschen in ihrer persönlichen Art, die Welt wahrzunehmen und sich zu verhalten, an den Tag legen. Für diese Gemeinsamkeiten und jeweiligen Unterschiede in den Verhaltensstrukturen wurden Kategorien entwickelt, die letztendlich zu der beschriebenen Typologie der vier Grundtypen führte. Es konnte nachgewiesen werden, dass es Verhaltensstrukturen gibt, die einem bestimmten Typ zugeordnet werden können. Dabei sind die Werte und die dazugehörenden Überzeugungen die entscheidenden Kriterien, die das Verhalten steuern. Werte stellen ein zentrales Element von persönlichen Strukturen bei Menschen dar. Sie können als wesentliche Ursache für Einstellungen und Überzeugungen betrachtet werden und beeinflussen das Verhalten im Wesentlichen. Andererseits sind Werte als wesentliches Element in Unternehmenskulturen verankert. Sie können daher auch als wesentliche Ursache kulturtypischer Verhaltensweisen betrachtet werden und beeinflussen das Verhalten der Mitarbeiter aufgrund zweier unterschiedlicher Mechanismen: zum einen als internalisierte Verhaltensdispositionen, zum anderen als Grundlage von Normen und Handlungsmaximen, die auch als externale Verhaltenskorrektive wirksam werden können. Passen die Werte von Mitarbeitern, Führungskräften und Unternehmen nicht zusammen, kann bei den Mitarbeitern und Führungskräften Demotivation entstehen, die zu einer Kündigung oder inneren Kündigung führen kann.

Durch gezieltes Personalmanagement kann den Problemen entgegengewirkt werden. Insbesondere wenn bei der Einstellung auf die „ganze“ Person mit ihren individuellen Strukturen, ihrem Lebensstil, ihrer Biografie und vor allem auf ihre Persönlichkeitsmerkmale geachtet wird. Weiterhin sollten sich die Ziele der Personalentwicklung auf die Vermittlung von Kompetenzen, wie emotionale und soziale sowie Teamfähigkeit, Kooperationsfähigkeit, Verantwortungsbewusstsein, Eigenmotivation, Kreativität, Flexibilität und Lernbereitschaft, konzentrieren. Jeder Mensch hat besondere Neigungen, bestimmte Werte und eine Einstellung oder eine Vorliebe für bestimmte Dinge. Insbesondere im Arbeitsleben sollten diese Neigungen bestmöglich beachtet und eingesetzt werden. Die vorliegende Typologie kann in Organisationen im Rahmen des Personalmanagements genutzt werden, um Arbeitnehmer in einer für sie bestmöglichen Tätigkeit einzusetzen und die Zusammensetzung von Abteilungen und Teams zu optimieren. Sie kann ebenfalls für die mitarbeiterbezogene Führung und Motivation verwendet werden.

Der berufliche und private Bereich müssen heute von den einzelnen Personen als biografisches Projekt verbunden werden. Da sie dafür mit materiellen, sozialen und persönlichen Ressourcen ungleich ausgestattet sind, gelingt ihnen diese Lebensarbeit unterschiedlich gut. Strukturen sozialer Ungleichheit entwickeln sich entlang des Erwerbsverlaufs und erstrecken sich auf die anderen Lebensbereiche. So unterscheiden sich die Arbeitsorientierungen in den höheren Berufsgruppen und den geringer qualifiziert Beschäftigten. Die berufliche Sozialisation der im primären oder berufsfachlichen Arbeitsmarkt privilegierten Beschäftigten ist verwoben mit anspruchsvollen Aufgabenstellungen und ermöglicht es ihnen, im Verlaufe des Erwerbslebens Selbstverwirklichung mit intrinsischer Arbeitsorientierung zu verknüpfen. Die weniger qualifizierten und die am Rande des Beschäftigungssystems Erwerbstätigen können dagegen ihre Ansprüche an Handlungsautonomie und Arbeitsplatzsicherheit nur begrenzt oder gar nicht realisieren. Konsequenterweise wenden sie sich von der Erwerbsarbeit ab und anderen Lebensbereichen zu. Für alle Personen gilt, dass sich Lebensführung und Biografie durch unterschiedliche Kombinationen und Abfolgen von spezifischen Strukturen und Verhaltensmustern differenzieren. Dies bedeutet eine Dezentralisierung der Lebensführung, d. h. das Ausrichten auf mehrere Lebensbereiche anstelle der Konzentration auf Arbeit, Familie, Bildung oder Freizeit. Für die eigene Entwicklung bedeutet dies, dass die Individuen die Koordination von Lebensbereichen zunehmend selbstbestimmt vornehmen müssen. Dies ist die Chance zur Selbstentfaltung im Sinne der subjektiven Gestaltung der Arbeits- und Lebensverhältnisse; beinhaltet jedoch auch das Risiko der Selbstverantwortung im Sinne persönlicher Verantwortlichkeit für Erfolg und Scheitern der individuellen Projekte.

In diesem Zusammenhang kann die Typologie darin unterstützen, dass Arbeitnehmer sich und ihre Strukturen besser kennen und verstehen lernen und auch die Verhaltensstrukturen und damit die Andersartigkeit anderer Menschen eher akzeptieren. Dies ist eine Fähigkeit, die erlernbar ist. Wenn auf die Bedürfnisse der Kollegen, Mitarbeiter, Vorgesetzten, Kunden, Partner und Kinder richtig eingegangen werden kann, verbessern sich die sozialen Beziehungen, das betriebliche oder familiäre Klima und die gemeinsamen Erfolgserlebnisse. Außerdem führt diese Fähigkeit zu mehr Harmonie und damit zu einer förderlichen Zusammenarbeit.

2. Ausblick und Konsequenzen für das Personalmanagement

In der Zukunft wird sich eine Reihe der Arbeitsbereiche noch deutlicher in das Blickfeld des Personalmanagements und damit der Personalverantwortlichen schieben müssen. Am wichtigsten bleibt das Gewinnen von qualifizierten Mitarbeitern. Das Personal ist und bleibt der wichtigste Faktor für ein Unternehmen. Besonders für kleine Unternehmen ist es sehr schwer, fähiges Personal zu gewinnen, und wird für sie in Zukunft noch schwieriger werden. Zwei Themenschwerpunkte müssen daher an Bedeutung gewinnen: Zum einen das Recruiting, das heißt das Gewinnen von qualifizierten Mitarbeitern und zum anderen die Aus- und Weiterbildung des bestehenden Personals und die Mitarbeiterführung. Zudem sollten die Tätigkeitsbereiche, die bereits heute den Arbeitsalltag der Personalverantwortlichen beeinflussen, an Bedeutung zunehmen. Dies bedeutet, die Führungskräfte beim Personaleinsatz der Mitarbeiter zu unterstützen (vgl. Haberkorn 1990).

Qualifizierte Mitarbeiter zu haben, ist für Unternehmen das wichtigste Thema in der heutigen Zeit und in der Zukunft. Doch dies gelingt nur mit einem gut ausgebauten Personalmanagement. Schon bei der Einstellung von Mitarbeitern sollte darauf geachtet werden, dass die für das Unternehmen „passenden“ Mitarbeiter eingestellt werden. Auch bei der Personalplanung, dem Personaleinsatz und der Personalführung sollte die Aufmerksamkeit mehr auf einen typengerechten Einsatz von Mitarbeitern, d. h. die Beachtung ihrer beruflichen Werte, ihres „Inneren persönlichen Systems“ und damit ihres Typs, gerichtet werden. Mit dieser Haltung könnte das Personal zufriedener und die Fluktuation in Unternehmen gesenkt werden.

Immer öfter suchen Unternehmen händeringend nach qualifizierten Mitarbeitern. Es dauert immer länger, bis die freien Stellen besetzt werden können, weil ein hoher Anteil der Bewerber nicht die geeigneten Qualifikationen mitbringt. Die Unternehmen können jedoch auf etwas aufbauen, was sie bereits haben: Gute Mitarbeiter, die sich durch ihre Bereitschaft zum lebenslangen Lernen zu gut qualifiziertem Personal entwickeln können. Das heißt, sie können Personal speziell für ihren Betrieb entsprechend weiterentwickeln. Dieser Gedanke, dass geeignete Mitarbeiter schon im Unternehmen arbeiten, die nur weiter qualifiziert werden müssen, wird oft nicht konsequent in die Tat umgesetzt.

Jedoch liegt für den Mittelstand in der Personalentwicklung eine große Chance. Die Personalentwicklung umfasst alle Maßnahmen zur Verbesserung und zur effektiven Nutzung der Mitarbeiterqualifikation. Sie reicht von der Kenntnis des vorhandenen Potenzials, über die Planung und Umsetzung gezielter Förderungsprogramme und Trainings bis zur konstruktiven Begleitung von Veränderungsprozessen in Unternehmen.

Die Personalentwicklung sollte darauf achten, dass in den Weiterbildungsmaßnahmen persönliche Kompetenzen vermittelt werden, weil sie zunehmend an Bedeutung gewinnen werden.

Zu diesen sog. „soft skills“ gehören u. a. die soziale und emotionale Kompetenz, mitarbeiterbezogene Führung, Kommunikation, Gesprächsführung, ein überzeugendes Auftreten, psychologische Fähigkeiten sowie Zeit- und Selbstmanagement. Für die Mitarbeiter kann Weiterbildung ein Bonus sein. Im Aufgabengebiet Personalentwicklung gibt es noch viele Bewegungs- und Veränderungsmöglichkeiten.

Nachdem die Unternehmensziele und die geplante Entwicklung festgelegt worden sind, sollte jedes Unternehmen aufgrund dieser Ziele, die für sich individuell wichtigen Personalthemen der Zukunft definieren. Es müssen die Kapazität der Personalabteilung und die Qualifikation der Mitarbeiter beachtet werden, und, falls erforderlich, an die neue Strategie angepasst werden. Das Personalmanagement sollte als strategischer Partner der Geschäftsleitung auftreten. Außerdem sollte es unter Beachtung der Unternehmensziele gleichzeitig auf die Belange der Belegschaft Rücksicht nehmen und innerhalb dieser beiden Wertesysteme diplomatisch vermitteln.

3. Eigene Stellungnahme

Die menschlichen Verhaltensstrukturen sind von individuellen Werten, Einstellungen und Überzeugungen geprägt. Hinter jedem Verhalten verbirgt sich für mich eine positive Absicht, auch dann, wenn das gezeigte Verhalten in unserem Sinn unverständlich ist. Die meisten Menschen schützen durch ihr Verhalten ihre innere Struktur. Folglich werden Änderungen dann begrüßt, wenn sie Vorteile bringen. Um sich ändern zu können, ist es wichtig, die eigenen Verhaltensstrukturen und deren Auswirkungen zu kennen.

Ich habe während meiner freiberuflichen Tätigkeit als Personalberaterin, -entwicklerin und -trainerin immer wieder erlebt, dass die wenigsten Menschen ihre Werte, Einstellungen und ihre persönlichen Verhaltensstrukturen kennen. Die Frage nach denselben und nach ihren Zielen hat zum Nachdenken angeregt. Es ist den meisten meiner Kunden dadurch vieles klarer geworden. In diesem Zusammenhang habe ich ebenso vermittelt, sich mit anderen Personen und deren Verhalten auseinander zu setzen, um mehr Verständnis für deren Strukturen zu erhalten. Die positiven Folgen waren ein einfacherer und verständnisvollerer Umgang mit sich selbst und anderen, sodass daraus weniger Konflikte und mehr Lösungen resultierten.

Ich habe außerdem folgende Erfahrung gemacht: Wenn Unternehmen Entscheidungen treffen, die unmittelbar das Personal betreffen ohne dieses mit einzubeziehen, entstehen meist Widerstände. Diese aufzulösen hat viel Arbeit und Zeit gekostet. Aus diesem Grund ist es meiner Meinung nach wichtig, Mitarbeitern und Führungskräften die Notwendigkeit der getroffenen Entscheidungen und die damit im Zusammenhang stehenden Einstellungs- bzw. Verhaltensänderungen klarzumachen und sie davon zu überzeugen. Das kann dadurch erleichtert werden, dass Mitarbeiter und Führungskräfte in diese Veränderungsprozesse einbezogen werden. Dadurch haben sie das Gefühl, als kompetente Mitarbeiter bzw. Führungskräfte geschätzt zu werden und bei den Problemfindungen und deren Lösungen mitgewirkt zu haben.

Folglich wird die Entwicklung von Mitarbeitern bzw. Führungskräften erfolgreich sein, wenn die individuellen Wünsche und Bedürfnisse berücksichtigt werden und der jeweils private Lebensbereich mit einbezogen wird. Personalentwicklung sollte langfristig nicht gegen die Interessen, sondern im Sinne des Personals betrieben werden. Was Personalentwicklung zudem ausmachen sollte, ist das Schaffen einer entwicklungsfreudigen Atmosphäre, in der insbesondere eine wertschätzende Bildungsphilosophie des Unternehmens und der situative, mitarbeiter- bzw. typenbezogene Führungsstil für Vorgesetzte vermittelt werden. Unterstützung bei Verhaltenserweiterungen sollte außerdem geleistet werden. Personalentwicklung ist ein dynamischer Prozess, der eine ständige Erneuerung und Erweiterung der Bildungsaktivitäten und eine Ausrichtung auf höhere Entwicklungsziele beinhaltet.

In beruflichen Tätigkeiten werden i. d. R. Sinn und Wertrealisierung gesucht. Außerdem strebt der erwachsene und reife Mensch nach Selbstbestimmung und Autonomie. Ein Unternehmen sollte mit der Gestaltung von Arbeitsbedingungen und Arbeitsinhalten für diese Ziele offen sein. Führungskräfte eines Unternehmens haben insbesondere die Verantwortung, Vorbild für das gelebte und wertschätzende Miteinander zu sein.

In der Organisation kann manches unternommen werden, das auf den Wandel, insbesondere den Wertewandel Bezug nimmt. Damit wird sicher die Wettbewerbsfähigkeit und Attraktivität für qualifizierte Mitarbeiter und Führungskräfte gesteigert.
Appellieren möchte ich zudem an jede einzelne Person, die stärker - als dies bisher im Allgemeinen üblich ist - darüber nachdenken sollte, was ihr wichtig und bedeutsam ist. Jeder Mensch sollte seine Werte nicht nur leben, sondern bewusst erleben, selbstkritisch hinterfragen und prüfen, was von diesem Wertesystem oberflächliche Anpassung an die gegenwärtige Lebenssituation ist und was ihm als subjektiv unverzichtbares Wertemuster erscheint. Soweit ihm dies bewusst geworden ist, sollte er sich fragen, ob dies mit der einen oder anderen beruflichen Tätigkeit in Übereinstimmung gebracht werden kann. Das setzt wiederum voraus, dass er sich informiert. Jeder sollte für sich herausfinden, was in dieser oder einer anderen Organisation auf ihn zukommt, und sich anschließend Antwort darüber geben, ob er sich dies zumuten kann.

Mit meiner Dissertation möchte ich anregen, mehr Verständnis sowohl für die eigenen Verhaltensstrukturen als auch für die Verhaltensstrukturen von anderen Personen zu haben. Diese Denkanstöße sollen bei Personalverantwortlichen dazu führen, wertschätzender miteinander und mit den Untergebenen umzugehen. Für die Verantwortlichen des Personalmanagements sollen die Ausführungen Anregung geben, um auf eine optimalere Zusammensetzung von Abteilungen bzw. Teams zu achten.

ANHANG

1. bis 11. Anhang: Grafiken und Tabellen

Die folgenden Grafiken und Tabellen zeigen die Ergebnisse der empirischen Untersuchung.

Anhang 1: Grafik 1: Legende für die Grafiken

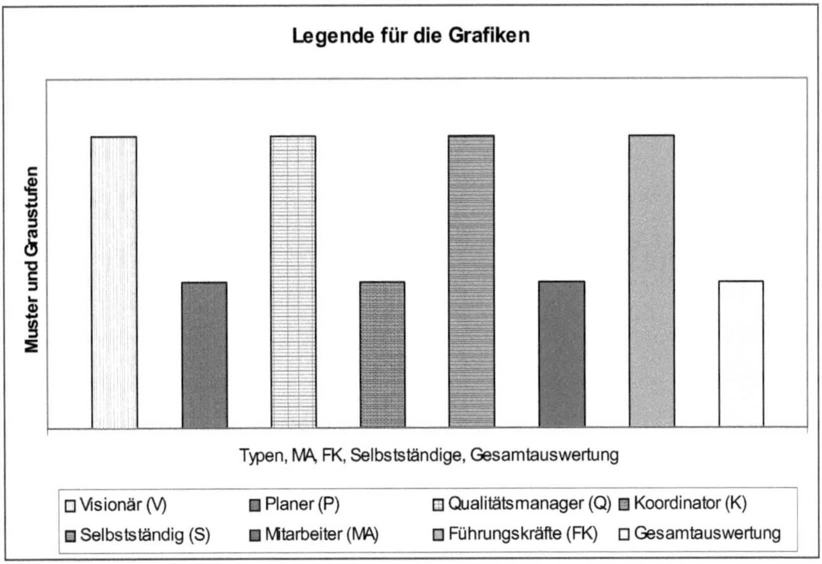

Anhang 1: Grafiken Nr. 2 und 3

Frage Nr. 20: Welche Werte sind Ihnen in Ihrem privaten Bereich wichtig? Differenziert nach Typen

Grafik 2

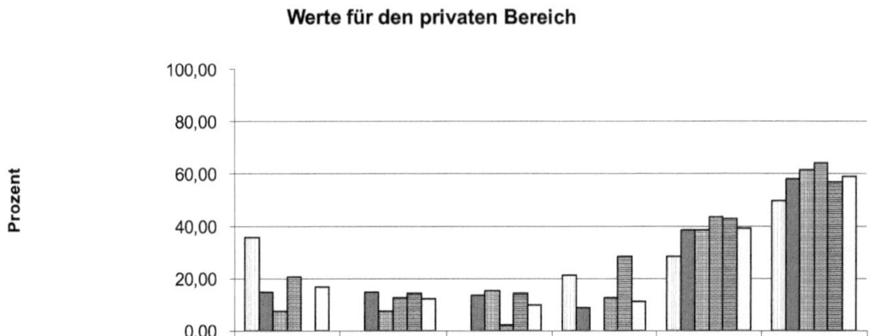

	Abwechslung	Anerkennung	Beständigkeit	Bewegung	Beziehung	Ehrlichkeit
Visionär in %	35,71	0,00	0,00	21,43	28,57	50,00
Planer in %	14,77	14,77	13,64	9,09	38,64	57,95
Qualitätsmanager in %	7,69	7,69	15,38	0,00	38,46	61,54
Koordinator in %	20,51	12,82	2,56	12,82	43,59	64,10
Selbstständige in %	0,00	14,29	14,29	28,57	42,86	57,14
gesamt V, P, Q, K, S in %	16,77	12,42	9,94	11,18	39,13	59,01

Werte

Grafik 3

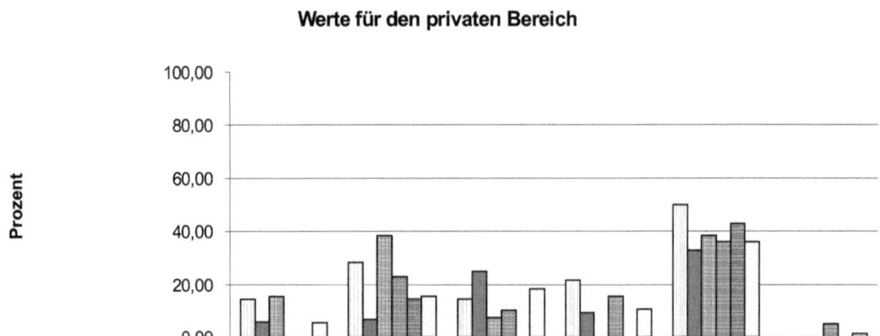

	Entscheidungs-einbindung	Entwicklung	Erfolg	Flexibilität	Freiheit	Führung
Visionär in %	14,29	28,57	14,29	21,43	50,00	0,00
Planer in %	5,68	6,82	25,00	9,09	32,95	0,00
Qualitätsmanager in %	15,38	38,46	7,69	0,00	38,46	0,00
Koordinator in %	0,00	23,08	10,26	15,38	35,90	5,13
Selbstständige in %	0,00	14,29	0,00	0,00	42,86	0,00
gesamt V, P, Q, K, S in %	5,59	15,53	18,01	10,56	36,02	1,24

Werte

Anhang 1: Grafiken Nr. 4 und 5

Frage Nr. 20: Welche Werte sind Ihnen in Ihrem privaten Bereich wichtig? Differenziert nach Typen

Grafik 4

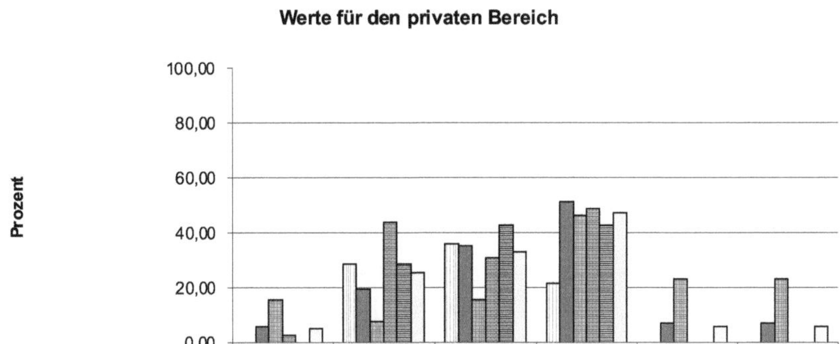

	Genauigkeit	Genuss	Gerechtigkeit	Harmonie	Karriere	Kontrolle
□ Visionär in %	0,00	28,57	35,71	21,43	0,00	0,00
■ Planer in %	5,68	19,32	35,23	51,14	6,82	6,82
▦ Qualitätsmanager in %	15,38	7,69	15,38	46,15	23,08	23,08
▦ Koordinator in %	2,56	43,59	30,77	48,72	0,00	0,00
▤ Selbstständige in %	0,00	28,57	42,86	42,86	0,00	0,00
□ gesamt V, P, Q, K, S in %	4,97	25,47	32,92	47,20	5,59	5,59

Werte

Grafik 5

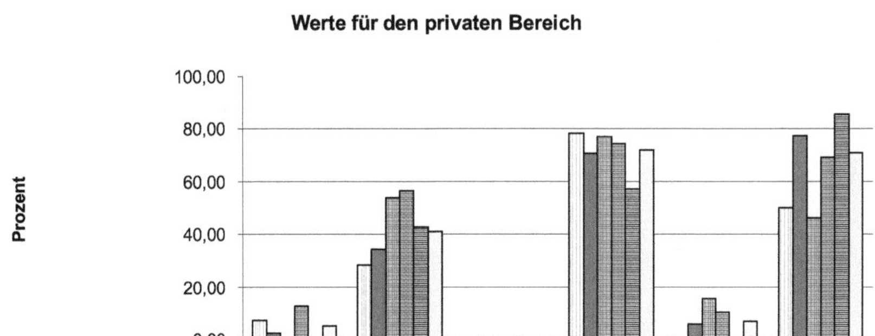

	Koordination	Kommu-nikation	Kunden-orientierung	Lebens-freude	Leistung	Liebe
□ Visionär in %	7,14	28,57	0,00	78,57	0,00	50,00
■ Planer in %	2,27	34,09	0,00	70,45	5,68	77,27
▦ Qualitätsmanager in %	0,00	53,85	0,00	76,92	15,38	46,15
▦ Koordinator in %	12,82	56,41	0,00	74,36	10,26	69,23
▤ Selbstständige in %	0,00	42,86	0,00	57,14	0,00	85,71
□ gesamt V, P, Q, K, S in %	4,97	40,99	0,00	72,05	6,83	70,81

Werte

Anhang 1: Grafiken Nr. 6 und 7

Frage Nr. 20: Welche Werte sind Ihnen in Ihrem privaten Bereich wichtig? Differenziert nach Typen

Grafik 6

Werte für den privaten Bereich

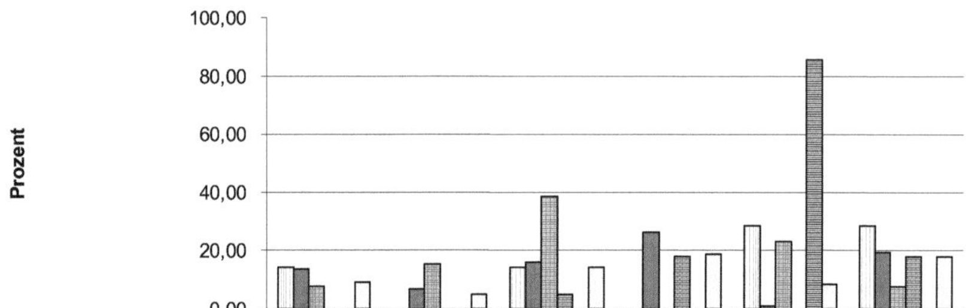

	Motivation	Ordnung	Pflichtbe-wusstsein	Risiko	Ruhe	Selbstbe-stimmung
□ Visionär in %	14,29	0,00	14,29	0,00	28,57	28,57
■ Planer in %	13,64	6,82	15,91	26,14	1,14	19,32
▦ Qualitätsmanager in %	7,69	15,38	38,46	0,00	23,08	7,69
▦ Koordinator in %	0,00	0,00	5,13	17,95	0,00	17,95
▤ Selbstständige in %	0,00	0,00	0,00	0,00	85,71	0,00
□ gesamt V, P, Q, K, S in %	9,32	4,97	14,29	18,63	8,70	18,01

Werte

Grafik 7

Werte für den privaten Bereich

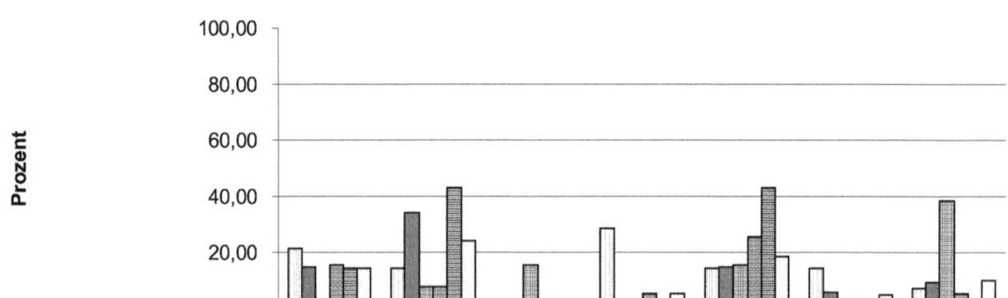

	Selbst-verwirk-lichung	Sicherheit	Struktur	Überblick	Verant-wortung	Visionen	Weiter-bildung
□ Visionär in %	21,43	14,29	0,00	28,57	14,29	14,29	7,14
■ Planer in %	14,77	34,09	0,00	2,27	14,77	5,68	9,09
▦ Qualitätsmanager in %	0,00	7,69	15,38	0,00	15,38	0,00	38,46
▦ Koordinator in %	15,38	7,69	2,56	5,13	25,64	2,56	5,13
▤ Selbstständige in %	14,29	42,86	0,00	0,00	42,86	0,00	0,00
□ gesamt V, P, Q, K, S in %	14,29	24,22	1,86	5,19	18,63	4,97	9,94

Werte

Anhang 1: Grafiken Nr. 8 und 9

Frage Nr. 21: Welche Werte sind Ihnen in Ihrem beruflichen Bereich wichtig? Differenziert nach Typen

Grafik 8

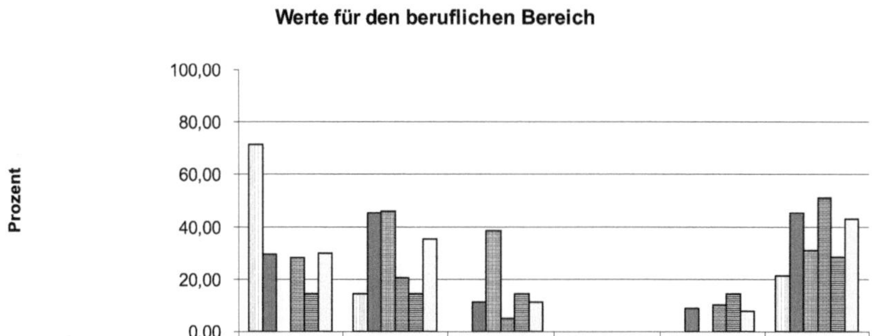

	Abwechslung	Anerkennung	Beständigkeit	Bewegung	Beziehung	Ehrlichkeit
Visionär in %	71,43	14,29	0,00	0,00	0,00	21,43
Planer in %	29,55	45,45	11,36	0,00	9,09	45,45
Qualitätsmanager in %	0,00	46,15	38,46	0,00	0,00	30,77
Koordinator in %	28,21	20,51	5,13	0,00	10,26	51,28
Selbstständige in %	14,29	14,29	14,29	0,00	14,29	28,57
gesamt V, P, Q, K, S in %	29,81	35,40	11,18	0,00	8,07	42,86

Grafik 9

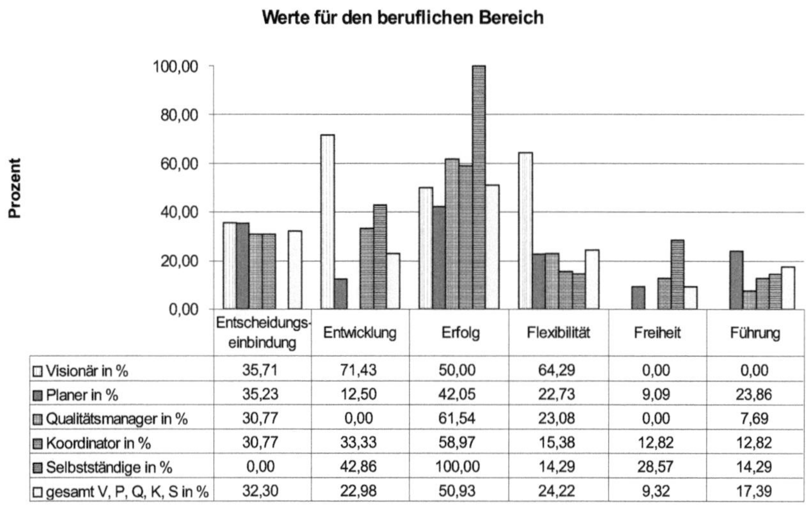

	Entscheidungs-einbindung	Entwicklung	Erfolg	Flexibilität	Freiheit	Führung
Visionär in %	35,71	71,43	50,00	64,29	0,00	0,00
Planer in %	35,23	12,50	42,05	22,73	9,09	23,86
Qualitätsmanager in %	30,77	0,00	61,54	23,08	0,00	7,69
Koordinator in %	30,77	33,33	58,97	15,38	12,82	12,82
Selbstständige in %	0,00	42,86	100,00	14,29	28,57	14,29
gesamt V, P, Q, K, S in %	32,30	22,98	50,93	24,22	9,32	17,39

Anhang 1: Grafiken Nr. 10 und 11

Frage Nr. 21: Welche Werte sind Ihnen in Ihrem beruflichen Bereich wichtig? Differenziert nach Typen

Grafik 10

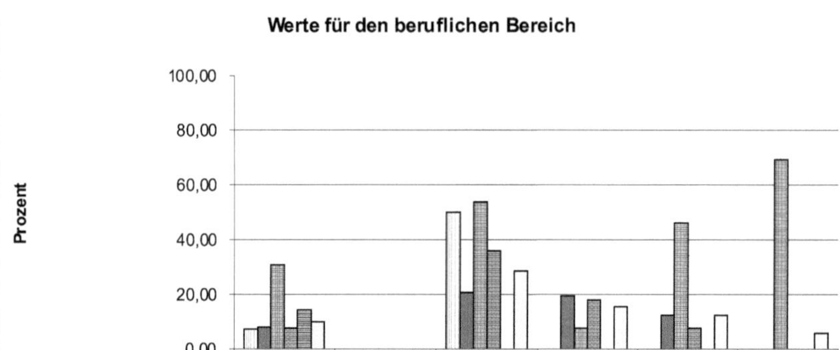

	Genauigkeit	Genuss	Gerechtigkeit	Harmonie	Karriere	Kontrolle
□ Visionär in %	7,14	0,00	50,00	0,00	0,00	0,00
■ Planer in %	7,95	0,00	20,45	19,32	12,50	0,00
▦ Qualitätsmanager in %	30,77	0,00	53,85	7,69	46,15	69,23
▦ Koordinator in %	7,69	0,00	35,90	17,95	7,69	0,00
▦ Selbstständige in %	14,29	0,00	0,00	0,00	0,00	0,00
□ gesamt V, P, Q, K, S in %	9,94	0,00	28,57	15,53	12,42	5,59

Werte

Grafik 11

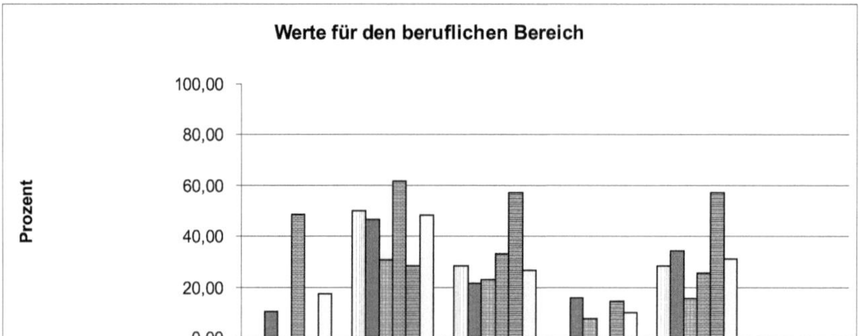

	Koordination	Kommu-nikation	Kunden-orientierung	Lebens-freude	Leistung	Liebe
□ Visionär in %	0,00	50,00	28,57	0,00	28,57	0,00
■ Planer in %	10,23	46,59	21,59	15,91	34,09	0,00
▦ Qualitätsmanager in %	0,00	30,77	23,08	7,69	15,38	0,00
▦ Koordinator in %	48,72	61,54	33,33	0,00	25,64	0,00
▦ Selbstständige in %	0,00	28,57	57,14	14,29	57,14	0,00
□ gesamt V, P, Q, K, S in %	17,39	48,45	26,71	9,94	31,06	0,00

Werte

Anhang 1: Grafiken Nr. 12 und 13

Frage Nr. 21: Welche Werte sind Ihnen in Ihrem beruflichen Bereich wichtig? Differenziert nach Typen

Grafik 12

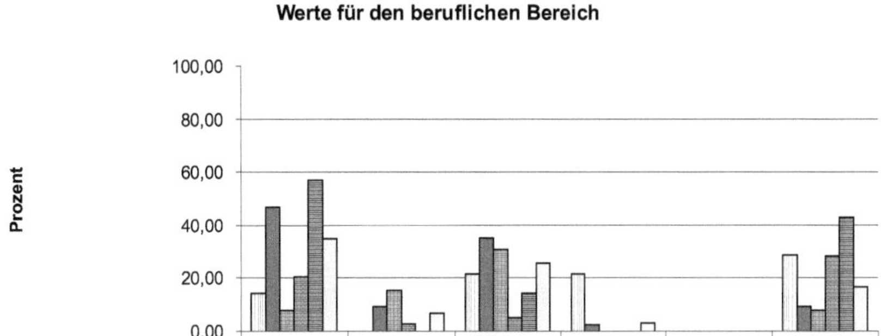

	Motivation	Ordnung	Pflichtbe-wusstsein	Risiko	Ruhe	Selbstbe-stimmung
□ Visionär in %	14,29	0,00	21,43	21,43	0,00	28,57
■ Planer in %	46,59	9,09	35,23	2,27	0,00	9,09
▤ Qualitätsmanager in %	7,69	15,38	30,77	0,00	0,00	7,69
▤ Koordinator in %	20,51	2,56	5,13	0,00	0,00	28,21
▤ Selbstständige in %	57,14	0,00	14,29	0,00	0,00	42,86
□ gesamt V, P, Q, K, S in %	34,78	6,83	25,47	3,11	0,00	16,77

Werte

Grafik 13

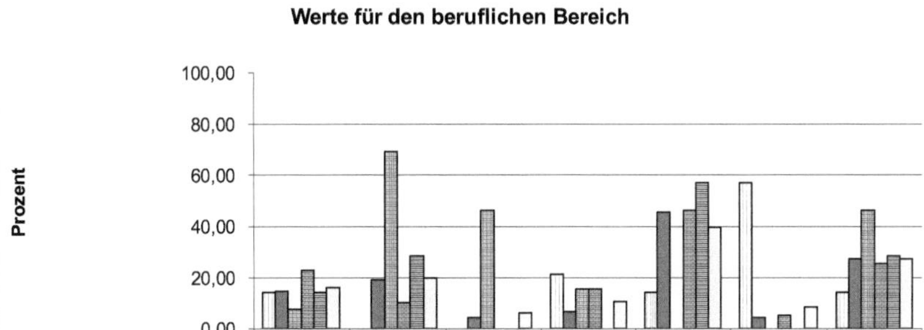

	Selbst-verwirk-lichung	Sicherheit	Struktur	Überblick	Verant-wortung	Visionen	Weiter-bildung
□ Visionär in %	14,29	0,00	0,00	21,43	14,29	57,14	14,29
■ Planer in %	14,77	19,32	4,55	6,82	45,45	4,55	27,27
▤ Qualitätsmanager in %	7,69	69,23	46,15	15,38	0,00	0,00	46,15
▤ Koordinator in %	23,08	10,26	0,00	15,38	46,15	5,13	25,64
▤ Selbstständige in %	14,29	28,57	0,00	0,00	57,14	0,00	28,57
□ gesamt V, P, Q, K, S in %	16,15	19,88	6,21	10,56	39,75	8,70	27,33

Werte

Anhang 2: Grafiken Nr. 14 und 15

Frage Nr. 14: Wie sollten Personalverantwortliche mit ihren Mitarbeitern umgehen? Differenzierung nach Typen

Grafik 14

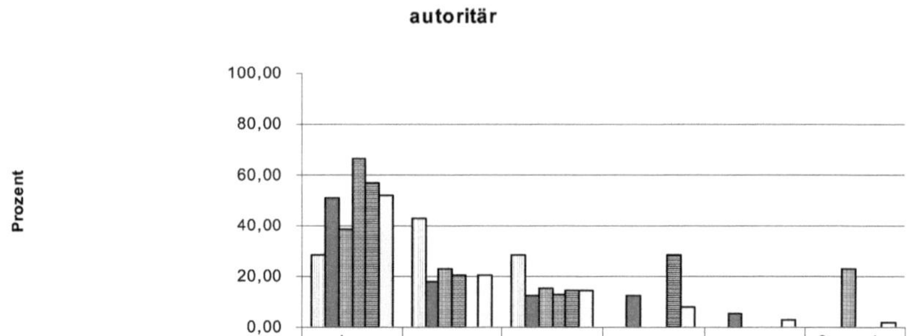

	1 = unwichtig	2	3	4	5	6 = sehr wichtig
Visionär in %	28,57	42,86	28,57	0,00	0,00	0,00
Planer in %	51,14	18,18	12,50	12,50	5,68	0,00
Qualitätsmanager in %	38,46	23,08	15,38	0,00	0,00	23,08
Koordinator in %	66,67	20,51	12,82	0,00	0,00	0,00
Selbstständige in %	57,14	0,00	14,29	28,57	0,00	0,00
gesamt V, P, Q, K, S in %	52,17	20,50	14,29	8,07	3,11	1,86

Gewichtung

Grafik 15

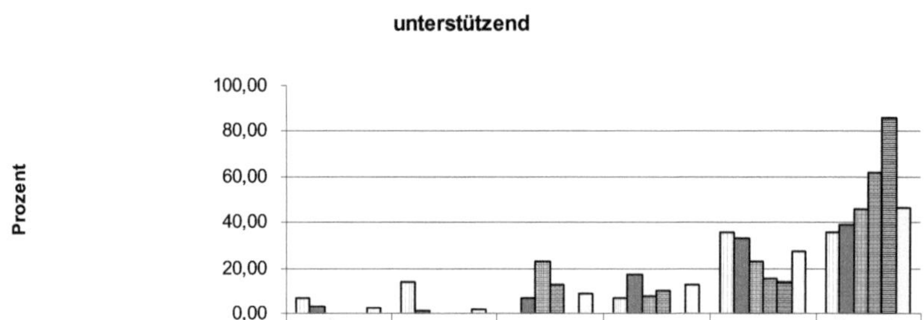

	1 = unwichtig	2	3	4	5	6 = sehr wichtig
Visionär in %	7,14	14,29	0,00	7,14	35,71	35,71
Planer in %	3,41	1,14	6,82	17,05	32,95	38,64
Qualitätsmanager in %	0,00	0,00	23,08	7,69	23,08	46,15
Koordinator in %	0,00	0,00	12,82	10,26	15,38	61,54
Selbstständige in %	0,00	0,00	0,00	0,00	14,29	85,71
gesamt V, P, Q, K, S in %	2,48	1,86	8,70	13,04	27,33	46,58

Gewichtung

Anhang 2: Grafiken Nr. 16 und 17

Frage Nr. 14: Wie sollten Personalverantwortliche mit ihren Mitarbeitern umgehen? Differenzierung nach Typen

Grafik 16

auch mal Persönliches erzählen

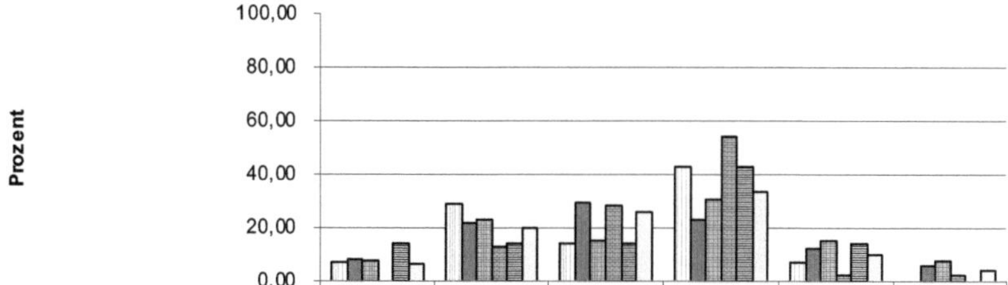

	1 = unwichtig	2	3	4	5	6 = sehr wichtig
Visionär in %	7,14	28,57	14,29	42,86	7,14	0,00
Planer in %	7,95	21,59	29,55	22,73	12,50	5,68
Qualitätsmanager in %	7,69	23,08	15,38	30,77	15,38	7,69
Koordinator in %	0,00	12,82	28,21	53,85	2,56	2,56
Selbstständige in %	14,29	14,29	14,29	42,86	14,29	0,00
gesamt V, P, Q, K, S in %	6,21	19,88	26,09	33,54	9,94	4,35

Gewichtung

Grafik 17

an Entscheidungen beteiligen

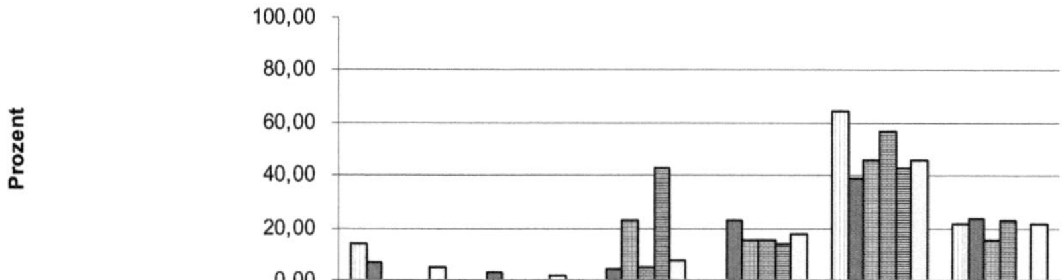

	1 = unwichtig	2	3	4	5	6 = sehr wichtig
Visionär in %	14,29	0,00	0,00	0,00	64,29	21,43
Planer in %	6,82	3,41	4,55	22,73	38,64	23,86
Qualitätsmanager in %	0,00	0,00	23,08	15,38	46,15	15,38
Koordinator in %	0,00	0,00	5,13	15,38	56,41	23,08
Selbstständige in %	0,00	0,00	42,86	14,29	42,86	0,00
gesamt V, P, Q, K, S in %	4,97	1,86	7,45	18,01	45,96	21,74

Gewichtung

Anhang 2: Grafiken Nr. 18 und 19

Frage Nr. 14: Wie sollten Personalverantwortliche mit ihren Mitarbeitern umgehen?

Differenzierung nach Typen

Grafik 18

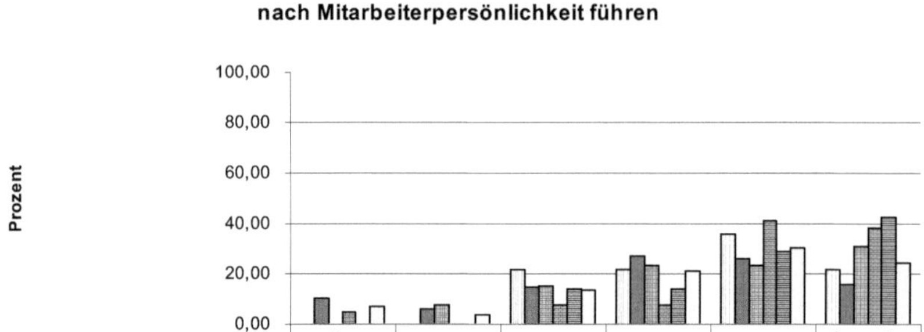

	1 = unwichtig	2	3	4	5	6 = sehr wichtig
□ Visionär in %	0,00	0,00	21,43	21,43	35,71	21,43
■ Planer in %	10,23	5,68	14,77	27,27	26,14	15,91
▤ Qualitätsmanager in %	0,00	7,69	15,38	23,08	23,08	30,77
▤ Koordinator in %	5,13	0,00	7,69	7,69	41,03	38,46
▤ Selbstständige in %	0,00	0,00	14,29	14,29	28,57	42,86
□ gesamt V, P, Q, K, S in %	6,83	3,73	13,66	21,12	30,43	24,22

Gewichtung

Grafik 19

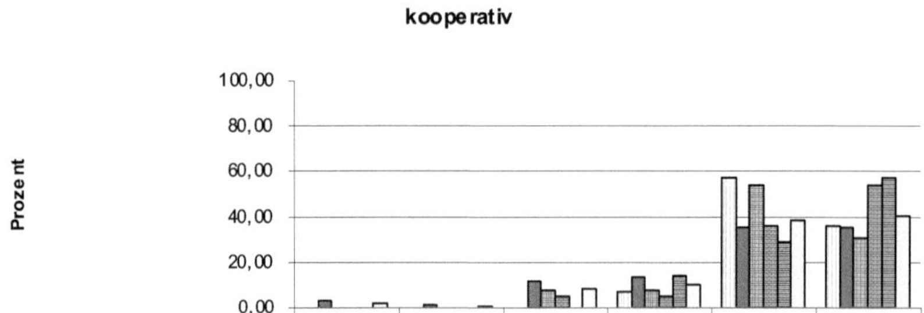

	1 = unwichtig	2	3	4	5	6 = sehr wichtig
□ Visionär in %	0,00	0,00	0,00	7,14	57,14	35,71
■ Planer in %	3,41	1,14	11,36	13,64	35,23	35,23
▤ Qualitätsmanager in %	0,00	0,00	7,69	7,69	53,85	30,77
▤ Koordinator in %	0,00	0,00	5,13	5,13	35,90	53,85
▤ Selbstständige in %	0,00	0,00	0,00	14,29	28,57	57,14
□ gesamt V, P, Q, K, S in %	1,86	0,62	8,07	10,56	38,51	40,37

Gewichtung

Anhang 2: Grafiken Nr. 20 und 21

Frage Nr. 14: Wie sollten Personalverantwortliche mit ihren Mitarbeitern umgehen?

Differenzierung nach Typen

Grafik 20

Informationen jederzeit zugänglich machen

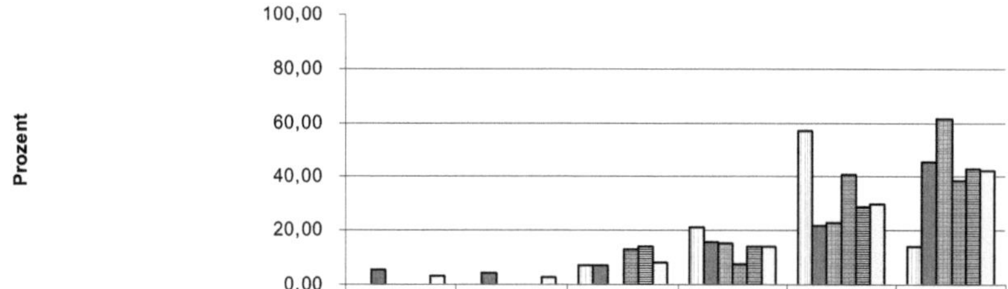

	1 = unwichtig	2	3	4	5	6 = sehr wichtig
Visionär in %	0,00	0,00	7,14	21,43	57,14	14,29
Planer in %	5,68	4,55	6,82	15,91	21,59	45,45
Qualitätsmanager in %	0,00	0,00	0,00	15,38	23,08	61,54
Koordinator in %	0,00	0,00	12,82	7,69	41,03	38,46
Selbstständige in %	0,00	0,00	14,29	14,29	28,57	42,86
gesamt V, P, Q, K, S in %	3,11	2,48	8,07	14,29	29,81	42,24

Gewichtung

Grafik 21

neutral bleiben

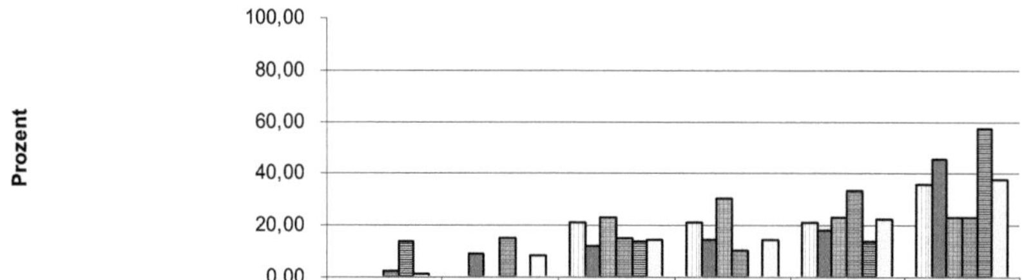

	1 = unwichtig	2	3	4	5	6 = sehr wichtig
Visionär in %	0,00	0,00	21,43	21,43	21,43	35,71
Planer in %	0,00	9,09	12,50	14,77	18,18	45,45
Qualitätsmanager in %	0,00	0,00	23,08	30,77	23,08	23,08
Koordinator in %	2,56	15,38	15,38	10,26	33,33	23,08
Selbstständige in %	14,29	0,00	14,29	0,00	14,29	57,14
gesamt V, P, Q, K, S in %	1,24	8,70	14,91	14,91	22,36	37,89

Gewichtung

Anhang 2: Grafiken Nr. 22

Frage Nr. 14: Wie sollten Personalverantwortliche mit ihren Mitarbeitern umgehen? Differenzierung nach Typen

Grafik 22

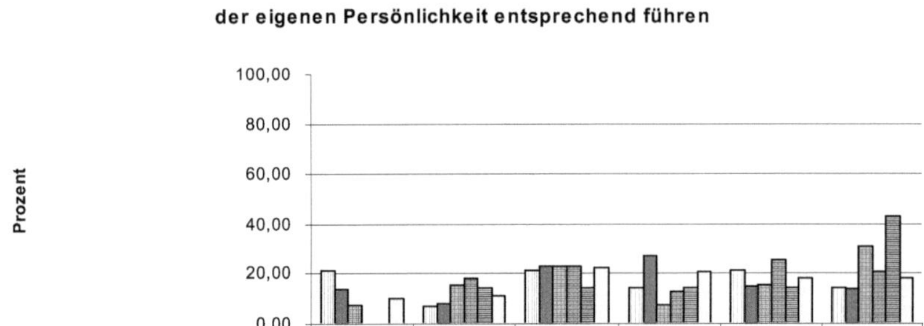

	1 = unwichtig	2	3	4	5	6 = sehr wichtig
Visionär in %	21,43	7,14	21,43	14,29	21,43	14,29
Planer in %	13,64	7,95	22,73	27,27	14,77	13,64
Qualitätsmanager in %	7,69	15,38	23,08	7,69	15,38	30,77
Koordinator in %	0,00	17,95	23,08	12,82	25,64	20,51
Selbstständige in %	0,00	14,29	14,29	14,29	14,29	42,86
gesamt V, P, Q, K, S in %	9,94	11,18	22,36	20,50	18,01	18,01

Gewichtung

Anhang 3: Grafiken Nr. 23 und 24

Frage Nr. 14: Wie sollten Personalverantwortliche mit ihren Mitarbeitern umgehen? Differenzierung nach Mitarbeitern und Führungskräften

Grafik 23

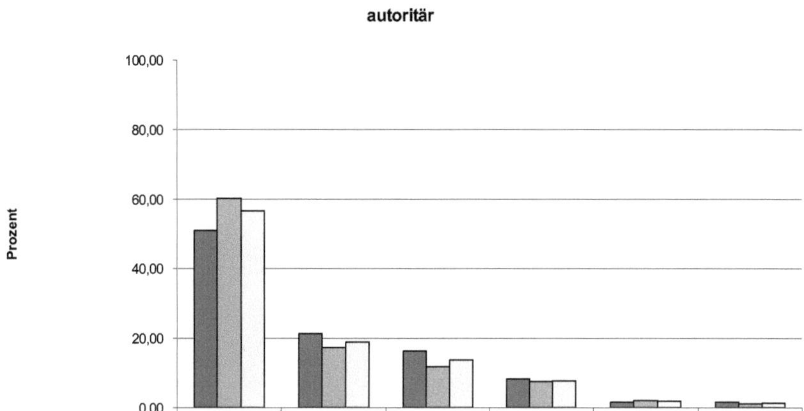

	1 = unwichtig	2	3	4	5	6 = sehr wichtig
MA in %	50,82	21,31	16,39	8,20	1,64	1,64
FK in %	60,22	17,20	11,83	7,53	2,15	1,08
gesamt MA + FK in %	56,49	18,83	13,64	7,79	1,95	1,30

Gewichtung

Grafik 24

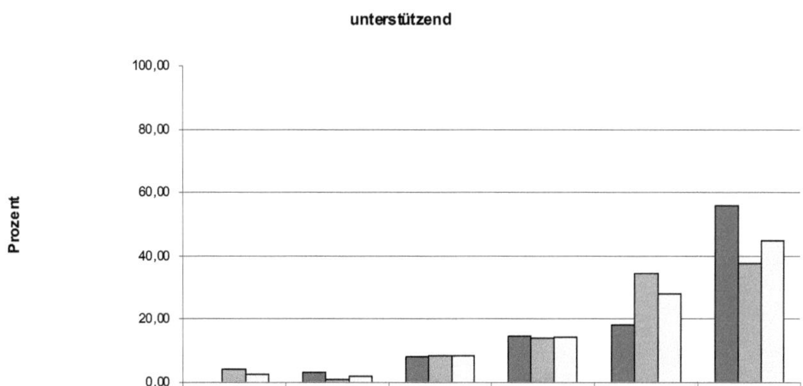

	1 = unwichtig	2	3	4	5	6 = sehr wichtig
MA in %	0,00	3,28	8,20	14,75	18,03	55,74
FK in %	4,30	1,08	8,60	13,98	34,41	37,63
gesamt MA + FK in %	2,60	1,95	8,44	14,29	27,92	44,81

Gewichtung

Anhang 3: Grafiken Nr. 25 und 26

Frage Nr. 14: Wie sollten Personalverantwortliche mit ihren Mitarbeitern umgehen? Differenzierung nach Mitarbeitern und Führungskräften

Grafik 25

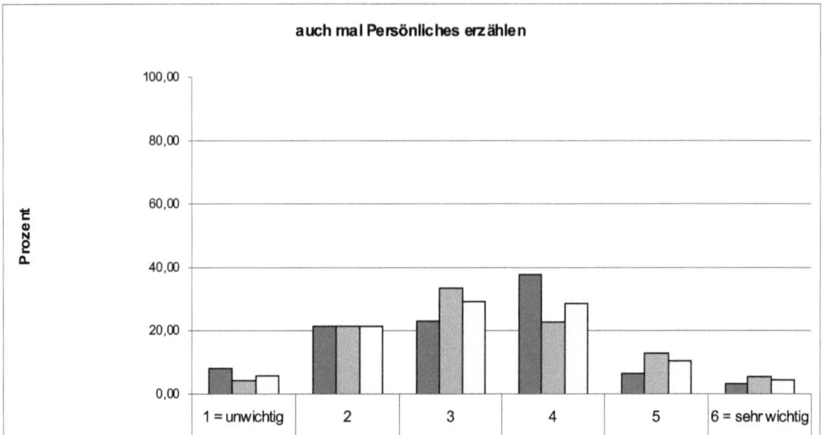

	1 = unwichtig	2	3	4	5	6 = sehr wichtig
MA in %	8,20	21,31	22,95	37,70	6,56	3,28
FK in %	4,30	21,51	33,33	22,58	12,90	5,38
gesamt MA + FK in %	5,84	21,43	29,22	28,57	10,39	4,55

Gewichtung

Grafik 26

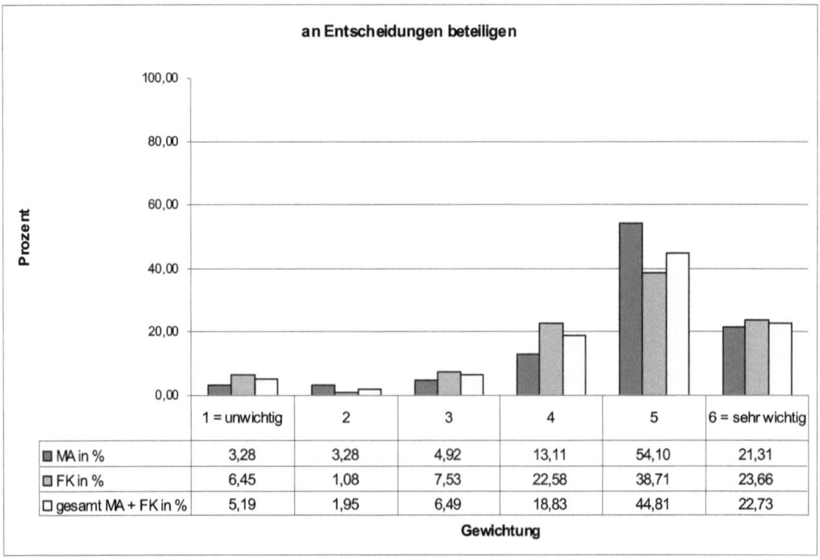

	1 = unwichtig	2	3	4	5	6 = sehr wichtig
MA in %	3,28	3,28	4,92	13,11	54,10	21,31
FK in %	6,45	1,08	7,53	22,58	38,71	23,66
gesamt MA + FK in %	5,19	1,95	6,49	18,83	44,81	22,73

Gewichtung

Anhang 3: Grafiken Nr. 27 und 28

Frage Nr. 14: Wie sollten Personalverantwortliche mit ihren Mitarbeitern umgehen? Differenzierung nach Mitarbeitern und Führungskräften

Grafik 27

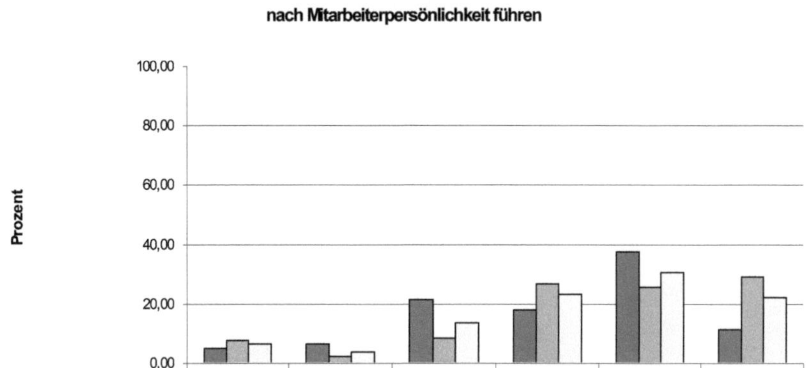

	1 = unwichtig	2	3	4	5	6 = sehr wichtig
MA in %	4,92	6,56	21,31	18,03	37,70	11,48
FK in %	7,53	2,15	8,60	26,88	25,81	29,03
gesamt MA + FK in %	6,49	3,90	13,64	23,38	30,52	22,08

Gewichtung

Grafik 28

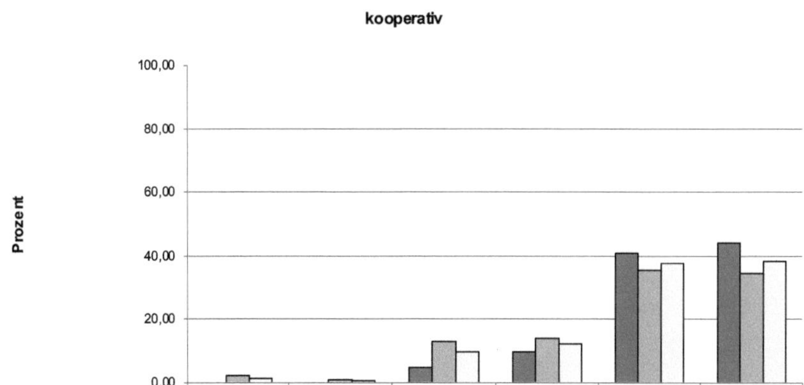

	1 = unwichtig	2	3	4	5	6 = sehr wichtig
MA in %	0,00	0,00	4,92	9,84	40,98	44,26
FK in %	2,15	1,08	12,90	13,98	35,48	34,41
gesamt MA + FK in %	1,30	0,65	9,74	12,34	37,66	38,31

Gewichtung

Anhang 3: Grafiken Nr. 29 und 30

Frage Nr. 14: Wie sollten Personalverantwortliche mit ihren Mitarbeitern umgehen? Differenzierung nach Mitarbeitern und Führungskräften

Grafik 29

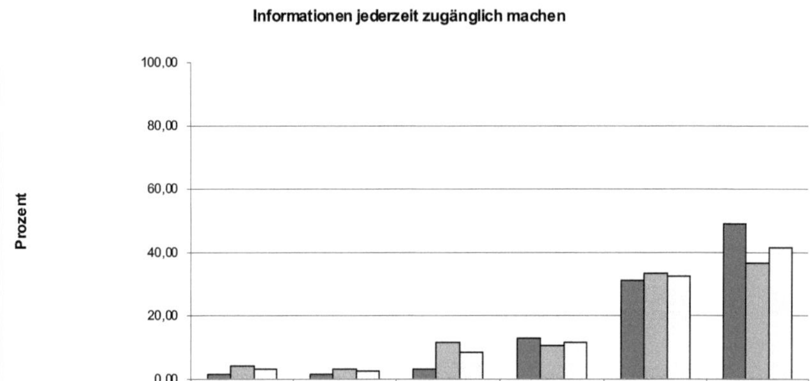

	1 = unwichtig	2	3	4	5	6 = sehr wichtig
MA in %	1,64	1,64	3,28	13,11	31,15	49,18
FK in %	4,30	3,23	11,83	10,75	33,33	36,56
gesamt MA + FK in %	3,25	2,60	8,44	11,69	32,47	41,56

Gewichtung

Grafik 30

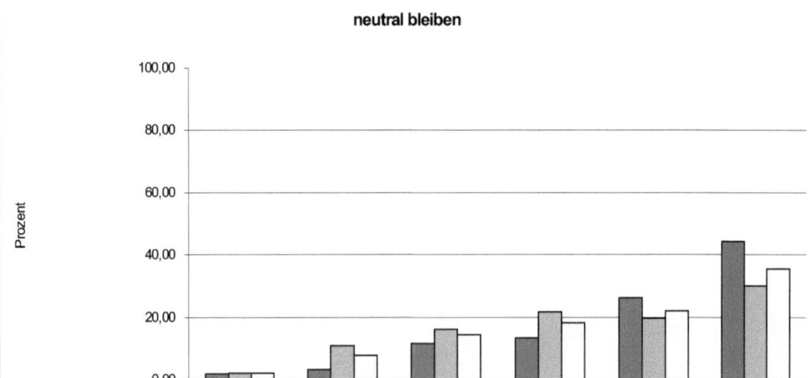

	1 = unwichtig	2	3	4	5	6 = sehr wichtig
MA in %	1,64	3,28	11,48	13,11	26,23	44,26
FK in %	2,15	10,75	16,13	21,51	19,35	30,11
gesamt MA + FK in %	1,95	7,79	14,29	18,18	22,08	35,71

Gewichtung

Anhang 3: Grafik Nr. 31

Frage Nr. 14: Wie sollten Personalverantwortliche mit ihren Mitarbeitern umgehen? Differenzierung nach Mitarbeitern und Führungskräften

Grafik 31

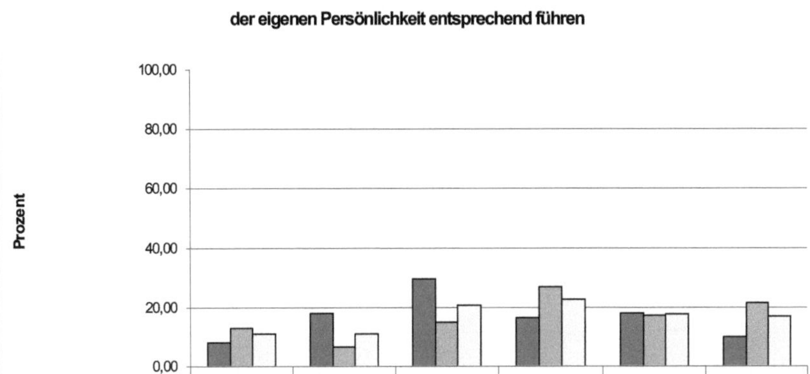

	1 = unwichtig	2	3	4	5	6 = sehr wichtig
MA in %	8,20	18,03	29,51	16,39	18,03	9,84
FK in %	12,90	6,45	15,05	26,88	17,20	21,51
gesamt MA + FK in %	11,04	11,04	20,78	22,73	17,53	16,88

Gewichtung

Anhang 4: Grafiken Nr. 32 und 33

Frage Nr. 17: Wie wichtig sind Ihrer Meinung nach folgende Kompetenzen für eine Führungskraft? Differenzierung nach Typen

Grafik 32

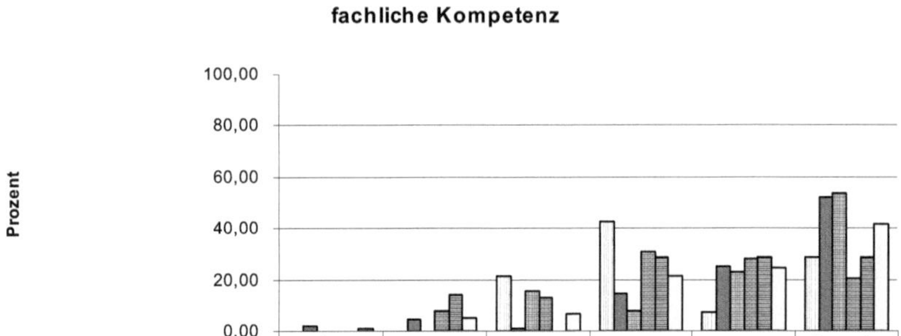

	1 = unwichtig	2	3	4	5	6 = sehr wichtig
Visionär in %	0,00	0,00	21,43	42,86	7,14	28,57
Planer in %	2,27	4,55	1,14	14,77	25,00	52,27
Qualitätsmanager in %	0,00	0,00	15,38	7,69	23,08	53,85
Koordinator in %	0,00	7,69	12,82	30,77	28,21	20,51
Selbstständige in %	0,00	14,29	0,00	28,57	28,57	28,57
gesamt V, P, Q, K, S in %	1,24	4,97	6,83	21,12	24,22	41,61

Gewichtung

Grafik 33

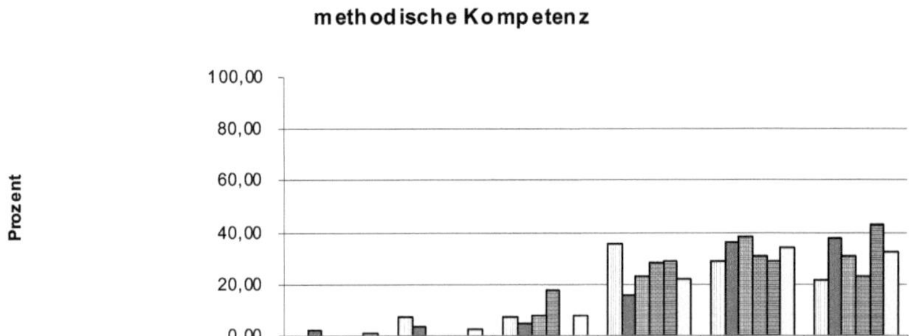

	1 = unwichtig	2	3	4	5	6 = sehr wichtig
Visionär in %	0,00	7,14	7,14	35,71	28,57	21,43
Planer in %	2,27	3,41	4,55	15,91	36,36	37,50
Qualitätsmanager in %	0,00	0,00	7,69	23,08	38,46	30,77
Koordinator in %	0,00	0,00	17,95	28,21	30,77	23,08
Selbstständige in %	0,00	0,00	0,00	28,57	28,57	42,86
gesamt V, P, Q, K, S in %	1,24	2,48	8,07	21,74	34,16	32,30

Gewichtung

Anhang 4: Grafiken Nr. 34 und 35

Frage Nr. 17: Wie wichtig sind Ihrer Meinung nach folgende Kompetenzen für eine Führungskraft? Differenzierung nach Typen

Grafik 34

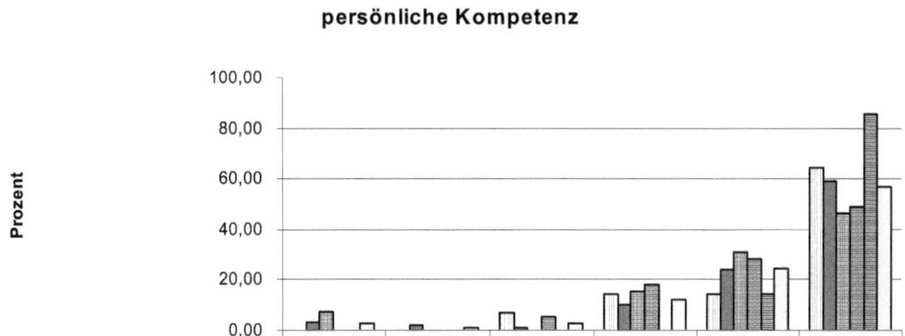

	1 = unwichtig	2	3	4	5	6 = sehr wichtig
Visionär in %	0,00	0,00	7,14	14,29	14,29	64,29
Planer in %	3,41	2,27	1,14	10,23	23,86	59,09
Qualitätsmanager in %	7,69	0,00	0,00	15,38	30,77	46,15
Koordinator in %	0,00	0,00	5,13	17,95	28,21	48,72
Selbstständige in %	0,00	0,00	0,00	0,00	14,29	85,71
gesamt V, P, Q, K, S in %	2,48	1,24	2,48	12,42	24,22	57,14

Gewichtung

Grafik 35

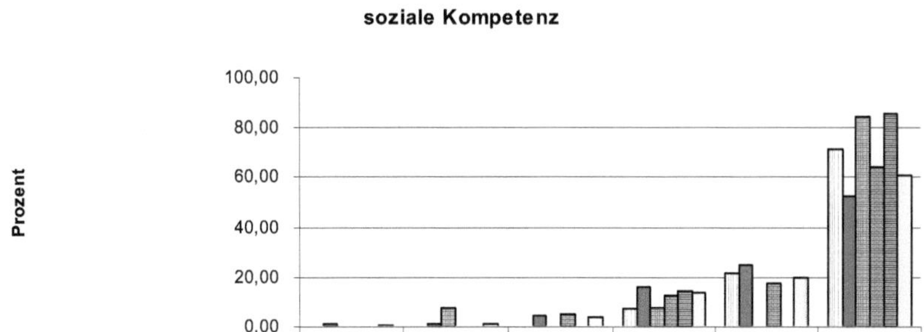

	1 = unwichtig	2	3	4	5	6 = sehr wichtig
Visionär in %	0,00	0,00	0,00	7,14	21,43	71,43
Planer in %	1,14	1,14	4,55	15,91	25,00	52,27
Qualitätsmanager in %	0,00	7,69	0,00	7,69	0,00	84,62
Koordinator in %	0,00	0,00	5,13	12,82	17,95	64,10
Selbstständige in %	0,00	0,00	0,00	14,29	0,00	85,71
gesamt V, P, Q, K, S in %	0,62	1,24	3,73	13,66	19,88	60,87

Gewichtung

Anhang 4: Grafik Nr. 36

Frage Nr. 17: Wie wichtig sind Ihrer Meinung nach folgende Kompetenzen für eine Führungskraft? Differenzierung nach Typen

Grafik 36

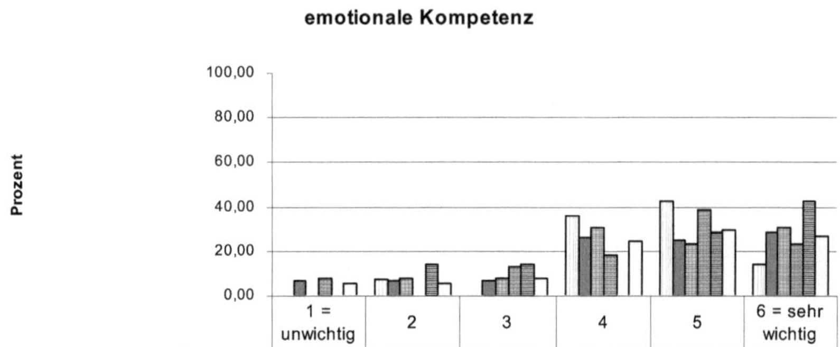

	1 = unwichtig	2	3	4	5	6 = sehr wichtig
Visionär in %	0,00	7,14	0,00	35,71	42,86	14,29
Planer in %	6,82	6,82	6,82	26,14	25,00	28,41
Qualitätsmanager in %	0,00	7,69	7,69	30,77	23,08	30,77
Koordinator in %	7,69	0,00	12,82	17,95	38,46	23,08
Selbstständige in %	0,00	14,29	14,29	0,00	28,57	42,86
gesamt V, P, Q, K, S in %	5,59	5,59	8,07	24,22	29,81	26,71

Gewichtung

Anhang 4: Grafiken Nr. 37 und 38

Frage Nr. 17: Wie wichtig sind Ihrer Meinung nach folgende Kompetenzen für eine Führungskraft? Differenzierung nach Mitarbeitern und Führungskräften

Grafik 37

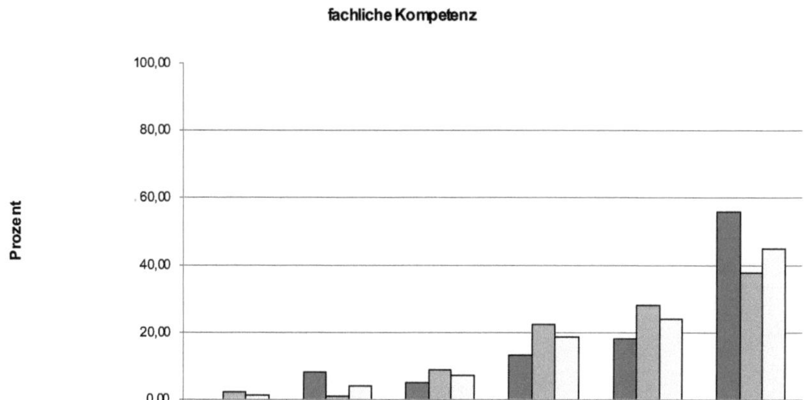

	1 = unwichtig	2	3	4	5	6 = sehr wichtig
■ MA in %	0,00	8,20	4,92	13,11	18,03	55,74
■ FK in %	2,15	1,08	8,60	22,58	27,96	37,63
□ gesamt MA + FK in %	1,30	3,90	7,14	18,83	24,03	44,81

Gewichtung

Grafik 38

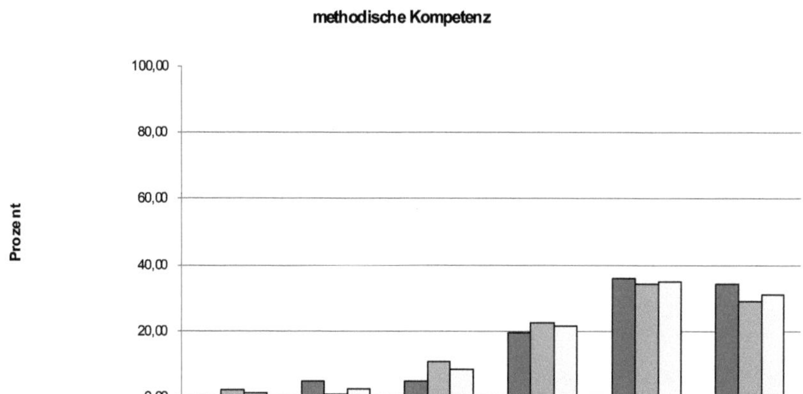

	1 = unwichtig	2	3	4	5	6 = sehr wichtig
■ MA in %	0,00	4,92	4,92	19,67	36,07	34,43
■ FK in %	2,15	1,08	10,75	22,58	34,41	29,03
□ gesamt MA + FK in %	1,30	2,60	8,44	21,43	35,06	31,17

Gewichtung

Anhang 4: Grafiken Nr. 39 und 40

Frage Nr. 17: Wie wichtig sind Ihrer Meinung nach folgende Kompetenzen für eine Führungskraft? Differenzierung nach Mitarbeitern und Führungskräften

Grafik 39

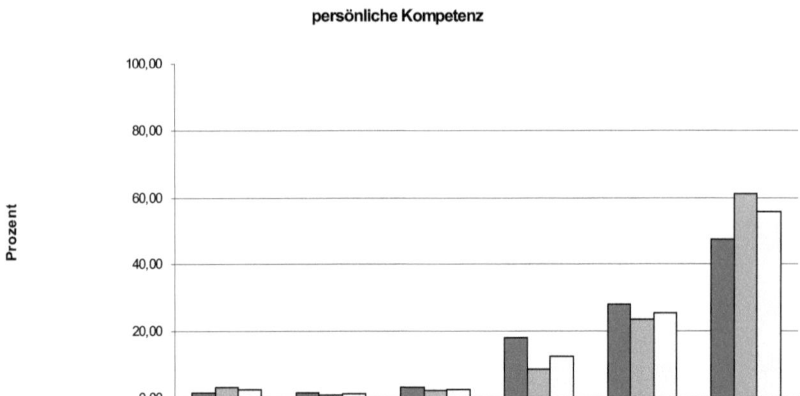

	1 = unwichtig	2	3	4	5	6 = sehr wichtig
■ MA in %	1,64	1,64	3,28	18,03	27,87	47,54
■ FK in %	3,23	1,08	2,15	8,60	23,66	61,29
□ gesamt MA + FK in %	2,60	1,30	2,60	12,34	25,32	55,84

Gewichtung

Grafik 40

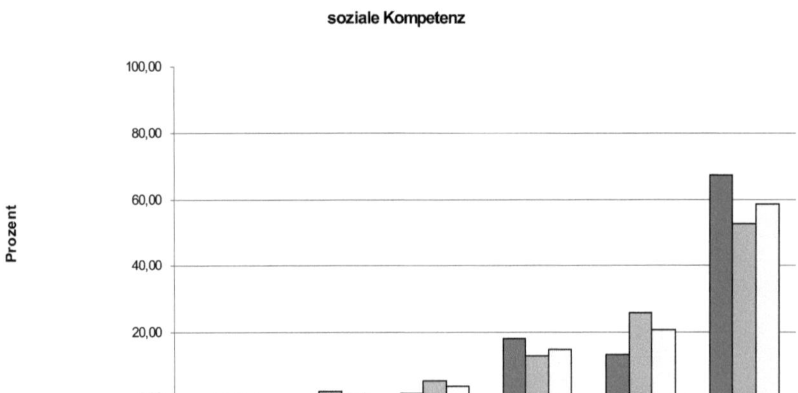

	1 = unwichtig	2	3	4	5	6 = sehr wichtig
■ MA in %	0,00	0,00	1,64	18,03	13,11	67,21
■ FK in %	1,08	2,15	5,38	12,90	25,81	52,69
□ gesamt MA + FK in %	0,65	1,30	3,90	14,94	20,78	58,44

Gewichtung

Anhang 4: Grafik Nr. 41

Frage Nr. 17: Wie wichtig sind Ihrer Meinung nach folgende Kompetenzen für eine Führungskraft? Differenzierung nach Mitarbeitern und Führungskräften

Grafik 41

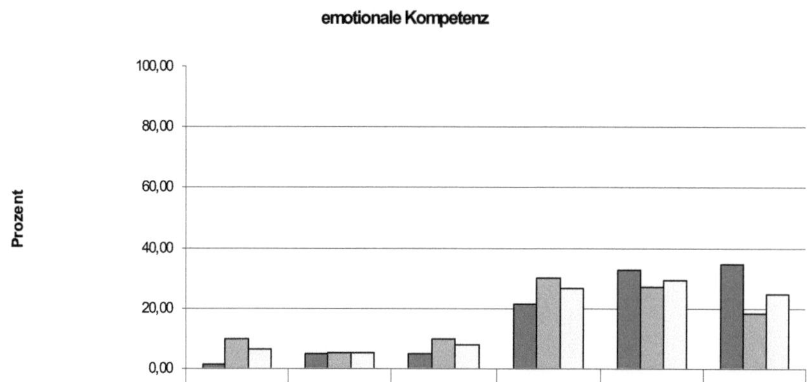

	1 = unwichtig	2	3	4	5	6 = sehr wichtig
MA in %	1,64	4,92	4,92	21,31	32,79	34,43
FK in %	9,68	5,38	9,68	30,11	26,88	18,28
gesamt MA + FK in %	6,49	5,19	7,79	26,62	29,22	24,68

Gewichtung

Anhang 5: Grafiken Nr. 42 und 43

Frage Nr. 18: Wie würden Sie sich eher einschätzen?

Differenzierung nach Typen

Grafik 42

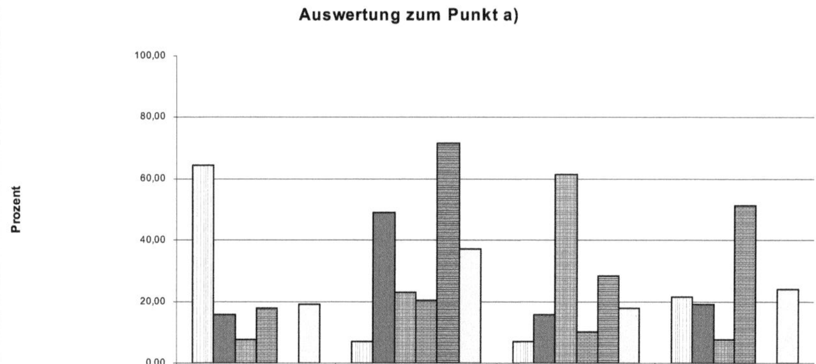

	Ich inspiriere gern mein Umfeld durch Ideen.	Ich setze gerne die Vorschläge, Ideen oder Entscheidungen in konkrete Aktivitäten um.	Ich wäge die Ideen kritisch und sorgfältig ab.	Ich bringe gerne Leute zur Einigung / Übereinstimmung.
Visionär in %	64,29	7,14	7,14	21,43
Planer in %	15,91	48,86	15,91	19,32
Qualitätsmanager in %	7,69	23,08	61,54	7,69
Koordinator in %	17,95	20,51	10,26	51,28
Selbstständige in %	0,00	71,43	28,57	0,00
gesamt V, P, Q, K, S in %	19,25	37,27	18,01	24,22

Fragen

Grafik 43

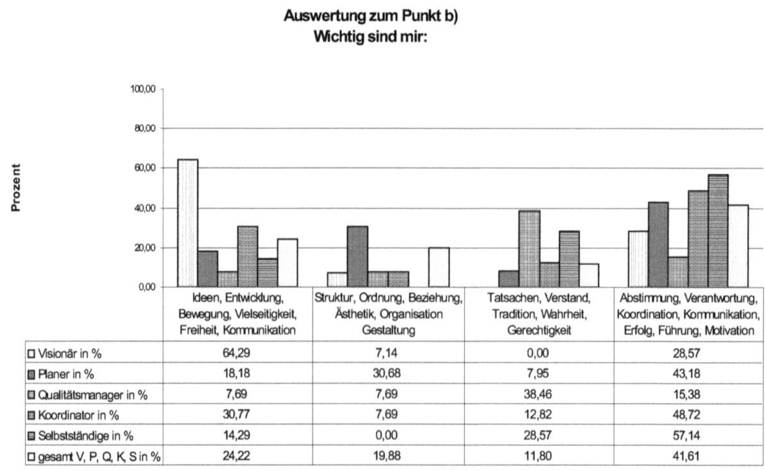

	Ideen, Entwicklung, Bewegung, Vielseitigkeit, Freiheit, Kommunikation	Struktur, Ordnung, Beziehung, Ästhetik, Organisation Gestaltung	Tatsachen, Verstand, Tradition, Wahrheit, Gerechtigkeit	Abstimmung, Verantwortung, Koordination, Kommunikation, Erfolg, Führung, Motivation
Visionär in %	64,29	7,14	0,00	28,57
Planer in %	18,18	30,68	7,95	43,18
Qualitätsmanager in %	7,69	7,69	38,46	15,38
Koordinator in %	30,77	7,69	12,82	48,72
Selbstständige in %	14,29	0,00	28,57	57,14
gesamt V, P, Q, K, S in %	24,22	19,88	11,80	41,61

Fragen

Anhang 5: Grafiken Nr. 44 und 45

Frage Nr. 18: Wie würden Sie sich eher einschätzen?

Differenzierung nach Typen

Grafik 44

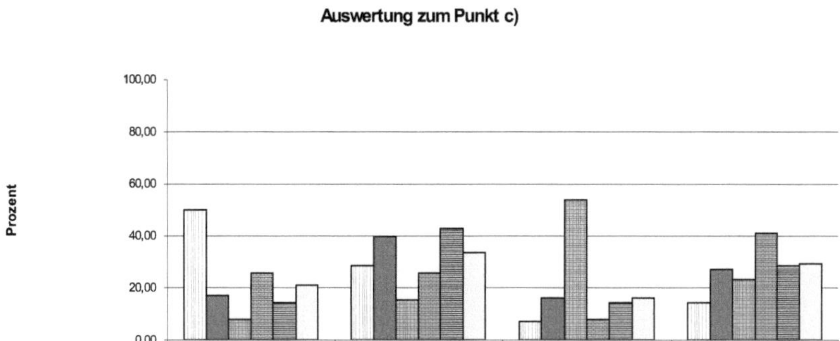

	Ich sehe die Vision / Ziel im Überblick klar vor mir.	Ich kann mich in die Vision hineinversetzen und spüren, wie es sein wird.	Ich halte zunächst Abstand von einer neuen Vision und schaue mir diese mindestens zweimal an.	Ich treffe Entscheidungen.
Visionär in %	50,00	28,57	7,14	14,29
Planer in %	17,05	39,77	15,91	27,27
Qualitätsmanager in %	7,69	15,38	53,85	23,08
Koordinator in %	25,64	25,64	7,69	41,03
Selbstständige in %	14,29	42,86	14,29	28,57
gesamt V, P, Q, K, S in %	21,12	33,54	16,15	29,19

Fragen

Grafik 45

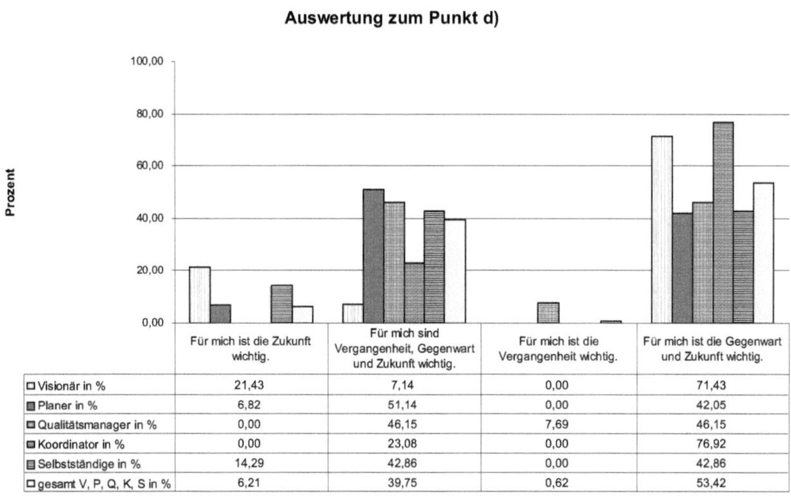

	Für mich ist die Zukunft wichtig.	Für mich sind Vergangenheit, Gegenwart und Zukunft wichtig.	Für mich ist die Vergangenheit wichtig.	Für mich ist die Gegenwart und Zukunft wichtig.
Visionär in %	21,43	7,14	0,00	71,43
Planer in %	6,82	51,14	0,00	42,05
Qualitätsmanager in %	0,00	46,15	7,69	46,15
Koordinator in %	0,00	23,08	0,00	76,92
Selbstständige in %	14,29	42,86	0,00	42,86
gesamt V, P, Q, K, S in %	6,21	39,75	0,62	53,42

Fragen

Anhang 5: Grafiken Nr. 46 und 47

Frage Nr. 18: Wie würden Sie sich eher einschätzen?

Differenzierung nach Typen

Grafik 46

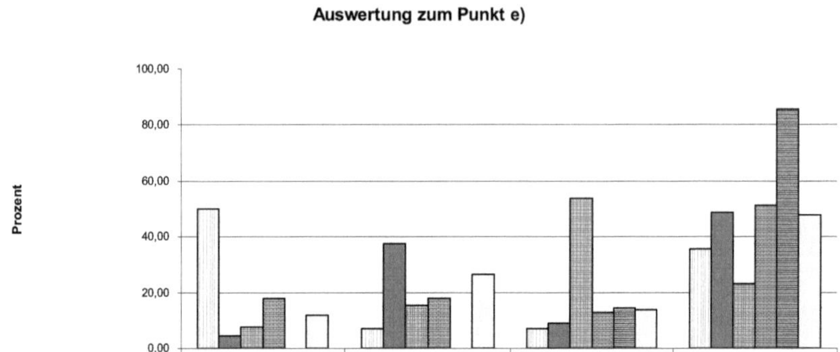

	Ich handle spontan.	Ich gehe schrittweise vor.	Ich vergleiche zwischen meinen Erfahrungen, bevor ich neue Dinge in Angriff nehme.	Ich sammle Informationen und treffe dann die Entscheidung.
Visionär in %	50,00	7,14	7,14	35,71
Planer in %	4,55	37,50	9,09	48,86
Qualitätsmanager in %	7,69	15,38	53,85	23,08
Koordinator in %	17,95	17,95	12,82	51,28
Selbstständige in %	0,00	0,00	14,29	85,71
gesamt V, P, Q, K, S in %	11,80	26,71	13,66	47,83

Fragen

Grafik 47

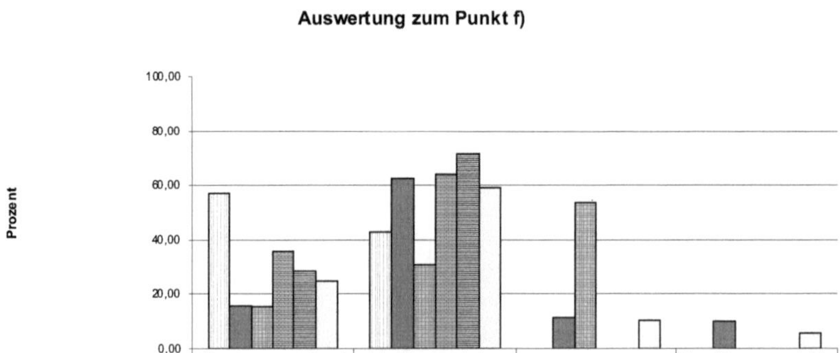

	Ich gehe gerne auch mal ein Risiko ein.	Ich wäge ab zwischen Sicherheit und Risiko.	Ich brauche Sicherheit.	Ich weiß, wann was richtig ist, was Sache ist.
Visionär in %	57,14	42,86	0,00	0,00
Planer in %	15,91	62,50	11,36	10,23
Qualitätsmanager in %	15,38	30,77	53,85	0,00
Koordinator in %	35,90	64,10	0,00	0,00
Selbstständige in %	28,57	71,43	0,00	0,00
gesamt V, P, Q, K, S in %	24,84	59,01	10,56	5,59

Fragen

Anhang 5: Grafiken Nr. 48 und 49

Frage Nr. 18: Wie würden Sie sich eher einschätzen?

Differenzierung nach Typen

Grafik 48

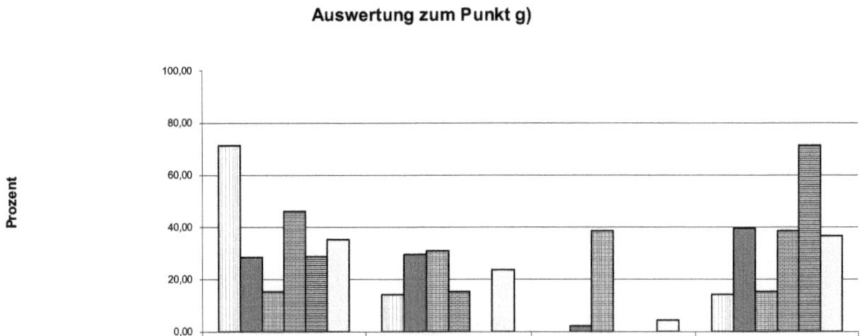

	Ich arbeite gerne kreativ und selbständig.	Ich organisiere gerne das, was mir aufgetragen wurde.	Ich kontrolliere gerne.	Ich koordiniere und motiviere gerne.
Visionär in %	71,43	14,29	0,00	14,29
Planer in %	28,41	29,55	2,27	39,77
Qualitätsmanager in %	15,38	30,77	38,46	15,38
Koordinator in %	46,15	15,38	0,00	38,46
Selbstständige in %	28,57	0,00	0,00	71,43
gesamt V, P, Q, K, S in %	35,40	23,60	4,35	36,65

Fragen

Grafik 49

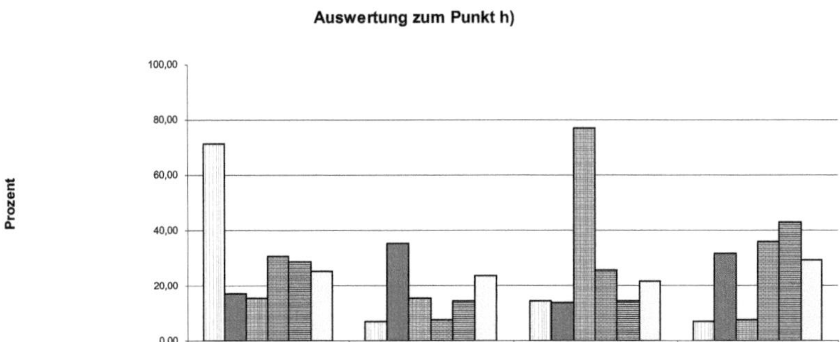

	Ich entwickle gerne neue Ideen.	Ich plane lieber.	Ich prüfe gerne den Zielzustand einer Idee und gebe Feedback darüber.	Ich habe gerne die Fäden in der Hand und führe gerne.
Visionär in %	71,43	7,14	14,29	7,14
Planer in %	17,05	35,23	13,64	31,82
Qualitätsmanager in %	15,38	15,38	76,92	7,69
Koordinator in %	30,77	7,69	25,64	35,90
Selbstständige in %	28,57	14,29	14,29	42,86
gesamt V, P, Q, K, S in %	25,47	23,60	21,74	29,19

Fragen

Anhang 5: Grafik Nr. 50

Frage Nr. 18: Wie würden Sie sich eher einschätzen? Differenzierung nach Typen

Grafik 50

Auswertung zum Punkt i)

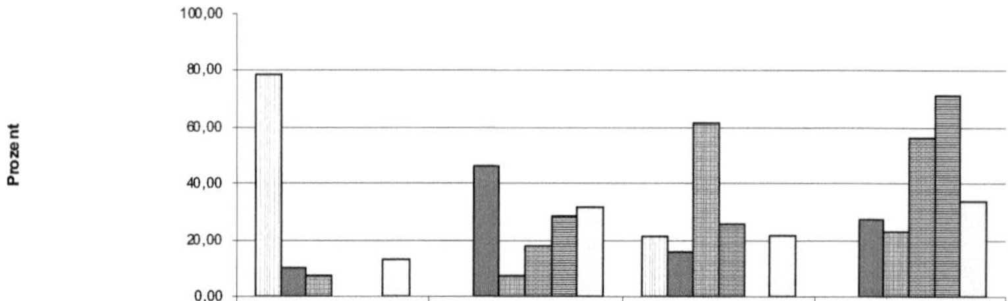

	Ich suche die besondere Lösung.	Ich suche mehrere Lösungen.	Es gibt immer noch eine bessere Lösung.	Ich bin gerne für das Gesamtergebnis verantwortlich.
Visionär in %	78,57	0,00	21,43	0,00
Planer in %	10,23	46,59	15,91	27,27
Qualitätsmanager in %	7,69	7,69	61,54	23,08
Koordinator in %	0,00	17,95	25,64	56,41
Selbstständige in %	0,00	28,57	0,00	71,43
gesamt V, P, Q, K, S in %	13,04	31,68	21,74	33,54

Fragen

Anhang 6: Grafiken Nr. 51 und 52
Frage Nr. 22: Welche Werte hat Ihr Unternehmen?
Differenzierung nach Typen

Grafik 51

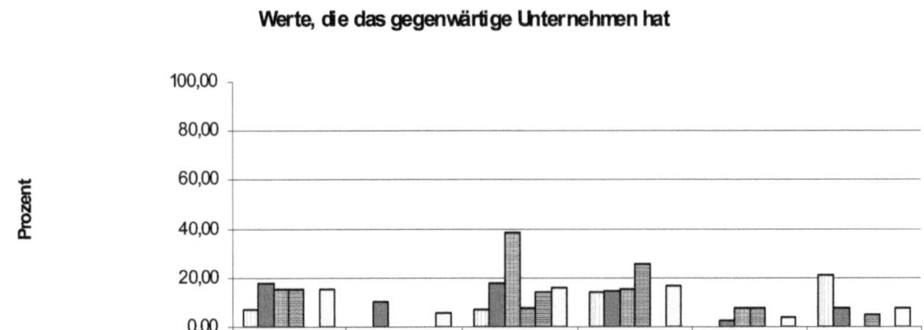

	Abwechslung	Anerkennung	Beständigkeit	Bewegung	Beziehung	Chaos
□ Visionär in %	7,14	0,00	7,14	14,29	0,00	21,43
■ Planer in %	18,18	10,23	18,18	14,77	2,27	7,95
▥ Qualitätsmanager in %	15,38	0,00	38,46	15,38	7,69	0,00
▤ Koordinator in %	15,38	0,00	7,69	25,64	7,69	5,13
▤ Selbstständige in %	0,00	0,00	14,29	0,00	0,00	0,00
□ gesamt V, P, Q, K, S in %	15,53	5,59	16,15	16,77	3,73	7,45

Werte

Grafik 52

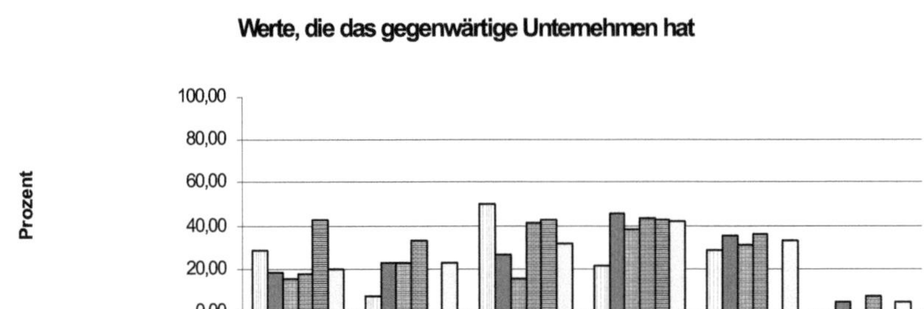

	Ehrlichkeit	Entscheidungs-einbindung	Entwicklung	Erfolg	Flexibilität	Freiheit
□ Visionär in %	28,57	7,14	50,00	21,43	28,57	0,00
■ Planer in %	18,18	22,73	26,14	45,45	35,23	4,55
▥ Qualitätsmanager in %	15,38	23,08	15,38	38,46	30,77	0,00
▤ Koordinator in %	17,95	33,33	41,03	43,59	35,90	7,69
▤ Selbstständige in %	42,86	0,00	42,86	42,86	0,00	0,00
□ gesamt V, P, Q, K, S in %	19,88	22,98	31,68	42,24	32,92	4,35

Werte

Anhang 6: Grafiken Nr. 53 und 54
Frage Nr. 22: Welche Werte hat Ihr Unternehmen?
Differenzierung nach Typen

Grafik 53

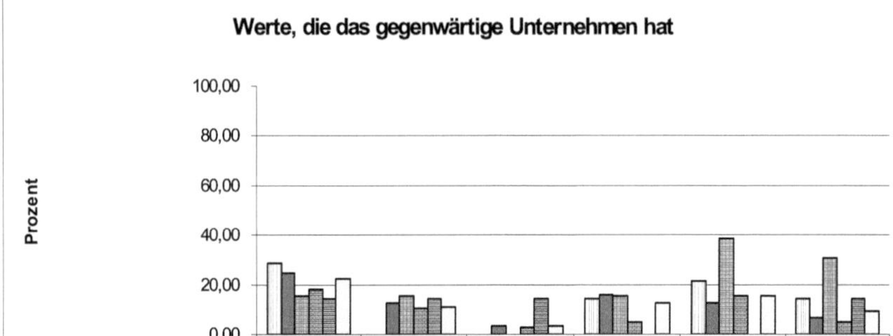

	Führung	Genauigkeit	Gerechtigkeit	Harmonie	Hierarchie	Karriere
Visionär in %	28,57	0,00	0,00	14,29	21,43	14,29
Planer in %	25,00	12,50	3,41	15,91	12,50	6,82
Qualitätsmanager in %	15,38	15,38	0,00	15,38	38,46	30,77
Koordinator in %	17,95	10,26	2,56	5,13	15,38	5,13
Selbstständige in %	14,29	14,29	14,29	0,00	0,00	14,29
gesamt V, P, Q, K, S in %	22,36	11,18	3,11	12,42	15,53	9,32

Werte

Grafik 54

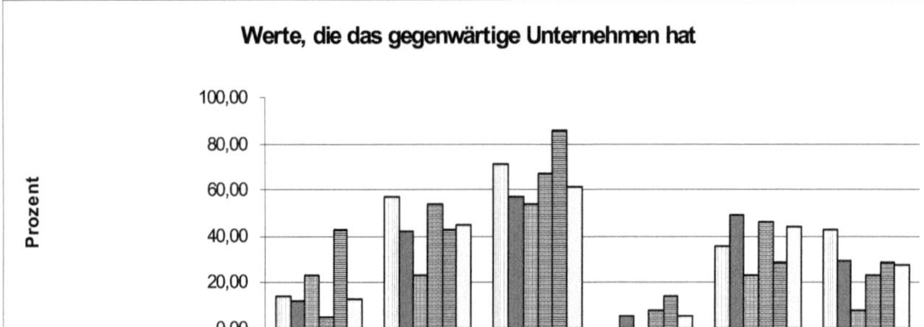

	Koordination	Kommunikation	Kundenorientierung	Lebensfreude	Leistung	Motivation
Visionär in %	14,29	57,14	71,43	0,00	35,71	42,86
Planer in %	12,50	42,05	56,82	5,68	48,86	29,55
Qualitätsmanager in %	23,08	23,08	53,85	0,00	23,08	7,69
Koordinator in %	5,13	53,85	66,67	7,69	46,15	23,08
Selbstständige in %	42,86	42,86	85,71	14,29	28,57	28,57
gesamt V, P, Q, K, S in %	13,04	44,72	61,49	5,59	44,10	27,33

Werte

Anhang 6: Grafiken Nr. 55 und 56

Frage Nr. 22: Welche Werte hat Ihr Unternehmen?

Differenzierung nach Typen

Grafik 55

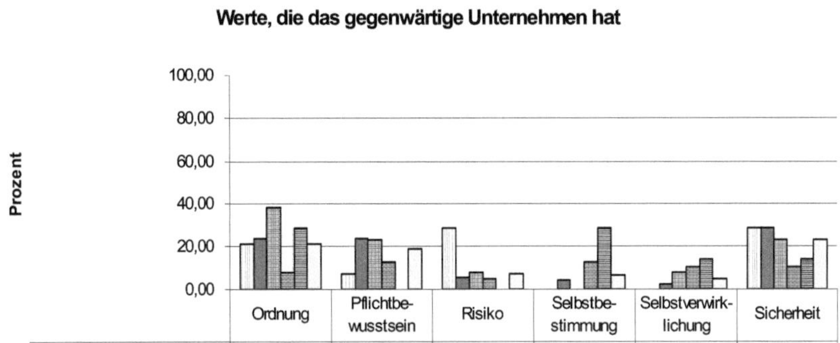

	Ordnung	Pflichtbe-wusstsein	Risiko	Selbstbe-stimmung	Selbstverwirk-lichung	Sicherheit
Visionär in %	21,43	7,14	28,57	0,00	0,00	28,57
Planer in %	23,86	23,86	5,68	4,55	2,27	28,41
Qualitätsmanager in %	38,46	23,08	7,69	0,00	7,69	23,08
Koordinator in %	7,69	12,82	5,13	12,82	10,26	10,26
Selbstständige in %	28,57	0,00	0,00	28,57	14,29	14,29
gesamt V, P, Q, K, S in %	21,12	18,63	7,45	6,83	4,97	22,98

Werte

Grafik 56

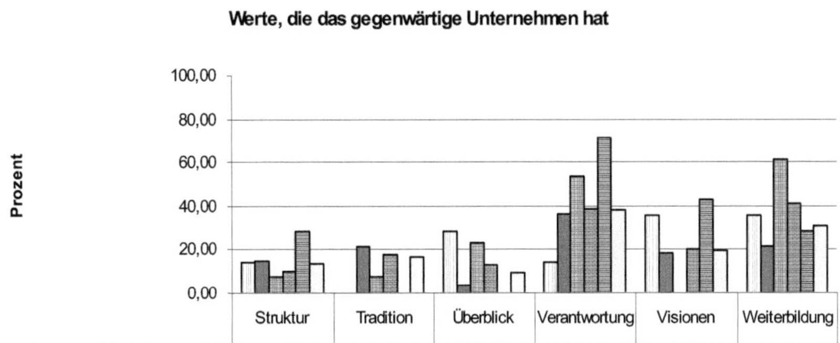

	Struktur	Tradition	Überblick	Verantwortung	Visionen	Weiterbildung
Visionär in %	14,29	0,00	28,57	14,29	35,71	35,71
Planer in %	14,77	21,59	3,41	36,36	18,18	21,59
Qualitätsmanager in %	7,69	7,69	23,08	53,85	0,00	61,54
Koordinator in %	10,26	17,95	12,82	38,46	20,51	41,03
Selbstständige in %	28,57	0,00	0,00	71,43	42,86	28,57
gesamt V, P, Q, K, S in %	13,66	16,77	9,74	37,89	19,88	31,06

Werte

Anhang 7: Grafiken Nr. 57 und 58
Frage Nr. 22: Welche Werte hat Ihr Unternehmen?
Differenzierung nach Mitarbeitern und Führungskräften

Grafik 57

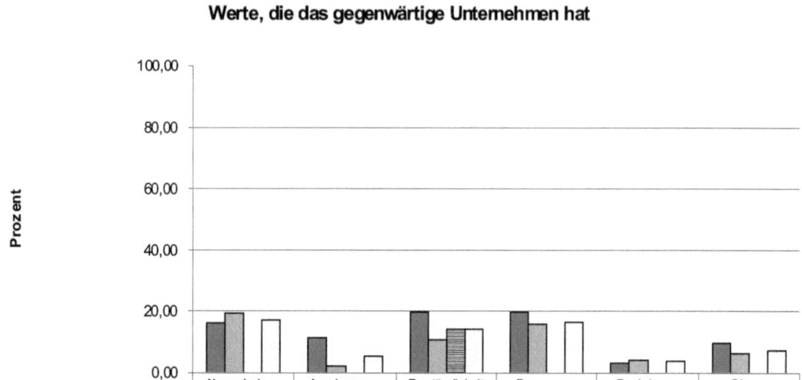

	Abwechslung	Anerkennung	Beständigkeit	Bewegung	Beziehung	Chaos
MA in %	16,39	11,48	19,67	19,67	3,28	9,84
FK in %	19,35	2,15	10,75	16,13	4,30	6,45
Selbstständige in %	0,00	0,00	14,29	0,00	0,00	0,00
gesamt MA + FK + S in %	17,39	5,59	14,29	16,77	3,73	7,45

Werte

Grafik 58

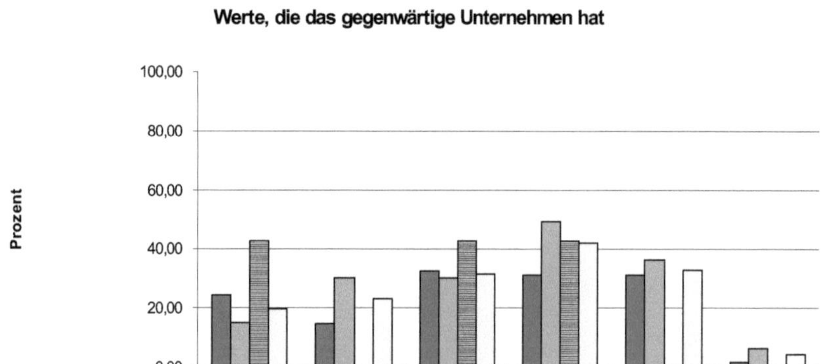

	Ehrlichkeit	Entscheidungs-einbindung	Entwicklung	Erfolg	Flexibilität	Freiheit
MA in %	24,59	14,75	32,79	31,15	31,15	1,64
FK in %	15,05	30,11	30,11	49,46	36,56	6,45
Selbstständige in %	42,86	0,00	42,86	42,86	0,00	0,00
gesamt MA + FK + S in %	19,88	22,98	31,68	42,24	32,92	4,35

Werte

Anhang 7: Grafiken Nr. 59 und 60

Frage Nr. 22: Welche Werte hat Ihr Unternehmen?

Differenzierung nach Mitarbeitern und Führungskräften

Grafik 59

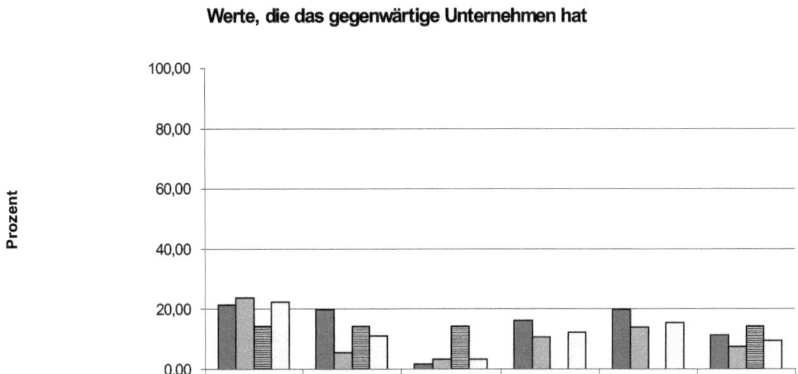

	Führung	Genauigkeit	Gerechtigkeit	Harmonie	Hierarchie	Karriere
MA in %	21,31	19,67	1,64	16,39	19,67	11,48
FK in %	23,66	5,38	3,23	10,75	13,98	7,53
Selbstständige in %	14,29	14,29	14,29	0,00	0,00	14,29
gesamt MA + FK + S in %	22,36	11,18	3,11	12,42	15,53	9,32

Werte

Grafik 60

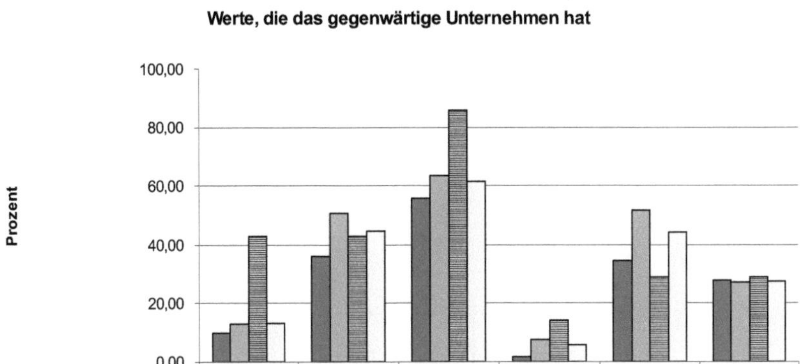

	Koordination	Kommunikation	Kunden-orientierung	Lebensfreude	Leistung	Motivation
MA in %	9,84	36,07	55,74	1,64	34,43	27,87
FK in %	12,90	50,54	63,44	7,53	51,61	26,88
Selbstständige in %	42,86	42,86	85,71	14,29	28,57	28,57
gesamt MA + FK + S in %	13,04	44,72	61,49	5,59	44,10	27,33

Werte

Anhang 7: Grafiken Nr. 61 und 62
Frage Nr. 22: Welche Werte hat Ihr Unternehmen?
Differenzierung nach Mitarbeitern und Führungskräften

Grafik 61

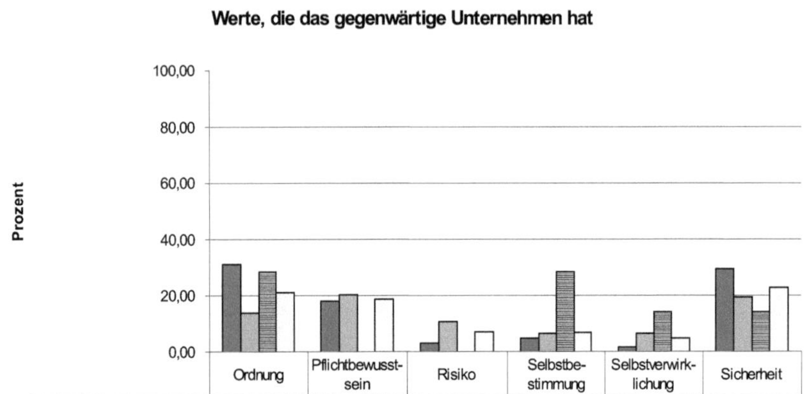

	Ordnung	Pflichtbewusst-sein	Risiko	Selbstbe-stimmung	Selbstverwirk-lichung	Sicherheit
MA in %	31,15	18,03	3,28	4,92	1,64	29,51
FK in %	13,98	20,43	10,75	6,45	6,45	19,35
Selbstständige in %	28,57	0,00	0,00	28,57	14,29	14,29
gesamt MA + FK + S in %	21,12	18,63	7,45	6,83	4,97	22,98

Werte

Grafik 62

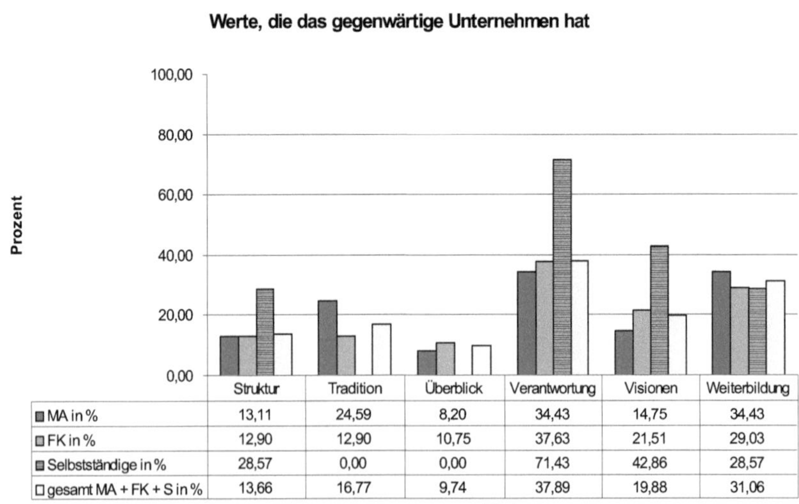

	Struktur	Tradition	Überblick	Verantwortung	Visionen	Weiterbildung
MA in %	13,11	24,59	8,20	34,43	14,75	34,43
FK in %	12,90	12,90	10,75	37,63	21,51	29,03
Selbstständige in %	28,57	0,00	0,00	71,43	42,86	28,57
gesamt MA + FK + S in %	13,66	16,77	9,74	37,89	19,88	31,06

Werte

Anhang 8: Grafiken Nr. 63 und 64

Frage Nr. 23: Welche Werte sollten in einer Abteilung bzw. in einem Team vertreten sein, um eine optimale Zusammensetzung zu gewährleisten?

Werte für eine Abteilung - Differenzierung nach Typen

Grafik 63

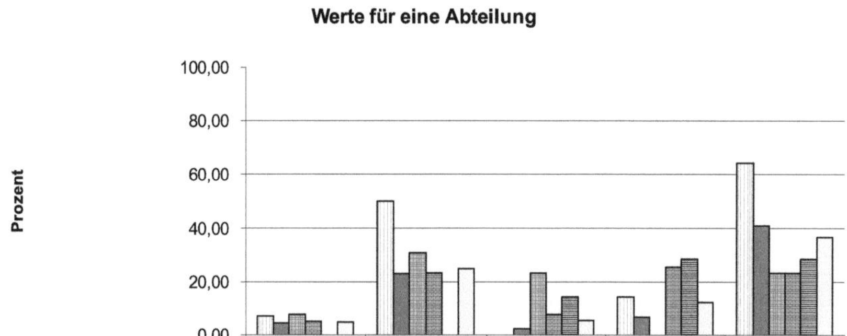

	Abwechslung	Anerkennung	Beständigkeit	Beziehung	Ehrlichkeit
Visionär in %	7,14	50,00	0,00	14,29	64,29
Planer in %	4,55	22,73	2,27	6,82	40,91
Qualitätsmanager in %	7,69	30,77	23,08	0,00	23,08
Koordinator in %	5,13	23,08	7,69	25,64	23,08
Selbstständige in %	0,00	0,00	14,29	28,57	28,57
gesamt V, P, Q, K, S in %	4,97	24,84	5,59	12,42	36,65

Werte

Grafik 64

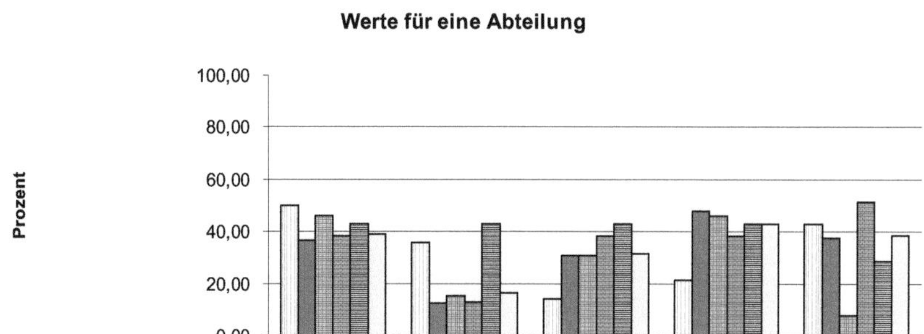

	Entscheidungs-einbindung	Entwicklung	Erfolg	Flexibilität	Führung
Visionär in %	50,00	35,71	14,29	21,43	42,86
Planer in %	36,36	12,50	30,68	47,73	37,50
Qualitätsmanager in %	46,15	15,38	30,77	46,15	7,69
Koordinator in %	38,46	12,82	38,46	38,46	51,28
Selbstständige in %	42,86	42,86	42,86	42,86	28,57
gesamt V, P, Q, K, S in %	39,13	16,15	31,68	42,86	38,51

Werte

Anhang 8: Grafiken Nr. 65 und 66

Frage Nr. 23: Welche Werte sollten in einer Abteilung bzw. in einem Team vertreten sein, um eine optimale Zusammensetzung zu gewährleisten?

Werte für eine Abteilung - Differenzierung nach Typen

Grafik 65

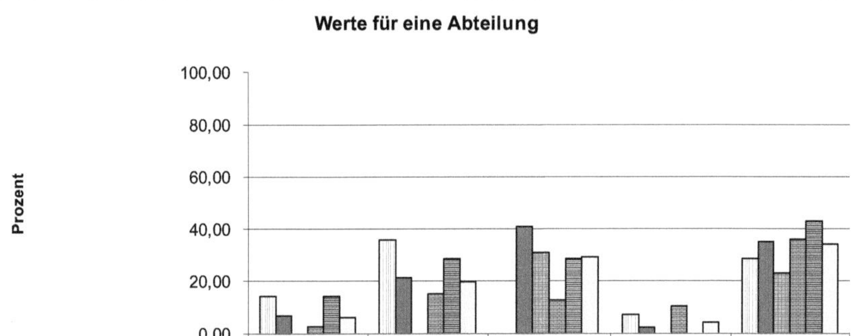

	Genauigkeit	Gerechtigkeit	Harmonie	Hierarchie	Koordination
□ Visionär in %	14,29	35,71	0,00	7,14	28,57
■ Planer in %	6,82	21,59	40,91	2,27	35,23
▦ Qualitätsmanager in %	0,00	0,00	30,77	0,00	23,08
▦ Koordinator in %	2,56	15,38	12,82	10,26	35,90
▤ Selbstständige in %	14,29	28,57	28,57	0,00	42,86
□ gesamt V, P, Q, K, S in %	6,21	19,88	29,19	4,35	34,16

Werte

Grafik 66

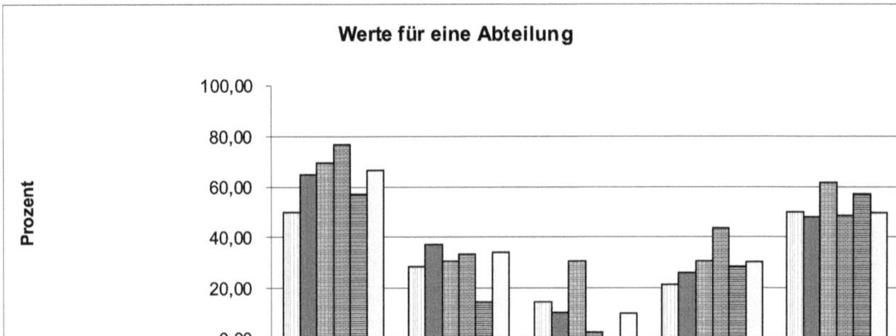

	Kommunikation	Kunden-orientierung	Lebensfreude	Leistung	Motivation
□ Visionär in %	50,00	28,57	14,29	21,43	50,00
■ Planer in %	64,77	37,50	10,23	26,14	47,73
▦ Qualitätsmanager in %	69,23	30,77	30,77	30,77	61,54
▦ Koordinator in %	76,92	33,33	2,56	43,59	48,72
▤ Selbstständige in %	57,14	14,29	0,00	28,57	57,14
□ gesamt V, P, Q, K, S in %	66,46	34,16	9,94	30,43	49,69

Werte

Anhang 8: Grafiken Nr. 67 und 68

Frage Nr. 23: Welche Werte sollten in einer Abteilung bzw. in einem Team vertreten sein, um eine optimale Zusammensetzung zu gewährleisten?

Werte für eine Abteilung - Differenzierung nach Typen

Grafik 67

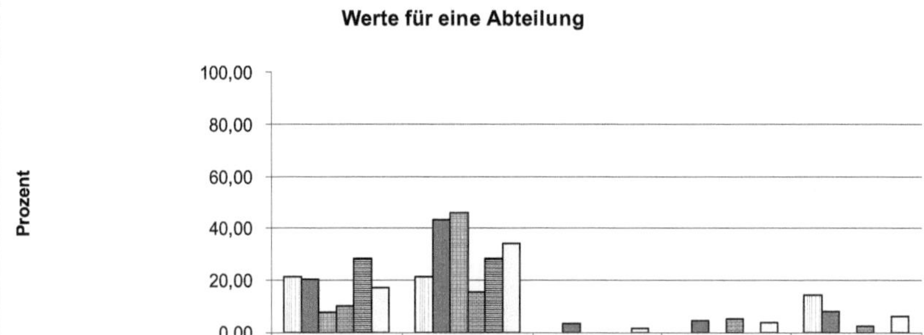

	Ordnung	Pflichtbe-wusstsein	Selbstbe-stimmung	Selbstver-wirklichung	Sicherheit
□ Visionär in %	21,43	21,43	0,00	0,00	14,29
■ Planer in %	20,45	43,18	3,41	4,55	7,95
▤ Qualitätsmanager in %	7,69	46,15	0,00	0,00	0,00
▤ Koordinator in %	10,26	15,38	0,00	5,13	2,56
▤ Selbstständige in %	28,57	28,57	0,00	0,00	0,00
□ gesamt V, P, Q, K, S in %	17,39	34,16	1,86	3,73	6,21

Werte

Grafik 68

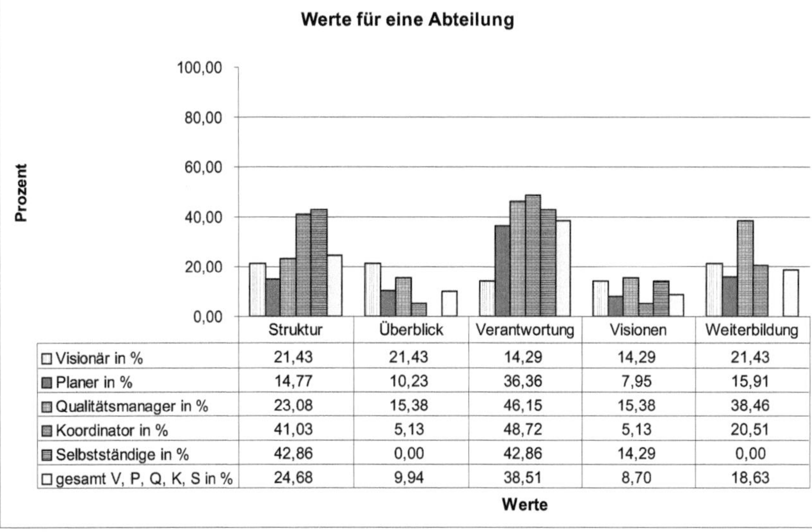

	Struktur	Überblick	Verantwortung	Visionen	Weiterbildung
□ Visionär in %	21,43	21,43	14,29	14,29	21,43
■ Planer in %	14,77	10,23	36,36	7,95	15,91
▤ Qualitätsmanager in %	23,08	15,38	46,15	15,38	38,46
▤ Koordinator in %	41,03	5,13	48,72	5,13	20,51
▤ Selbstständige in %	42,86	0,00	42,86	14,29	0,00
□ gesamt V, P, Q, K, S in %	24,68	9,94	38,51	8,70	18,63

Werte

Anhang 8: Grafiken Nr. 69 und 70

Frage Nr. 23: Welche Werte sollten in einer Abteilung bzw. in einem Team vertreten sein, um eine optimale Zusammensetzung zu gewährleisten?

Werte für ein Team - Differenzierung nach Typen

Grafik 69

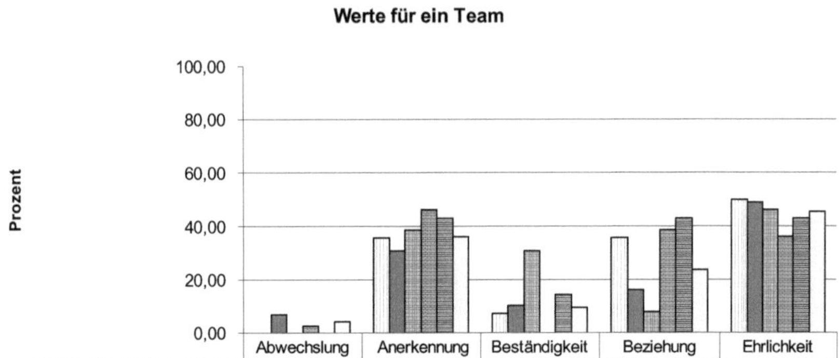

	Abwechslung	Anerkennung	Beständigkeit	Beziehung	Ehrlichkeit
Visionär in %	0,00	35,71	7,14	35,71	50,00
Planer in %	6,82	30,68	10,23	15,91	48,86
Qualitätsmanager in %	0,00	38,46	30,77	7,69	46,15
Koordinator in %	2,56	46,15	0,00	38,46	35,90
Selbstständige in %	0,00	42,86	14,29	42,86	42,86
gesamt V, P, Q, K, S in %	4,35	36,02	9,32	23,60	45,34

Werte

Grafik 70

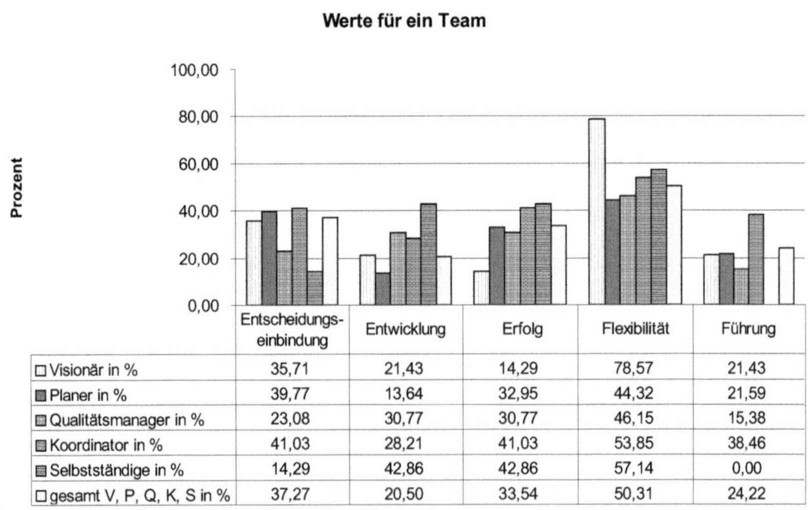

	Entscheidungs-einbindung	Entwicklung	Erfolg	Flexibilität	Führung
Visionär in %	35,71	21,43	14,29	78,57	21,43
Planer in %	39,77	13,64	32,95	44,32	21,59
Qualitätsmanager in %	23,08	30,77	30,77	46,15	15,38
Koordinator in %	41,03	28,21	41,03	53,85	38,46
Selbstständige in %	14,29	42,86	42,86	57,14	0,00
gesamt V, P, Q, K, S in %	37,27	20,50	33,54	50,31	24,22

Werte

Anhang 8: Grafiken Nr. 71 und 72

Frage Nr. 23: Welche Werte sollten in einer Abteilung bzw. in einem Team vertreten sein, um eine optimale Zusammensetzung zu gewährleisten?

Werte für ein Team - Differenzierung nach Typen

Grafik 71

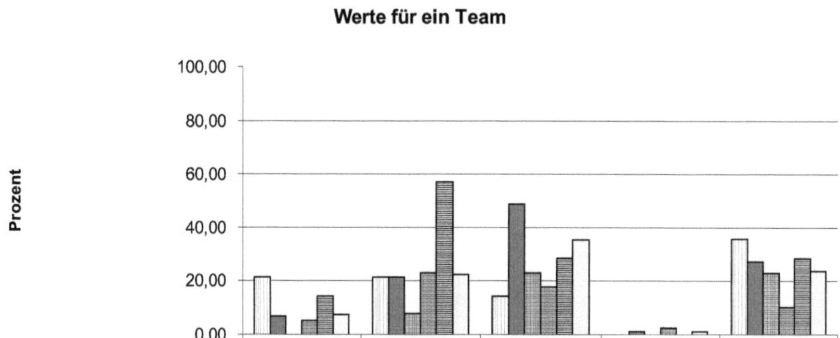

	Genauigkeit	Gerechtigkeit	Harmonie	Hierarchie	Koordination
□ Visionär in %	21,43	21,43	14,29	0,00	35,71
■ Planer in %	6,82	21,59	48,86	1,14	27,27
▤ Qualitätsmanager in %	0,00	7,69	23,08	0,00	23,08
▤ Koordinator in %	5,13	23,08	17,95	2,56	10,26
▤ Selbstständige in %	14,29	57,14	28,57	0,00	28,57
□ gesamt V, P, Q, K, S in %	7,45	22,36	35,40	1,24	23,60

Werte

Grafik 72

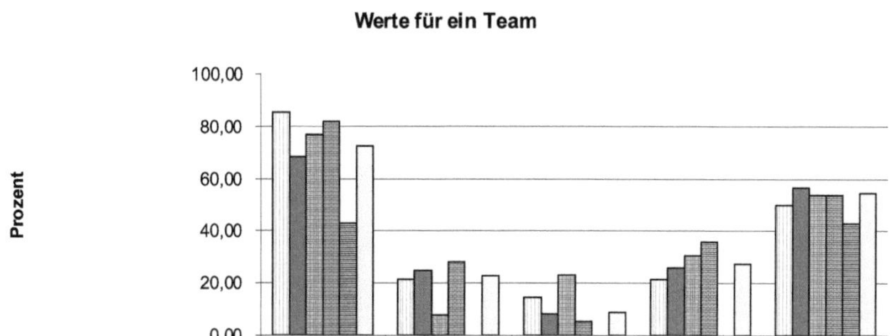

	Kommunikation	Kunden-orientierung	Lebensfreude	Leistung	Motivation
□ Visionär in %	85,71	21,43	14,29	21,43	50,00
■ Planer in %	68,18	25,00	7,95	26,14	56,82
▤ Qualitätsmanager in %	76,92	7,69	23,08	30,77	53,85
▤ Koordinator in %	82,05	28,21	5,13	35,90	53,85
▤ Selbstständige in %	42,86	0,00	0,00	0,00	42,86
□ gesamt V, P, Q, K, S in %	72,67	22,98	8,70	27,33	54,66

Werte

Anhang 8: Grafiken Nr. 73 und 74

Frage Nr. 23: Welche Werte sollten in einer Abteilung bzw. in einem Team vertreten sein, um eine optimale Zusammensetzung zu gewährleisten?

Werte für ein Team - Differenzierung nach Typen

Grafik 73

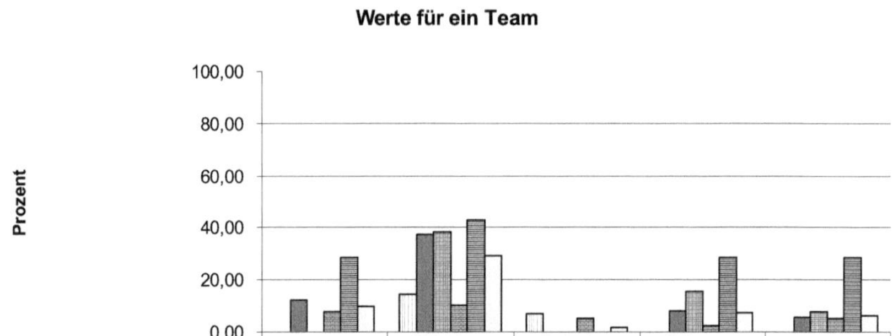

	Ordnung	Pflichtbewusstsein	Selbstbestimmung	Selbstverwirklichung	Sicherheit
Visionär in %	0,00	14,29	7,14	0,00	0,00
Planer in %	12,50	37,50	0,00	7,95	5,68
Qualitätsmanager in %	0,00	38,46	0,00	15,38	7,69
Koordinator in %	7,69	10,26	5,13	2,56	5,13
Selbstständige in %	28,57	42,86	0,00	28,57	28,57
gesamt V, P, Q, K, S in %	9,94	29,19	1,86	7,45	6,21

Werte

Grafik 74

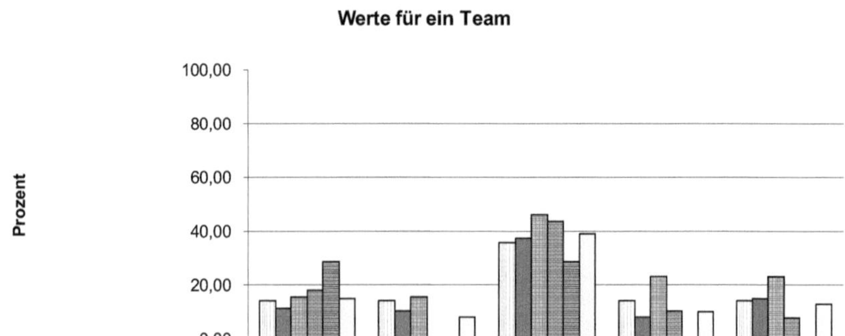

	Struktur	Überblick	Verantwortung	Visionen	Weiterbildung
Visionär in %	14,29	14,29	35,71	14,29	14,29
Planer in %	11,36	10,23	37,50	7,95	14,77
Qualitätsmanager in %	15,38	15,38	46,15	23,08	23,08
Koordinator in %	17,95	0,00	43,59	10,26	7,69
Selbstständige in %	28,57	0,00	28,57	0,00	0,00
gesamt V, P, Q, K, S in %	14,94	8,07	39,13	9,94	13,04

Werte

Anhang 9: Grafiken Nr. 75 und 76

Frage Nr. 24: Welche Werte sollte eine Führungskraft haben? Differenzierung nach Typen

Grafik 75

Werte, die eine Führungskraft haben sollte

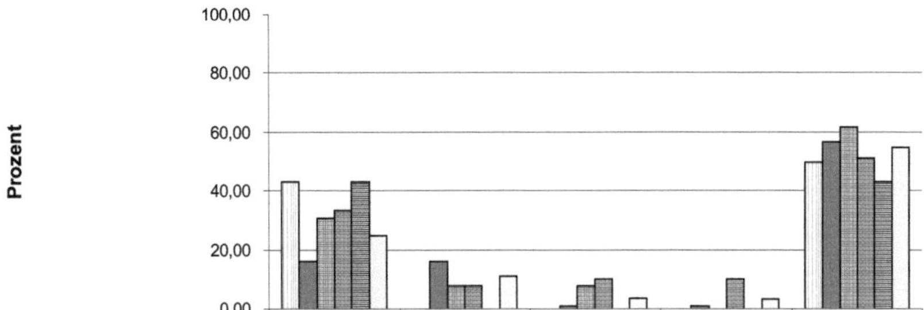

	Anerkennung	Beständigkeit	Bewegung	Beziehung	Ehrlichkeit
□ Visionär in %	42,86	0,00	0,00	0,00	50,00
■ Planer in %	15,91	15,91	1,14	1,14	56,82
▦ Qualitätsmanager in %	30,77	7,69	7,69	0,00	61,54
▦ Koordinator in %	33,33	7,69	10,26	10,26	51,28
▤ Selbstständige in %	42,86	0,00	0,00	0,00	42,86
□ gesamt V, P, Q, K, S in %	24,84	11,18	3,73	3,11	54,66

Werte

Grafik 76

Werte, die eine Führungskraft haben sollte

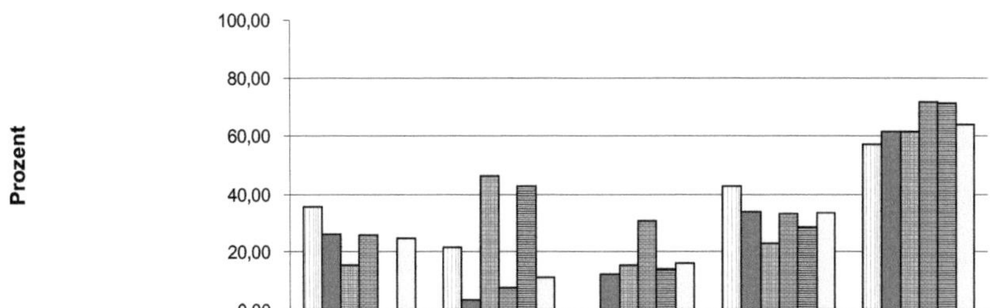

	Entscheidungs-einbindung	Entwicklung	Erfolg	Flexibilität	Führung
□ Visionär in %	35,71	21,43	0,00	42,86	57,14
■ Planer in %	26,14	3,41	12,50	34,09	61,36
▦ Qualitätsmanager in %	15,38	46,15	15,38	23,08	61,54
▦ Koordinator in %	25,64	7,69	30,77	33,33	71,79
▤ Selbstständige in %	0,00	42,86	14,29	28,57	71,43
□ gesamt V, P, Q, K, S in %	24,84	11,18	16,15	33,54	63,98

Werte

Anhang 9: Grafiken Nr. 77 und 78

Frage Nr. 24: Welche Werte sollte eine Führungskraft haben? Differenzierung nach Typen

Grafik 77

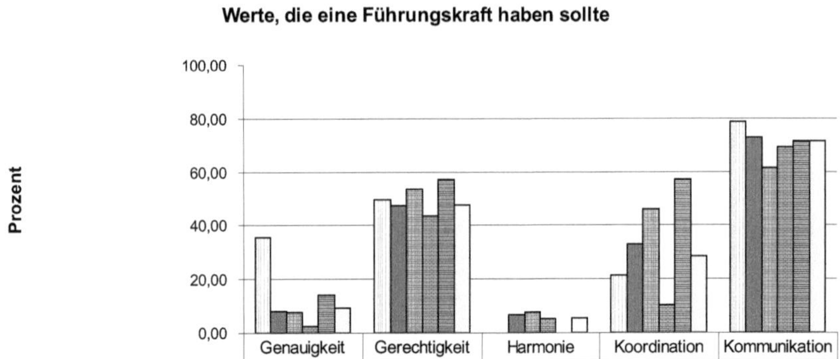

	Genauigkeit	Gerechtigkeit	Harmonie	Koordination	Kommunikation
□ Visionär in %	35,71	50,00	0,00	21,43	78,57
■ Planer in %	7,95	47,73	6,82	32,95	72,73
▤ Qualitätsmanager in %	7,69	53,85	7,69	46,15	61,54
▤ Koordinator in %	2,56	43,59	5,13	10,26	69,23
▤ Selbstständige in %	14,29	57,14	0,00	57,14	71,43
□ gesamt V, P, Q, K, S in %	9,32	47,83	5,59	28,57	71,43

Werte

Grafik 78

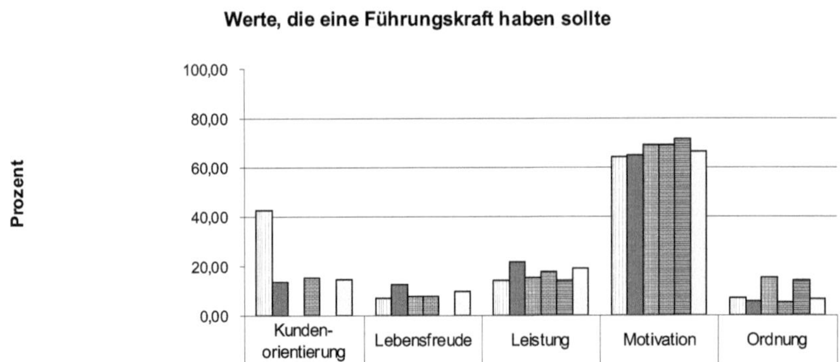

	Kunden-orientierung	Lebensfreude	Leistung	Motivation	Ordnung
□ Visionär in %	42,86	7,14	14,29	64,29	7,14
■ Planer in %	13,64	12,50	21,59	64,77	5,68
▤ Qualitätsmanager in %	0,00	7,69	15,38	69,23	15,38
▤ Koordinator in %	15,38	7,69	17,95	69,23	5,13
▤ Selbstständige in %	0,00	0,00	14,29	71,43	14,29
□ gesamt V, P, Q, K, S in %	14,91	9,94	19,25	66,46	6,83

Werte

Anhang 9: Grafiken Nr. 79 und 80

Frage Nr. 24: Welche Werte sollte eine Führungskraft haben?

Differenzierung nach Typen

Grafik 79

Werte, die eine Führungskraft haben sollte

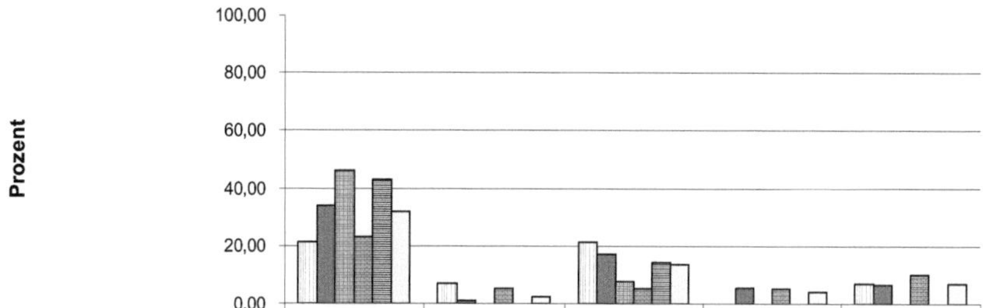

	Pflichtbewusst-sein	Risiko	Ruhe	Sicherheit	Struktur
□ Visionär in %	21,43	7,14	21,43	0,00	7,14
■ Planer in %	34,09	1,14	17,05	5,68	6,82
▦ Qualitätsmanager in %	46,15	0,00	7,69	0,00	0,00
▦ Koordinator in %	23,08	5,13	5,13	5,13	10,26
▤ Selbstständige in %	42,86	0,00	14,29	0,00	0,00
□ gesamt V, P, Q, K, S in %	31,68	2,48	13,66	4,35	6,83

Werte

Grafik 80

Werte, die eine Führungskraft haben sollte

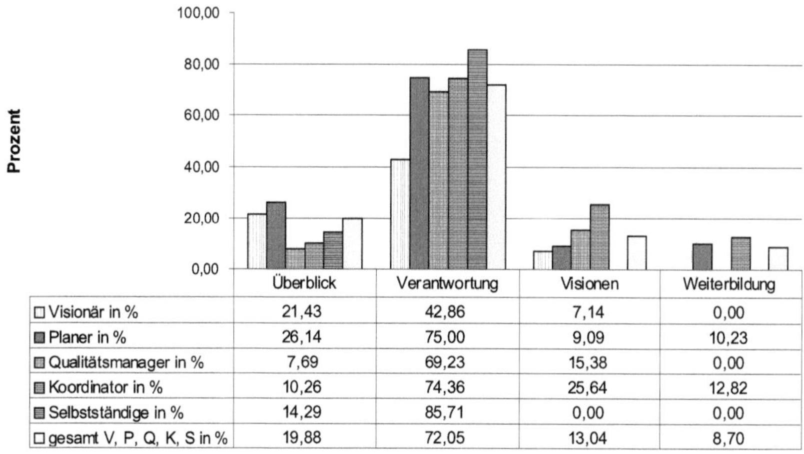

	Überblick	Verantwortung	Visionen	Weiterbildung
□ Visionär in %	21,43	42,86	7,14	0,00
■ Planer in %	26,14	75,00	9,09	10,23
▦ Qualitätsmanager in %	7,69	69,23	15,38	0,00
▦ Koordinator in %	10,26	74,36	25,64	12,82
▤ Selbstständige in %	14,29	85,71	0,00	0,00
□ gesamt V, P, Q, K, S in %	19,88	72,05	13,04	8,70

Werte

Anhang 10: Grafiken Nr. 81 und 82

Frage Nr. 24: Welche Werte sollte eine Führungskraft haben?

Differenzierung nach Mitarbeitern und Führungskräften

Grafik 81

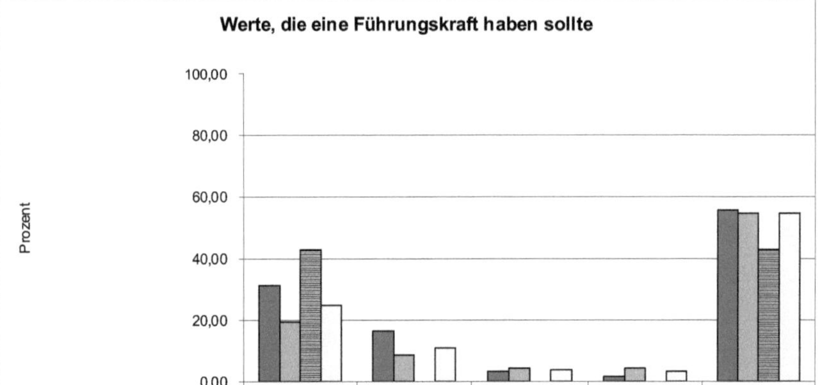

	Anerkennung	Beständigkeit	Bewegung	Beziehung	Ehrlichkeit
MA in %	31,15	16,39	3,28	1,64	55,74
FK in %	19,35	8,60	4,30	4,30	54,84
Selbstständige in %	42,86	0,00	0,00	0,00	42,86
gesamt MA + FK + S in %	24,84	11,18	3,73	3,11	54,66

Werte

Grafik 82

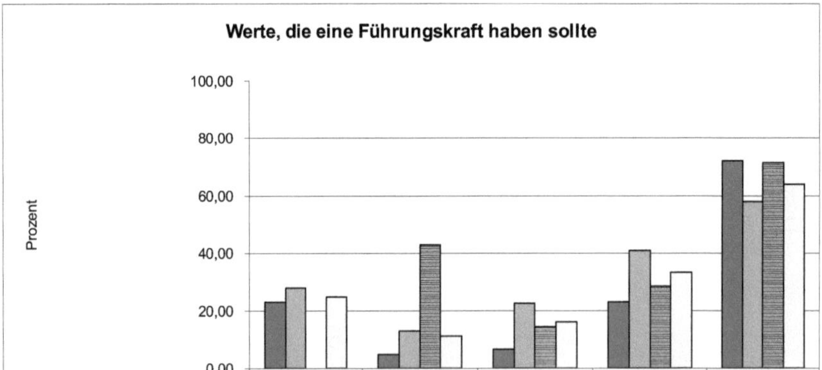

	Entscheidungs-einbindung	Entwicklung	Erfolg	Flexibilität	Führung
MA in %	22,95	4,92	6,56	22,95	72,13
FK in %	27,96	12,90	22,58	40,86	58,06
Selbstständige in %	0,00	42,86	14,29	28,57	71,43
gesamt MA + FK + S in %	24,84	11,18	16,15	33,54	63,98

Werte

Anhang 10: Grafiken Nr. 83 und 84

Frage Nr. 24: Welche Werte sollte eine Führungskraft haben?

Differenzierung nach Mitarbeitern und Führungskräften

Grafik 83

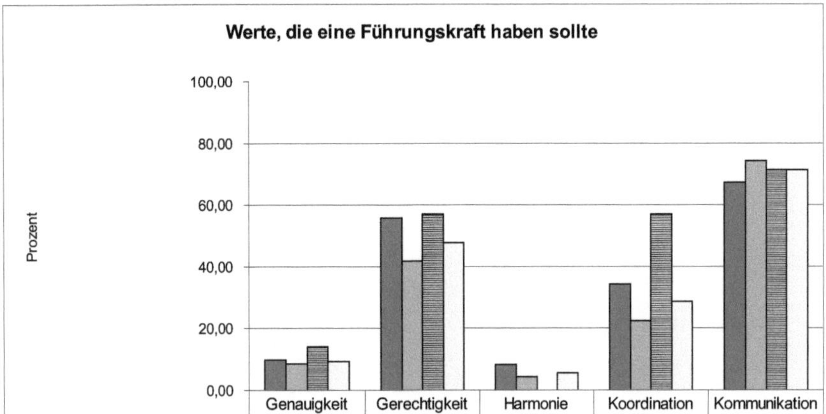

	Genauigkeit	Gerechtigkeit	Harmonie	Koordination	Kommunikation
MA in %	9,84	55,74	8,20	34,43	67,21
FK in %	8,60	41,94	4,30	22,58	74,19
Selbstständige in %	14,29	57,14	0,00	57,14	71,43
gesamt MA + FK + S in %	9,32	47,83	5,59	28,57	71,43

Werte

Grafik 84

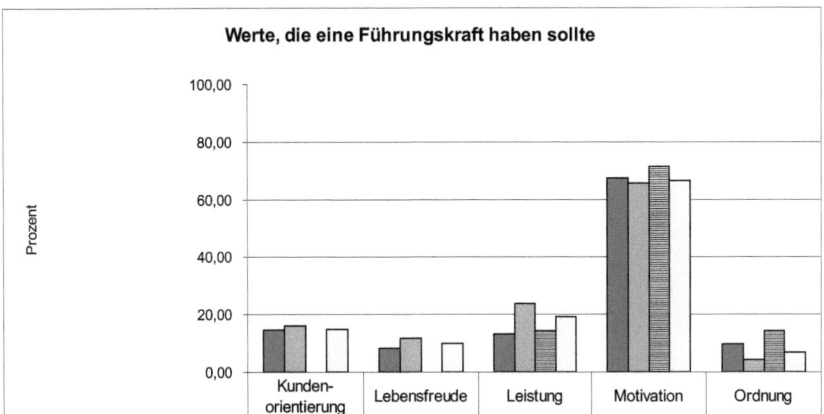

	Kunden-orientierung	Lebensfreude	Leistung	Motivation	Ordnung
MA in %	14,75	8,20	13,11	67,21	9,84
FK in %	16,13	11,83	23,66	65,59	4,30
Selbstständige in %	0,00	0,00	14,29	71,43	14,29
gesamt MA + FK + S in %	14,91	9,94	19,25	66,46	6,83

Werte

Anhang 10: Grafiken Nr. 85 und 86

Frage Nr. 24: Welche Werte sollte eine Führungskraft haben?

Differenzierung nach Mitarbeitern und Führungskräften

Grafik 85

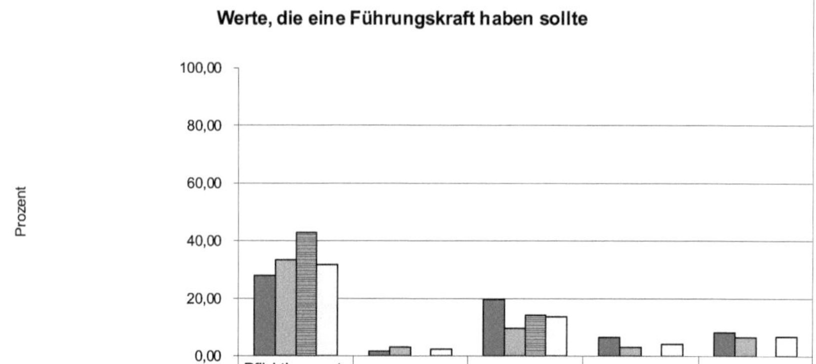

	Pflichtbewusst-sein	Risiko	Ruhe	Sicherheit	Struktur
MA in %	27,87	1,64	19,67	6,56	8,20
FK in %	33,33	3,23	9,68	3,23	6,45
Selbstständige in %	42,86	0,00	14,29	0,00	0,00
gesamt MA + FK + S in %	31,68	2,48	13,66	4,35	6,83

Werte

Grafik 86

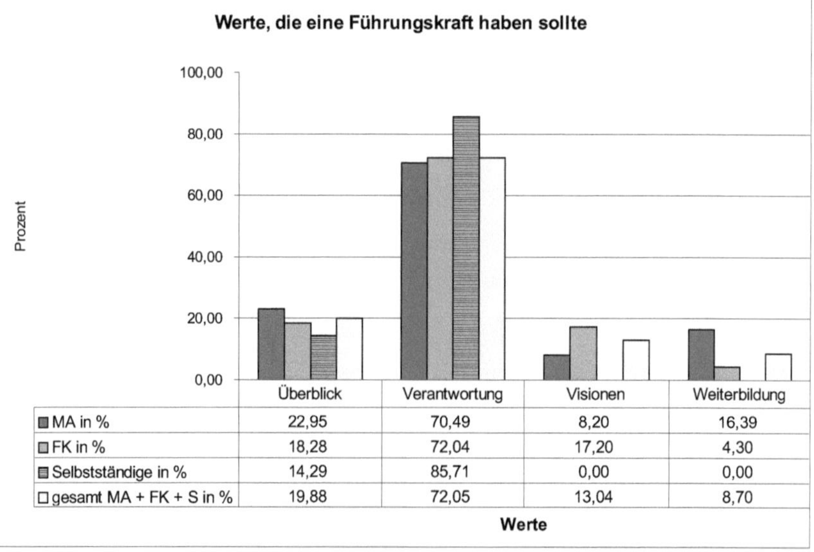

	Überblick	Verantwortung	Visionen	Weiterbildung
MA in %	22,95	70,49	8,20	16,39
FK in %	18,28	72,04	17,20	4,30
Selbstständige in %	14,29	85,71	0,00	0,00
gesamt MA + FK + S in %	19,88	72,05	13,04	8,70

Werte

Anhang 11: Tabelle Nr. 1

Typen	Frage	oder	Frage
	achte eher auf das, was andere sagen bzw. tun	**oder**	**ich mache das, was ich selbst will**
Visionär MA	33,33		66,67
Visionär FK	12,50		**87,50**
Planer MA	37,84		62,16
Planer FK	27,45		72,55
Qualitätsmanager MA	20,00		80,00
Qualitätsmanager FK	**50,00**		50,00
Koordinator MA	30,77		69,23
Koordinator FK	42,31		57,69
Selbstständige	28,57		71,43
Durchschnitt V, P, Q, K, S	32,92		67,08
	kritisiere tenden ziell eher	**oder**	**kann in jedem noch etwas Gutes finden**
Visionär MA	33,33		66,67
Visionär FK	37,50		62,50
Planer MA	37,84		62,16
Planer FK	29,41		**70,59**
Qualitätsmanager MA	**60,00**		40,00
Qualitätsmanager FK	37,50		62,50
Koordinator MA	30,77		69,23
Koordinator FK	38,46		61,54
Selbstständige	14,29		85,71
Durchschnitt V, P, Q, K, S	34,16		65,84
	rede eher über Schwie-rigkeiten/Probleme	**oder**	**rede eher über Möglich-keiten/Visionen**
Visionär MA	33,33		66,67
Visionär FK	12,50		**87,50**
Planer MA	37,84		62,16
Planer FK	33,33		66,67
Qualitätsmanager MA	40,00		60,00
Qualitätsmanager FK	**50,00**		50,00
Koordinator MA	38,46		61,54
Koordinator FK	7,69		**92,31**
Selbstständige	0,00		100,00
Durchschnitt V, P, Q, K, S	29,19		70,81

Typen	**Frage**	**oder**	**Frage**
	rede mehr über die Vergangenheit	**oder**	**rede mehr über die Zukunft**
Visionär MA	33,33		66,67
Visionär FK	37,50		62,50
Planer MA	27,03		72,97
Planer FK	27,45		72,55
Qualitätsmanager MA	40,00		60,00
Qualitätsmanager FK	**62,50**		37,50
Koordinator MA	15,38		84,62
Koordinator FK	3,85		**96,15**
Selbstständige	14,29		85,71
Durchschnitt V, P, Q, K, S	24,84		75,16
	formuliere detailliert	**oder**	**formuliere allgemein**
Visionär MA	50,00		50,00
Visionär FK	50,00		50,00
Planer MA	56,76		43,24
Planer FK	58,82		41,18
Qualitätsmanager MA	**80,00**		20,00
Qualitätsmanager FK	**87,50**		12,50
Koordinator MA	46,15		53,85
Koordinator FK	76,92		23,08
Selbstständige in %	57,14		42,86
Durchschnitt V, P, Q, K, S	61,49		38,51
	erkenne eher, wenn was fehlt	**oder**	**erkenne eher das, was da ist**
Visionär MA	83,33		16,67
Visionär FK	37,50		**62,50**
Planer MA	72,97		27,03
Planer FK	68,63		31,37
Qualitätsmanager MA	**80,00**		20,00
Qualitätsmanager FK	62,50		37,50
Koordinator MA	61,54		38,46
Koordinator FK	50,00		50,00
Selbstständige	57,14		42,86
Durchschnitt V, P, Q, K, S	64,60		35,40

Typen	**Frage**	**oder**	**Frage**
	ordne systematisch	**oder**	**handle spontan**
Visionär MA	50,00		**50,00**
Visionär FK	50,00		**50,00**
Planer MA	64,86		35,14
Planer FK	72,55		27,45
Qualitätsmanager MA	**80,00**		20,00
Qualitätsmanager FK	**87,50**		12,50
Koordinator MA	**92,31**		7,69
Koordinator FK	61,54		38,46
Selbstständige	57,14		42,86
Durchschnitt V, P, Q, K, S	68,94		31,06
	bin eher auf Sicherheit aus	**oder**	**gehe eher Risiken ein**
Visionär MA	50,00		50,00
Visionär FK	25,00		**75,00**
Planer MA	72,97		27,03
Planer FK	68,63		31,37
Qualitätsmanager MA	**100,00**		0,00
Qualitätsmanager FK	**87,50**		12,50
Koordinator MA	53,85		46,15
Koordinator FK	53,85		46,15
Selbstständige	57,14		42,86
Durchschnitt V, P, Q, K, S	64,60		35,40
	brauche Bestätigung von außen	**oder**	**weiß, dass ich gute Arbeit geleistet habe**
Visionär MA	50,00		50,00
Visionär FK	25,00		**75,00**
Planer MA	51,35		48,65
Planer FK	35,29		**64,71**
Qualitätsmanager MA	**60,00**		40,00
Qualitätsmanager FK	50,00		50,00
Koordinator MA	30,77		69,23
Koordinator FK	23,08		**76,92**
Selbstständige	0,00		100,00
Durchschnitt V, P, Q, K, S	36,65		63,35

12. Anhang: Fragebogen

Nr.	Fragen und Antworten
1.	Ist Ihr Unternehmen ein ☐ privatwirtschaftliches ☐ staatliches?
2.	Zahl der Arbeitnehmer insgesamt ________
3.	In welcher Branche arbeiten Sie? (Hinweis: Bei mehreren Branchen: Kerngeschäft) ☐ Bank ☐ Beratung ☐ Computer ☐ Handel ☐ Maschinenbau ☐ Versicherung ☐ andere: ____________________
4.	In welchem Bereich arbeiten Sie? ☐ Entwicklung ☐ Verwaltung ☐ Personal/Sozialwesen ☐ Vertrieb/Verkauf ☐ Kundendienst ☐ Marketing ☐ Controlling/Revision ☐ andere ____________
5.	Sie sind zurzeit beschäftigt als? ______________________________ (Hinweis: Bitte nennen Sie Ihre Tätigkeit, z. B. Marketingleiter(in), Personalentwickler(in), Controller(in))
6.	Bei diesen Angaben geht es um Ihr Arbeitsverhältnis: Sind Sie (tätig als) ☐ Angestellte(r) ☐ Beamte(r) ☐ selbständig/freiberuflich (z. B. als Trainer, Architekt)?
7.	Auf welcher hierarchischen Ebene sind Sie tätig? ☐ Sachbearbeiter(in) ☐ Abteilungsleiter(in) ☐ Hauptabteilungsleiter(in) ☐ andere _____
8.	Wie lange sind Sie in diesem Unternehmen schon tätig? _____ Jahre _____ Monate
9.	Sie sind insgesamt ____ Jahre berufstätig und haben ____ Mal das Unternehmen gewechselt.
10.	Wie lange sind Sie durchschnittlich in einem Unternehmen tätig? ____ Jahre _____ Monate
11.	Gründe für einen Unternehmenswechsel: ☐ mehr Gehalt ☐ Karrieresprung ☐ interessantere Tätigkeit ☐ Unzufriedenheit ☐ Mobbing ☐ Arbeitsklima ☐ Vorgesetztenverhalten ☐ andere Gründe: _______
12.	Haben Sie Führungsverantwortung? ☐ nein ☐ ja Für wie viele? _____ Mitarbeiter?
13.	Arbeiten Sie in Anzahl der Personen ☐ einer Abteilung _____ ☐ allein ☐ in Teamarbeit _____ (Definition **Abteilung:** Organisationseinheit, z. B. Abteilung für Marketing; Zusammenfassung mehrerer Stellen unter einheitlicher Leitung.) (Definition **Team**: Kleine, funktionsgegliederte Arbeitsgruppe, gemeinsame Zielsetzung, intensive wechselseitige Beziehungen, spezifische Arbeitsform, ausgeprägter Gemeinschaftsgeist, z. B. Trainerteam, Entwicklung von einem bestimmten Produkt.
14.	Wie sollten Personalverantwortliche mit ihren Mitarbeitern umgehen? (Hinweis: Bitte gewichten Sie: unwichtig 1 2 3 4 5 6 sehr wichtig) ___ autoritär ___ kooperativ ___ unterstützend ___ Informationen jederzeit zugänglich machen ___ auch mal Persönliches erzählen ___ neutral bleiben ___ an Entscheidungen beteiligen ___ der eigenen Persönlichkeit entsprechend führen ___ nach Mitarbeiterpersönlichkeit führen ___ anderes: ____________________
15.	Wie ist Ihre Abteilung/Ihr Team auf die *fachliche* Kompetenz bezogen zusammengesetzt? (Hinweis: Bitte nur ein Feld ankreuzen ☒) ☐ sehr heterogen ☐ sehr homogen
16.	Wie ist Ihre Abteilung/Ihr Team auf die *Persönlichkeit* bezogen zusammengesetzt? (Hinweis: Bitte nur ein Feld ankreuzen ☒) ☐ sehr heterogen ☐ sehr homogen
17.	Wie wichtig sind Ihrer Meinung nach folgende Kompetenzen für eine Führungskraft? (Hinweis: Bitte gewichten Sie: unwichtig 1 2 3 4 5 6 sehr wichtig) • *Fachliche Kompetenz: fachliche Qualifikation einer Person, die für die Ausübung arbeitsplatzspezifischer Tätigkeiten nötig sind.* • *Methodische Kompetenz: Fähigkeit der Vermittlung von Wissen von Fertigkeiten.* • *Persönliche Kompetenz: z. B. Selbstbewusstsein, Verantwortungs- und Leistungsbereitschaft, Selbststeuerung, Weiterbildung, Selbstvertrauen.* • *Soziale Kompetenz: Aufbau eines Netzwerkes sowie Teams bilden und führen.* • *Emotionale Kompetenz: Umgang mit Gefühlen und Stimmungen im Berufsleben.* *fachliche* Kompetenz: ___ *methodische* Kompetenz: ___ *persönliche* Kompetenz: ___ *soziale* Kompetenz: ___ *emotionale* Kompetenz: ___

Nr.	Fragen und Antworten
18.	Wie würden Sie sich selbst einschätzen? (Hinweis: Bitte von den vier Möglichkeiten bei a) bis i) jeweils nur ein Feld ankreuzen ☒)

a) ☐ Ich inspiriere gern mein Umfeld durch Ideen. ☐ Ich setze gerne die Vorschläge, Ideen oder Entscheidungen in konkrete Aktivitäten um. ☐ Ich wäge die Ideen kritisch und sorgfältig ab. ☐ Ich bringe gerne Leute zur Einigung/Übereinstimmung.	b) wichtig sind mir: ☐ Ideen, Entwicklung, Bewegung, Vielseitigkeit, Freiheit, Kommunikation ☐ Struktur, Ordnung, Beziehung, Ästhetik, Organisation Gestaltung ☐ Tatsachen, Verstand, Tradition, Wahrheit, Gerechtigkeit ☐ Abstimmung, Verantwortung, Koordination, Kommunikation, Erfolg, Führung, Motivation	c) ☐ Ich sehe die Vision/Ziel im Überblick klar vor mir. ☐ Ich kann mich in die Vision hineinversetzen und spüren, wie es sein wird. ☐ Ich halte zunächst Abstand von einer neuen Vision und schaue mir diese mindestens zweimal an. ☐ Ich treffe Entscheidungen.
d) ☐ Für mich ist die Zukunft wichtig. ☐ Für mich ist die Gegenwart und Zukunft wichtig. ☐ Für mich ist die Vergangenheit wichtig. ☐ Für mich sind Vergangenheit, Gegenwart u. Zukunft wichtig.	e) ☐ Ich handele spontan. ☐ Ich gehe schrittweise vor. ☐ Ich vergleiche zwischen meinen Erfahrungen, bevor ich neue Dinge in Angriff nehme. ☐ Ich sammle Informationen und treffe dann die Entscheidung.	f) ☐ Ich gehe gerne auch mal ein Risiko ein. ☐ Ich wäge ab zwischen Sicherheit und Risiko. ☐ Ich brauche Sicherheit. ☐ Ich weiß, wann was richtig ist, was Sache ist.
g) ☐ Ich arbeite gerne kreativ und selbständig. ☐ Ich organisiere gerne das, was mir aufgetragen wurde. ☐ Ich kontrolliere gerne. ☐ Ich koordiniere und motiviere gerne.	h) ☐ Ich entwickle gerne neue Ideen. ☐ Ich plane lieber. ☐ Ich prüfe gerne den Zielzustand einer Idee und gebe Feedback darüber. ☐ Ich habe gerne die Fäden in der Hand und führe gerne.	i) ☐ Ich suche die besondere Lösung. ☐ Ich suche mehrere Lösungen. ☐ Es gibt immer noch eine bessere Lösung. ☐ Ich bin gerne für das Gesamtergebnis verantwortlich.

Nr.	Fragen und Antworten
19.	Wie würden Sie sich tendenziell eher einschätzen? (Hinweis: Bitte jeweils nur ein Feld entweder links oder rechts ankreuzen ☒)

Ich	oder	**Ich**
☐ achte eher auf das, was andere sagen/tun		☐ mache das, was ich selbst will
☐ kritisiere tendenziell eher		☐ kann in jedem noch etwas Gutes finden
☐ rede eher über Schwierigkeiten/Probleme		☐ rede eher über Möglichkeiten/Visionen
☐ rede mehr über die Vergangenheit		☐ rede mehr über die Zukunft
☐ formuliere detailliert		☐ formuliere allgemein
☐ erkenne eher, wenn was fehlt		☐ erkenne eher das, was da ist
☐ ordne systematisch		☐ handele spontan
☐ bin eher auf Sicherheit aus		☐ gehe eher Risiken ein
☐ brauche Bestätigung von außen		☐ weiß, dass ich gute Arbeit geleistet habe

Nr.	Fragen und Antworten
20.	Welche Werte sind Ihnen in Ihrem **privaten** Bereich wichtig? (Hinweis: Bitte wählen Sie aus den nachstehenden Werten die sieben wichtigsten Werte aus. Tragen Sie bitte nur die entsprechende Zahl ein.)

Abwechslung = 1	Anerkennung = 2	Beständigkeit = 3	Bewegung = 4
Beziehung = 5	Chaos = 6	Ehrlichkeit = 7	Entscheidungseinbindung = 8
Entwicklung = 9	Erfolg = 10	Flexibilität = 11	Freiheit = 12
Führung = 13	Genauigkeit = 14	Genuss = 15	Gerechtigkeit = 16
Harmonie = 17	Hierarchie = 18	Karriere = 19	Koordination = 20
Kommunikation = 21	Kundenorientierung = 22	Lebensfreude = 23	Leistung = 24
Liebe = 25	Motivation = 26	Ordnung = 27	Pflichtbewusstsein = 28
Risiko = 29	Ruhe = 30	Selbstbestimmung = 31	Selbstverwirklichung = 32
Sicherheit = 33	Struktur = 34	Tradition = 35	Überblick = 36
Verantwortung = 37	Visionen = 38	Weiterbildung = 39	anderer Wert = 40: ________

Wert 1: ___ Wert 2: ___ Wert 3: ___ Wert 4: ___ Wert 5: ___ Wert 6: ___ Wert 7: ___

<table>
<tr><th>Nr.</th><th>Fragen und Antworten</th></tr>
<tr><td>21.</td><td>Welche Werte sind Ihnen in Ihrem beruflichen Bereich wichtig?
(Hinweis: Bitte wählen Sie aus den nachstehenden Werten die <u>sieben wichtigsten</u> Werte aus. Tragen Sie bitte nur die entsprechende Zahl ein.)
Abwechslung = 1 | Anerkennung = 2 | Beständigkeit = 3 | Bewegung = 4
Beziehung = 5 | Chaos = 6 | Ehrlichkeit = 7 | Entscheidungseinbindung = 8
Entwicklung = 9 | Erfolg = 10 | Flexibilität = 11 | Freiheit = 12
Führung = 13 | Genauigkeit = 14 | Genuss = 15 | Gerechtigkeit = 16
Harmonie = 17 | Hierarchie = 18 | Karriere = 19 | Koordination = 20
Kommunikation = 21 | Kundenorientierung = 22 | Lebensfreude = 23 | Leistung = 24
Liebe = 25 | Motivation = 26 | Ordnung = 27 | Pflichtbewusstsein = 28
Risiko = 29 | Ruhe = 30 | Selbstbestimmung = 31 | Selbstverwirklichung = 32
Sicherheit = 33 | Struktur = 34 | Tradition = 35 | Überblick = 36
Verantwortung = 37 | Visionen = 38 | Weiterbildung = 39 | anderer Wert = 40: ________

Wert 1: ___ Wert 2: ___ Wert 3: ___ Wert 4: ___ Wert 5: ___ Wert 6: ___ Wert 7: ___</td></tr>
<tr><td>22.</td><td>Welche Werte hat Ihr Unternehmen?
(Hinweis: Bitte wählen Sie aus den nachstehenden Werten <u>sieben</u> Werte, die in Ihrem Unternehmen in der Unternehmensphilosophie bzw. Führungsleitlinien verankert sind. Tragen Sie bitte nur die entsprechende Zahl ein.)
Abwechslung = 1 | Anerkennung = 2 | Beständigkeit = 3 | Bewegung = 4
Beziehung = 5 | Chaos = 6 | Ehrlichkeit = 7 | Entscheidungseinbindung = 8
Entwicklung = 9 | Erfolg = 10 | Flexibilität = 11 | Freiheit = 12
Führung = 13 | Genauigkeit = 14 | Genuss = 15 | Gerechtigkeit = 16
Harmonie = 17 | Hierarchie = 18 | Karriere = 19 | Koordination = 20
Kommunikation = 21 | Kundenorientierung = 22 | Lebensfreude = 23 | Leistung = 24
Liebe = 25 | Motivation = 26 | Ordnung = 27 | Pflichtbewusstsein = 28
Risiko = 29 | Ruhe = 30 | Selbstbestimmung = 31 | Selbstverwirklichung = 32
Sicherheit = 33 | Struktur = 34 | Tradition = 35 | Überblick = 36
Verantwortung = 37 | Visionen = 38 | Weiterbildung = 39 | anderer Wert = 40: ________

Wert 1: ___ Wert 2: ___ Wert 3: ___ Wert 4: ___ Wert 5: ___ Wert 6: ___ Wert 7: ___</td></tr>
<tr><td>23.</td><td>Welche Werte sollten in einer Abteilung bzw. in einem Team vertreten sein, um eine optimale Zusammensetzung zu gewährleisten?
(Definition Abteilung: Organisationseinheit wie z. B. Abteilung für Marketing; Zusammenfassung mehrerer Stellen unter einheitlicher Leitung.)
(Definition Team: Kleine, funktionsgegliederte Arbeitsgruppe, gemeinsame Zielsetzung, intensive wechselseitige Beziehungen, spezifische Arbeitsform, ausgeprägter Gemeinschaftsgeist, z. B. Trainerteam, Entwicklung von einem bestimmten Produkt.)
Abwechslung = 1 | Anerkennung = 2 | Beständigkeit = 3 | Bewegung = 4
Beziehung = 5 | Chaos = 6 | Ehrlichkeit = 7 | Entscheidungseinbindung = 8
Entwicklung = 9 | Erfolg = 10 | Flexibilität = 11 | Freiheit = 12
Führung = 13 | Genauigkeit = 14 | Genuss = 15 | Gerechtigkeit = 16
Harmonie = 17 | Hierarchie = 18 | Karriere = 19 | Koordination = 20
Kommunikation = 21 | Kundenorientierung = 22 | Lebensfreude = 23 | Leistung = 24
Liebe = 25 | Motivation = 26 | Ordnung = 27 | Pflichtbewusstsein = 28
Risiko = 29 | Ruhe = 30 | Selbstbestimmung = 31 | Selbstverwirklichung = 32
Sicherheit = 33 | Struktur = 34 | Tradition = 35 | Überblick = 36
Verantwortung = 37 | Visionen = 38 | Weiterbildung = 39 | anderer Wert = 40: ________

A) Bitte wählen Sie aus den oben stehenden Werten <u>sieben</u> Werte aus, die Ihnen für eine Abteilung am wichtigsten erscheinen. Tragen Sie bitte nur die entsprechende Zahl ein.

Wert 1: ___ Wert 2: ___ Wert 3: ___ Wert 4: ___ Wert 5: ___ Wert 6: ___ Wert 7: ___

B) Bitte wählen Sie aus den oben stehenden Werten <u>sieben</u> Werte aus, die Ihnen für ein Team am wichtigsten erscheinen. Tragen Sie bitte nur die entsprechende Zahl ein.

Wert 1: ___ Wert 2: ___ Wert 3: ___ Wert 4: ___ Wert 5: ___ Wert 6: ___ Wert 7: __</td></tr>
</table>

Nr.	**Fragen und Antworten**	
24.	Welche Werte sollte eine **Führungskraft** haben? (Hinweis: Bitte wählen Sie aus den nachstehenden Werten <u>sieben</u> Werte, die Ihrer Meinung nach eine Führungskraft haben sollte.) Abwechslung = 1 · Anerkennung = 2 · Beständigkeit = 3 · Bewegung = 4 Beziehung = 5 · Chaos = 6 · Ehrlichkeit = 7 · Entscheidungseinbindung = 8 Entwicklung = 9 · Erfolg = 10 · Flexibilität = 11 · Freiheit = 12 Führung = 13 · Genauigkeit = 14 · Genuss = 15 · Gerechtigkeit = 16 Harmonie = 17 · Hierarchie = 18 · Karriere = 19 · Koordination = 20 Kommunikation = 21 · Kundenorientierung = 22 · Lebensfreude = 23 · Leistung = 24 Liebe = 25 · Motivation = 26 · Ordnung = 27 · Pflichtbewusstsein = 28 Risiko = 29 · Ruhe = 30 · Selbstbestimmung = 31 · Selbstverwirklichung = 32 Sicherheit = 33 · Struktur = 34 · Tradition = 35 · Überblick = 36 Verantwortung = 37 · Visionen = 38 · Weiterbildung = 39 · anderer Wert = 40: ________ Wert 1: ___ Wert 2: ___ Wert 3: ___ Wert 4: ___ Wert 5: ___ Wert 6: ___ Wert 7: ___	
25.	Wie zufrieden sind Sie mit Ihrer *beruflichen* Tätigkeit? (Hinweis: Bitte gewichten Sie: unzufrieden 1 2 3 4 5 6 zufrieden)	Zufriedenheitsgrad: ___
26.	Wie zufrieden sind Sie mit Ihrem *privaten* Bereich? (Hinweis: Bitte gewichten Sie: unzufrieden 1 2 3 4 5 6 zufrieden)	Zufriedenheitsgrad: ___
27.	Wenn Sie alle Fähigkeiten und Qualifikationen für Ihren Traumberuf hätten, welchen würden Sie dann ausüben? Traumberuf: ______________________________	
28.	Sie sind ☐ weiblich ☐ männlich.	
29.	Nennen Sie bitte Ihr Geburtsdatum (Tag/Monat/Jahr): __ __.__ __.__ __ __ __	
30.	Haben Sie Geschwister? ☐ nein ☐ ja, wie viele: ___	
31.	Wenn Sie Geschwister haben, an welcher Stelle sind Sie geboren? (Hinweis: Bitte kringeln Sie die Zahl ein.) Älteste(r) = 1 2 3 4 5 und mehr ___ = Jüngste(r)	
32.	Welchen **Schulabschluss** haben Sie? ☐ keinen ☐ Hauptschulabschluss ☐ Mittlere Reife ☐ Abitur ☐ anderen: ________	
33.	Welche Berufs-**Ausbildung** haben Sie? ☐ keine ☐ Ausbildung: ____________________	
34.	Welches **Studium** haben Sie absolviert? ☐ keins ☐ Pädagogik ☐ Psychologie ☐ BWL ☐ Jura ☐ Ingenieur ☐ Medizin ☐ Mathematik ☐ Informatik ☐ anderes ____________	

Herzlichen Dank für Ihre Mitarbeit!

Name des Absenders
Straße
PLZ Ort
Tel.:
Fax.:
E-Mail

Name • Straße • PLZ Ort

«Firma»
«Funktion»
Herrn «Titel»«Vorname» «Name»
«Adresse1»

«Postleitzahl» «Ort»

Empirische Untersuchung zur Dissertation

Sehr geehrter Herr «Titel»«Name», Ort, Datum

qualifizierte, motivierte und zum Unternehmen **„passende" Mitarbeiter** sind das wichtigste Potenzial, damit sich ein **Unternehmen erfolgreich** auf dem Markt platzieren kann.
Obwohl die Personalverantwortlichen bei der Auswahl von Bewerbern davon überzeugt sind, den richtigen Mitarbeiter oder Führungskraft für ihr Unternehmen gewonnen zu haben, zeigt die Praxis oft das Gegenteil.

Während meiner Tätigkeit als Personalberaterin und Personalentwicklerin habe ich immer wieder festgestellt, dass Menschen entweder sehr zufrieden oder unzufrieden mit ihrer beruflichen Tätigkeit sind. Oft können sie keine bestimmten Gründe dafür nennen. Manche sind auf der Suche nach einer neuen Tätigkeit, wissen aber nicht, was sie genau wollen, und die eigenen Ziele sind ihnen unklar. Menschen suchen sich einen Beruf oder ein Unternehmen aus, ohne abzuwägen, ob der Beruf oder das Unternehmen wirklich zu ihnen „passt".

Ich habe mich oft gefragt, warum dies so ist, und habe für mich **Erklärungsmodelle** entwickelt, die ich nun **wissenschaftlich untersuche**. Meine **Dissertation** hat das Thema „Personalmanagement - Verhaltensstrukturen und deren Auswirkungen auf Menschen bzw. Organisationen - Die optimale Zusammensetzung von Abteilungen bzw. Teams" Sie wird betreut von Herrn Prof. Mattl an der Pädagogischen Hochschule Freiburg.

Die Untersuchung soll analysieren, auf **welche Art und Weise Strukturen** (z.B. Werte, Überzeugungen) das eigene **Verhalten** und den **Umgang** mit anderen **beeinflussen**. Des Weiteren soll herausgefunden werden, inwiefern sich diese Strukturen auf die **beruflichen Entscheidungen** und Tätigkeiten auswirken. Die Untersuchung soll weiter analysieren, ob aus individuellen Strukturen Gemeinsamkeiten ablesbar und ob diese für eine Personen- bzw. Berufsgruppe typisch sind.

Die Ergebnisse der Untersuchung fließen in meine Arbeit ein und können **hilfreiche Anregungen** für Unternehmen geben, z.B. wie diese ihr Personalmanagement optimieren können. So könnte ich **speziell** für **Ihr Unternehmen** die **Daten auswerten** und diese Ihnen mitteilen. Die Anonymität bleibt dabei gewährleistet.

Ich würde mich sehr darüber freuen, wenn Sie meine **Untersuchung unterstützen** würden. Dafür bitte ich Sie, die beigefügten **Fragebögen** an **Führungskräfte** und **Mitarbeiter** aus **unterschiedlichen Bereichen** Ihres Unternehmens **weiterzuleiten**. Vielleicht haben Sie ja auch Zeit, den Fragebogen selbst auszufüllen?

Sollten Sie vorab weitere Informationen benötigen, dann sprechen Sie mich doch einfach an.

Mit freundlichen Grüßen

Name des Absenders

«Firma»

«Adresse1»

«Postleitzahl» «Ort»

Name des Absenders
Straße
PLZ Ort
Tel.:
Fax.:

Kurzmitteilung

☐ Nein, die Untersuchung wird nicht durchgeführt.
(Hinweis: Bitte lassen Sie dann den Namen Ihres Unternehmens im Punkt 3 eintragen.)

☐ Ja, die Untersuchung wird durchgeführt.

☐ Es werden die beigelegten 18 Fragebögen an Führungskräfte und Mitarbeiter weitergeleitet.

☐ Wir haben das Original ____ mal kopiert und an Führungskräfte und Mitarbeiter weitergeleitet.

☐ Wir haben Interesse an einer unternehmensspezifischen Gesamtauswertung.
(Hinweis: Bitte lassen Sie dann den Namen Ihres Unternehmens im Punkt 3 eintragen.)

Mit freundlichen Grüßen

LITERATURVERZEICHNIS

Ackermann, Karl-Friedrich: Personalmanagement für die 90er Jahre: Neue Entwicklungen - neues Denken - neue Strategien, Stuttgart, 1991

Adler, Alfred: Praxis und Theorie der Individualpsychologie: Vorträge zur Einführung in die Psychotherapie für Ärzte, Psychologen und Lehrer, 4. Aufl., München, 1930

Adler, Alfred: Wozu leben wir? Frankfurt/Main, 1979

Antoni; Conny H. (Hrsg.): Gruppenarbeit in Unternehmen: Konzepte, Erfahrungen, Perspektiven, Weinheim, 1994

Antoni, Conny H.: Gruppenarbeit - mehr als ein Konzept: Darstellung und Vergleich unterschiedlicher Formen der Gruppenarbeit, in: Antoni, Conny H. (Hrsg.): Gruppenarbeit in Unternehmen: Konzepte, Erfahrungen, Perspektiven, Weinheim, 1994, S. 19-48

Arnold, Rolf; Siebert, Horst: Konstruktivistische Erwachsenenbildung: Von der Deutung zur Konstruktion von Wirklichkeit, Bd. 4, Hohengehren, 1995

Arnold, Wilhelm; Eysenck, Hans Jürgen; Meili, Richard: Lexikon der Psychologie, Bd. 1-3, Freiburg, 1988

Attems, Rudolf; Holzer, Adalbert: Spitzenleistungen in die Praxis umsetzen, Wien, 1989

Attems, Rudolf; Heimel, Franz: Typologie des Managers, Wien, 1991

Bandler, Richard; Grinder, John: Metasprache und Psychotherapie: Die Struktur der Magie I., 9. Aufl., Paderborn, 1998

Bandler, Richard; Grinder, John: Kommunikation und Veränderung: Die Struktur der Magie II., 8. Aufl., Paderborn, 2001

Bandura, Albert: Lernen am Modell: Ansätze zu einer sozial-kognitiven Lerntheorie, Stuttgart, 1976

Bandura, Albert: Sozial-kognitive Lerntheorie, Stuttgart, 1979

Bateson, Gregory: Geist und Natur: Eine notwendige Einheit, 3. Aufl., Frankfurt/Main, 1993

Berne, Eric: Psychologie menschlichen Verhaltens, München, 1975

Bayer, Hermann: Coaching-Kompetenz: Persönlichkeit und Führungspsychologie, München; Basel, 1995

Belbin, Raymond M.: Managementteams: Erfolg und Misserfolg, Wörrstadt, 1996

Bents, Richard; Blank, Reiner: Typisch Mensch: Einführung in die Typentheorie, 2., überarb. und erneuerte Aufl., Göttingen, 1995

Bents, Richard; Blank, Reiner: Der MBTI: Die 16 Grundmuster unseres Verhaltens nach C. G. Jung; eine dynamische Persönlichkeitstypologie, 2., überarb. Aufl., München, 1997

Berkel, Karl: Konflikte in und zwischen Gruppen, in: Rosenstiel, Lutz von; Regnet, Erika; Domsch, Michel: Führung von Mitarbeitern: Handbuch für erfolgreiches Personalmanagement, Bd., 20, 2., überarb. und erw. Aufl., Stuttgart, 1993, S. 331-343

Berthel, Jürgen: Personal-Management: Grundzüge für Konzeptionen betrieblicher Personalarbeit, 4., überarb. und erw. Aufl., Stuttgart, 1995

Blake, Robert R; Mouton, Jane S.: Verhaltenspsychologie im Betrieb: Das neue Grid-Management-Konzept, Düsseldorf; Wien, 1980

Bögel, Rudolf: Organisationsklima und Unternehmenskultur, in: Rosenstiel, Lutz von; Regnet, Erika; Domsch, Michel: Führung von Mitarbeitern: Handbuch für erfolgreiches Personalmanagement, Bd. 20, 2., überarb. und erw. Aufl., Stuttgart, 1993, S. 581-592

Böhm, Winfried: Wörterbuch der Pädagogik, 13. Aufl., Stuttgart, 1988

Brandstätter, Hermann: Veränderbarkeit von Persönlichkeitsmerkmalen - Beiträge der Differentiellen Psychologie, in: Sonntag, Karlheinz (Hrsg.): Personalentwicklung in Organisationen: Psychologische Grundlagen, Methoden und Strategien, Göttingen; Bern; Toronto; u. a., 1992, S. 39-61

Brommer, Ulrike: Lehr- und Lernkompetenz erwerben: Ein Weg zur effizienten Persönlichkeitsentwicklung, Wiesbaden, 1992

Bühner, Rolf: Personalmanagement, 3., überarb. und erw. Aufl., Landsberg/Lech, 2005

Bungard, Walter: Team- und Kooperationsfähigkeit, in: Sarges, Werner: Management-Diagnostik, 2., vollständig überarb. und erw. Aufl., Göttingen; Bern; Toronto; u. a., 1995, S. 405-415

Cisek, Günter; Schäkel, Uwe; Scholz, Jürgen: Instrumente der Personalentwicklung auf dem Prüfstand: Entscheidungshilfen für die Führungsspitze, Hamburg, 1989

Cohen, Allen R.; Fink, Stephen L.; Gadon, Herman; Willits, Robin D.: Wirkungsvolles Verhalten in Organisationen: Fälle, Konzepte und studentische Erfahrungen, 6. Aufl., Stuttgart, 1996

Comelli, Gerhard: Qualifikation für Gruppenarbeit: Teamentwicklungstraining, in: Rosenstiel, Lutz von; Regnet, Erika; Domsch, Michel: Führung von Mitarbeitern: Handbuch für erfolgreiches Personalmanagement, Bd. 20, 2., überarb. und erw. Aufl., Stuttgart, 1993, S. 355-377

Denison, Daniel R.: Corporate culture and organizational effectiveness, New York, 1990, in: Schuler, Heinz (Hrsg.): Lehrbuch Organisationspsychologie, 2., korrigierte Aufl., Bern; Göttingen; Toronto; u. a., 1995, S. 424

Dieterich, Rainer H.; Sowarka, Bernhard: Psychologische Konstrukte für Eignungsprädiktoren, in: Sarges, Werner: Management-Diagnostik, 2., vollständig überarb. und erw. Aufl., Göttingen; Bern; Toronto; u. a., 1995, S. 432-446

Döring, Klaus W.: Lehren in der Weiterbildung: Ein Dozentenleitfaden, 4. Aufl., Weinheim, 1992

Döring, Klaus W.; Ritter-Mamczek, Bettina: Lehren und Trainieren in der Weiterbildung: Ein praxisorientierter Leitfaden, 6., völlig neu bearb. Aufl., Weinheim, 1997

Dorsch, Friedrich: Psychologisches Wörterbuch, 11., erg. Aufl., Bern; Stuttgart; Toronto, 1987

Drumm, Hans Jürgen: Personalwirtschaftslehre, 2., neu bearb. und erw. Aufl., Berlin; u. a., 1992

Edelmann, Walter: Lernpsychologie, 6., vollständig überarb. Aufl., Weinheim, 2000

Eilles-Matthiessen, Claudia: Schlüsselqualifikationen in Personalauswahl und Personalentwicklung: Ein Arbeitsbuch für die Praxis, Bern; Göttingen; Toronto; u. a., 2002

Einsiedler, Herbert E.: Führung von Führungskräften, in: Rosenstiel, Lutz von; Regnet, Erika; Domsch, Michel: Führung von Mitarbeitern: Handbuch für erfolgreiches Personalmanagement, Bd. 20, 2., überarb. und erw. Aufl., Stuttgart, 1993, S. 259-272

Erikson, Erik H.: Kindheit und Gesellschaft, Stuttgart, 1961

Erikson, Erik H.: Dimensionen einer neuen Identität, Frankfurt/Main, 1975

Etienne, Michèle: Grenzen und Chancen des Vorgesetztenmodells im betrieblichen Vorschlagswesen, Arbeitsbericht Nr. 16 des Instituts für Organisation und Personal der Universität Bern, Bern, 1996

Faix, Werner G.: Der Erfolgsfaktor: Handlungskompetente Mitarbeiter und Führungskräfte, in: Faix, Werner G.; Rütter, Theodor; Wollstadt, Evelyn (Hrsg.): Führung und Persönlichkeit: Personale Entwicklung, Landsberg/Lech, 1995, S. 11-22

Faix, Werner G.; Laier, Angelika: Soziale Kompetenz: Das Potential zum unternehmerischen und persönlichen Erfolg, Wiesbaden, 1991

Faix, Werner G.; Rütter, Theodor; Wollstadt, Evelyn (Hrsg.): Führung und Persönlichkeit: Personale Entwicklung, Landsberg/Lech, 1995

Faulstich-Wieland, Hannelore: Individuum und Gesellschaft: Sozialisationstheorien und Sozialisationsforschung, München; Wien, 2000

Feix, Wilfried E. (Hrsg.): Personal 2000: Visionen und Strategien erfolgreicher Personalarbeit, Frankfurt/Main, 1991

Fisseni, Hermann-Josef: Persönlichkeitspsychologie: Auf der Suche nach der Wissenschaft; ein Theorienüberblick, 4., überarb. und erw. Aufl., Göttingen; Bern; Toronto, 1998

French, Wendell L.; Bell, Cecil H. jr: Organisationsentwicklung: Sozialwissenschaftliche Strategien zur Organisationsveränderung, 4. Aufl., Bern; Stuttgart; Wien, 1994

Frese, Erich (Hrsg.): Handwörterbuch der Organisation, 3. Aufl., Stuttgart, 1992

Freud, Sigmund: Gesammelte Werke, Bd. XVII, London, 1941

Freud, Sigmund: Schriften zur Behandlungstechnik, 3. Aufl., Frankfurt, 1975

Freud, Sigmund: Das Ich und das Es, Frankfurt/Main, 1992

Friederichs, Peter: Fach- und Führungskräfte: Auswahl, Integration und Entwicklung, in: Feix, Wilfried E. (Hrsg.): Personal 2000: Visionen und Strategien erfolgreicher Personalarbeit, Frankfurt/Main, 1991, S. 110-147

Gaugler, Eduard; Weber, Wolfgang (Hrsg.): Handwörterbuch des Personalwesens, 2. Aufl., Stuttgart, 1992

Gebert, Diether; Rosenstiel, Lutz von: Organisationspsychologie: Person und Organisation, 4., überarb. und erw. Aufl., Stuttgart; Berlin; Köln, 1996

Goleman, Daniel: Emotionale Intelligenz, München, 1995

Goller, Hand: Psychologie: Emotion, Motivation, Verhalten, Stuttgart; Berlin; Köln, 1995

Grunwald, Wolfgang: Aufgaben und Schlüsselqualifikationen von Managern, in: Sarges, Werner: Management-Diagnostik, 2., vollständig überarb. und erw. Aufl., Göttingen; Bern; Toronto; u. a., 1995, S. 194-205

Gumin, Heinz; Meier, Heinrich: Einführung in den Konstruktivismus: Mit Beiträgen von Heinz von Foerster, Ernst von Glaserfeld, Peter M. Hejl, Siegfried J. Schmidt und Paul Watzlawick, Bd. 5., München, 1992

Haberkorn, Kurt: Praxis der Mitarbeiterführung: Ein Grundriß mit zahlreichen Checklisten zur Verbesserung des Führungsverhaltens, 2. Aufl., Ehningen bei Böblingen, 1990

Hacker, Wilfried: Arbeitspsychologie: Schriften zur Arbeitspsychologie, Bd. 41, Bern, 1986

Hacker, Winfried; Cranach, Michael von (Hrsg.): Kognitive und motivationale Aspekte der Handlung, Bern, 1983

Hauser, Eberhard: Coaching: Führung für Geist und Seele, in: Feix, Wilfried E. (Hrsg.): Personal 2000: Visionen und Strategien erfolgreicher Personalarbeit, Frankfurt/Main, 1991, S. 207-237

Heinz, Walter R.: Arbeit, Beruf und Lebenslauf: Eine Einführung in die berufliche Sozialisation, Weinheim; München, 1995

Hentze, Joachim: Personalwirtschaftslehre 1, 6. Aufl., Bern; Stuttgart; Wien, 1994

Hentze, Joachim; Brose, Peter: Personalführungslehre: Grundlagen, Führungsstile, Funktionen und Theorien der Führung, 2., überarb. Aufl., Bern; Stuttgart, 1990

Hilb, Martin: Management by Mentoring: Ein wiederentdecktes Konzept zur Personalentwicklung, Neuwied; Kriftel; Berlin, 1997

Hinz, Wolfgang; Pichlbauer, Josef: Ganzheitliche Personalentwicklung, München, 1991

Hormuth, Stefan E.; Heinz, Walter R.; Kornadt, Hans-Joachim; Sydow, Hubert; Trommdorff, Gisela: Individuelle Entwicklung, Bildung und Berufsverläufe, Opladen, 1996

Hug, Brigitta: Menschenbilder, in: Steiger, Thomas, M.; Lippmann, Eric (Hrsg.): Handbuch angewandte Psychologie für Führungskräfte, Bd. I, Berlin/Heidelberg, 1999, S. 9-26

Hurrelmann, Klaus: Einführung in die Sozialisationstheorie: Über den Zusammenhang von Sozialstruktur und Persönlichkeit, 5., überarb. und erg. Aufl., Weinheim; Basel, 1995

Hurtz, Albert: Qualifizierung für Gruppenarbeit: Theoretische Konzepte und ihre Umsetzung, in: Antoni, Conny H. (Hrsg.): Gruppenarbeit in Unternehmen: Konzepte, Erfahrungen, Perspektiven, Weinheim 1994, S. 81-99

Jetter, Wolfgang: Effiziente Personalauswahl: Durch strukturierte Einstellungsgespräche die richtigen Mitarbeiter finden, Stuttgart, 1996

Joas, Hans: Die Entstehung der Werte, Frankfurt/Main, 1997

Jung, Carl G.: Psychologische Typen, 10., rev. Aufl., Zürich; Stuttgart, 1960

Jung, Carl G.: Gesammelte Werke, Bd. 17, Olten und Freiburg im Breisgau, 1972

Jung, Carl G.: Psychologische Typen, Gesammelte Werke, Bd. 6,. Sonderausgabe, Düsseldorf, 1995

Kannheiser, Werner: Erfassung von Anforderungen einer konkreten Situation, in: Sarges, Werner: Management-Diagnostik, 2., vollständig überarb. und erw. Aufl., Göttingen; Bern; Toronto; u. a., 1995, S. 141-150

Kasten, Hartmut von: Geschwister: Vorbilder, Rivalen, Vertraute, 2., aktualisierte Aufl., München; Basel, 1998

Katzenbach, Jon R.; Smith, Douglas K.: The Wisdom of Teams: Creating the High-Performance Organization, New York, 1994

Kelly, George A.: The psychology of personal constructs, Vol. I and II, New York, 1955, in: Fisseni, Hermann-Josef: Persönlichkeitspsychologie: Auf der Suche nach der Wissenschaft; ein Theorienüberblick, 4., überarb. und erw. Aufl., Göttingen; Bern; Toronto, 1998, S. 283

Kern, Peter: Ethik und Wirtschaft: Leben im epochalen Umbruch; vom berechnenden zum besinnenden Denken? 3., unveränderte Aufl., Frankfurt/Main, 1990

Kets de Vries, Manfred F. R.: Chef-Typen: Zwischen Charisma und Chaos, Erfolg und Versagen, Wiesbaden, 1990

Klages, Helmut: Werteorientierung im Wandel: Rückblick, Gegenwartsanalyse, Prognosen, 2. Aufl., Frankfurt, 1985

Klages, Helmut: Wertedynamik: Über die Wandelbarkeit des Selbstverständlichen, Osnabrück, 1988

Klages, Helmut (Hrsg.): Wertewandel und gesellschaftlicher Wandel, 3. Aufl., Frankfurt/ Main, 1984

Kleinmann, Martin; Strauß, Bernd: Potentialfeststellung und Personalentwicklung, Göttingen, 1998

Klimecki, Rüdiger G.; Probst, Gilbert J. B.: Entstehung und Entwicklung der Unternehmenskultur, in: Lattmann, Charles (Hrsg.): Die Unternehmenskultur, Heidelberg, 1990, S. 40-65

Kline, Peter: Das alltägliche Genie: Oder: Wie man sich in das Lernen (neu) verlieben kann, Paderborn, 1995

Kline, Peter; Saunders, Bernard: 10 Schritte zur lernenden Organisation: Das Praxisbuch, Paderborn, 1996

Kluge, Susann: Empirisch begründete Typenbildung, Opladen, 1999

Kossbiel, Hugo: Personalbedarfsermittlung, in: Gaugler, Eduard; Weber, Wolfgang (Hrsg.): Handwörterbuch des Personalwesens, 2. Aufl., Stuttgart, 1992, Sp. 1596-1608

Krapp, Andreas; Weidenmann, Bernd: Entwicklungsfördernde Gestaltung von Lernprozessen, in: Sonntag, Karlheinz (Hrsg.): Personalentwicklung in Organisationen: Psychologische Grundlagen, Methoden und Strategien, Göttingen; Bern; Toronto; u. a., 1992, S. 63-82

Krulis-Randa, Jan S; Benz, Peter (Hrsg.): Grenzen im Personalmanagement, Bern; Stuttgart; Wien, 1993

Lang - von Wins, Thomas; Wittmann, Angela; Kaschube, Jürgen; Rosenstiel, Lutz von: Wertgeleitete Stellenwahl und ihre Folgen für berufliche Einstellungen bei Fach- und Führungskräften, in: Zeitschrift für Arbeitswissenschaft, Jg. 49, Heft 4, 1995, S. 191-196

Lattmann, Charles (Hrsg.): Die Unternehmenskultur: Ihre Grundlagen und ihre Bedeutung für die Führung der Unternehmung, Heidelberg, 1990

Lattmann, Charles; Staffelbach, Bruno (Hrsg.): Die Personalfunktion der Unternehmung im Spannungsfeld von Humanität und wirtschaftlicher Rationalität, Heidelberg, 1991

LeMar, Bernd: Kommunikative Kompetenz: Der Weg zum innovativen Unternehmen, Berlin; Heidelberg, 1997

List, Karl-Heinz: Wer ist qualifiziert? Neue Wege bei Personalauswahl und Karrierebeurteilung, Köln, 1996

Lüscher, Berit: Die Rolle der Geschwister: Chancen und Risiken ihrer Beziehung, Berlin, 1997

Malik, Fredmund: Systemisches Management, Evolution, Selbstorganisation: Grundprobleme, Funktionsmechanismen und Lösungsansätze für komplexe Systeme, Bern; Stuttgart; Wien, 1993

Mandl, Heinz; Huber, Günter L.: Kognitive Komplexität: Bedeutung, Weiterentwicklung, Anwendung, Göttingen, 1978

Manz, Charles, C.; Sims, Henry P.: Unternehmen ohne Bosse: Schneller und besser im Superteam, [Aus dem Engl. von Sibylle Frohes], Wiesbaden, 1995

Marré, Roland: Die Bedeutung der Unternehmenskultur für die Personalentwicklung, Frankfurt/Main, 1997

Maslow, Abraham H.: Motivation und Persönlichkeit, 2., erw. Aufl., Olten, 1970

Mattl, Walter: Wie Lehrende Bildungsangebote entwerfen - Probleme der didaktischen Planung: Bausteine für die erwachsenenpädagogische Weiterbildung; Deutsches Institut für Fernstudien an der Universität Tübingen; Arbeitsbereich Erziehungswissenschaft/Erwachsenenbildung, Tübingen, 1993

Mentzel, Wolfgang: Unternehmenssicherung durch Personalentwicklung, 7. Aufl., Freiburg im Br., 1997

Merck, Richard: Kommunikatives Management: Erwachsenenbildung, Weiterbildung, Personalentwicklung; eine vermittlungswissenschaftliche Perspektive, Berlin, 1993

Metz-Göckel, Hellmuth: Einstellungen und Werthaltungen in Organisationen, Essen, 1996

Müller, Gabriele; Hoffmann, Kay: Systemisches Coaching: Handbuch für die Beraterpraxis, Heidelberg, 2002

Neber, Heinz; Wagner, Angelika C.; Einsiedler, Wolfgang (Hrsg.): Selbstgesteuertes Lernen: Psychologische und pädagogische Aspekte eines handlungsorientierten Lernens, Weinheim; Basel, 1978

Nerdinger, Friedemann W.: Selbstreflektion von potentiellen Führungskräften, in: Rosenstiel, Lutz von; Lang, Thomas; Sigl, Eduard (Hrsg.): Fach- und Führungsnachwuchs finden und fördern, Stuttgart, 1994, S. 20-29

Neuberger, Oswald: Personalwesen 1: Grundlagen, Entwicklung, Organisation, Arbeitszeit, Fehlzeiten, Bd. 1, Stuttgart, 1997

Neumann, Peter: Das Mitarbeitergespräch, in: Rosenstiel, Lutz von; Regnet, Erika; Domsch, Michel: Führung von Mitarbeitern: Handbuch für erfolgreiches Personalmanagement, Bd. 20, 2., überarb. und erw. Aufl., Stuttgart, 1993, S. 195-210

Nuber, Ursula: Mit Herz und Verstand: Wie Sie Entscheidungen treffen, in: Psychologie Heute, Jg. 27, Heft 1, 2000, S. 20-27

Nutzinger, Hans G. (Hrsg.): Ökonomie der Werte oder Werte in der Ökonomie? Unternehmenskultur; in genossenschaftlichen, alternativen und traditionellen Betrieben, Marburg, 1996

Oerter, Rolf: Menschliche Entwicklung und ihre Gestaltbarkeit: Beiträge der Entwicklungspsychologie, in: Sonntag, Karlheinz (Hrsg.): Personalentwicklung in Organisationen: Psychologische Grundlagen, Methoden und Strategien, Göttingen; Bern; Toronto; u. a., 1992, S. 19-37

Oerter, Rolf (Hrsg.): Menschenbilder in der modernen Gesellschaft: Konzeptionen des Menschen in Wissenschaft, Bildung, Kunst, Wirtschaft und Politik, Stuttgart, 1999

Oerter, Rolf; Montada, Leo: Entwicklungspsychologie, 2., völlig neubearb. und erw. Aufl., München, 1987

Olesch, Gunther: Praxis der Personalentwicklung: Weiterbildung im Betrieb, 2. Aufl., Heidelberg, 1992

Pervin, Lawrence A.: Persönlichkeitstheorien, 3. neubearbeitete Aufl., München, Basel, 1993

Picot, Arnold; Reichwald, Ralf; Wigrand, Rolf T.: Die grenzenlose Unternehmung: Information, Organisation und Management; Lehrbuch der Unternehmensführung, Wiesbaden, 1996

Preißler, Peter R.: Unternehmens- und Personalführung, Landsberg/Lech, 1992

Pribilla, Peter; Reichwald, Ralf; Goecke, Robert: Telekommunikation im Management: Strategien für den globalen Wettbewerb, Stuttgart, 1996

Rastetter, Daniela: Personalmarketing, Bewerberauswahl und Arbeitsplatzsuche, Stuttgart, 1996

Regnet, Erika: Streß und Möglichkeiten der Stressbehandlung, in: Rosenstiel, Lutz von; Regnet, Erika; Domsch, Michel: Führung von Mitarbeitern: Handbuch für erfolgreiches Personalmanagement, Bd. 20, 2., überarb. und erw. Aufl., Stuttgart, 1993, S. 85-95

Riemann, Fritz: Grundformen der Angst: Eine tiefenpsychologische Studie, München, 1987

Rogers, Carl R: Entwicklung der Persönlichkeit: Psychotherapie aus der Sicht eines Therapeuten, Stuttgart, 1973

Rogers, Carl R.: Entwicklung der Persönlichkeit: Psychotherapie aus der Sicht eines Therapeuten, 8. Aufl., Stuttgart, 1991 a

Rogers, Carl R.: Eine Theorie der Psychotherapie, der Persönlichkeit und der zwischenmenschlichen Beziehungen, 3. Aufl., Köln, 1991 b

Rogers, Carl R.; Schmid, Peter F.: Person - zentriert: Grundlagen von Theorie und Praxis, Mainz, 1991

Rogers, Carl R.; Stevens, Barry: Von Mensch zu Mensch: Möglichkeiten, sich und anderen zu begegnen, Paderborn, 1984

Rosenstiel, Lutz von: Organisations-Psychologie, 6., völlig neu bearb. Aufl., Stuttgart; Berlin; Köln; u. a., 1986

Rosenstiel, Lutz von: Der Einfluß des Wertewandels auf die Unternehmenskultur, in: Lattmann, Charles (Hrsg.): Die Unternehmenskultur, Heidelberg, 1990, S. 131-152

Rosenstiel, Lutz von: Organisationsentwicklung, in: Feix, Wilfried E. (Hrsg.): Personal 2000: Visionen und Strategien erfolgreicher Personalarbeit, Frankfurt/Main, 1991, S. 327-355

Rosenstiel, Lutz von: Entwicklung von Werthaltungen und interpersoneller Kompetenz: Beiträge der Sozialpsychologie, in: Sonntag, Karlheinz (Hrsg.): Personalentwicklung in Organisationen: Psychologische Grundlagen, Methoden und Strategien, Göttingen; Bern; Toronto; u. a., 1992, S. 83-205

Rosenstiel, Lutz von: Kommunikation und Führung in Arbeitsgruppen, in: Schuler, Heinz (Hrsg.): Lehrbuch Organisationspsychologie, Bern, 1993, S. 321-351

Rosenstiel, Lutz von: Motivation von Mitarbeitern, in: Rosenstiel, Lutz von; Regnet, Erika; Domsch, Michel: Führung von Mitarbeitern: Handbuch für erfolgreiches Personalmanagement, Bd. 20, 2., überarb. und erw. Aufl., Stuttgart, 1993, S. 168-171

Rosenstiel, Lutz von: Die Arbeitsgruppe, in: Rosenstiel, Lutz von; Regnet, Erika; Domsch, Michel: Führung von Mitarbeitern: Handbuch für erfolgreiches Personalmanagement, Bd. 20, 2., überarb. und erw. Aufl., Stuttgart, 1993, S. 311-343

Rosenstiel, Lutz von: Grundlagen der Organisationspsychologie: Basiswissen und Anwendungshinweise, 4., überarb. und erw. Aufl., Stuttgart, 2000

Rosenstiel, Lutz von; Djarrahzadeh, Maryam; Einsiedler, Herbert E.; Streich, Richard K. (Hrsg.): Wertewandel: Herausforderung für die Unternehmenspolitik in den 90er Jahren, Bd. 13, 2., überarb. und erw. Aufl., Stuttgart, 1993

Rosenstiel, Lutz von; Lang, Thomas; Sigl, Eduard (Hrsg.): Fach- und Führungsnachwuchs finden und fördern, Stuttgart, 1994

Rosenstiel, Lutz von; Nerdinger, Friedemann W.; Spieß, Erika; Stengel, Martin: Führungsnachwuchs im Unternehmen: Wertkonflikte zwischen Individuum und Organisation, München, 1989

Rosenstiel, Lutz von; Nerdinger, Friedemann W.; Spieß, Erika: Von der Hochschule in den Beruf: Wechsel der Welten in Ost und West, Göttingen, 1998

Rosenstiel, Lutz von; Regnet, Erika; Domsch, Michel: Führung von Mitarbeitern: Handbuch für erfolgreiches Personalmanagement, Bd. 20, 2., überarb. und erw. Aufl., Stuttgart, 1993

Rosenstiel, Lutz von; Schuler, Heinz (Hrsg.): Person - Arbeit - Gesellschaft: Festschrift für Hermann Brandstätter, Bd. 1, Augsburg, 1998

Rosenstiel, Lutz von; Stengel, Martin: Identifikationskrise? Zum Engagement in betrieblichen Führungspositionen, Bern, 1987

Roth, Heinrich: Pädagogische Psychologie des Lehrens und Lernens, Hannover, 1963

Roth, Heinrich: Pädagogische Anthropologie: Bildsamkeit und Bestimmung, Bd. 1, Hannover, 1993

Rühli, Edwin: Ein methodischer Ansatz zur Erfassung und Gestaltung von Unternehmenskultur, in: Lattmann, Charles (Hrsg.): Die Unternehmenskultur, Heidelberg, 1990, S. 189-206

Ruthe, Reinhold: Typen und Temperamente: Die vier Persönlichkeitsstrukturen, Moers, 1993

Rückle, Horst; Mutafoff, Alexander; Riekehof, Ralf: Personalentwicklung: Werte- und zielorientierte Auswahl und Förderung von Mitarbeitern, Düsseldorf; Wien; New York; u. a., 1994

Sackmann, Sonja, A.: Möglichkeiten der Gestaltung von Unternehmenskultur, in: Lattmann, Charles (Hrsg.): Die Unternehmenskultur, Heidelberg, 1990, S. 153-188

Sarges, Werner: Management-Diagnostik, 2., vollständig überarb. und erw. Aufl., Göttingen; Bern; Toronto; u. a., 1995

Sarges, Werner: Interviews, in: Sarges, Werner: Management-Diagnostik, 2., vollständig überarb. und erw. Aufl., Göttingen; Bern; Toronto; u. a., 1995, S. 475-487 (a)

Sattelberger, Thomas (Hrsg.): Innovative Personalentwicklung: Grundlagen, Konzepte, Erfahrungen, Wiesbaden, 1989

Schaal, Werner: Die ganzheitliche Personalarbeit: Wertorientierte Personalauswahl, Unternehmensführung und Personalentwicklung, Heidelberg, 1992

Schein Edgar H.: Karriereanker: Die verborgenen Muster in Ihrer beruflichen Entwicklung, 5. Aufl., Frankfurt/Main; New York, 1995

Schein Edgar H.: Unternehmenskultur: Ein Handbuch für Führungskräfte, Darmstadt, 1998

Schmidt, Gregor: Business Coaching: Mehr Erfolg als Mensch und Macher, Frankfurt/Main, 1995

Schnebel, Eberhard: Management - Werte - Organisation: Ethische Aufgaben im Management der Industrie vor dem Hintergrund der christlichen Theologie, Opladen; Wiesbaden, 1997

Schneewind, Klaus A.: Persönlichkeitstheorien I: Alltagspsychologie und mechanistische Ansätze, Darmstadt, 1982

Scholz, Christian: Personalmanagement: Informationsorientierte und verhaltenstheoretische Grundlagen, 4. Aufl., München, 1994

Schrader, Eberhard; Gottschall, Arnulf; Runge, Thomas: Handbuch der Weiterbildung für die Praxis in Wirtschaft und Verwaltung: Der Trainer in der Erwachsenenbildung, Bd. 5, München, 1983

Schuler, Heinz (Hrsg.): Lehrbuch Organisationspsychologie, 2., korrigierte Aufl., Bern; Göttingen; Toronto; u. a., 1995

Schuler, Heinz: Psychologische Personalauswahl: Einführung in die Berufseignungsdiagnostik, Göttingen, 1996

Schuler, Heinz; Funke, Uwe: Eignungsdiagnostik in Forschung und Praxis: Psychologische Information für Auswahl, Beratung und Förderung von Mitarbeitern, Bd. 10, Stuttgart, 1991

Schuler, Heinz; Prochaska, Michael: Ermittlung personaler Merkmale: Leistungs- und Potentialbeurteilung von Mitarbeitern, in: Sonntag, Karlheinz (Hrsg.): Personalentwicklung in Organisationen: Psychologische Grundlagen, Methoden und Strategien, Göttingen; Bern; Toronto; u. a., 1992, S. 157-185

Schulz von Thun, Friedemann: Miteinander reden 1 + 2: Störungen und Klärungen/Stile, Werte und Persönlichkeitsentwicklung; einmalige Sonderausgabe, Reinbek bei Hamburg, 1999

Seiwert, Lothar J.: Selbstmanagement, 5. Aufl., Offenbach, 1995

Seiwert, Lothar J.; Gay, Friedbert: Das 1 x 1 der Persönlichkeit: Sich und andere besser verstehen; beruflich und privat das Beste erreichen; das DISG-Persönlichkeitsmodell anwenden, 2., durchges. Aufl., Offenbach, 1996

Siebert, Horst: Pädagogischer Konstruktivismus: Eine Bilanz der Konstruktivismusdiskussion für die Bildungspraxis, Neuwied; Kriftel, 1999

Sohni, Hans: Geschwisterbeziehungen in Familien, Gruppen und in der Familientherapie, Göttingen, 2004

Sonntag, Karlheinz (Hrsg.): Personalentwicklung in Organisationen: Psychologische Grundlagen, Methoden und Strategien, Göttingen; Bern; Toronto; u. a., 1992

Sperling, Jan Bodo; Wasseveld, Jacqueline: Führungsaufgabe Moderation: Besprechungen, Teams, Projekte kompetent managen, 2. Aufl., Planegg, 1997

Spieß, Erika; Winterstein, Hans: Verhalten in Organisationen: Eine Einführung, Stuttgart; Berlin; Köln, 1999

Spieß, Erika; Nerdinger, Friedemann W. (Hg.): Kooperation in Unternehmen, München; Mering, 1998

Sprenger, Reinhard K.: Das Prinzip Selbstverantwortung: Wege zur Motivation, 7. Aufl., Frankfurt/Main; New York, 1994

Staehle, Wolfgang H.: Management: Eine verhaltenswissenschaftliche Perspektive, 7. Aufl., München, 1994

Staffelbach, Bruno: Strategisches Personalmanagement, Bern; Stuttgart, 1986

Staffelbach, Bruno: Bausteine und Funktionen einer Personalökonomik, in: Die Unternehmung, Jg. 49, 1995, Nr. 3, S. 179-191

Staffelbach, Bruno; Wehrli, Hans Peter: Markt- und menschenorientierte Unternehmensführung, Bern; Stuttgart; Wien, 1996

Steiger, Thomas, M.; Lippmann, Eric (Hrsg.): Handbuch angewandte Psychologie für Führungskräfte, Bd. I, Berlin; Heidelberg, 1999

Stiefel, Rolf Th.: Lektionen für die Chefetage: Personalentwicklung und management development, Stuttgart, 1996

Stoll, Francois: Die Psychologie des 20. Jahrhunderts: Arbeits-, Wirtschafts- und Verkehrspsychologie, Bd. XIII, Zürich, 1981

Thom, Norbert: Personalentwicklung als Instrument der Unternehmungsführung: Konzeptionelle Grundlagen und empirische Studien, Stuttgart, 1987

Thom, Norbert: Personalentwicklung und Personalentwicklungsplanung, in: Gaugler, Eduard; Weber, Wolfgang (Hrsg.): Handwörterbuch des Personalwesens, 2. Aufl., Stuttgart, 1992, Sp. 1676-1690

Thom, Norbert; Gattlen, Roman: Traineeprogramme für Absolventen der Wirtschaftswissenschaften in schweizerischen Unternehmungen, in: Die Unternehmung, Jg. 48, 1994, Nr. 3, S. 171-182

Tietgens, Hans; Weinberg, J.: Erwachsene im Feld des Lehrens und Lernens, Braunschweig, 1971

Töpfer, Armin: Aufgabenfelder des betrieblichen Personalwesens für die 90er Jahre: Bedeutung und Inhalte in der Unternehmenspraxis, Frankfurt/Main, 1989

Ulich, Dieter; Mayring, Philipp: Psychologie der Emotionen: Grundriß der Psychologie, Bd. 5, Stuttgart; Berlin; Köln, 1992

Ulich, Eberhard: Arbeitspsychologie, 3. Aufl., Stuttgart, 1994

Volpert, Walter: Das Modell der hierarchisch-sequentiellen Handlungsorganisation, in: Hacker, Wilfried; Cranach, Michael von (Hrsg.): Kognitive und motivationale Aspekte der Handlung, Bern, 1983, S. 38-58

Wahler, Peter: Berufliche Sozialisation in der Leistungsgesellschaft, Pfaffenweiler, 1997

Watzlawick, Paul: Die Möglichkeit des Andersseins: Zur Technik der therapeutischen Kommunikation, Bern, 1977

Watzlawick, Paul; Beavin, Janet H.; Jackson, Don D.: Menschliche Kommunikation: Formen, Störungen, Paradoxien, 8. Aufl., Stuttgart, 1990

Watzlawick, Paul; Weakland, John H. (Hrsg.): Interaktion: Menschliche Probleme und Familientherapie, München, 1990

Weber, Max: Wirtschaft und Gesellschaft: Grundriß der verstehenden Soziologie, 5., rev. Aufl., Studienausgabe, 19.-23. Tausend, Tübingen, 1980

Weinert, Ansfried B: Lehrbuch der Organisationspsychologie: Menschliches Verhalten in Organisationen, 3. Aufl., Weinheim, 1992

Werner, Erwin: Schlüsselqualifikationen: Persönliche Voraussetzungen für beruflichen Erfolg, Heidelberg, 2003

Wiendieck, Gerd: Führung 2000 - Perspektiven und Konsequenzen, in: Wiendieck, Gerd; Wiswede, Günter (Hrsg.): Führung im Wandel: Neue Perspektiven für Führungsforschung und Führungspraxis, Stuttgart, 1990, S. 39-51

Wiendieck, Gerd: Teamarbeit, in: Frese, Erich (Hrsg.): Handwörterbuch der Organisation, 3. Aufl., Stuttgart, 1992, Sp. 2375-2384

Wiendieck, Gerd; Wiswede, Günter (Hrsg.): Führung im Wandel: Neue Perspektiven für Führungsforschung und Führungspraxis, Stuttgart, 1990

Wimmer, Peter; Neuberger, Oswald: Personalwesen 2: Personalplanung, Beschäftigungssysteme, Personalkosten, Personalcontrolling, Bd. 6, Stuttgart, 1998

Winterstein, Hans: Kooperative Kommunikation, in: Spieß, Erika; Nerdinger, Friedemann W. (Hg.): Kooperation in Unternehmen, München; Mering, 1998, S. 144-164

Wunderer, Rolf: Führung und Zusammenarbeit: Beiträge zur unternehmerischen Führungslehre, 2., vollständig überarb. und erw. Aufl., Stuttgart, 1997

Wunderer, Rolf; Arx, Sabina von: Personalmanagement als Wertschöpfungs-Center: Integriertes Organisations- und Personalentwicklungskonzept, Wiesbaden, 1998

Wunderer, Rolf; Kuhn, Thomas: Unternehmerisches Personalmanagement: Konzepte, Prognosen und Strategien für das Jahr 2000, Frankfurt/Main, 1993

Wunderer, Rolf; Kuhn, Thomas (Hrsg.): Innovatives Personalmanagement, Neuwied; Kriftel; Berlin, 1995

Wunderer, Rolf; Kuhn, Thomas: Unternehmerisches Personalmanagement - zentraler Ansatzpunkt zur Förderung unternehmerischen Verhaltens, in: Wunderer, Rolf; Kuhn, Thomas (Hrsg.): Innovatives Personalmanagement, Neuwied; Kriftel; Berlin, 1995

Zaugg, Robert J.: Die innere Kündigung droht schon am ersten Arbeitstag, in: Der Bund, Jg. 148, 1997, Nr. 65, S. 17

Zimbardo, Philip. G:. Psychologie, 4. Aufl., Berlin; Heidelberg; New York, u. a., 1983

Fred G. Becker
Anleitung zum wissenschaftlichen Arbeiten – Wegweiser zur Anfertigung von Haus- und Diplomarbeiten
4., durchgesehene Auflage
Lohmar – Köln 2004 ♦ 110 S. ♦ € 11,- (D) ♦ ISBN 3-89936-286-1

Helmut M. Dietl, Mario Rese, Alexander Krebs und Björn Franke
Virtuelle Informationsbörsen zur Prognose *und* Investitionsabsicherung
Lohmar – Köln 2004 ♦ 232 S. ♦ € 45,- (D) ♦ ISBN 3-89936-290-X

Matthias Hühn und Christian Kuhlmann (Hrsg.)
Betriebswirtschaftslehre und Management-Lehre – Die ungleichen Schwestern?
Lohmar – Köln 2004 ♦ 204 S. ♦ € 44,- (D) ♦ ISBN 3-89936-291-8

Ralf Henning
Individualisierte Verfügbarkeitsleistungen in der Ersatzteilversorgung
Lohmar – Köln 2004 ♦ 322 S. ♦ € 52,- (D) ♦ ISBN 3-89936-295-0

Jörn-Axel Meyer
Kunstförderung durch Unternehmen – Wege, Nutzen und Leitfaden für Freiberufler und Unternehmen
Lohmar – Köln 2004 ♦ 214 S. ♦ € 54,- (D) ♦ ISBN 3-89936-297-7

Andreas Guldan
Optimale Unternehmensnachfolge bei Familienunternehmen als steuerliches Gestaltungsproblem
Lohmar – Köln 2004 ♦ 368 S. ♦ € 54,- (D) ♦ ISBN 3-89936-299-3

Holger Wellmann
Gemeinsame Servicestellen in der Rehabilitation
Lohmar – Köln 2004 ♦ 366 S. ♦ € 39,- (D) ♦ ISBN 3-89936-307-8

Sven Mekwinski
Beziehungsmarketing zwischen Einzelhandel und handwerklichen Servicepartnern
Lohmar – Köln 2004 ♦ 338 S. ♦ € 53,- (D) ♦ ISBN 3-89936-310-8

Beatrix Maulberger
Webseiten-Responsemanagement – Ein Experiment
Lohmar – Köln 2004 ♦ 334 S. ♦ € 53,- (D) ♦ ISBN 3-89936-311-6

Christian Bongard
Werbung und Markteffizienz – Eine wohlfahrtstheoretische Analyse suggestiver Werbung
Lohmar – Köln 2004 ♦ 212 S. ♦ € 45,- (D) ♦ ISBN 3-89936-317-5

Gudrun Jedersberger und Lasse Altmann
Facility Management in Krankenhäusern und Kliniken
Lohmar – Köln 2004 ♦ 148 S. ♦ € 38,- (D) ♦ ISBN 3-89936-318-3

Harald F. O. von Kortzfleisch
E-Business und organisatorische Veränderungen – Neun Thesen und empirischer Befund
Lohmar – Köln 2005 • 136 S. • € 38,- (D) • ISBN 3-89936-320-5

Benjamin Zemlin
Das Entscheidungsverhalten bei der Verkehrsmittelwahl
Lohmar – Köln 2005 • 494 S. • € 63,- (D) • ISBN 3-89936-321-3

Mike Dobrindt
Hochschulkostenrechnung – Konzeptionelle Überlegungen für ein Referenzmodell
Lohmar – Köln 2005 • 286 S. • € 48,- (D) • ISBN 3-89936-323-X

Thomas A. Schellenberger
Integrationsaspekte computergestützter Wissensmanagement- und Lernsysteme
Lohmar – Köln 2005 • 224 S. • € 45,- (D) • ISBN 3-89936-325-6

Philipp von Plato
Konsequenzen von Solvency II für die Kapitalanforderungen von Lebensversicherungsprodukten
Lohmar – Köln 2005 • 98 S. • € 33,- (D) • ISBN 3-89936-330-2

Alexander Blum
Corporate Governance – Ein Vergleich zwischen den gesetzlichen Regelungen in Deutschland und den Forderungen des Kapitalmarkts
Lohmar – Köln 2005 • 360 S. • € 54,- (D) • ISBN 3-89936-336-1

Jörn-Axel Meyer (Hrsg.)
Wissens- und Informationsmanagement in kleinen und mittleren Unternehmen – Jahrbuch der KMU-Forschung und -Praxis 2005
Lohmar – Köln 2005 • 586 S. • € 69,- (D) • ISBN 3-89936-339-6

Bernd Schulze
Mehrfachnutzung von Medieninhalten – Entwicklung, Anwendung und Bewertung eines Managementkonzepts für die Medienindustrie
Lohmar – Köln 2005 • 220 S. • € 45,- (D) • ISBN 3-89936-340-X

Christian Alexander Mias
Prozessmodell für Integration Excellence
Lohmar – Köln 2005 • 202 S. • € 44,- (D) • ISBN 3-89936-341-8

Jochen Breckner
Controlling von Autobanken
Lohmar – Köln 2005 • 322 S. • € 52,- (D) • ISBN 3-89936-342-6

Cord Twele/Matthias Lesch/Andreas Bull
Innovative Regionalentwicklung – Innovationsnetzwerke, (Corporate) Venture Capital und Venture-Capital-Fonds
Lohmar – Köln 2005 • 140 S. • € 38,- (D) • ISBN 3-89936-351-5

Georg Waltenberger
Energiemanagement in der Industrie – Die energiewirtschaftlichen Grundlagen
Lohmar – Köln 2005 • 394 S. • € 56,- (D) • ISBN 3-89936-354-X

Dirk Finger
Handlungsempfehlungen für die Implementierung eines ERP-System-basierten Wissensmanagements
Lohmar – Köln 2005 • 320 S. • € 52,- (D) • ISBN 3-89936-362-0

Alexander Ebering
Behavioral Economics – Konzepte und Anwendungen
Lohmar – Köln 2005 • 198 S. • € 44,- (D) • ISBN 3-89936-365-5

Frank Fernholz
Börse und ihre Alternativen – Eine Transaktionskostensicht
Lohmar – Köln 2005 • 204 S. • € 49,- (D) • ISBN 3-89936-371-X

Heidi Hohensohn und Sascha Jahn (Hrsg.)
Collaboration für innovative Unternehmen – Forschungsergebnisse und Blueprints aus dem Projekt VirtOweB
Lohmar – Köln 2005 • 284 S. • € 48,- (D) • ISBN 3-89936-382-5

Josef Kloock, René Groeneveld und Helmut Maltry
Grundlagen des Rechnungswesens und der Finanzierung
Lohmar – Köln 2005 • 274 S. • € 28,- (D) • ISBN 3-89936-395-7

Winfried Zapp (Hrsg.)
Kostenrechnung und Controllinginstrumente in Reha-Kliniken
Lohmar – Köln 2005 • 318 S. • € 52,- (D) • ISBN 3-89936-398-1

Christian Paul Rouette
Die Asset-Allokationsentscheidung deutscher Privatinvestoren – Empirie und Konsequenzen für die Anlageberatung
Lohmar – Köln 2005 • 374 S. • € 55,- (D) • ISBN 3-89936-401-5

Martin Arnold
Zero-Base Budgeting
2. Auflage
Lohmar – Köln 2005 • 154 S. • € 42,- (D) • ISBN 3-89936-407-4

Wolfgang Chr. Fischer (Ed.)
Re-Emergence of Street Markets – Contribution to Invigorate Local Economies
Lohmar – Köln 2005 • 76 S. • € 29,- (D) • ISBN 3-89936-408-2

Tanju Aygün
Deutschtürkisches Konsumentenverhalten – Eine empirische Untersuchung zur Einkaufsstättenwahl im Lebensmitteleinzelhandel
Lohmar – Köln 2005 • 292 S. • € 48,- (D) • ISBN 3-89936-414-7

Christoph Meier
The overlooked option – Self-regulation in Infrastructure Industries
Lohmar – Köln 2005 • 354 S. • € 54,- (D) • ISBN 3-89936-415-5

Christa Markl-Vieto und Roland Ernst (Herausgeber)
New Services – Service Engineering im Gesundheitswesen
Lohmar – Köln 2006 ♦ 220 S. ♦ € 45,- (D) ♦ ISBN 3-89936-424-4

Volker Arendt
Qualitätsprüfung im Anfrageoptimierungsprozeß Relationaler Datenbanksysteme
Lohmar – Köln 2006 ♦ 258 S. ♦ € 47,- (D) ♦ ISBN 3-89936-425-2

Anne Grüter
Markennetze
Lohmar – Köln 2006 ♦ 280 S. ♦ € 48,- (D) ♦ ISBN 3-89936-426-0

Tobias van Maele
Haben Luxusgüter immer Konjunktur?
Lohmar – Köln 2006 ♦ 112 S. ♦ € 36,- (D) ♦ ISBN 3-89936-433-3

Bernd Schlossorsch und Gunda Kempken
Fachschule für die Solinger Stahlwaren-Industrie (FSI) –
Die Arbeit der Fachschule im Spiegel ihrer Produkte von 1904 bis 1985
Band III, 1
Lohmar – Köln 2006 ♦ 308 S. ♦ € 49,- (D) ♦ ISBN 3-89936-439-2

Sabine Hellig
Carve-out-Abschlüsse zur bilanziellen Darstellung einer Ausgliederung im Börsenzulassungsprospekt
Lohmar – Köln 2006 ♦ 326 S. ♦ € 52,- (D) ♦ ISBN 3-89936-435-X

Christian Odenthal
Der Einfluß der Wirtschaftsordnung auf betriebliche Altersversorgungsleistungen
Lohmar – Köln 2006 ♦ 310 S. ♦ € 52,- (D) ♦ ISBN 3-89936-449-X

Thomas A. Martin und Monika Prinz
Auslandsmessen im internationalen Marketing – Vergleichende Konzeption des Messeeinsatzes in Osteuropa, China und den USA
Lohmar – Köln 2006 ♦ 128 S. ♦ € 36,- (D) ♦ ISBN 3-89936-453-8

Kenneth K. Mwenda and Victor Mosoti
Contemporary Issues in International Economic Law
Lohmar – Köln 2006 ♦ 420 S. ♦ € 57,- (D) ♦ ISBN 3-89936-454-6

Susanne Keil
Der Zweitmarkt für Lebensversicherungspolicen – Deutschland, Großbritannien und die USA
Lohmar – Köln 2006 ♦ 98 S. ♦ € 33,- (D) ♦ ISBN 3-89936-461-9

Susan Eickenberg
Mitarbeitertypologie und Teambildung – Eine empirische Analyse
Lohmar – Köln 2006 ♦ 328 S. ♦ € 52,- (D) ♦ ISBN 3-89936-464-3

- **Reihe: Kleine und mittlere Unternehmen**
  Herausgegeben von Prof. Dr. Jörn-Axel Meyer, Flensburg
- **Reihe: Wissenschafts- und Hochschulmanagement**
  Herausgegeben von Prof. Dr. Detlef Müller-Böling, Gütersloh, und Prof. Dr. Reinhard Schulte, Lüneburg
- **Reihe: Personal, Organisation und Arbeitsbeziehungen**
  Herausgegeben von Prof. Dr. Fred G. Becker, Bielefeld, Prof. (em.) Dr. Jürgen Berthel †, Siegen, und Prof. Dr. Walter A. Oechsler, Mannheim
- **Reihe: Forum Finanzwissenschaft und Public Management**
  Herausgegeben von Prof. Dr. Kurt Reding, Kassel, und PD Dr. Walter Müller, Kassel
- **Reihe: Finanzierung, Kapitalmarkt und Banken**
  Herausgegeben von Prof. Dr. Hermann Locarek-Junge, Dresden, Prof. Dr. Klaus Röder, Regensburg, und Prof. Dr. Mark Wahrenburg, Frankfurt
- **Reihe: Marketing**
  Herausgegeben von Prof. Dr. Heribert Gierl, Augsburg, Prof. Dr. Roland Helm, Jena, Prof. Dr. Frank Huber, Mainz, und Prof. Dr. Henrik Sattler, Hamburg
- **Reihe: Marketing, Handel und Management**
  Herausgegeben von Prof. Dr. Rainer Olbrich, Hagen
- **Reihe: Kundenorientierte Unternehmensführung**
  Herausgegeben von Prof. Dr. Hendrik Schröder, Essen
- **Reihe: Produktionswirtschaft und Industriebetriebslehre**
  Herausgegeben von Prof. Dr. Jörg Schlüchtermann, Bayreuth
- **Reihe: Europäische Wirtschaft**
  Herausgegeben von Prof. Dr. Winfried Matthes, Wuppertal
- **Reihe: Katallaktik – Quantitative Modellierung menschlicher Interaktionen auf Märkten**
  Herausgegeben von Prof. Dr. Otto Loistl, Wien, und Prof. Dr. Markus Rudolf, Koblenz
- **Reihe: Quantitative Ökonomie**
  Herausgegeben von Prof. Dr. Eckart Bomsdorf, Köln, Prof. Dr. Wim Kösters, Bochum, und Prof. Dr. Winfried Matthes, Wuppertal
- **Reihe: Internationale Wirtschaft**
  Herausgegeben von Prof. Dr. Manfred Borchert, Münster, Prof. Dr. Gustav Dieckheuer, Münster, und Prof. Dr. Paul J. J. Welfens, Wuppertal
- **Reihe: Industrieökonomik**
  Herausgegeben von Prof. Dr. Frank C. Englmann, Stuttgart, Prof. Dr. Mathias Erlei, Clausthal, Prof. Dr. Ulrich Schwalbe, Hohenheim, und Prof. Dr. Bernd Woeckener, Stuttgart
- **Reihe: Studien zur Dynamik der Wirtschaftsstruktur**
  Herausgegeben von Prof. Dr. Heinz Grossekettler, Münster
- **Reihe: Versicherungswirtschaft**
  Herausgegeben von Prof. (em.) Dr. Dieter Farny, Köln, und Prof. Dr. Heinrich R. Schradin, Köln
- **Reihe: Wirtschaftsgeographie und Wirtschaftsgeschichte**
  Herausgegeben von Prof. Dr. Ewald Gläßer, Köln, Prof. Dr. Josef Nipper, Köln, Dr. Martin W. Schmied, Köln, und Prof. Dr. Günther Schulz, Bonn
- **Reihe: Wirtschafts- und Sozialordnung: FRANZ-BÖHM-KOLLEG – Vorträge und Essays**
  Herausgegeben von Prof. Dr. Bodo B. Gemper, Siegen

- **Reihe: WISO-Studientexte**
  Herausgegeben von Prof. Dr. Eckart Bomsdorf, Köln, und Prof. (em.) Dr. Dr. h. c. Dr. h. c. Josef Kloock, Köln

- **Reihe: Europäisches Wirtschaftsrecht**
  Herausgegeben von Prof. Dr. Dieter Krimphove, Paderborn

- **Reihe: Rechtswissenschaft**

FACHHOCHSCHUL-SCHRIFTENREIHEN

- **Reihe: Institut für betriebliche Datenverarbeitung (IBD) e. V. im Forschungsschwerpunkt Informationsmanagement für KMU**
  Herausgegeben von Prof. Dr. Felicitas Albers, Düsseldorf

- **Reihe: FH-Schriften zu Marketing und IT**
  Herausgegeben von Prof. Dr. Doris Kortus-Schultes, Mönchengladbach, und Prof. Dr. Frank Victor, Gummersbach

- **Reihe: Medienmanagement**
  Herausgegeben von Prof. Dr. Thomas Breyer-Mayländer, Offenburg

- **Reihe: FuturE-Business**
  Herausgegeben von Prof. Dr. Michael Müßig, Würzburg-Schweinfurt

- **Reihe: Controlling-Forum – Wege zum Erfolg**
  Herausgegeben von Prof. Dr. Jochem Müller, Ansbach

- **Reihe: Unternehmensführung und Controlling in der Praxis**
  Herausgegeben von Prof. Dr. Thomas Rautenstrauch, Bielefeld

- **Reihe: Economy and Labour**
  Herausgegeben von EUR ING Prof. Dr.-Ing. Hans-Georg Nollau MBCS, Regensburg

- **Reihe: Institut für Regionale Innovationsforschung (IRI)**
  Herausgegeben von Prof. Dr. Rainer Voß, Wildau

- **Reihe: Interkulturelles Medienmanagement**
  Herausgegeben von Prof. Dr. Edda Pulst, Gelsenkirchen

PRAKTIKER-SCHRIFTENREIHEN

- **Reihe: Transparenz im Versicherungsmarkt**
  Herausgegeben von *ASSEKURATA* GmbH, Köln

- **Reihe: Betriebliche Praxis**
  Herausgegeben von vBP StB Prof. Dr. Johannes Georg Bischoff, Wuppertal

- **Reihe: Regulierungsrecht und Regulierungsökonomie**
  Herausgegeben von Piepenbrock ♦ Schuster, Düsseldorf